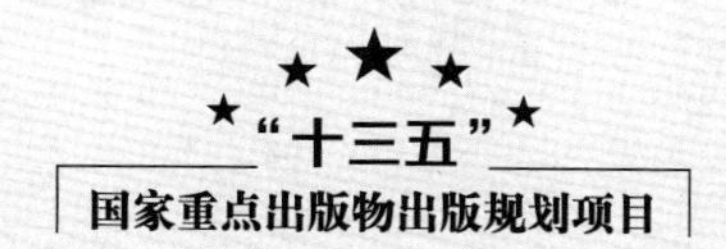

空间技术与科学研究丛书

主编 叶培建　　副主编 张洪太 余后满

卫星遥感技术

SATELLITE REMOTE SENSING TECHNOLOGY

（上册）

李劲东　等 编著

北京理工大学出版社
BEIJING INSTITUTE OF TECHNOLOGY PRESS

国家出版基金项目

《空间技术与科学研究丛书》

编写委员会

《空间技术与科学研究丛书》
组织工作委员会

《空间技术与科学研究丛书》
出版工作委员会

序言一

中国空间技术研究院到如今已经走过五十年，在五十年的发展历程中，从无到有，从小到大，从东方红一号到各类应用卫星，从近地到月球探测，从卫星到载人飞船，形成了完整、配套的空间飞行器系统和分系统的规划、研制、设计、生产、测试及运行体系，培养造就了一支高水平、高素质的空间飞行器研制人才队伍，摸索出了一套行之有效的工程管理方法和国际合作路子，可以说，中国空间技术研究院已经成为了中国空间技术事业的主力军、中流砥柱。

在中国空间技术研究院成立五十周年之际，院领导和专家们觉得很有必要把几十年来的技术、管理成果进行系统地梳理、凝练、再创作，写出一套丛书，用于指导空间工程研制和人才培养，为国家，为航天事业，也为参与者留下宝贵的知识财富和经验沉淀。

在各位作者的努力之下，由北京理工大学出版社协助，这套丛书得以出版了，这是一件十分可喜可贺的大事！丛书由中国空间事业实践者们亲自书写，他们当中的许多人，我们都一起工作过，都已从一个个年轻的工程师成长为某个专业的领军人物、某个型号系列的总设计师，他们在航天科研实践中取得了巨大成就并积累了丰富的经验，现在他们又亲自动手写书，真为他们高兴！更由衷地感谢他们的巨大付出，由这些人所专心写成的著作，一定是含金量十足的！再加之这套丛书的倡议者一开始就提出了要注意的几个要素：理论与实践相结合；处理好过去与现在的关系；处理好别人与自己成果的关系，所以，我相信这套丛书一定是有鲜明的中国特色的，一定是质量上乘的，一定是会经得起历史检验的。

我一辈子都在航天战线工作，虽现已年过八旬，但仍愿为中国航天如何从航天大国迈向航天强国而思考和实践。和大家想的一样，我也觉得人才是第一等重要的事情，现在出了一套很好的丛书，会有助于人才培养。我推荐这套书，并希望从事这方面工作的工程师、管理者，乃至在校师生能读好这套书，它一定会给你启发、给你帮助、有助于你的进步与成长，从而能为中国空间技术事业多做一点贡献。

中国科学院院士

孙家栋

序言二

以1968年中国空间技术研究院创立为起点，中国空间技术的发展经历了波澜壮阔、气势磅礴的五十年。五十年来，我国空间技术的决策者、研究者和实践者为发展空间技术、探索浩瀚宇宙、造福人类社会付出了巨大努力，取得了举世瞩目的光辉成就。

中国空间技术研究院作为中国空间技术的主导性、代表性研制中心和发展基地，在五十年的发展历程中，从无到有，从小到大，形成了完整、配套的空间飞行器系统和分系统的规划、研制、设计、生产、试验体系，培养造就了一支高水平、高素质的空间飞行器研制人才队伍，摸索出了一套行之有效的系统工程管理方法，成为中国空间技术事业的中流砥柱。

薪火相传、历久弥新。中国空间技术研究院勇挑重担，以自身的空间学术地位和深厚积累为依托，肩负起总结历史、传承经验、问路未来的使命，组织一批空间技术专家和优秀人才，共同编写了《空间技术与科学研究丛书》，共计23分册。这套丛书较为客观地回顾了空间技术发展的历程，系统梳理、凝练了空间技术主要领域、专业的理论和实践成果，勾勒出空间技术、空间应用与空间科学未来的发展方向。

中国空间技术研究院领导对丛书的出版寄予厚望，精心组织、高标准、严要求。《空间技术与科学研究丛书》编写团队主要吸收了中国空间技术研究院方方面面的型号骨干和一线研究人员。他们既有丰富的工程实践经验，又有深厚的理论功底；他们是在中国空间技术发展中历练、成长起来的一代新人，也是支撑我国空间技术持续发展的核心力量。在丛书编写过程中，编写队伍克服时间紧、任务重、资料分散、协调复杂等困难，兢兢业业、精益求精，以为国家、为事业留下成果，传承航天精神的高度责任感开展工作，共同努力完成了这套系统性强、技术水平高、内容丰富多彩的空间技术权威著作，值得称赞！

我一辈子都在从事空间技术研究和管理工作，深为中国空间事业目前的成就而感到欣慰，也确信将来会取得更大的成果，一代更比一代强。作为航天战线上的一名老战士，希望大家能够“读好书、好读书”，通过阅读像《空间技术与科学研究丛书》这样的精品，承前启后、再接再厉，为我国航天事业和空间技术的后续发展做出更大的贡献。

中国科学院院士　中国工程院院士

闵桂荣

序言三

1970年4月24日，中国成功发射了第一颗人造地球卫星，进入了世界航天国的行列。我国空间技术这几十年来取得了发射多种航天器、载人航天、深空探测等领域的多项成就。通信、导航、遥感、空间科学、新技术试验等卫星，已广泛应用于经济、政治、军事等各个领域，渗透到人们日常生活的每一个角落。从首次载人航天飞行到出舱活动，从绕月探测到月球表面着陆、巡视，空间技术以丰富多彩的形式扩大了中国人的生活空间和活动范围，进一步激发了中国人探索、创新、发展的勇气，展现了中国人的智慧和才智。

对未知领域的不断探索是知识的积累和利用效率的提高，是人类社会发展的不竭动力。空间活动从来就不仅仅是单纯的科学或技术活动，其中包含着和被赋予了更多的内涵。从科学角度看，它研究的是宇宙和生命起源这一类最根本也是最前沿的问题；从人才角度看，它能够吸引、培养和锻炼一大批顶尖人才；从经济角度看，它立足非常雄厚的经济实力，并能够创造新的经济增长点；从政治角度看，它争取的是未来的领先地位和国际影响力；从思想角度看，它代表的是人类追求更强能力、更远到达、更广视野、更深认知的理想。空间技术的发展可对一个国家产生多方面、多维度、综合性影响，促进多个领域的进步，这正是开展空间活动的意义所在。

当前我国空间技术发展势头强劲，处于从航天大国向航天强国迈进的重要阶段、战略机遇期和上升期。空间技术的发展，特别是一系列航天重大工程和型号任务的实施，不仅突破了一大批具有自主知识产权的核心技术和关键技术，也取得了一系列科技创新成果。系统总结空间技术发展经验和规律，探索未来发展技术路线，是航天人的重要使命。丛书作者团队对长期从事技术工作的体会进行系统总结，使之上升为知识和理论，既可以指导未来空间技术的发展，又可成为航天软实力的重要组成部分。

我衷心祝贺，这套内容丰富、资料翔实、思维缜密、结构合理、数据客观的丛书得以出版。这套丛书有许多新观点和新结论，既有广度又有深度。丛书具有较好的工程实践参考价值，会对航天领域管理决策者、工程技术人员，以及高等院校相关专业师生有所启发和帮助，助推我们事业的发展！

空间技术对富民强军、强国有重要的支撑作用，世上未有强国而不掌握先进空间技术者。深邃宇宙，无尽探求。相信这套丛书的出版能够承载广大空间技术工作者孜孜探索的累累硕果，推动我国空间技术不断向前发展，丰富对客观世界的认知，促进空间技术更好地服务国家、服务人民、服务人类。

中国科学院院士

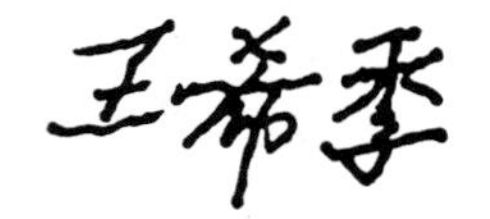

主编者序

2018 年，中国的空间事业已经走过了六十多年！这些年来，中国的空间事业从无到有、由小到大、正在做强！以东方红一号卫星、神舟五号载人飞船、嫦娥一号月球探测器为代表的三大里程碑全方位代表了 200 余个空间飞行器的研制历程和丰富内涵。这个内涵既是人文的，又是技术的，也是管理的。从人文角度看，“两弹一星”精神在新一代航天人身上传承、发扬，他们在推动中国空间技术发展和壮大的道路上留下了锐意进取、顽强拼搏、砥砺前行的清晰足迹；从技术角度看，一批新理论、新技术和新方法不断被提出、被验证和被采用，一次又一次提升了我国空间技术水平的高度；从管理角度看，中国空间事业孕育了中国特色的管理理念与方法。这些年，产生了一大批科技报告、学术著作与论文、管理规范、软件著作权、技术专利等。但遗憾的是这些成果分散在各个不同的单位、不同的研制队伍、不同的专业里，有待进一步提高其系统性、完整性和受益面。中国空间技术研究院的领导和专家们认为很有必要进行系统地梳理、凝练、再创作，编写出一套丛书，用于指导空间工程系统研制和人才培养，为国家，为航天事业，也为参与者留下宝贵的知识财富和经验沉淀。

基于此，在中国空间技术研究院与北京理工大学的共同推动下，决定由中国空间技术研究院第一线工作团队和专家们亲自撰写，北京理工大学出版社负责编辑，合力出版《空间技术与科学研究丛书》。这是我国学术领域和航天界一件十分重要而有意义的事！这套丛书的出版也将成为纪念中国空间技术研究院成立五十周年的一份厚礼！

如此一套丛书，涉及了空间技术、空间科学、空间应用等许多学科和专业，如何策划丛书框架和结构就成为首要问题。经对空间技术发展历史、现状

和未来综合考虑，结合我国实际情况和已有的相关著作，几经讨论、增删、合并，确定了每分册一定要有精干专家主笔的原则，最后形成了由23分册构成的《空间技术与科学研究丛书》。具体名称如下：《宇航概论》《航天器系统设计》《空间数据系统》《航天器动力学与控制》《航天器结构与机构》《航天器热控制技术》《航天器电源技术》《航天器天线工程设计技术》《航天器材料》《航天器综合测试技术》《航天器空间环境工程》《航天器电磁兼容性技术》《航天器进入下降与着陆技术》《航天器项目管理》《航天器产品保证》《卫星通信技术》《卫星导航技术》《卫星遥感技术（上下册）》《载人航天器技术》《深空探测技术》《卫星应用技术》《空间机器人》《航天器多源信息融合自主导航技术》，从书围绕中国空间事业的科学技术、工业基础和工程实践三条主线，几乎贯穿了空间科学、空间技术和空间应用的所有方面，并尽量反映当前“互联网＋”对航天技术的促进及航天技术对“互联网＋”的支持这两方面所取得的成果。正因为如此，它也被优选为“‘十三五’国家重点出版物出版规划项目”和“国家出版基金项目”。

如此一套丛书，参与单位众多，主笔者20余人，参与写作百人以上，时间又较紧迫，还必须保证高质量，精心组织和科学管理一定是必需的。我们用管理航天工程的方法来管理写作过程，院领导亲自挂帅、院士专家悉心指导，成立以总体部科技委为主的日常工作班子，院科技委和所、厂科技委分级把关，每一分册都落实责任单位，突出主笔者负责制，建立工作信息交流平台，定期召开推进会以便交流情况、及时纠正问题、督促进度，出版社同志进行培训和指导等。这些做法极大地凝聚了写作队伍的战斗力，优化了写作过程，从而保证了丛书的质量和进度。

如此一套丛书，我们期望它成为可传世的作品，所以它一定要是精品。如何保证出精品，丛书编委会一开始就拟定了基本思路：一是理论与实践相结合，它不是工程师们熟悉的科技报告，更不是产品介绍，应是从实践中总结出来，经过升华和精炼的结晶，一定要有新意、有理论价值、有较好的普适性。二是要处理好过去和现在的关系，高校及航天部门都曾有过不少的空间技术方面的相关著作，但这十年来空间技术发展很快，进步很大，到2020年，随着我国空间站、火星探测、月球采样返回和月球背面探测、全球导航等重大工程相继完成，我们可以说，中国进入了航天强国的行列。在这个进程中，有许多新理论、新技术和新事物就已呈现，所以丛书要反映最新成果。三是处理好别人和自己成果的关系，写书时为了表达的完整性、系统性，不可避免要涉及一些通用、基础知识和别人已发表的成果，但我们这次的作品应主要反映主笔者为主的团队在近年来为中国空间事业发展所获的成果，以及由这些成果总结出

来的理论、方法与技术，涉及他人的应尽可能分清、少用，也可简并。作品要有鲜明的团队特点，而团队特点应是某一领域、某一专业的中国特点，是“中国货”。从写作结果来看，我认为，丛书作者们努力实践了这一要求，丛书的质量是有保证的，可经得起历史的检验。

丛书可以为本科生、研究生，以及科研院所和工业部门中的专业人士或管理人员提供一系列涵盖空间技术主要学科和技术的专业参考，它既阐述了基本的科学技术概念，又涵盖了当前工程中的实际应用，并兼顾了今后的技术发展，是一套很好的教科书、工具书，也一定会成为书架的亮点。

在此，作为丛书主编者，一定要向为这套丛书出版而付出辛勤劳动的所有人员表示衷心感谢！尤其是中国空间技术研究院张洪太院长、余后满副院长，北京理工大学胡海岩校长和张军校长，北京理工大学出版社社长林杰副研究员，各分册主笔者和参与写作的同志们。没有中国空间技术研究院总体部科技委王永富主任和秘书处团队、北京理工大学出版社社长助理李炳泉女士和出版团队的辛勤、高效工作，丛书也不可能这么顺利地完成。

谢谢！

中国科学院院士

前 言

《卫星遥感技术》是《空间技术与科学研究丛书》23 本分册之一。按照丛书“面向空间领域一线科研人员、相关领域的研究者和高校专业学生的一套既有理论高度又有实践指导意义的权威著作”的总定位，本书立足于航天遥感系统总体设计，强调遥感领域航天器系统性技术和工程应用经验的凝练和总结。

随着我国空间技术的不断发展，特别是启动高分辨率对地观测系统重大科技专项以来，卫星遥感技术取得了举世瞩目的成就。在可见光、红外、高光谱、微波遥感等种类遥感卫星的总体设计，高速图像数据处理与传输，以及高精度控制等方面取得了重大突破，先后发射了高分一号、高分二号、高分三号、高分四号、高分八号、高分九号等高分辨率遥感卫星。上述卫星在国土资源监测、矿产资源开发、城市精细化管理、交通设施监测、农林业资源调查、灾区恢复重建等方面发挥着重要作用，使我国卫星遥感技术水平实现了跨越式发展。作者以上述卫星的总体设计和飞行验证为基础编著本书，对当前卫星遥感技术最新发展进行了总结。

本书的重点是遥感卫星系统的任务分析与总体设计，从用户提出的任务目标与需求（使命任务、功能性能等）出发，通过任务分析与设计，转化为遥感卫星系统总体设计要求和约束，如卫星轨道、载荷配置、系统构成等。同时，也包括运载火箭和发射场的选择。最后通过梳理未来航天遥感技术的发展，给出了未来航天遥感系统发展趋势。

全书共 20 章，分为上、下两册。上册包含第 1 章至第 9 章，主要介绍各种遥感卫星任务分析及技术指标论证等总体设计方法；下册包含第 10 章至第 20 章，主要介绍遥感卫星系统构建、控制推进、热控、数据处理、微振动抑制等各分系统总体设计，以及未来技术展望等。其中，第 1 章介绍了卫星遥感系统工程总体构成、卫星遥感物理基础和近地空间环境及其效应等基础知识。第 2 章介绍了遥感卫星任务特点及其轨道设计方法。第 3 章介绍了可见光全色/多光谱遥感卫星系统的总体设计方法。第 4 章介绍了红外遥感卫星系统的总体设计方法。第 5 章介绍了高光谱遥感卫星系统的总体设计方法。第 6 章介绍了高精度立体测绘卫星系统的总体设计方法。第 7 章介绍了合成孔径雷达遥感卫星系统的总体设计方法。第 8 章介绍了微波遥感卫星系统的总体设计方法。第 9 章介绍了地球同步轨道光学遥感卫星系统的总体设计方法。第 10 章介绍了遥感卫星系统构建、总体构型布局、飞行程序等总体设计方法。第 11 章介绍了遥感卫星高速图像处理与传输系统设计方法。第 12 章介绍了遥感卫星控制与推进系统设计方法。第 13 章介绍了遥感卫星信息与数据管理系统设计方法。第 14 章介绍了遥感卫星测控与导航定位系统设计方法。第 15 章介绍了遥感卫星供配电系统设计方法。第 16 章介绍了大型遥感卫星结构与机构系统设计方法。第 17 章介绍了大型遥感卫星热控系统设计方法。第 18 章介绍了大型遥感卫星微振动抑制与在轨监测技术。第 19 章介绍了大型遥感卫星总装集成、测试与试验技术。第 20 章介绍了未来卫星遥感技术发展趋势。

本书由李劲东为主编著。李劲东、李婷、李享负责全书统稿和审校。其中，第 1 章由倪辰、张志平、李劲东撰写；第 2 章由黄美丽、赵峭、冯昊撰写；第 3 章由李婷、李贞、李劲东撰写；第 4 章由倪辰、李劲东撰写；第 5 章由李贞、姚磊、李劲东撰写；第 6 章由张新伟撰写；第 7 章由吕争撰写；第 8 章由徐明明撰写；第 9 章由孔祥皓撰写；第 10 章由郝刚刚、王宇飞、胡太彬撰写；第 11 章由王中果、乔凯、李劲东撰写；第 12 章由崔晓婷撰写；第 13 章由王宇飞、李劲东撰写；第 14 章由汪大宝、李劲东撰写；第 15 章由林文立、李劲东撰写；第 16 章由张立新、商红军、李劲东撰写；第 17 章由何治、江利锋、李劲东撰写；第 18 章由王光远、李劲东撰写；第 19 章由赵文、郝刚刚、王光远撰写；第 20 章由杨冬撰写。

本书编写历时两年多，得到了叶培建院士、中国空间技术研究院张洪太院长和总体部科技委王永富主任等专家的精心指导和鼎力支持。参加本书审稿工作的还有陈世平、常际军、郝修来、马世俊、蔡伟、韩国经、李果、蔡振波、金涛、贾宏、李延、曹京、汤海涛、余雷等，他们提出了大量的宝贵意见。总体部梁晓珩、梁秀娟，以及北京理工大学出版社各位编辑同志对本书的出版做了大量工作。在此，作者一并表示诚挚的谢意。

由于本书内容涉及的知识较广，限于作者水平，本书难免会有一些疏漏和不足之处，恳请广大读者和专家批评指正。

作者

2017 年 12 月

目　录

上　册

下　册

第1章
卫星遥感技术基础

1.1 引　　言

我国遥感卫星发展起步于20世纪70年代，从返回式卫星发展到传输型卫星，具备了可见光、红外、高光谱、微波等手段，突破了高分率大型光学、合成孔径雷达（Synthetic Aperture Radar，SAR）载荷、高光谱成像、高精度动态成像、高轨成像等关键技术，形成了资源、气象、海洋、环境减灾四大业务运行卫星系列。目前，我国卫星遥感数据已为国家土地矿产资源管理与监测、交通路网安全监测、地质灾害预警、大气环境与水环境污染监测、农林业长势与病虫害监测和估产、洪涝灾害监测与水力设施安全监测、地震灾害监测等行业提供大数据服务支撑，风云、海洋卫星也已成为国际上气象、海洋卫星数据源之一。

2010年，我国启动高分辨率对地观测系统重大科技专项，将在2020年构建成全球覆盖、全天候、全谱段的“天眼网络”，届时我国对地观测卫星可见光和SAR的空间分辨率优于0.5 m、光谱分辨率达到3～5 nm、测绘精度优于1∶10 000测图指标，以及卫星具备快速姿态机动能力，目前，高分一号、高分二号、高分三号、高分四号、高分八号、高分九号已发射入轨，其中高分三号、高分四号分别为高分辨率SAR成像卫星和静止轨道高分辨率光学对地观测卫星，这些高分辨率对地观测卫星在国土资源监测、矿产资源开发、城市精细化管理、交通设施监测、林业资源调查、灾区恢复重建等方面发挥着重要作用，使我国卫星遥感技术水平实现了跨越发展。

1.2　卫星遥感物理基础

1.2.1　电磁波与电磁波谱

1. 电磁波

遥感是指不直接接触物体，应用各种传感仪器对远距离目标所辐射和反射的电磁波信息，进行收集、处理，并最后成像，从而实现对地面各种景物进行探测和识别的一种对地观测综合技术。任何物体都具有不同的电磁波反射或辐射特征，地物反射或发射的电磁波信息经过地球大气到达遥感传感器，传感器把地物对电磁波的反射强度以不同的亮度记录下来，形成遥感图像。因此，遥感图像实质上是电磁辐射与地表相互作用的一种记录。电磁波及其基本特性是理解遥感图像成像原理的基础。

电磁波是电磁场的一种运动形态。根据麦克斯韦电磁场理论，空间任何一处只要存在着场，也就存在着能量，变化的电场能够在它的周围空间激起磁场，而变化的磁场又会在它的周围感应出变化的电场。这种变化的电磁场在空间传播，形成电磁波。实际上电磁振荡是沿着各个不同方向传播的。这种电磁能量的传递过程（包括辐射、吸收、反射和透射等）称为电磁辐射。

电磁波属横波，具有时、空周期性。电磁波的时、空周期性可以由波动方程的波函数来表示，如图 1-1 所示。

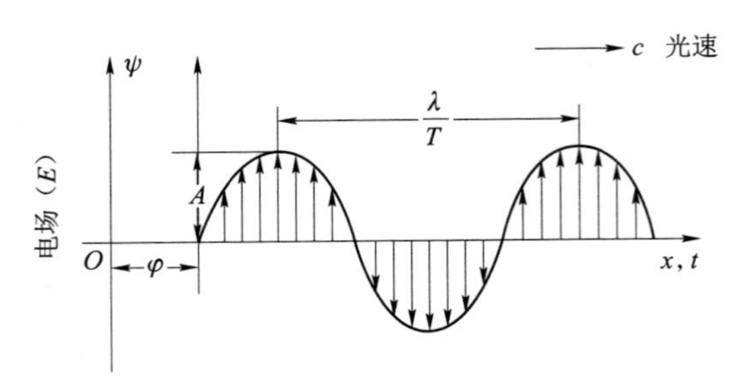

图 1-1　波函数图解

单一波长电磁波的一般函数表达式为：

$$\psi = A\sin\left[(\omega t - kx) + \varphi\right] \tag{1-1}$$

式中，ψ 为波函数，表示电场强度；A 为振幅；ω 为圆频率，$\omega = 2\pi/T$；$k = 2\pi/\lambda$，为圆波数；t、x 为时、空变量，其中 t 表示时间，x 表示距离；φ 为初相位。波函数由振幅和相位组成。一般传感器仅记录电磁波的振幅信息，舍弃相位信息；在全息摄影中，除了记录电磁波的振幅信息，同时也记录相位信息。

2. 电磁波谱段划分

不同的电磁波具有不同的波长、频率、波数或能量，将电磁波按照其波长、频率、波数或能量的大小顺序进行排列，就是所谓的电磁波谱，电磁波谱图如图 1-2 所示；表 1-1、表 1-2 则分别是紫外到红外的谱段划分、微波频率的分区与命名。如将电磁波的波段频率由低至高依次排列，分别是无线电波、红外线（远红外、中红外、近红外）、可见光、紫外线、X 射线、γ 射线及宇宙射线。各种电磁波的波长之所以不同，是由于产生电磁波的波源不同。如无线电波是由电磁振荡发射的；微波利用谐振腔及波导管激励与传输，通过微波天线向空间发射产生；红外辐射由分子的振动和转动能级跃迁时产生；可见光与近紫外辐射是由于原子、分子中的外层电子跃迁产生；紫外线、X 射线和 γ 射线是由内层电子的跃迁和原子核内状态的变化产生；宇宙射线则是来自宇宙空间。

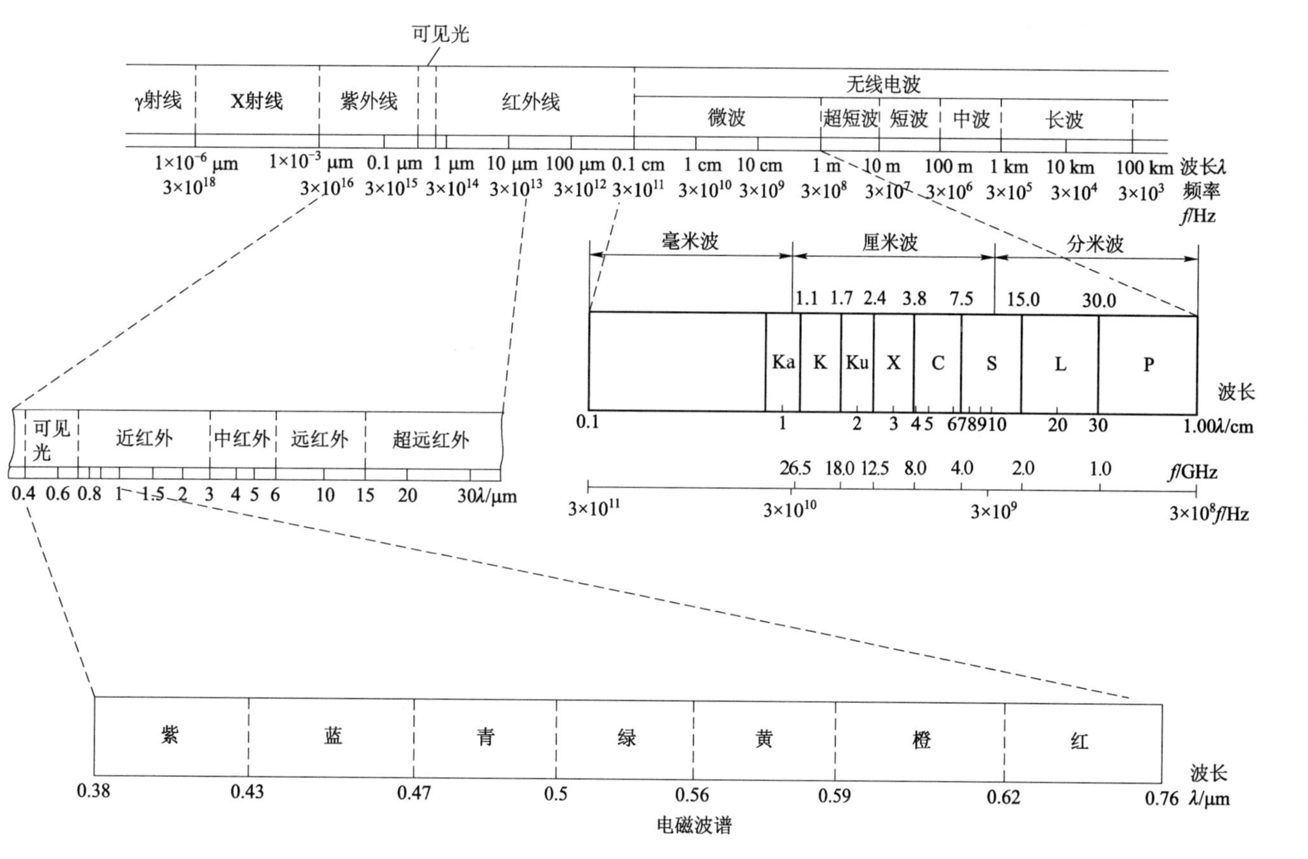

图 1-2　电磁波按波段分类

表 1-1　紫外到红外的谱段划分

名称	缩写	波长范围
紫外	UV	10～400 nm
紫外-B	UV-B	280～320 nm
可见光	V	400～700 nm
近红外	NIR	0.7～3.5 μm
热红外	TIR	3.5～20 μm

表 1-2　微波频率分区与命名

名称	频率/GHz	波长
P	0.225～0.390	76.90～133 cm
L	0.390～1.55	19.35～76.9 cm
S	1.55～4.20	7.14～19.35 cm
C	4.20～5.75	5.22～7.14 cm
X	5.75～10.9	2.75～5.22 cm
Ku	10.9～22.0	1.36～2.75 cm
Ka	22.0～36.0	8.33～13.6 mm
Q	36.0～46.0	6.52～8.33 mm
V	46.0～56.0	5.36～6.52 mm
W	56.0～100	3.00～5.36 mm

不同类型的电磁波由于波长（或频率）的不同，它们的性质有较大的差别。如可见光可被人眼直接看到各种颜色，红外线能克服夜障，微波可穿透云、雾、烟、雨等。但它们也具有共同性，即各种类型电磁波在真空（或空气）中传播的速度相同，都等于光速：$c=3\times10^{8}$ m/s；遵守统一的反射、折射、干涉、衍射及偏振定律；电磁波具有波粒二象性，电磁辐射在传播过程中，主要表现为波动性，干涉、衍射、偏振和色散等现象均是电磁辐射波动性的表现；当电磁辐射与物质相互作用时，主要表现为粒子性，这即谓电磁波的波粒二象性。电磁波的波长不同，其波动性和粒子性所表现的程度也不同：一般而言，波长越短，其辐射的粒子特性越明显；波长越长，其辐射的波动特性越明显。充分利用电磁波的波粒二象性这两方面特性，遥感技术就可探测到目标物携带的电磁辐射信息。

遥感技术应用的电磁波波段主要集中在紫外波段到微波波段，可见光波段、红外波段和微波波段是目前遥感应用最常使用的波段，由于电磁波的波长

不同，遥感应用的电磁波波段对地观测的特性也有较明显的差别。

1）可见光谱段

可见光波长为 0.38～0.76 μm。在电磁波谱中，可见光仅占一个极狭窄的区间。可见光是人视觉能感受到“光亮”的电磁波。当可见光进入人眼时，人眼的主观感觉依波长从长到短表现为红色（0.62～0.76 μm）、橙色（0.59～0.62 μm）、黄色（0.56～0.59 μm）、绿色（0.50～0.56 μm）、青色（0.47～0.50 μm）、蓝色（0.43～0.47 μm）和紫色（0.38～0.43 μm）。

可见光属电磁波，具有反射、透射、散射和吸收等特性，且不同地物反射、透射、散射和吸收可见光的特性不同。人眼对可见光波段的电磁辐射具有连续响应的能力，可感应各种不同地物在可见光波段的辐射特性，将不同地物区分出来。

可见光是遥感技术中鉴别物质特征的主要波段。可见光主要来自反射太阳的辐射，只能在白天有日照的情况下工作，很难透过云、雨、烟雾等。

2）短波红外谱段

短波红外波长在 0.76～3.00 μm，在性质上与可见光十分相似。由于短波红外主要是地表面反射太阳的红外辐射，主要反映地物的反射辐射特性，因此也称为反射红外，是遥感技术中常用的波段。

3）中波红外谱段

中波红外波长在 3.0～6.0 μm。与短波红外反射特性不同，中波红外属热辐射。自然界中任何物体，当温度高于绝对温度（−273.15℃）时，均能向外辐射红外线。其辐射能量的强度和波谱分布位置与物质表面状态有关，它是物质内部组成和温度的函数。

在红外遥感中主要利用 3～5 μm 的中红外波段，这一波段对火灾、活火山等高温目标的识别敏感，常用于捕捉高温信息，进行各类火灾、活火山、火箭发射等高温目标的识别、监测。中波红外是利用地物本身的热辐射特性工作，不仅白天可以工作，晚上也可以工作，但受大气吸收和散射的影响，中波红外不能在云、雨、雾天工作。

4）长波红外谱段

长波红外的波长为 6～15 μm，是红外线中波长最长的一段红外线，属于热辐射。在遥感应用中，长波红外与中波红外均属热辐射，均是以热感应方式探测地物本身的辐射，不受黑夜限制。由于长波红外线波长较长，在大气中穿透力强，远红外摄影时受烟雾影响更小，探测中低温物体灵敏度更高，透过很厚的大气层仍能拍摄到地面清晰的图像。由于 15 μm 以上超远红外线易被大气和水分子吸收，长波遥感中主要使用 8～14 μm 波段区间。

5）微波谱段

微波也称超高频，波长在1 mm～1 m之间，在应用中分为分米波、厘米波和毫米波，又定义为S波段（10 cm）、C波段（5 cm）、X波段（3 cm）、K波段（1.25 cm）。微波具有区别于其他频率电磁波的某些特性：

（1）高频特性：微波的振荡频率极高，每秒在3亿次以上。由于频率比低频无线电波提高了几个数量级，一些在低频段并不显著的效应在微波波段就能非常明显地表现出来。微波遥感中利用微波高频特性，很容易区分出可见光与红外波段所不能区别的某些目标特性。

（2）短波特性：微波的波长比一般宏观物体如建筑物、船舰、飞机等的尺寸短得多，因此当微波波束照射到这些物体上时将产生显著的反射。这一特性对于雷达、导航和通信等应用都是很重要的。

（3）散射特性：当电磁波入射到某物体上时，波除了会沿入射波相反方向产生部分反射外，还会在其他方向上产生散射，散射是入射波与散射体相互作用的结果，故散射波中携带有关于散射体的频域、时域、相位、极化等多种信息，人们可通过对不同物体散射特性的检测，从中提取目标信息，从而进行目标识别，这一特性是实现微波遥感、雷达成像的基础。

（4）穿透性：微波能穿透高空电离层。微波这一特点被用来进行卫星通信，与红外波相比，微波的波长比红外线波长长得多，散射小，在大气中衰减较少，对云层、雨区的穿透能力极强，基本不受烟、云、雨、雾的限制，具有全天时全天候遥感探测能力。

1.2.2 电磁辐射基本定律

电磁辐射的基本定律用于描述电磁辐射的发射和传输特性，也是开展光学/微波遥感技术研究工作的基础。

1. 反射定律和斯涅尔折射定律

当一束光入射到两种不同透明介质的边界面上时，它被分成两部分。一部分透射（或折射），从第一介质进入第二介质，另一部分从边界面反射回来。反射定律表述为，反射光线位于入射面内，反射角等于入射角，即：

$$\theta_r = \theta_i \tag{1-2}$$

折射定律即斯涅尔（Snell）定律表述为，折射光线位于入射面内，折射角的正弦与入射角的正弦之比为n_1/n_2，即为常数。就是说，入射角、折射角以及两透明介质的折射率之间存在如下关系：

$$n_1 \sin\theta_i = n_2 \sin\theta_r \tag{1-3}$$

由折射定律可知，当光从一种介质进入另一种介质时，其速度及传播方向发生变化。事实上，如果两种介质都是各向同性的，则入射光线、入射点的法线、折射光线和反射光线均位于入射面内。对电磁波谱任何部分来说，反射定律和折射定律都是最基本的定律。

2. 辐照度的距离平方反比定律

对于辐射强度为 I 的点源以及面积为 $\mathrm{d}A$ 且法线与辐射传输方向夹角为 θ 的平面，点源在平面 $\mathrm{d}A$ 上产生的辐照度可表示为：

$$E = \frac{I\cos\theta}{l^2} \tag{1-4}$$

式中，E 为点源在平面 $\mathrm{d}A$ 上产生的辐照度，I 为辐射强度，l 为点源到平面的距离。

由式（1-4）可知，$\mathrm{d}A$ 上的辐照度与点源的辐射强度成正比，与点源到平面的距离平方成反比，这就是辐照度的距离平方反比定律。实际的光源都有一定的大小，但当 l 大于光源最大尺寸的 5 倍时，用距离平方反比定律计算辐照度误差仅为 1%。

3. 朗伯余弦定律

漫射表面向所有方向反射和散射入射平行光。朗伯定义理想漫射表面（常被称为朗伯表面）是指与表面法线夹角为 θ 的任意方向上辐亮度 L 为常数的表面。

朗伯余弦定律指出，理想漫射表面在任意方向上的辐强度随该方向与表面法线之间夹角的余弦变化，即：

$$I_\theta = I_0 \cos\theta \tag{1-5}$$

式中，I_0 为理想漫射表面在法线方向上的辐强度，I_θ 为与表面法线方向夹角为 θ 的方向上的辐强度。由于漫射表面的投影面积也随 $\cos\theta$ 变化，因此，理想漫射表面的辐亮度不随观测角变化。

4. 普朗克黑体辐射定律

黑体是一种能够完全吸收入射在它上面的辐射能，并且能够在任意给定温度和每一波长下最大限度地辐射辐射能的理想物体。与其他同样温度的物质相比，黑体的辐射最大，因此，黑体被称为理想辐射体。

绝对温度为 T 的理想黑体源的光谱辐射出射度可由普朗克黑体辐射定律来表示，即：

$$M(\lambda,\ T)=\frac{2\pi hc^2}{\lambda^5}\left[\exp\left(\frac{hc}{\lambda kT}\right)-1\right]^{-1}\quad (\mathrm{W\cdot m^{-2}\cdot \mu m^{-1}})\tag{1-6}$$

式中，h 为普朗克常数，$h=6.626\times10^{-34}$ J · s；c 为真空中的光速，$c=2.998\times10^8$ m · s^{-1}；k 为玻尔兹曼常数，$k=1.380\times10^{-23}$ J · K^{-1}；λ 为波长，单位为 μm；T 为黑体的绝对温度，单位为 K。

将式（1-6）中的有关常数合并，普朗克黑体辐射定律表示为：

$$M(\lambda,\ T)=\frac{c_1}{\lambda^5}\left[\exp\left(\frac{c_2}{\lambda T}\right)-1\right]^{-1}\quad (\mathrm{W\cdot m^{-2}\cdot \mu m^{-1}})\tag{1-7}$$

式中，c_1为第一辐射常数，$c_1=3.742\times10^8$ W · μm^4 · m^{-2}；c_2为第二辐射常数，$c_2=1.438\ 8\times10^4$ μm · K；λ 为波长，单位为 μm。

将光谱辐射出射度除以单个光子（photon）的能量（hc/λ），得到光谱光子出射度为：

$$\begin{aligned}M_{\mathrm{q}}(\lambda,\ T)&=\frac{\lambda}{hc}M(\lambda,\ T)=\frac{2\pi c}{\lambda^4}\left[\exp\left(\frac{c_2}{\lambda T}\right)-1\right]^{-1}\\&=\frac{c_3}{\lambda^4}\left[\exp\left(\frac{c_2}{\lambda T}\right)-1\right]^{-1}\quad (\mathrm{photons\cdot s^{-1}\cdot m^{-2}\cdot \mu m^{-1}})\end{aligned}\tag{1-8}$$

式中，c_3为第三辐射常数，$c_3=1.883\ 65\times10^{27}$ photons · μm^3 · s^{-1} · m^{-2}。

尽管一些物质的特性接近于黑体，但实际物质都不是真正的黑体。在遥感中，常见的观测目标不是黑体，而是灰体或选择性辐射体。实际物体与黑体间的差异可由发射率（ε）来表征。一个物体的发射率定义为该物体的辐射出射度与相同温度的黑体的辐射出射度之比：

$$\varepsilon=\frac{M_{\mathrm{object}}}{M_{\mathrm{blackbody}}}\tag{1-9}$$

一般来讲，发射率介于 0 到 1 之间，它与物体的介电常数、表面粗糙度、温度、波长和观测角等有关。对于黑体，$\varepsilon=\varepsilon(\lambda)=1$。对于灰体，ε 为小于 1 的常数。对于选择性辐射体，ε 与波长有关，光谱发射率表示为：

$$\varepsilon(\lambda)=\frac{M_{\mathrm{object}}(\lambda)}{M_{\mathrm{blackbody}}(\lambda)}\tag{1-10}$$

对于某一特定目标，它的光谱辐通量与其温度和发射率有关，其中温度影响较大。由于辐射主要取决于温度，所以它被称为热辐射。热辐射可用普朗克黑体辐射定律来表示，目标的光谱辐射出射度为：

$$M_{\text{object}}(\lambda, T)=\varepsilon(\lambda)\cdot M_{\text{blackbody}}(\lambda, T)=\varepsilon(\lambda)\cdot\frac{c_1}{\lambda^5}\left[\exp\left(\frac{c_2}{\lambda T}\right)-1\right]^{-1} \quad (1\text{-}11)$$

5. 斯忒藩-玻耳兹曼定律

对普朗克黑体辐射定律给出的光谱辐射出射度从 $\lambda=0$ 到 $\lambda=\infty$ 积分，可以得到黑体总的辐射出射度与其温度之间的关系：

$$M(T)=\int_0^{\infty} M(\lambda, T)\mathrm{d}\lambda=\frac{2\pi^5 k^4}{15c^2h^3}T^4=\sigma T^4 \quad (\mathrm{W\cdot m^{-2}}) \quad (1\text{-}12)$$

式中，$M(T)$ 为总的辐射出射度；σ 为斯忒藩-玻耳兹曼常数，$\sigma=5.67\times 10^{-8}\ \mathrm{W\cdot m^{-2}\cdot K^{-4}}$。这一关系被称为斯忒藩-玻耳兹曼定律。其物理内涵是每平方米的黑体对上方半球的辐射出射度。斯忒藩-玻耳兹曼定律表明，黑体总的辐射出射度与其绝对温度的四次方成正比。

斯忒藩-玻耳兹曼定律也适用于灰体辐射源，灰体总的辐射出射度与其温度的关系为：

$$M_{\text{greybody}}(T)=\varepsilon\cdot M_{\text{blackbody}}(T)=\varepsilon\cdot\sigma T^4 \quad (\mathrm{W\cdot m^{-2}}) \quad (1\text{-}13)$$

6. 维恩位移定律

对光谱辐射出射度进行微分，可以得到一个很有用的关系式，该关系式表明黑体辐射的峰值波长（对应于光谱辐射出射度的最大值）与黑体温度的乘积近似为一个常数：

$$\lambda_{\mathrm{m}}T=2\ 898 \quad (\mu\mathrm{m\cdot K}) \quad (1\text{-}14)$$

式中，λ_{m} 为最大光谱辐射出射度对应的波长，单位为 μm；T 为绝对温度，单位为 K。这一关系被称为维恩位移定律。对于给定温度的目标，维恩位移定律对于确定最佳测量波长很有用。

7. 基尔霍夫定律

根据热力学第二定律，基尔霍夫推导出物体的发射率、吸收率和反射率之间的关系：

$$M_{\lambda}/M_{\lambda\mathrm{bb}}=\varepsilon(\lambda)=1-\rho(\lambda)=\alpha(\lambda) \quad (1\text{-}15)$$

式中，M_{λ} 为物体的光谱辐射出射度，$M_{\lambda\mathrm{bb}}$ 为黑体的光谱辐射出射度，$\varepsilon(\lambda)$ 为光谱发射率，$\rho(\lambda)$ 为光谱反射率，$\alpha(\lambda)$ 为光谱吸收率。式（1-15）说明，在任意给定波长和温度下，当物体达到辐射平衡时，它的吸收率等于发射率，也等于 1 减反射率。

8. 瑞利-金斯定律

瑞利-金斯定律用于近似描述黑体的辐射强度。它对应于普朗克黑体辐射定律的长波或者高温情况。在这种情况下，$\frac{c_2}{\lambda T} \ll 1$，则可以得到普朗克黑体辐射定律的近似表达式：

$$M(\lambda,\ T) \approx \frac{c_1}{c_2} \frac{T}{\lambda^4} \tag{1-16}$$

由于微波的波长较长，容易满足$\frac{c_2}{\lambda T} \ll 1$，因此，瑞利-金斯定律在微波遥感研究方面很有用。

1.2.3 太阳辐射特性

由于沿太阳半径方向温度变化很大，而且在不同波长太阳大气的某些区域不透明，因此，太阳输出的辐通量很复杂。即太阳的有效温度与波长有关。在地球大气层外，太阳的辐亮度与温度为 5 900 K 的黑体辐射源的辐亮度相当，它的平均辐亮度为 $2.01 \times 10^7\ \mathrm{W \cdot m^{-2} \cdot sr^{-1}}$，平均光亮度为 $1.95 \times 10^9\ \mathrm{cd \cdot m^{-2}}$。在全球热平衡研究中用到的一个很重要的量为太阳常数。它的定义为：在太阳到地球平均距离以及在垂直太阳入射方向上，单位面积接收到来自太阳的总辐照度(即对所有波长积分)。1971 年，美国航空与航天管理局（National Aeronautics and Space Administration，NASA）提出作为设计标准用的太阳常数值为 $(1\ 353 \pm 21)\ \mathrm{W \cdot m^{-2}}$。

太阳辐射的能量分布从 X 射线到无线电波的整个电磁波谱区内，但 99.9% 的能量集中在 0.2～10 μm 波段内，最大辐射能量位于 0.47 μm 处，紫外波段（波长小于 0.38 μm）、可见光波段（波长 0.38～0.76 μm）和红外波段（波长大于 0.76 μm）的能量分别占总辐射能量的 9%、44%和 47%。

1.2.4 太阳辐射与大气的相互作用

对于对地观测航天光学遥感，来自照明源的辐射能量通常要穿过大气才能到达光学遥感器上。地球大气由很多气体和气溶胶构成，当太阳光线经过大气到达地面上时，其中一部分辐射能量被大气中的粒子吸收和散射，其余部分传输到地面。吸收把辐射能量转换成分子的激发能量，散射则把入射能量重新分布到各个方向，吸收和散射产生的总影响是损失掉了一部分入射能量，被称为消光效应。当来自地面目标的辐射通过大气传输到达光学遥感器上时，类似的情况还会发生。图 1-3 给出大气层外和海平面上的太阳光谱辐照度。

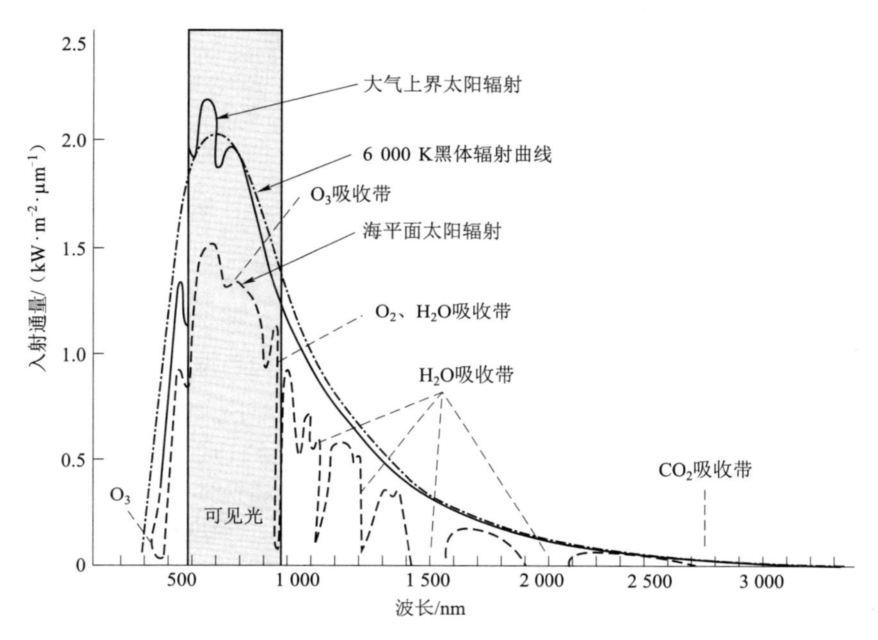

图 1-3　太阳光谱及大气的作用

1. 大气吸收特性

太阳辐射经过大气时，要发生反射、吸收和散射，从而衰减了辐射强度。这里把受到大气衰减作用较轻、透射率较高的波段叫作大气窗口。对遥感器而言，只能选择透射率高的波段，才能形成质量好的遥感观测图像。

由于大气层的反射、散射和吸收作用，使得太阳辐射的各波段受到衰减的作用大小不同，因而各波段的透射率也各不相同。因此，遥感器选择的探测波段应包含在大气窗口之内。主要大气窗口及目前使用的探测波段见图 1-4。

（1）0.3～1.3 μm：这个窗口包括部分紫外（0.30～0.38 μm）、可见光全部（0.40～0.76 μm）和部分近红外波段（0.76～1.3 μm），称为地物的反射光谱。该窗口对电磁波的透射率达 90%以上。

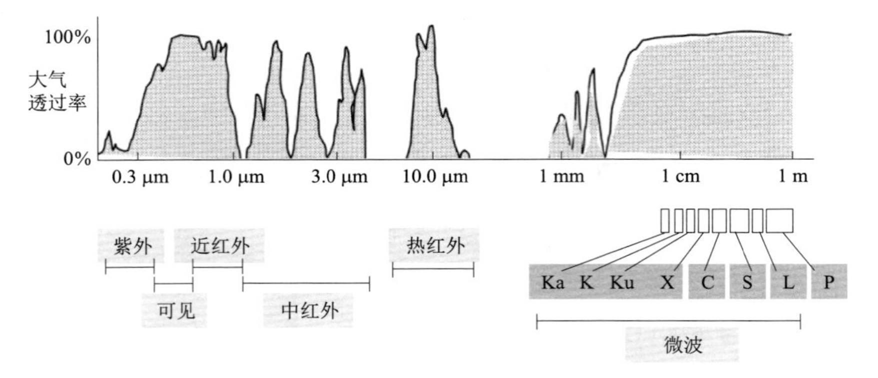

图 1-4　主要的大气窗口和探测波段

(2) 1.5～1.8 μm 和 2.0～3.5 μm：这两个窗口为近、中红外波段，仍属于地物反射光谱，它们的透射率都接近 80%。近红外窗口某些波段对区分蚀变岩石有较好的效果，因此在遥感地质应用方面很有潜力。

(3) 3.5～5.5 μm：这个窗口称为中红外波段。通过这个窗口的既可以是地物反射光谱，也可以是地物发射光谱，属于混合光谱范围。

(4) 8～14 μm：这个窗口称为远（热）红外波段，是热辐射光谱。该波段范围内由于臭氧、水汽及二氧化碳的影响，使窗口的透射率仅为 60%～70%。由于这个窗口是地物在常温下热辐射能量最集中的波段，所以对地遥感非常有用。

(5) 0.8～25 cm：这个窗口称为微波窗口，属于发射光谱范围。该窗口不受大气干扰，是完全透明的，透射率可达 100%，为全天候的遥感波段。

L、C、X 是常用的星载 SAR 频段，这三个频段的 SAR 观测特性各不相同：L 频段穿透地表的能力最强，在陆地生物量探测方面效果更好；X 频段容易实现较高的空间分辨率，对于军事目标侦查有优势；C 频段对于海洋目标探测，如海浪、内波、海面风场、海冰、溢油等具有明显的优势。

表 1-3 给出星载 SAR 常用的 L、C、X 三个频段对部分被观测物的适用性，从中可以看出各应用领域的优选频段。

2. 大气散射特性

散射源于电磁辐射与大气的相互作用。散射的强弱及分布与电磁辐射的波长、大气成分以及电磁辐射穿过大气的距离等因素有关。大气散射通常分为三种类型，即瑞利散射、米散射和无选择性散射。

表 1-3　频段与观测要素表（供参考）

被观测物 \ 频段	L	C	X
海冰	不太好	好	很好
淡水冰（湖泊和河流）	不太好	未知	未知
雪（类型和加厚层）	很好	很好	很好
土地湿度	很好	很好	很好
土地粗糙度、冲蚀情况	好	很好	很好
土壤类型、特征	很好	好	不太好
水陆边界	很好	好	很好
作物生长量	很好	很好	很好
作物含水量	很好	很好	很好
海洋潮、旋涡	很好	很好	未知
表面波、内波	很好	很好	未知
风浪（小波浪）	很好	很好	未知
地质结构、构造	不太好	好	好
沙漠区域、较低地下	很好	好	不太好
植被/沙漠	不太好	好	很好

(1) 瑞利散射：当大气中粒子的尺寸远小于电磁辐射的波长时，会产生瑞利散射。大气中气体分子为这种粒子，因此，瑞利散射也被称为分子散射。瑞利散射可由瑞利散射系数来描述：

$$\beta(\theta,\ \lambda)=\frac{2\pi^2}{N\lambda^4}[n(\lambda)-1]^2(1+\cos^2\theta) \tag{1-17}$$

式中，$\beta(\theta,\ \lambda)$ 为瑞利散射系数，N 为单位体积大气中的分子数目，$n(\lambda)$ 为与波长有关的分子折射率，θ 为入射电磁辐射与散射电磁辐射之间的夹角，λ 为入射电磁辐射的波长。在近紫外和可见光谱段，分子散射比较大。当波长超过 1 μm 时，分子散射可以忽略不计。瑞利散射使得波长较短的电磁辐射比波长较长的电磁辐射的散射强烈。对于高空大气，瑞利散射占主导地位。

(2) 米散射：当大气中粒子的尺度与入射电磁辐射的波长差不多时，会产生米散射。大气中的灰尘、烟尘和水蒸气是产生米散射的主要物质。米散射与瑞利散射相比对波长较长的辐射影响较大。多数情况下米散射出现在大气的低层部分，这里大尺度的粒子比较多。

(3) 无选择性散射：当大气中粒子的尺度远大于入射电磁辐射的波长时，会产生无选择性散射。水滴和大的灰尘颗粒会产生这种散射。之所以叫无选择性散射是由于它对所有波长辐射的散射近乎相等。

散射使得大气具有它自身的辐亮度。大气散射衰减了直射到地球表面上的太阳辐射，与此同时增加了半球或漫射照射分量，即增加了背景辐射分量，这一漫射分量降低了地面景物的对比度。大气向下散射的辐射叫作天空辐射（在可见光谱区叫作天空光）。大气向上散射的辐射叫作大气向上辐射或大气通路辐射，它可以直接进入光学遥感器。大气散射对遥感数据的主要影响是在地面景物辐亮度之上增加了大气通路辐亮度。大气通路辐亮度的大小与大气条件、太阳天顶角、光学遥感器的工作谱段、观测角度、相对于太阳的方位角以及偏振等因素有关。事实上，太阳的位置对天空辐射、地面辐照度以及大气通路辐亮度均有影响。气溶胶的小角度散射特别是多次散射会把来自景物的光子漫射到多个方向，从而使景物的细节变得模糊。

3. 大气折射、偏振和湍流

除了散射和吸收，大气对电磁辐射的影响还包括折射、偏振和湍流。大气折射会影响图像的几何精度。当星载光学遥感器的视场角（Angle Of View, FOV）大且几何测量精度要求高时，需要对大气折射进行校正。大气偏振影响辐射测量精度。

大气压力和温度的随机变化引起大气折射率随机变化，大气折射率随机起伏导致湍流效应。湍流会引起图像运动、畸变和模糊。从成像质量的角度考虑，大气湍流会对角分辨率很高的星载光学遥感器的成像质量产生影响。

1.2.5 电磁辐射与目标的相互作用

当电磁辐射照射到目标上时，会与目标发生相互作用，这些相互作用包括：透射，即一部分辐射会穿过特定目标；吸收，即一部分辐射会由于所遇到介质中电子或分子的作用而被吸收，吸收的部分辐射能量会被重新发射出来；反射，即一部分能量会以不同的角度被反射（或散射）出去。哪种作用占主导地位主要取决于入射辐射的波长以及目标的特性。

对于以太阳作为光照源的卫星光学遥感，探测的是目标反射的太阳辐射。目标反射可以分成三类，即镜面反射、漫反射和混合反射，如图 1-5 所示。目

标反射类型取决于目标表面相对于入射电磁辐射波长的粗糙程度。如果目标表面的变化远小于入射电磁辐射波长，则可认为是光滑表面，目标会对入射电磁辐射产生镜面反射。如果目标表面相对于入射电磁辐射波长来说比较粗糙，则目标会对入射电磁辐射产生漫反射，入射电磁辐射被反射到所有方向。多数实际目标的反射呈现混合反射。目标表面是粗糙还是光滑是相对的，比如，一个对长波红外辐射来讲是光滑的表面，对可见光辐射来讲可能显得比较粗糙。

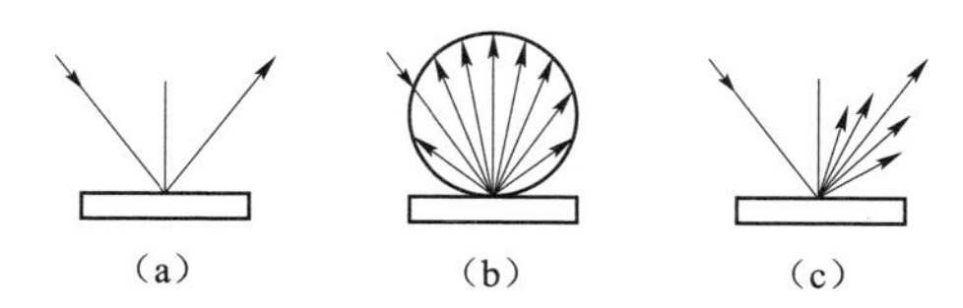

图 1-5　目标反射类型

（a）镜面反射；（b）漫反射；（c）混合反射

目标自身辐射能量的大小及其光谱分布与其温度和发射率等有关。对于同一目标，它辐射的能量大小主要与其温度有关。目标的温度越高，电子振动越快，其辐射的电磁能量的峰值波长越短。

不同物质在不同谱段的反射和吸收行为不一样，物质的反射光谱是其反射的辐射能量与波长的关系曲线。图 1-6 列出了一些目标的光谱反射率曲线。如果有测量光谱反射差别的合适方法，各种类型的物质可以通过它们的相对光谱反射率差来识别和区分开来，这就是多光谱和高光谱光学遥感的理论基础。

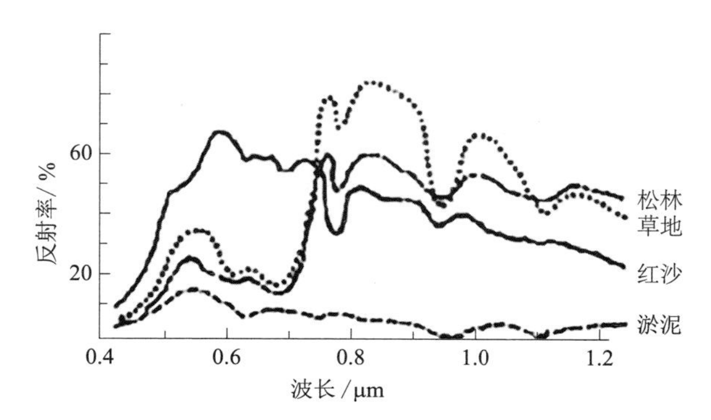

图 1-6　一些典型目标的光谱反射率曲线

不同地面景物的反射系数和辐射系数差异较大。表 1-4 给出了某些地面景物在可见光谱段（0.4～0.7 μm）的反射系数。表 1-5 给出了某些地面景物在不同波段的辐射系数平均值。

表 1-4　某些地面覆盖物的反射系数（0.4～0.7 μm）

覆盖物种类	覆盖物反射系数	
	干	湿
黄沙	0.31	0.18
黏土	0.15	0.08
绿草	0.14	0.09
黑土	0.07	0.05
混凝土	0.17	0.10
沥青	0.10	0.07
雪	0.78	—

表 1-5　某些地面覆盖物在不同波段的辐射系数平均值

覆盖物种类	不同波段的辐射系数		
	1.8～2.7 μm	3～5 μm	8～13 μm
绿叶	0.84	0.90	0.92
干叶	0.82	0.94	0.96
压平的枫叶	0.58	0.87	0.92
绿叶（多）	0.67	0.90	0.92
绿色针叶树枝	0.86	0.96	0.97
干草	0.62	0.82	0.88
各种沙	0.54～0.62	0.64～0.82	0.92～0.98
树皮	0.75～0.78	0.87～0.90	0.94～0.97

目标的大小、形状、光谱反射率、温度、光谱发射率以及目标与背景的差异等电磁辐射特性，成为遥感探测关键要素，也决定了遥感器设计和遥感图像的解译能力。

1.3　近地空间环境

1.3.1　卫星在轨环境及效应分析

近地空间环境由多种要素组成，对于遥感卫星，其在轨运行期间将遭遇太阳电磁辐射、真空、空间带电粒子辐射、地球大气、原子氧等空间环境。这些空间环境要素单独地或共同地与运行在近地轨道的卫星发生相互作用，产生各种空间环境效应，进而对卫星的安全运行产生影响。

1.3.2　带电粒子辐射环境

1. 地球辐射带

地球辐射带是指近地空间被地磁场捕获的高强度的带电粒子区域，也称为“范・阿伦带”。辐射带的形状大体上近似于在地球赤道上空围绕地球的环状结构，强度明显集中在两个区域，即内辐射带（高度 600～10 000 km）和外辐射带（高度 10 000～60 000 km）。因为组成辐射带的带电粒子是沿着地球磁场的磁力线运动的，所以辐射带的边缘也大体上与磁力线一致。如图 1-7。由于磁层顶的不对称性，导致了磁层磁场的不对称性，使得辐射带在向阳面和背阳面也稍有差异。

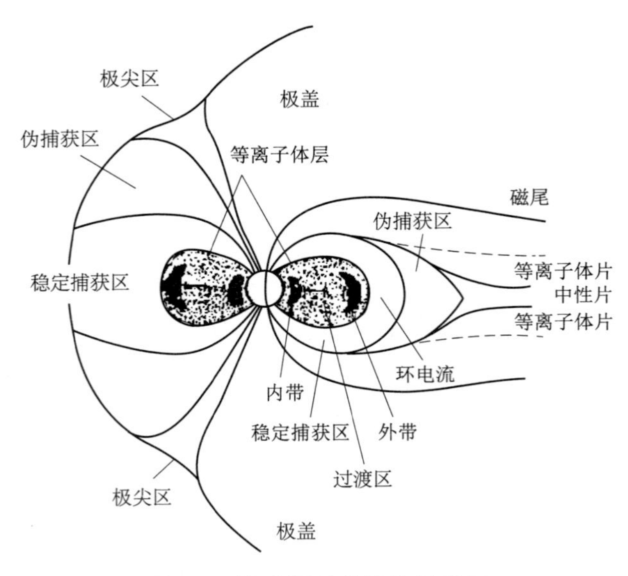

图 1-7　地球辐射带结构示意图

2. 太阳宇宙线环境

太阳宇宙线是来自太阳的高能粒子流，在太阳短时爆发性活动期间出现。太阳宇宙线主要由质子及重离子组成，其能量从 10 MeV 到几十 GeV。典型的太阳能量粒子事件因为主要包含高能质子，因此又被称为太阳质子事件。太阳质子事件的发生具有很大的随机性，统计结果表明，在太阳活动峰年附近，太阳质子事件出现较多，每年可有 10 次以上，由于太阳质子事件的偶发性特征，有时几个月没有 1 次，有时一个月中出现数次；在太阳活动低年，太阳质子事件出现的概率较低，一般一年只有 3～4 次，甚至更少。

3. 银河宇宙线环境

宇宙射线通常特指“银河宇宙线”，它是来源于太阳系以外银河的通量很低但能量很高的带电粒子，其粒子能量范围一般是 10^2 MeV～10^9 GeV，大部分粒子能量集中在 10^3～10^7 MeV，在自由空间的通量一般仅有 0.2～0.4 $(cm^2.sr.s)^{-1}$。银河宇宙线几乎包含元素周期表中所有元素，但主要成分是质子，约占总数的 84.3%，其次是 α 粒子，约占总数的 14.4%，其他重核成分约占总数的 1.3%。

4. 太阳风

太阳风属于稀薄热等离子体，发源于高温日冕，当日冕温度超过太阳引力

对它的约束时，太阳风便从太阳的各个方向发射出去。

太阳风主要成分是电子和质子，占 95%以上，重离子成分主要是氦离子，约占 4.8%，其他成分如氧离子、铁离子等含量甚少。太阳风流速具有空间分布不均匀性，速度高时可达 900 km/s，低时可至 200 km/s。太阳风粒子密度波动大，平均密度高达 $10^6/m^3$，太阳风磁场平均值约 6 nT。

1.3.3　真空

卫星在发射过程中，遭遇的气压从 1 个大气压开始急剧下降，最终达到极高真空水平。真空环境对卫星的影响包括：部件之间的热交换只能通过传导和辐射进行、材料表面或内部的可挥发物质在真空环境中扩散或升华到周围环境中产生真空放气导致材料性能变化、材料真空放气产生的分子在热控材料或光学器件表面上沉积造成分子污染、低气压条件下两个电极之间形成真空放电现象、具有相对运动的固体表面之间的真空干摩擦和冷焊现象等。

1.3.4　大气与原子氧

中性大气是低地球轨道（Low Earth Orbit，LEO）航天器所遇到的特有空间环境，大气的热层和外层大气正处于 100～1 000 km 高度范围。因此中性大气主要影响低轨的卫星，对于中高度地球轨道（Medium Earth Orbit，MEO）、地球同步轨道（Geostationary Earth Orbit，GEO）及倾斜地球同步轨道(Inclined Geosynchronous Satellite Orbit，IGSO）等中高轨卫星来说，它们的轨道高度已远离中性大气的作用范围，因此受中性大气的影响较小。中性大气对航天器的影响主要有两个方面：一是大气密度对航天器产生阻力，它将导致航天器的寿命、轨道衰变率和姿态的改变；二是高层大气中的原子氧作为一种强氧化剂，与航天器表面材料发生化学效应（如氧化、溅射、腐蚀、挖空等)，从而导致航天器表面材料的质量损失、表面剥蚀以及物理、化学性能改变。

1.3.5　太阳电磁辐射

太阳电磁辐射是指在电磁谱段范围内的太阳输出，卫星轨道上的电磁辐射环境包括来自太阳的 X 射线、紫外辐射、可见光、红外辐射、无线电波等。其中，轨道上的太阳辐照度与卫星面临的外热流及太阳电池发电效率等密切相关；太阳紫外辐照可能会引起卫星外表面材料性能退化；其他电磁环境可引起

卫星无线通信、光学敏感器、光学相机等的背景噪声及杂散光干扰等。太阳紫外辐射通量在总通量中的比例虽然很小，但是紫外线的波长短，光量子能量大，可以造成航天器表面一些材料受到辐射损伤。易受损伤的材料有光学材料和有机材料等。不仅如此，太阳辐射可能对卫星的温控系统、能源系统、姿控系统、通信系统等产生多种影响。

1.3.6 太阳扰动

太阳扰动会向空间抛射大量的物质和能量，通常表现为电磁辐射、高能带电粒子辐射和高速等离子体云三种形式（图 1-8）。强太阳风暴发生时，三种能量形式通常会同时出现，由于其在行星际空间传播速度的不同，将先后到达地球空间，对不同轨道上的航天器产生影响。

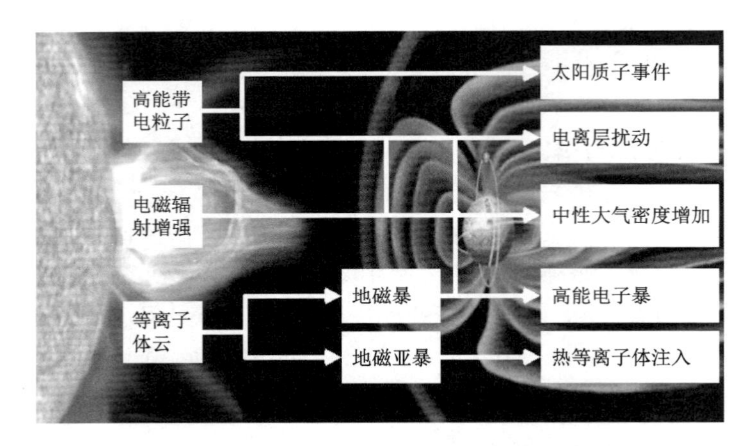

图 1-8 太阳扰动影响近地空间环境示意图

太阳爆发活动发生时，来自太阳的各个波段的电磁辐射的强度陡然增加，而在射电、紫外和 X 射线波段的电磁辐射强度可增加几个数量级，直接作用于地球高层大气和电离层，导致运行于低地球轨道上的航天器遭受的大气阻力显著增加。同时造成向阳面电离层自由电子浓度的急剧增加，将影响无线电波的传播。

低电离层自由电子浓度增加，会使得高频电波的吸收增强，可导致短波无线电信号衰落，甚至中断，影响短波通信；电离层底部自由电子浓度的增加，会使甚低频信号反射高度降低，影响长波导航信号。电离层自由电子浓度增加导致电波传输的延时增加，造成导航定位误差增大。

太阳爆发活动产生的高能带电粒子流到达地球空间，能量从兆电子伏特直

到千兆电子伏特，尽管地球磁层可以提供一定程度的屏蔽作用，但对于 MEO、GEO 和大椭圆轨道（Highly Elliptical Orbit，HEO）轨道航天器，地球磁层能够提供的有效屏蔽有限，这些粒子作用于航天器上的电子元器件和材料，会产生各种不同的影响：器件逻辑状态翻转、材料遭受的损伤加重等。

从太阳抛射出来的高速等离子体云到达地球附近后，与地球周围的磁层发生复杂的相互作用，引发磁层大范围的扰动——地磁暴；高层大气密度、成分和风场的变化，会引起电离层暴；地磁暴发生后的数天到一周内，中高轨道上的高能电子通量会急剧增加，产生全球范围内的高能电子暴。

高层大气密度增加，会增加 LEO 航天器在轨运行的阻力，导致航天器轨道衰减突然增加；电离层暴引发电离层电子密度的扰动，会对航天器的遥测、遥控以及导航信号产生干扰；从磁尾中注入的热等离子体会引发 GEO 航天器的表面充放电效应；长时间持续的高能电子暴可引发卫星内部充电效应等。

1.3.7　空间辐射总剂量效应

带电粒子入射到物体（吸收体）时，将部分或全部能量转移给吸收体。当吸收体是卫星所用的电子元器件和材料时，它们将受到总剂量辐射损伤，这就是所谓的总剂量效应。

卫星上不同类型的电子元器件和材料，在空间带电粒子的电离总剂量辐射下，将呈现出不同的损伤现象。多数电子元器件和材料在轨吸收一定的空间辐射剂量后，可能发生如下损伤：玻璃材料在严重辐照后会变黑变暗，透过率降低；热控材料发射率、吸收率变化；有机材料的物理性能和机械性能下降；半导体器件性能衰退，如双极晶体管电流放大系数降低、漏电流升高、反向击穿电压降低，单极型器件（MOS 器件）跨导变低、阈电压漂移、漏电流升高，运算放大器的输入失调变大、开环增益下降、共模抑制比变化，光电器件及其他半导体探测器暗电流和背景噪声增加；对于星上计算机等系统，辐射剂量增加将造成 CPU 及其外围芯片等逻辑器件的电性能参数逐渐偏移，并最终导致器件逻辑功能错误乃至丧失。

遥感卫星在轨运行期间，空间辐射总剂量的主要贡献者是地球辐射带的捕获电子和捕获质子，对辐射剂量贡献较大的主要是能量不太高、通量不太低、作用时间较长的空间带电粒子成分。由捕获电子引起的轫致辐射（即次级辐射）和太阳耀斑质子对辐射剂量也具有一定贡献。辐射带捕获电子在吸收材料中引起的轫致辐射对总剂量效应具有不容忽视的影响，并在屏蔽厚度较大时成为电离辐射剂量的主要来源之一。

1.3.8 空间位移效应

空间带电粒子入射到卫星电子元器件时，除通过电离作用产生电离总剂量外，还将产生位移效应，即入射高能粒子轰击吸收体原子并使之在晶格中原有的位置发生移动，造成晶格缺陷，从而对卫星电子元器件造成损伤。位移损伤的总体后果是改变了半导体材料中少数载流子的寿命或迁移率，使器件的背景噪声、暗电流、漏电流等增加。入射粒子引起晶格原子移位示意图见图 1-9。

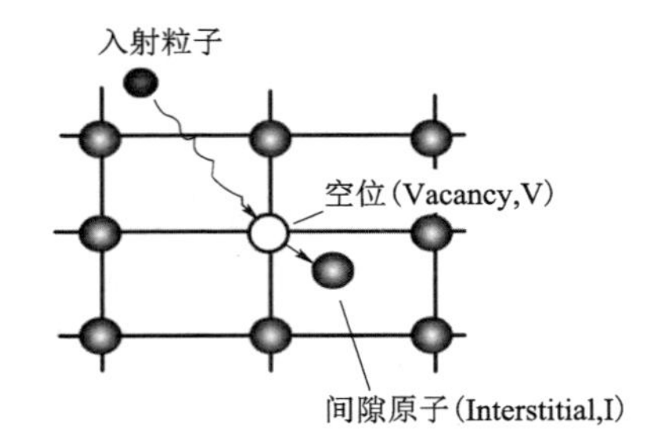

图 1-9 入射粒子引起晶格原子移位示意图

位移损伤会对光电器件、双极器件和太阳电池片等少数载流子器件的性能产生影响，其典型表现有：双极器件的电流增益下降，尤其在小电流情况下（PNP 器件比 NPN 器件对位移损伤更敏感）；二极管漏电流增加，正向导通压降增加；电荷耦合器件（Charge Coupled Device，CCD）的电荷迁移效率下降，暗电流、热点增加。

遥感卫星上太阳电池在地球辐射带的捕获电子、捕获质子和太阳耀斑质子的辐射下，通过位移效应产生损伤，导致太阳电池片的短路电流和开路电压下降，电池输出功率降低。

1.3.9 空间单粒子效应

单粒子效应是单个高能质子或重离子入射到电子器件上所引发的辐射效应，根据效应机理的不同，可分为单粒子翻转、单粒子锁定、单粒子烧毁、单粒子栅击穿、单粒子瞬态等多种类型。

从遥感卫星轨道空间辐射环境背景看，辐射带捕获质子、太阳宇宙线及银河宇宙线的质子和重离子是产生单粒子效应的粒子源。

单粒子翻转是发生在具有单稳态或双稳态的逻辑器件和逻辑电路的一种带电粒子辐射效应。当单个空间高能带电粒子轰击到大规模、超大规模的逻辑型微电子器件的芯片时，沿着粒子的入射轨迹，在芯片内部的 PN 结附近区域发生电离效应，生成一定数量的电子～空穴对（载流子）。如果这时芯片处于加电工作状态，这些由于辐射产生的载流子将在芯片内部的电场作用下发生漂移

和重新分布，从而改变芯片内部正常载流子的分布及运动状态，当这种改变足够大时，将引起器件电性能状态的改变，造成逻辑器件或电路的逻辑错误，比如存储器单元中存储的数据发生翻转（“1”翻到“0”或“0”翻到“1”），进而引起数据处理错误、电路逻辑功能混乱、计算机指令流混乱，从而导致程序“跑飞”，其危害轻则引起卫星各种监测数据的错误，重则导致卫星执行错误指令，使卫星发生在轨异常和故障，甚至使卫星处于灾难性局面之中。

单粒子锁定是发生于体硅互补金属氧化物半导体（Complementary Metal Oxide Semiconductor，CMOS）工艺器件的一种危害性极大的空间辐射效应，如图 1-10 所示。带电粒子轰击 CMOS 器件，沿粒子轨迹电离出大量电子～空穴对，当这些载流子通过漂移和扩散被芯片中的灵敏 PN 结大量收集时，可能会使体硅 CMOS 器件内寄生可控硅结构导通而触发体硅 CMOS 器件闩锁。CMOS 器件单粒子锁定，可能会对卫星造成三方面的危害：一是发生锁定的器件及仪器可能被锁定产生的大电流（几百 mA 甚至几 A）烧毁；二是该器件所使用的星上二次电源可能被此突然骤增的负载电流所损坏；三是当该器件所用二次电源受锁定影响导致输出电压变化后，使用相同二次电源的其他星上仪器的工作可能将受到影响。

单粒子烧毁是主要发生于功率 MOS 器件（如 VDMOSFET）中的一种空间辐射效应，如图 1-11 所示。电荷雪崩倍增机制是解释单粒子烧毁的重要理论模型之一。在高能粒子的入射下，可导致 VDMOSFET 漏极和源极之间的寄生双极晶体管导通，从而产生较大的漏源电流，导致器件烧毁。

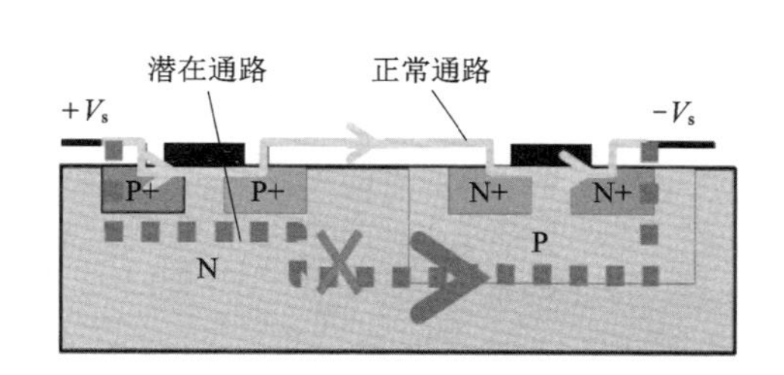

图 1-10　体硅 CMOS 器件结构图

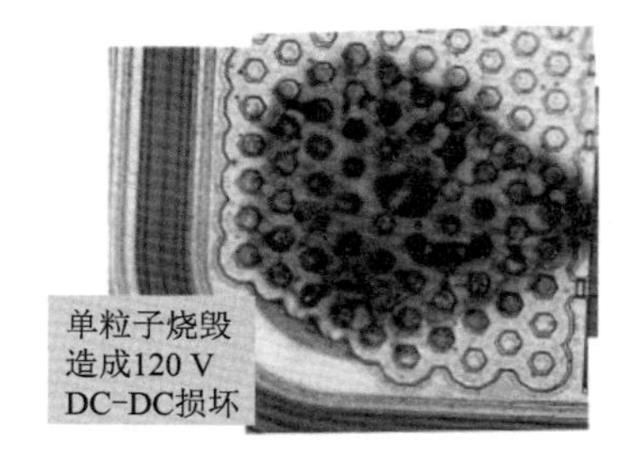

图 1-11　单粒子烧毁导致直流电源变换器烧毁示意图

单粒子栅击穿是发生于功率 MOS 器件（如 VDMOSFET）的一种空间辐射效应，如图 1-12 所示。一个处于正常工作状态的 MOS 器件，当空间的高能带电粒子入射并穿透其栅极、栅氧化层及器件衬底时，将沿着粒子的入射轨迹，在 Si－SiO_2 界面的 Si 一侧，通过电离效应产生大量的电子和正离子，形成电荷

集中，导致该处电场增强，当电场超过栅氧化层（SiO_2）的绝缘强度时，将导致栅氧化层永久性击穿，从而造成器件完全失效。

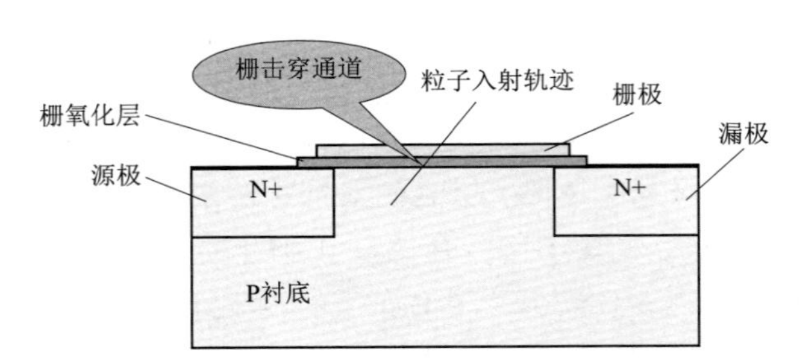

图 1-12　单粒子栅击穿效应机理示意图

1.3.10　空间表面充放电效应

沉浸在等离子体环境中的航天器不断受到带电粒子的撞击，能量在数 keV 以上的电子沉积在卫星表面，因此相对于周围空间，卫星表面将呈现出负电位，表面各部位的导电率不同将出现不等量充电，使得各部位之间出现电位差，当这个电位差升高到一定的量值之后，将以电晕、飞弧、击穿等方式产生静电放电（Electro Static Discharge，ESD），并辐射出电磁脉冲（Electro Magnetic Pulse，EMP），或者通过卫星结构、接地系统将放电电流直接耦合/注入卫星电子系统之中，对星上电子系统产生影响，乃至发生电路故障，直接威胁整星安全。表面充放电效应主要影响中高轨卫星，因此 MEO、地球同步轨道（GEO）、地球倾斜同步轨道（IGSO）等中高轨卫星需重点关注。太阳同步轨道（SSO）等低轨高倾角卫星穿越极区时，也可能会受到极光沉降粒子的影响，使卫星表面产生微弱的表面充放电效应。卫星表面充电后的危害主要集中在下面几个方面。

静电放电：当航天器表面材料充电电荷产生电场，并且电场强度超过周围介质的绝缘击穿强度时，材料中存储的静电能量会瞬间释放并诱发瞬态电流，使材料表面充电电荷趋向减少或消失。静电放电由电荷积累引起，其放电能量来源于充电电能。

电磁脉冲干扰：航天器表面静电放电是表面充电电荷快速释放的过程，并激发出瞬态脉冲电流。静电放电电磁脉冲耦合进入航天器内部或电路板中，从而形成电磁脉冲干扰，通过辐射和传导等耦合形式引向星上设备可能产生电路异常响应、状态错误或元件损坏。

高压太阳电池阵的二次放电效应：航天器上使用大功率太阳电池阵电源系

统时，高压太阳阵工作电压的提高增加了其与空间等离子体环境的耦合机会，出现了由于空间静电放电引起的二次放电效应。当高压太阳电池阵电池串之间电势差高于阈值电压时，在最初的触发静电放电发生后，相邻电池串之间有持续时间比较长的电流流过，称为二次放电或持续放电。二次放电能量由高压太阳阵电源系统提供，其能量远远大于 ESD 事件，可能会造成空间太阳阵串电路短路损坏，对卫星造成极大危害，参见图 1-13。

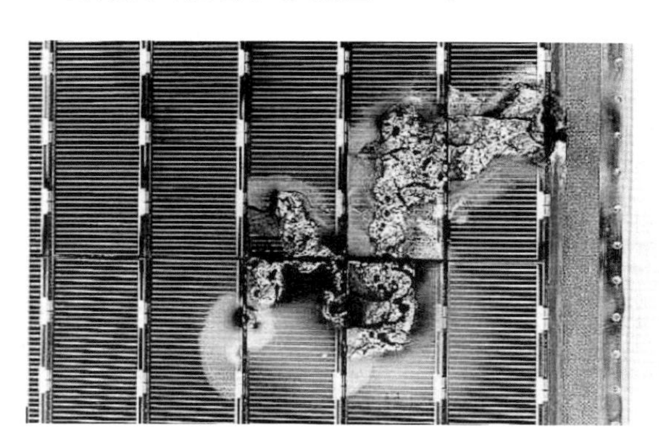

图 1-13　太阳电池阵烧毁

1.3.11　空间内带电效应

强烈的地磁暴发生后，常常在外辐射带中引发高能电子暴，使得地球辐射带中能量大于 1 MeV 的电子（相对论电子）的通量大幅度增加。倘若高通量的电子长时间持续存在，这些电子将可直接穿透卫星结构和仪器设备外壳，嵌入卫星内部的电路板、导线绝缘层等深层绝缘介质中，导致绝缘介质如电路板、同轴电缆等深层处的电荷堆积，造成介质深层带电，就是所谓的内带电效应。当高能电子持续不断地入射，嵌入绝缘材料中并快速地堆积电荷，一旦电荷累积速率超过绝缘材料的自然放电率，便可造成绝缘材料击穿，引起深层静电放电（ESD），直接对电子系统产生干扰，严重时可造成卫星故障和灾害。

此效应通常发生在 20 000～40 000 km 的地球空间区域，因此中高轨卫星需关注内带电效应，低轨卫星不处于高能电子暴影响区域，可不考虑内带电影响。

1.4 卫星遥感工程系统简介

航天工程所包括的范围很广，包括运载火箭、航天器发射场、跟踪和测控网、地面应用系统、航天员系统、返回着陆场等，这是一个大系统工程，称为“航天大系统工程”，参见图 1-14。对于应用卫星来说，一般包括以下分系统。

1）遥感卫星系统

卫星由多个系统组成，以满足航天任务要求。这些系统可分为两大类：卫星的有效载荷和支持平台。对于遥感卫星，其有效载荷指遥感卫星的光学相机、SAR 载荷和数据处理与传输系统。除有效载荷外的设备组成了各个功能系统，用以支持有效载荷工作，统称为卫星平台（或称为支持平台）。卫星平台主要由控制、测控、星上数管、电源、结构、热控、推进等分系统构成，它们形成一个有机整体，保障有效载荷工作和卫星正常运行。

2）运载火箭系统

卫星通过运载火箭发射进入预定的轨道。从发射场发射起飞到航天器进入轨道，这一段过程及其轨迹称为发射轨道。在发射轨道中火箭发动机工作阶段称为主动段，发动机停机后靠惯性飞行阶段称为自由飞行段或惯性飞行段。由于不同任务的航天器重量、轨道要求差异很大，需要选择一个合适的运载火箭、合适的发射场进行发射，因此卫星发射选择什么类型的运载火箭是首先

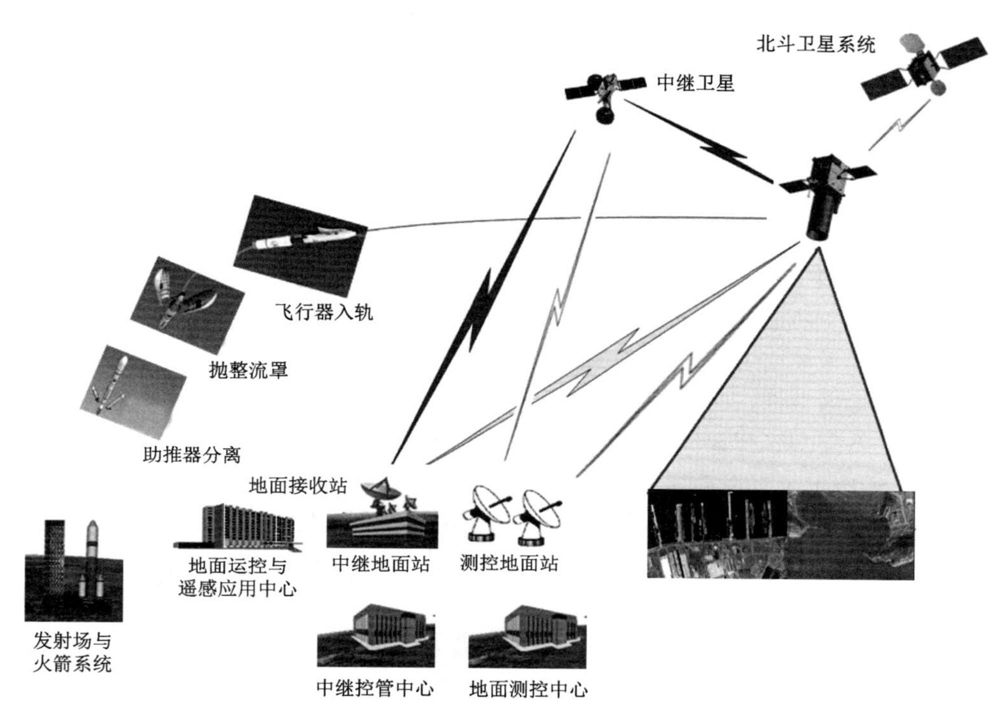

图 1-14　航天大系统工程示意图

要考虑和确定的事情。我国“长征”系列火箭的运载能力基本上覆盖了低、中、高地球轨道，可满足不同航天器的发射需要。

3）发射场系统

发射场的选择主要依据卫星任务要求、火箭选择及卫星总体参数，特别是卫星轨道要求，其次是运载火箭发射与发射场的相容性。我国已建成的四个发射场（中心），成功地发射了几百颗卫星，包括酒泉航天发射中心、西昌航天发射中心、太原航天发射中心、海南文昌航天发射中心。

4）工程测控系统

卫星测控系统是卫星与地面站通信的主要手段，是用来对在轨运行的卫星进行跟踪、测量、监视其飞行轨道、姿态和工作状态的系统。卫星随着运载火箭发射升空入轨运行，地面需要及时测量卫星运行轨道及掌握卫星平台及有效载荷的工作情况及其工程参数，并对卫星进行任务操控。卫星测控系统的功能包含跟踪测轨、遥测、遥控三个方面，跟踪测轨任务是实现卫星的测角、测距、测速等功能，上述三项功能在卫星测控系统中形成一个统一体。

北斗导航定位系统（BeiDou Navigation Satellite System，BD）、全球导航定

位系统（Global Position System，GPS）可以为遥感卫星实时提供定位、定轨和原始测量数据。遥感卫星通过接收北斗导航或兼容GPS卫星信号并进行高精度测定轨处理，将高精度测定轨数据作为遥感卫星载荷的辅助数据，提高图像预处理的定位精度。同时，利用北斗导航系统的高精度授时功能，对星上时间系统进行高精度的授时；通过导航接收机高精度轨道计算，为星上控制系统提供实时高精度的轨道参数。

5）遥感卫星运控系统

卫星运控系统是任务综合管理控制中心，是卫星遥感工程系统的神经中枢，主要用于综合规划卫星遥感成像任务，统筹调度星、地资源，集中接收和有效管理遥感数据，确保全系统协调、高效运行。运控系统由任务规划、指挥调度、任务控制、信息传输和数据接收等分系统组成。

6）遥感卫星应用系统

遥感卫星应用系统主要完成各类卫星遥感数据处理，准确、快速生成遥感图像产品，进行定标和质量评定，为国家、各用户决策提供信息服务。应用系统通常由综合管理、信息处理、情报处理、产品制作、定标测试、质量评定等系统组成。卫星与应用系统的接口要求需描述卫星的主要技术指标、卫星坐标系、运控及应用系统的主要任务/功能/战技指标、相机成像特性（包括成像控制、几何特性、辐射特性、工作模式等）、图像数据传输特性（包括压缩编码、频率特性、调制方式、编码方式、天线使用、辅助数据传输格式、数传AOS格式等）、卫星工作模式、卫星时统、卫星遥控遥测等。

7）中继测控与高速数据传输系统

跟踪与数据中继卫星系统是转发地球站对低、中轨道卫星的跟踪测控信号以及卫星发回地球站的测控信息和高速图像数据的通信卫星系统。天基测控通信与数据传输系统的特点是高的轨道覆盖率、多目标测控、高速数据传输，并采用全数字综合实现了测控与数据传输的合一，显著提高了低、中轨道卫星测控和高速数据传输任务的相应能力和实效性。

参 考 文 献

[1] 芮杰，金飞，王番，张占睦．遥感技术基础［M］．北京：科学出版社，2017.
[2] 沙晋明．遥感原理与应用［M］．北京：科学出版社，2012.
[3] 张加龙，刘畅，李素敏，洪亮，等，遥感与地理信息科学［M］．北京：科学出版社，2016.
[4] 于登云，蔡震波，卫新国，等．太阳风暴对航天器的影响与防护［M］．北京：国防工业出版社，2012.
[5] Herr J L，Mc Collum M B. Space Enviroment Interactions：Protecting Against the Effects of Spacecraft Charging［R］. NASA RP-1354，1994.
[6] Low Earth Orbit Spacecraft Charging Design Handbook［Z］. NASA-HDBK-4006，2007.
[7] Leung P，Scott J，Seki S，Schwartz J A. Arcing on Space Solar Arrays［C］. 11th Spacecraft Charging Technology Conference，2010.
[8] Avoiding Problems Caused by Spacecraft on Orbit Internal Charging Effects［Z］. NASA-HDBK-4002，1999.
[9] 谭维炽，胡金刚．航天器系统工程［M］．北京：中国科学技术出版社，2009.

第 2 章 遥感卫星空间轨道设计

2.1 概　　述

2.1.1 按轨道高度分类

地面上大气层高达 160 km，以后逐渐稀薄进入太空。地球卫星根据其典型参数进行分类，如表 2-1 所示。

表 2-1　地球轨道分类

轨道类型	符号	轨道高度/km	偏心率	倾角/(°)	轨道周期
地球静止	GEO	35 786	0	0	1 恒星日
地球同步	GEO		接近 0	0～90	1 恒星日
大椭圆轨道	HEO		大于 0.25，小于 1	0～90	
中地球轨道	MEO	2 000～30 000	0～高	0～90	
近地	LEO	200～2 000	0～高	0～90	>90 min

在设置 LEO 和 MEO 轨道参数时，应避免地球周围（1.3～1.7 倍地球半径以及 3.1～4.1 倍地球半径）辐射带，典型的 LEO 卫星高度为 500～1 500 km，轨道周期 1.5～2.0 h，在每个轨道周期，一个地面站只有几分钟的时间能观察到卫星。典型的 MEO 卫星高度为 5 000～12 000 km，轨道周期几个小时。大椭圆轨道上，航天器在大部分轨道周期时间里都可以看到两极区域。典型的大

椭圆轨道如 Molniya 轨道，近地点 1 000 km，远地点 39 400 km，倾角为 63.4°，周期约 12 h。GEO 卫星在 35 786 km 的高度上从西向东运行，其设计的轨道周期是 24 h，因而相对地球保持静止。

2.1.2 按轨道特点分类

对绕地运行卫星来说，运行时要受到地球非中心引力、日月引力、大气阻力等摄动力的影响，摄动影响最大的是地球非中心引力，它将引起轨道根数的摄动。利用地球非中心引力摄动影响，可以设计几类特殊的轨道，本节将简单介绍这些轨道。

1. 太阳同步轨道

太阳同步轨道是指轨道平面进动角速度和太阳在黄道上运动的平均角速度相等的轨道。在太阳同步轨道上，卫星与太阳之间的连线和卫星轨道平面的夹角变化较小，绝大部分光学遥感卫星使用该轨道。

太阳同步轨道的轨道倾角 i 满足：

$$\cos i = -n_{\mathrm{S}}\left(\frac{3}{2}J_2\frac{R_{\mathrm{E}}^2}{p^2}n\right)^{-1} \tag{2-1}$$

式中，n_{S} 为太阳的平均运动角速度；n 为卫星的轨道平均角速度；J_2 为地球摄动项；$p=a\ (1-e^2)$，e 为偏心率，a 为卫星的轨道半长轴；R_{E} 为地球赤道半径。

太阳同步轨道的倾角大于 90°，它是逆行轨道。以 500～1 000 km 的太阳同步圆轨道为例，轨道倾角为 97.4°～99.47°。太阳同步轨道有两个特点：第一个特点是卫星在太阳同步轨道每圈升段（或降段）经过同一纬度上空的当地时间相同，每圈降段经过赤道上空的当地时间为降交点地方时；第二个特点是太阳射线与轨道平面之间的角度变化范围不大。

这两个特点使得太阳同步轨道有着比较稳定的光照条件，有利于卫星能源、热控、姿态控制，可降低卫星系统复杂度。同时，太阳同步轨道星下点的太阳高度角变化范围亦不大，有利于对地观测光学成像，因此被遥感卫星广泛采用。工程上光学遥感卫星采用较多的是降交点地方时为 10:30、13:30 的太阳同步轨道，微波遥感卫星采用较多的是 6:00（晨）、18:00（昏）的太阳同步轨道。

2. 临界倾角轨道

临界倾角轨道是指轨道倾角等于 63°26′或 116°34′的轨道。临界倾角轨道

近地点幅角变化率和偏心率变化率接近零，其稳定程度将受轨道偏心率大小制约，偏心率越大，稳定性越好。因为临界倾角轨道拱线不漂移，可以保证近地点或远地点总在某个纬度上空。

苏联通信卫星 Molniya 就是采用了大偏心率临界倾角轨道，以保证远地点总在北半球高纬度地区，由于卫星在远地点运动速率接近零，因而在苏联领土范围内有更多的通信时间，并且有效降低了信号传输功耗。

3. 回归轨道

回归轨道是指卫星星下点轨迹每隔一定圈数重叠的轨道。

设轨道相对于地球表面进动一周的时间间隔为 T_e，卫星轨道周期（一般指交点周期）为 T_Ω，若存在既约正整数 D 及 N，满足：

$$N \cdot T_\Omega = D \cdot T_e \tag{2-2}$$

则卫星在经过 D 天，正好运行 N 圈后，其地面轨迹开始重复，这样的轨道便是回归轨道。

某些测绘、资源卫星等普查型遥感卫星工作时，要求对同一目标进行定期星下点成像。回归轨道星下点地面轨迹定期重复的特性正好满足这一飞行任务要求。因此，这类卫星除了选择太阳同步轨道外，通常还选择回归轨道或综合两类轨道特性的太阳同步回归轨道。

4. 冻结轨道

冻结轨道是指近地点幅角变化率和偏心率变化率为零的轨道。一般而言，冻结轨道包含了任意倾角范围的拱线静止轨道，而不限于某一特定的轨道倾角(如前文介绍的临界倾角轨道)。就低轨卫星而言，相应的冻结轨道有下列两种可能，即近地点幅角为：

$$\omega = 90^\circ 或 270^\circ$$

给定轨道半长轴和轨道倾角，相应的冻结轨道偏心率即可唯一确定。对于一般倾角的 LEO，冻结轨道偏心率的数值量级在千分之一以下。

运行在冻结轨道上的卫星具有在不同时间通过同一纬度地区时的高度不变的特性，这一特性可使得遥感卫星获得的图像比例尺保持一致，便于不同时间图像的拼接和比较，在对地观测中起着重要作用，如我国的资源一号系列卫星，就是选取的这类轨道。

太阳同步轨道、回归轨道、冻结轨道是三种不同的轨道特性，对地遥感卫星的轨道可以具有其中的任意一种或两种甚至全部三种轨道的特性。

2.2 遥感卫星轨道设计需求与特点

目前国内外在轨运行的遥感卫星以成像遥感卫星为主，并且主要为光学成像遥感卫星和微波成像遥感卫星。成像遥感卫星为获取目标的高空间分辨率，主要运行在低地球轨道上。其发展的一大趋势是分辨率要求越来越高，重访时间要求越来越短。因此，兼具高分辨率及快速重访两大特点于一身的光学和微波成像遥感卫星是当前遥感卫星的典型代表。因此本章主要聚焦这两类遥感卫星的轨道设计方法。

2.2.1 光学遥感卫星轨道设计分析

目前国际上主要的高分辨率光学成像遥感卫星主要参数见表 2-2。

表 2-2 国际上高分辨率光学成像遥感卫星主要参数

卫星名称	国家	发射时间	轨道高度/km	降交点地方时	星下点分辨率/m
KH-12 系列	美	1989	椭圆轨道 250～1 200	09:00—15:00	0.1@近地点
GeoEye-1	美	2008	684	10:30	0.41

续表

卫星名称	国家	发射时间	轨道高度/km	降交点地方时	星下点分辨率/m
WorldView－2	美	2009	770	10:30	0.46
WorldView－3	美	2014	617	10:30/13:30	0.31
WorldView－4	美	2016	617	10:30/13:30	0.31
Helios－2	法	2004	680	—	0.35
Pleiades－1	法	2011	694	10:30	0.50

可以看出，国际上主要的高分辨率光学成像遥感卫星以降交点地方时10:30的太阳同步轨道为主，也有选用降交点地方时13:30的太阳同步轨道。在轨道高度的选择上，在满足高分辨率要求前提下更倾向于提高轨道高度和姿态机动能力来提高重访能力。

光学遥感卫星种类很多、应用范围很广，其轨道设计很大程度上取决于任务需求和应用要求。本节重点针对高分辨率光学遥感卫星的任务需求与轨道设计特点进行分析。

1. 任务需求分析

针对高分辨率光学遥感卫星应用特点，其主要任务需求为：

1）全球覆盖应用需求

卫星覆盖纬度范围主要取决于轨道倾角，姿态机动能力可进一步扩展成像范围，由于姿态机动能力可扩展的成像范围有限，因此全球覆盖一般需要极轨道或者近极轨道。

2）高分辨率、大幅宽和快速重访需求

轨道高度选择受分辨率要求约束，当光学相机的像元尺寸以及焦距确定后，轨道高度越高，分辨率越低。高分辨率光学成像遥感卫星由于要求地面像元分辨率（Ground Sampling Distance，GSD）高，受其光学视场的约束，相机成像带宽一般比较窄，通常为几千米至十几千米。对于这种遥感卫星，要求对全球范围的目标进行重复星下点观测就会导致回归周期特别长，一般通过姿态机动实现快速重访。轨道高度加上姿态机动能力决定卫星重访特性，也决定卫星综合效能，如500 km高度的卫星，姿态侧摆±35°可实现5天重访；680 km高度的卫星，姿态侧摆±60°可实现1天重访。

3）成像光照条件需求

对地面目标进行光学成像时，其地面目标应满足一定的光照条件，即满足太阳高度角的要求。太阳高度角是指太阳光线相对于当地地平的仰角，是光学成像遥感的一个重要参数，通常要求范围在10°～70°。从这个角度来说，选择一条光照条件稳定的轨道对于光学成像遥感卫星是非常重要的。

4）轨道机动与维持需求

光学成像遥感卫星的设计寿命一般都在5年以上。低轨卫星受大气阻力影响，高度将不断降低，需定期进行维持。轨道高度越低，轨道高度维持的燃料消耗越多。因此，选择轨道高度时，需要将卫星推进剂携带能力作为考虑因素之一。

2. 轨道设计分析

1）优先选择降交点地方时10:30、13:30的太阳同步轨道

太阳同步轨道是近极轨道，可实现全球覆盖，其最大优点是太阳射线与轨道平面之间的角度变化范围不大，可同时满足光学遥感卫星的全球覆盖和遥感成像任务需求。此外，太阳射线与轨道平面之间的角度变化范围不大也有利于总体设计，特别是卫星能源保障。

光学遥感卫星采用较多的是降交点地方时为10:30、13:30的太阳同步轨道，这是因为这两个降交点地方时的轨道对应满足成像光照条件的地区最广，一年中可成像天数最多。

对于多星组网的应用，同一降交点地方时轨道的多星组网将会限制重访效能的提高，因此适当放宽成像太阳高度角的约束，增加降交点地方时部署是非常有必要的。一般来说，降交点地方时在09:00—15:00范围选择。

2）轨道高度与分辨率的综合权衡

对于光学相机，分辨率直接取决于轨道高度。高分辨率光学成像遥感卫星为获取目标的高空间分辨率，通常运行在近地轨道上。为满足卫星的分辨率和寿命要求，就要限定轨道高度的选择范围。若要求卫星实现更高分辨率，在相机性能基本保持不变的情况下，即在相机焦距、像元尺寸保持不变的情况下，可通过降低轨道高度实现，如500 km实现0.2 m分辨率，当轨道高度降低至250 km时，其空间分辨率可提高至0.1 m。但采用250～300 km这样高度的圆轨道，整个卫星系统的设计和运行都是很困难的，造成燃料消耗剧增、数传弧段缩短、积分时间减小等一系列的问题。解决分辨率与燃料消耗矛盾的最佳途径是选择椭圆轨道，在近地点实现高分辨率成像，同时通过远地点的高度设置，降低大气密度和电磁环境影响。

3）大范围姿态机动实现高效重访

对于高分辨率光学成像遥感卫星，主要通过大范围姿态机动实现快速重访。轨道高度直接决定了轨迹分布特性，当卫星姿态机动能力确定后，也就决定了重访效能。因此，当重访周期和姿态机动能力确定后，轨道高度也就随之确定了。在轨道高度的选择上，国外更倾向于通过提高轨道高度和增强卫星姿态机动能力来提高重访能力，而国内则更倾向于提高分辨率。

4）多任务轨道与多星组网

要提高高分辨率光学成像遥感卫星的适应能力与使用效能，需要让卫星具备适应多种时间分辨率或空间分辨率的能力。为适应这一任务需求，摒弃过去通常的设计思路，一颗卫星可以设计多条任务轨道。一般来说，任务轨道包括平时轨道和应急轨道，卫星可通过轨道机动实现平时和应急轨道转换。平常运行在平时轨道，必要时可迅速转入应急轨道，以提高空间分辨率或提高时间分辨率。

我国现有一些高分辨率光学成像遥感卫星通常采用 500 km 左右太阳同步圆轨道作为平时轨道、568 km 天回归圆轨道作为应急轨道，这种应用可较好地满足成像指标、重访周期、重点目标成像等任务要求。

随着卫星姿态及轨道机动能力的增强，应急轨道也可以是椭圆轨道或者天重访轨道，卫星所能实现的指标与轨道的高度不再是强约束关系，卫星空间分辨率和时间分辨率适应能力得到大幅增强，实现了一颗卫星执行多种观测任务的目的。

（1）椭圆轨道在近地点实现更高分辨率成像，远地点实现广域覆盖成像，通过轨道机动时序的优化设计，可快速实现近地点对着目标区，解决了多任务、复杂应用需求难题。

（2）天重访轨道可实现全球任意目标一天至少一次成像。如姿态机动能力提高到±60°时，轨道高度大于 680 km 的轨道即可满足天重访要求。

除提高卫星轨道高度、姿态机动能力外，多星组网是在保证空间分辨率的前提下提高任务响应时间的另一种有效手段。卫星组网分为共面组网以及异面组网两种方式。当共面组网卫星数目能够确保系统重访能力优于 1 天之后，只有增加异面组网卫星才能使系统重访能力进一步提高。

2.2.2 微波遥感卫星轨道设计分析

微波遥感卫星包括合成孔径雷达卫星和其他微波载荷卫星。当前国际上主要的微波遥感卫星主要参数见表 2-3。

表 2-3　国际上微波遥感卫星主要参数

卫星名称	国家	发射时间	轨道高度/km	轨道类型	主要指标/m	主载荷
Lacrosse－5	美	2005	715	57°倾角	分辨率 0.3	SAR
Cosmo-Skymed	意	2007	620	太阳同步/18:00	分辨率 0.7	SAR
TerraSAR	德	2007	514	太阳同步/06:00	分辨率 1.0	SAR
TandemSAR	德	2010	514	太阳同步/06:00	分辨率 1.0	SAR
SAR-Lupe	德	2008	500	近极轨道	分辨率 0.5	SAR
TecSAR	以	2008	550	143.3°倾角	分辨率 1.0	SAR
FIA-R	美	2010	1100	123°倾角	分辨率 0.3	SAR
Jason－3	美	2016	1343	66°倾角	测高精度 0.04	雷达高度计/微波辐射计
HY－2	中	2011	971	太阳同步/06:00	测高精度 0.06	雷达高度计/微波辐射计/微波散射计

可以看出，国际上主要的微波遥感卫星轨道设计以全球覆盖遥感成像卫星为主，而且更多选择太阳同步晨昏轨道。对于非成像类的微波遥感卫星，如海洋动力环境卫星，主要选择太阳同步晨昏轨道和一般倾角轨道。本节重点针对高分辨率 SAR 卫星的任务需求与轨道设计进行分析。

1. 任务需求分析

1）高分辨率需求

对于高分辨率 SAR 卫星，其空间分辨率与轨道高度并没有直接的几何关系。SAR 载荷的成像分辨率与载荷功率有直接关系，载荷功率又与成像距离的 4 次方成反比，因此轨道高度在一定程度上间接影响成像分辨率。对于以 SAR 为主载荷的卫星，需对成像分辨率、轨道高度和整星功率三者进行优化设计。

2）全球覆盖成像需求

高分辨率 SAR 卫星覆盖的范围主要取决于轨道倾角和 SAR 载荷的覆盖能力，而 SAR 载荷的可视能力取决于其入射角范围。对于全球覆盖的需求，SAR 卫星依然优先选择太阳同步轨道。但由于星下点的杂波干扰较大，SAR 载荷不能直接对其成像，会在星下点形成盲区。SAR 卫星在选择太阳同步轨道时，应考虑星下点轨迹的分布，利用邻近轨道完成对星下点盲区的观测，确保全球无

缝覆盖需求。

3）宽覆盖与高重访需求

不同于可见光相机的幅宽单一且固定，SAR 载荷具有多种工作模式，如扫描、条带、聚束和点波束模式等，每种工作模式具有不同的成像分辨率和成像幅宽，为了满足特定任务的宽覆盖需求，某些工作模式的成像幅宽可达几百千米。SAR 卫星可通过载荷的电扫描实现不同角度观测，而主流高分辨率 SAR 卫星在载荷电扫描能力的基础上，卫星具备通过姿态机动实现左右双侧视能力，双侧视将卫星的可视范围扩大一倍，可适应高重访的需求。

4）成像对光照条件无要求

SAR 卫星与可见光卫星的不同之处在于，其载荷成像时不依赖于地面目标的光照条件，因此卫星可以不必选择太阳同步轨道。但鉴于太阳同步轨道有利于卫星总体设计，特别是星上能源、控制和热控系统的设计需求，且轨道倾角接近 90°有利于全球覆盖成像，要求全球覆盖的 SAR 卫星通常也选择太阳同步轨道，其降交点地方时应根据实际具体任务进行选择确定。

5）载荷功耗大，对卫星能源要求高

不同于光学遥感卫星载荷，SAR 载荷是通过自身发射电磁波信号再接收目标反射的信号进行工作的，因此 SAR 载荷对能源的需求量要大于光学遥感卫星，功耗需求极高。因此在进行轨道设计时，要充分考虑卫星在轨太阳光照条件。

2. 轨道设计分析

1）优先选择降交点地方时为 06:00、18:00 的太阳同步轨道

对于有全球覆盖要求的 SAR 卫星，采用太阳同步轨道后利用载荷自身的电扫描能力基本可以实现全球覆盖。由于卫星对成像目标无光照条件要求，而降交点地方时 06:00、18:00 的太阳同步轨道能够为卫星提供全年绝大部分时间的全日照条件，有利于卫星能源系统设计。因此，对于无特殊任务要求的全球覆盖微波遥感卫星，优先选择降交点地方时为 06:00、18:00 的太阳同步轨道。

2）利用姿态机动方式实现高重访和大覆盖

对于高重访和大覆盖的任务需求，卫星可通过 SAR 载荷的入射角变化、波束宽度调整和双侧视能力来实现。SAR 载荷通常具有多种工作模式，有的工作模式可实现几百千米的瞬时覆盖宽度，满足了大覆盖的需求。

SAR 载荷天线可分为相控阵天线和反射面天线两种体制。相控阵天线体制 SAR 成像能够利用电子控制方式实现波束指向的快速转换，使天线具备快速调节指向成像能力，但双侧视成像时也需要姿态机动。反射面天线体制成像则需

要通过卫星姿态机动的方式实现成像所需的波束扫面。因此，卫星SAR载荷所采用的不同天线体制对卫星的姿态机动能力需求有不同，采用相控阵体制天线，通过双侧视成像可满足高重访需求；采用反射面体制天线，为实现成像所需的波束扫面，需要卫星具有敏捷姿态机动能力来实现高重访需求。

3）冻结、回归轨道实现干涉测量或海洋动力环境要素的测量

SAR载荷卫星通常需要满足成像、测量地表形变等多任务需求。测量地表形变是利用SAR载荷的干涉测量能力实现的。根据干涉测量的要求，卫星的轨道高度、横向轨迹漂移要在一定范围内。而冻结轨道的特点就是轨道的近地点幅角固定、轨道偏心率变化率为零，卫星过同一纬度的高度变化小；回归轨道的特点是经过特定的时间后卫星的星下点轨迹重复。这两种轨道的特点正好满足干涉测量的要求，因此，SAR载荷卫星通常采用冻结回归轨道。

2.3　光学遥感卫星多任务轨道设计分析

2.3.1　轨道选择原则

高分辨率光学遥感卫星的任务需求主要包括追求高分辨率、高重访；相机幅宽小，需大范围姿态机动实现高重访；利用椭圆轨道特点解决多任务的应用需求。

通过需求分析，卫星轨道类型通常选择太阳同步回归轨道。轨道类型确定后，需要根据分辨率、幅宽、重访和太阳高度角等需求确定轨道参数。

（1）地面像元分辨率：轨道高度 H 须满足的条件是 $H \leqslant$（地面像元分辨率×相机焦距/像元尺寸）。

（2）成像幅宽：成像幅宽取决于相机的视场角、有效像元数和轨道高度，选取较高的轨道高度可获得较大的幅宽，提高单条带的目标成像面积。

（3）覆盖和重访特性：轨道高度直接决定了轨迹分布特性，轨道高度选择时需根据姿态机动能力选择合适的轨道高度，使得覆盖和重访效能最优。

（4）轨道保持和机动能力：轨道高度较低的卫星轨道保持和较大范围的轨道机动均会消耗较多的燃料，需综合考虑整星燃料携带能力和寿命期内燃料消耗需求。

（5）卫星降交点地方时：该因素将决定成像光照情况和太阳翼光照条件，

并且选择时应考虑到多颗卫星组网使用以及平台的适应能力。

(6) 应急变轨应用：应急轨道高度选择要满足应急事件的高分辨率或高重访成像需求，如区域地质灾害等，即满足平时/应急轨道转换和维持所需的燃料预算要求。

2.3.2 卫星多任务轨道设计

1. 卫星轨道高度设计

为兼顾卫星成像分辨率、重访效能和长期轨道保持燃料消耗等要求，卫星运行轨道可设计为两种：平时轨道和应急轨道。前者以燃料消耗代价小和满足重访效能为主要设计原则，卫星在该轨道上能够长期稳定运行；后者主要需求是实现高空间分辨率或高时间分辨率。

这种使用策略可以充分利用不同高度轨道的各自优势，既保证卫星在低轨道条件下具备获取超高分辨率图像，同时在较高轨道条件下节省卫星燃料并且使卫星具有较高的覆盖能力，从而提高全生命周期内的综合效能。

1) 平时轨道高度选择

轨道高度保持燃料需求具体取决于太阳活动强度以及卫星面质比，对轨道高度 500 km 左右的卫星，轨道高度保持年燃料消耗约为几千克至几十千克，从长期在轨稳定运行的角度来说，工程上是可接受的。适当降低轨道高度可提高重访效能，如 500 km 整星姿态侧摆能力±35°可实现任意目标 5 天重访；而 490 km 整星姿态侧摆能力±35°可实现任意目标 4 天重访，侧摆能力±60°可以实现任意目标 2 天重访。重访效能与卫星的轨道高度相关，但不是轨道越高重访效能越好，490 km 的轨道星下点轨迹分布更加均匀，因此在相同侧摆能力下其重访时间要短于 500 km 的轨道。

2) 应急轨道高度设计

应急轨道主要需求是实现高空间分辨率或高时间分辨率。对于实现高空间分辨率的需求，可通过降低轨道的方法来实现。如 490 km 平时轨道实现 0.3 m 分辨率，当轨道高度降至 250 km，则分辨率可提高一倍。但采用 250～300 km 这样低的圆轨道，将带来燃料消耗剧增、数传弧段缩短、积分时间减小等一系列的问题，整个卫星系统的设计和运行都是很困难的。因此，轨道设计时需根据具体飞行任务，进行轨道高度与分辨率的综合权衡。以燃料消耗为例，对于 250 km 的圆轨道，轨道高度维持所需燃料消耗是 490 km 圆轨道的 100 倍，对国内的典型遥感卫星则意味着每年要消耗几吨的燃料。

解决分辨率与燃料消耗这一突出矛盾的最佳途径之一是选择椭圆轨道，在近地点实现高分辨率成像，同时通过远地点的高度设置，降低大气密度和电磁环境影响。为达到提高空间分辨率效果，近地点高度为 250 km 左右，远地点高度根据运载能力、重访效能和运行时长等优化设计，可在 500～1 000 km 内选择。平时轨道向应急轨道转移时，通过轨道机动时序的优化安排，可快速实现近地点位于目标区上方。

对于实现高时间分辨率的应急轨道需求，可通过提高轨道高度的方法来实现。如 568 km 天回归圆轨道作为应急轨道可实现重点区域目标一天一次重访，观测区域大小取决于姿态机动能力。对于 680 km 的轨道，加上姿态机动±60°可实现全球任意目标一天一次重访。

2. 降交点地方时设计

降交点地方时决定了成像光照条件和太阳翼光照条件。根据光学相机成像对太阳高度角 10°～70°范围的要求，我国大部分光学遥感卫星优先选择降交点地方时 10:30 或 13:30 的太阳同步轨道，主要是满足成像光照条件的天数最多的要求，同时也是综合考虑能源系统及热控系统的设计结果。考虑到将来多颗卫星组网使用以及平台的适应能力，降交点地方时应可根据需要在 09:00—15:00 范围内选择。

2.3.3　卫星多任务轨道参数设计

根据卫星多任务轨道设计分析，针对某高分辨率遥感卫星型号应用需求，多任务轨道设计方案为：选择卫星平时运行轨道为 490 km 的圆轨道，实现 0.3～0.5 m 地面像元分辨率；为进一步提高卫星成像分辨率，选择 250 km×490 km 椭圆轨道，近地点可实现 0.15～0.25 m 地面像元分辨率；选择 568 km 的天回归圆轨道，可实现热点区域天重访；选择 490 km×680 km 椭圆轨道，加上姿态机动±60°，远地点可实现热点区域目标天重访，近地点仍然可以实现全球任意区域 4 天一重访。具体轨道参数如表 2-4 所示。

表 2-4　多任务轨道设计参数（姿态机动±60°）

轨道类型 / 参数	平时轨道	应急轨道		
	回归圆轨道	椭圆轨道	回归圆轨道	椭圆轨道
轨道高度/km	490.335	250～490	568.143	490～680
轨道半长轴/km	6 861.335	6 741	6 939.143	6 956

续表

轨道类型 / 参数	平时轨道	应急轨道		
	回归圆轨道	椭圆轨道	回归圆轨道	椭圆轨道
倾角/(°)	97.361 7	97.288 3	97.695 2	97.721 8
偏心率	0	0.017 8	0	0.013 7
降交点地方时	09:00—15:00	09:00—15:00	09:00—15:00	09:00—15:00
交点周期/min	94.393	91.932 7	96	96.349 8
重访周期	3～4 天	近地点 5 天 远地点 4 天	天回归	近地点 4 天 远地点 1 天

2.3.4 轨道控制

光学遥感卫星轨道控制主要包括初轨调整、轨道保持、轨道偏心率和近地点幅角维持、轨道转移等事件。

1. 初轨调整

由于运载火箭的入轨误差等因素，为进入目标工作轨道，入轨后需要卫星利用自身推进系统进行轨道控制。此阶段主要需要调整控制轨道半长轴和轨道倾角，在调整半长轴时，根据需要兼顾偏心率的修正。此外，若卫星采用冻结轨道，则对偏心率和近地点幅角有特殊要求，还需在进行轨道半长轴控制的同时，将偏心率和近地点幅角调整到位。

2. 轨道保持

近地卫星由于受到大气阻力的影响轨道高度将不断下降，由此引起的轨道周期的缩短将使得地面轨迹的位置向东漂移，使轨迹的重复性受到破坏，这就需要进行周期性的轨迹保持。

地面轨迹保持的任务是将地面轨迹控制在以标称位置为中心的一定宽度的范围。这种控制是通过半长轴的调整来实现的，因此也实现了半长轴的保持。如轨道高度 490 km 的某太阳同步轨道光学遥感卫星，任务要求星下点轨迹保持范围为±3 km，对应的轨道保持情况如表 2-5 所示。

表 2-5 典型光学遥感卫星轨道理论调整量及轨控频率

太阳活动率	大气密度/($kg\cdot km^{-3}$)	半长轴变化率/($m\cdot d^{-1}$)	半长轴调整量/m	轨控周期/d
高年（$F_{10.7}$=225）	3.90E-03	−339.62	4 316.02	12.71
中年（$F_{10.7}$=150）	1.60E-03	−139.33	2 764.46	19.84
低年（$F_{10.7}$=75）	1.25E-04	−10.89	772.69	70.98

3. 轨道偏心率和近地点幅角维持

椭圆轨道的高度保持与近圆轨道类似，但是需要通过选取合适的变轨位置分别实现近地点高度和远地点高度的保持。根据任务需要，椭圆轨道还可能需要进行近地点幅角保持。为了使近地点调整或保持到需要目标位置，需要将椭圆的拱线旋转一定角度，具体轨控策略可以参考杨嘉墀主编的《航天器轨道动力学与控制》。以 250 km×700 km 的椭圆轨道为例，近地点幅角调整 10°约需速度增量 17.7 m/s。

椭圆轨道在不作机动的情况下，由于轨道的摄动，轨道的拱线将在惯性空间发生旋转，周期为一百多天，在这期间近地点的位置可以被动地在任一纬度上出现两次，因此可以充分利用这一特性对指定纬度上的一些地区进行高分辨率成像。

4. 轨道转移

根据光学遥感卫星的成像范围和重访效能的不同需求，卫星在不同时期可能需要采用不同的飞行任务轨道，并且通过轨道机动实现两者之间的转换，包括圆轨道之间的转移、圆轨道与椭圆轨道之间的转移。轨道转移时，在提升（或降低）轨道高度的同时，有时还需要将目标轨道的某一条地面轨迹安排在特定的位置上，使得成像弧段穿过特定目标区域，这可通过变轨起止时间、变轨次数和每次变轨量的适当安排来实现。

2.3.5 轨道控制燃料消耗

针对上述典型应用，不同轨道保持、轨道间转移的消耗燃料如表 2-6 所示。由表可知，远地点高度几百千米的椭圆轨道，如 250 km×490 km 椭圆轨道的

保持燃料远远大于 490 km 圆轨道，在燃料携带能力受限的情况下，此类椭圆轨道更适合做应急轨道。

表 2-6　不同轨道保持、轨道间转移消耗燃料分析表

<table>
<tr><th>轨控操作</th><th>轨道参数/km</th><th>燃料消耗</th><th>备注</th></tr>
<tr><td>临时轨道保持</td><td>250×250</td><td>1 900 kg/年</td><td rowspan="3">燃料保持平均消耗</td></tr>
<tr><td>平时轨道保持</td><td>490×490</td><td>19.00 kg/年</td></tr>
<tr><td rowspan="3">应急轨道保持</td><td>250×490</td><td>476.00 kg/年</td></tr>
<tr><td>568×568</td><td>5.16 kg/年</td><td>—</td></tr>
<tr><td>680×680</td><td>1.25 kg/年</td><td>—</td></tr>
<tr><td rowspan="3">平时→应急轨道转移</td><td>490×490→
250×490</td><td>81.75 kg</td><td>—</td></tr>
<tr><td>490×490→
568×568</td><td>53.50 kg</td><td>—</td></tr>
<tr><td>490×490→
490×680</td><td>84.68 kg</td><td>将远地点对着热点目标，可实现近 1 个月的区域天重访</td></tr>
<tr><td colspan="4">注：表中发动机比冲按 290 s，迎风面积按 25 m^2 考虑，分析时不考虑变轨机动引起的卫星重量变化，均按 3 550 kg 进行燃料消耗分析。</td></tr>
</table>

当椭圆轨道的远地点高度高于圆轨道的平均高度时，利用椭圆轨道远地点衰减速度远大于近地点的特性，通过椭圆轨道远地点自然衰减完成椭圆轨道转移至圆轨道的远地点机动调整，可同时节省椭圆轨道高度保持以及轨道转移机动的燃料消耗。

近地点为 250 km 椭圆轨道的保持燃料消耗巨大，适当提高近地点高度可大幅降低轨道保持燃料消耗。如果 250 km×490 km 椭圆轨道改为 300 km×490 km，轨道保持燃料消耗可从 476 kg/年降至 170 kg/年。

2.3.6　任务应用策略

1. 实现高空间分辨率轨道使用策略

轨道使用策略受飞行任务要求及燃料携带量约束，对于本书的典型应用飞行任务要求，以 600 kg 的燃料约束为例，由于应急轨道转移以及轨道保持均需消耗较多燃料，受燃料及发动机比冲等条件限制，一是考虑应急轨道选用椭圆轨道，在应急任务完成后，选用 2.3.5 节提出的利用椭圆轨道远地点自然衰减

完成椭圆轨道至平时圆轨道之间的远地点机动调整；二是应急轨道的远地点考虑保持与平时轨道一致，在减少轨道转移燃料消耗的前提下，尽可能提高多任务轨道的应用次数。综上，可以确定以下任务方案：

卫星发射至250 km×680 km轨道，远地点高度自然衰减至490 km，约需4个月，期间通过近地点获取0.15～0.25 m分辨率图像；而后升轨至490 km×490 km的圆轨道，保持长期稳定运行，获取0.3～0.5 m分辨率图像；可随需而动，机动至250 km×490 km轨道继续获取0.15～0.25 m分辨率图像，600 kg的燃料至多可以支持2次往返。卫星轨道详细使用策略见表2-7。

表2-7　轨道使用策略

时间段	轨道/km	轨控操作	持续时间	燃料消耗/kg	备注
入轨段	250×680	修正入轨误差	轨道机动	17.65	
第1～4月	250×680→250×490	远地点自然衰减	4～7个月	4.44	2015年，$F_{10.7}$范围70～100
第5月	250×490→490×490	初始→平时轨道	轨道机动	81.22	机动至平时轨道
第5月～第5年	490×490	平时轨道保持	4年5个月	49.46	中高年+中低年
	490×490→250×490	平时→应急轨道	轨道机动	78.13	第1次应急转移
	250×490	应急轨道保持	2个月	42.33	低年
	250×490→490×490	应急→平时轨道	轨道机动	75.27	返回平时轨道
	490×490→250×490	平时→应急轨道	轨道机动	73.49	第2次应急转移
	250×490	应急轨道保持	1个月	39.67	高年
	250×490→490×490	应急→平时轨道	轨道机动	70.81	返回平时轨道
全寿命期姿控				30.00	
全寿命期合计				562.47	

初始轨道至平时轨道的转移利用大气阻力引起的高度衰减来辅助完成过渡，节省变轨燃料，平时轨道至应急轨道的两次往返转移采用直接变轨实现的方式，为节省应急轨道高度保持燃料消耗，太阳活动高年在应急轨道上停留的

时间为 1 个月，太阳活动低年在应急轨道上停留的时间为 2 个月。按照这一策略，600 kg 的燃料至多可以支持平时轨道至 250 km×490 km 应急轨道 2 次往返，燃料余量为 37.53 kg。

2. 实现高时间分辨率轨道使用策略

对于实现高时间分辨率的应急轨道需求，需通过提高轨道高度的手段来实现，轨道高度提高后，轨道保持的燃料消耗明显减小，因此高时间分辨率轨道使用策略中，主要考虑的因素是轨道转移的燃料消耗。仍以 600 kg 的燃料约束为例，受燃料及发动机比冲等条件限制，以尽可能提升多任务轨道的应用能力为设计目标，综合确定以下任务方案：

490 km×490 km 的圆轨道，保持长期稳定运行，获取 0.3～0.5 m 分辨率图像，可实现 4 天重访；可随需而动，机动至 568 km 天回归轨道实现特定目标区域天重访，但覆盖特性存在“西瓜皮”型漏缝；可随需而动，机动至 490 km×680 km 轨道，远地点附近弧段实现全球任意目标区域天重访，优点是不存在 568 km 天回归轨道“西瓜皮”型漏缝。

2.3.7 初轨偏置设计

1. 半长轴偏置

对于半长轴，入轨误差、大气阻力引起的衰减均需通过轨道机动进行调整，对于姿态机动能力受限且推力器无法直接提供负向速度增量的卫星，一般会对初轨半长轴进行负偏置，其他卫星则一般不考虑初轨偏置。

2. 倾角偏置

由于太阳引力的影响，在卫星工作寿命期间，轨道倾角会有长期变化(图 2-1)，进而影响太阳同步特性的保持。为了尽可能减小这一影响，轨道倾角需作适当的偏置。对于太阳同步轨道，这种变化在很长的一段时间内可以近似地看作是线性变化。对于本书典型应用的平时轨道，这一变化为每年 −0.031 2°，这种变化将导致降交点地方时不断向 6 点方向漂移。

以卫星 5 年工作寿命为例，为使降交点地方时变化范围尽可能小，则倾角的入轨偏置量应为 0.064°。

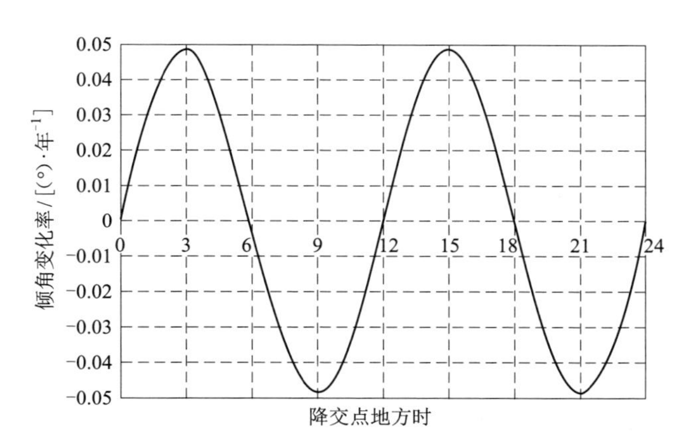

图 2-1　太阳引力摄动对不同降交点地方时轨道的影响

3. 降交点地方时偏置

不同平均轨道半长轴对应的倾角不同，对于采用多条任务轨道的卫星来说，轨道转移时，为保证太阳同步轨道特性，必须进行倾角调整。对于 250 km×490 km 椭圆轨道以及 490 km 圆轨道，轨道倾角相差 0.073 4°，按质量3 550 kg、比冲 290 s 计算，轨道倾角调整需消耗燃料 14 kg。

为节省燃料，若不进行倾角调整，对于降交点地方时为 10:30am 的轨道，则初始轨道运行的四个月期间，降交点地方时将增加 20 min。

卫星的标称降交点地方时为 10:30am，则设置初始入轨的降交点地方时为 10:10am，卫星在初始轨道运行 4 个月后，降交点地方时恰好增加至标称值，此时再转移至平时轨道，可以使得平时轨道的初始降交点地方时为标称值。

2.3.8　降交点地方时漂移特性

高分辨率光学遥感卫星降交点地方时漂移考虑以下几个因素：

(1) 轨道衰减影响：卫星的标称降交点地方时为 10:30am，根据 2.3.7 节的设计结果，设置初始入轨的降交点地方时为 10:10am，卫星在初始轨道运行 4 个月后，降交点地方时恰好增加至标称值，此时再转移至平时轨道，可以使得平时轨道的初始降交点地方时为标称值。

(2) 倾角变化影响：由于太阳引力摄动的影响，轨道倾角将发生变化，从而引起降交点地方时的变化，初始倾角偏置 0.064°后，降交点地方时为 10:30am 的轨道 5 年累计变化约±18 min。

（3）轨道转移影响：平时轨道向应急轨道进行转移，为节省燃料，若不进行倾角调整，如 490 km 轨道转移至 250 km×680 km 轨道运行 4 个月，对于降交点地方时为 10:30am 的轨道，其降交点地方时将增加 17 min。

（4）发射窗口影响：考虑到卫星发射时可能因各种原因无法零窗口发射，若卫星提前发射，则入轨降交点地方时偏早，滞后发射，则降交点地方时迟后。

（5）总漂移范围：发射窗口按 0～+5 min 考虑，则以降交点地方时为 10:30am 轨道为例，卫星降交点地方时总的变化范围为 10:10am～11:10am。

2.3.9 分辨率和重访能力设计

针对本书典型应用设置的 4 种任务轨道，以 490 km 圆轨道实现 0.3 m 分辨率为例，则 4 种轨道主要覆盖特性分析如表 2-8 所示。

表 2-8 不同轨道主要覆盖特性（姿态机动±60°）

<table>
<tr><th colspan="2" rowspan="2">观测能力</th><th colspan="2">椭圆轨道/km</th><th colspan="3">圆轨道/km</th></tr>
<tr><th>250×680</th><th>250×490</th><th>490</th><th>568</th><th>680</th></tr>
<tr><td rowspan="2">星下点分辨率</td><td>近地点/m</td><td>0.15</td><td>0.15</td><td rowspan="2">0.3</td><td rowspan="2">0.35</td><td rowspan="2">0.42</td></tr>
<tr><td>远地点/m</td><td>0.28</td><td>0.2</td></tr>
<tr><td rowspan="2">分辨率优于0.2 m的重访</td><td>近地点/d</td><td>7</td><td>7</td><td rowspan="2">—</td><td rowspan="2">—</td><td rowspan="2">—</td></tr>
<tr><td>远地点/d</td><td>—</td><td>—</td></tr>
<tr><td rowspan="2">分辨率优于0.3 m的重访</td><td>近地点/d</td><td>5</td><td>5</td><td rowspan="2">星下点</td><td rowspan="2">—</td><td rowspan="2">—</td></tr>
<tr><td>远地点/d</td><td>—</td><td>星下点</td></tr>
<tr><td rowspan="2">分辨率优于0.5 m的重访</td><td>近地点/d</td><td>5</td><td>5</td><td rowspan="2">3～4</td><td rowspan="2">天回归</td><td rowspan="2">1（天重访）</td></tr>
<tr><td>远地点/d</td><td>1</td><td>3～4</td></tr>
</table>

可以看出，姿态机动±60°情况下，568 km 的天回归轨道实现特定目标区域天重访，680 km 圆轨道实现全球任意区域天重访，490 km 圆轨道在保证 0.3 m 分辨率的前提下可实现全球任意区域 4 天重访，250 km×490 km 椭圆轨道在近地点保证 0.15 m 分辨率下可实现 7 天重访。图 2-2 所示为 568 km 的天回归轨道对特定区域的观测。

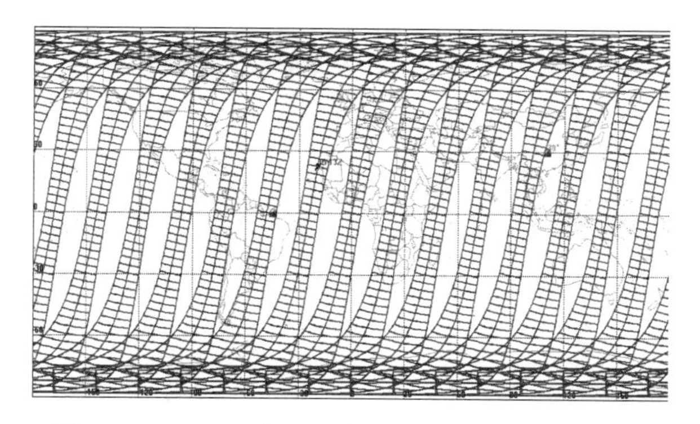

图 2-2　568 km 的天回归轨道对特定区域的观测

2.4 微波成像遥感卫星轨道设计分析

2.4.1 轨道选择原则

根据2.2.2节对高分辨率SAR卫星的轨道设计需求与特点，卫星轨道类型确定为太阳同步回归轨道。由于SAR载荷对成像光照条件无要求，但对轨道高度变化有一定要求，因此SAR卫星的轨道更多选择降交点地方时为06:00（或18:00）的晨昏、冻结轨道。综合考虑，微波遥感卫星的轨道类型确定为太阳同步回归冻结晨昏轨道。轨道类型确定后，需要根据任务需求综合确定轨道参数，参数选择考虑因素总结如下：

（1）地面成像分辨率：根据2.2.2节中的描述，以SAR载荷为代表的微波成像载荷成像分辨率与轨道高度无直接关系，需要综合卫星整星功率和载荷分辨率要求，得到卫星可选取的轨道高度范围。

（2）成像幅宽：SAR载荷微波成像遥感卫星的幅宽取决于载荷的单次波束宽度和电扫描的多个波束拼接宽度，和轨道高度的关系不大，即对于轨道高度的选择，载荷幅宽要求不是一个强约束条件。

（3）覆盖和重访特性：SAR载荷微波成像遥感卫星可视幅宽取决于载荷的入射角范围。目前国内外绝大多数SAR卫星的入射角范围为20°～50°。此外SAR载荷存在星下点盲区的问题，在选择轨道高度时，需要考虑利用相邻轨迹

的可视范围对星下点盲区进行覆盖。

(4) 轨道保持和机动能力：较低高度的轨道保持和较大范围的轨道机动均会消耗较多的燃料，需综合考虑整星燃料携带能力和寿命期内燃料消耗需求。

(5) 卫星降交点地方时：微波遥感卫星由于对地面目标的成像无光照条件要求，因此微波遥感卫星如无特殊要求，一般都选择降交点地方时 06:00 或 18:00。

目前我国在轨运行的最新一颗民用 C 波段 SAR 卫星最高分辨率达到 1 m，且具备 12 种载荷工作模式、4 种极化方式，代表了我国民用 SAR 卫星的最高水平。本书结合其典型应用，介绍微波成像遥感卫星轨道设计方法。

2.4.2　轨道参数设计

目前，全球观测的微波成像遥感卫星更多选择降交点地方时为 06:00 或者 18:00 的太阳同步回归冻结晨昏轨道。由于采用太阳同步轨道，确定轨道高度，即确定了轨道倾角。根据轨道高度和轨道倾角可确定冻结轨道的冻结偏心率和近地点幅角。因此，对于全球观测的微波成像遥感卫星最主要的任务就是确定轨道高度。

1. 轨道高度设计

对于 SAR 卫星，其轨道高度设计要考虑重访时间、观测覆盖等任务指标的要求，同时还应考虑运载火箭运载选型等大系统的约束条件。

(1) 运载能力约束分析：针对本书典型应用的某型高分辨率微波成像遥感卫星，选用的运载火箭为 CZ-4C 火箭，根据卫星的整星重量预算规模，运载火箭可以将卫星送入高度在 700～750 km 范围内的圆轨道。

(2) 卫星重访效能分析：根据任务需求，对于空间分辨率 10 m、幅宽 100 km 的工作模式，要求卫星在 1.5 天内对目标区域中 90% 的地区实现重复观测。SAR 载荷的常规入射角范围为 20°～50°，并具备 10°～20° 的低可扩展、50°～60° 的高可扩展能力，同时具备双侧视成像能力。卫星单轨的可视范围在星下点附近约 10° 范围内有个盲区，需要靠相邻轨迹补充覆盖。根据卫星的整星重量和现有运载火箭的能力，对高度为 750 km 左右的轨道进行重访周期分析和仿真，发现该高度的轨道能够使卫星满足任务要求。

(3) 覆盖分析：根据任务需求，卫星需要实现全球范围的无缝覆盖。卫星具备多种成像模式，每种成像模式对应的成像幅宽从几千米到几百千米不等，进行覆盖性分析时，需要兼顾不同幅宽下的覆盖情况。进行轨迹间距设计时以主成像模式的幅宽为依据；对于幅宽较小的成像模式，可以通过载荷的不同波束角度实现图像拼接，从而实现全球目标的无缝覆盖。

综合上述三方面，选择29天418圈的太阳同步回归轨道（高度：755.436 3 km、倾角：98.411 0°）可满足任务要求。此条轨道相邻轨迹间赤道上的距离为95.9 km，可以实现130 km、100 km幅宽的工作模式在一个回归周期内实现对全球范围的全覆盖。卫星星下点能够覆盖的纬度范围为南北纬81.589°之间的区域，若考虑入射角50°～60°的高可扩展模式，能够对南北极地区进行全覆盖。因此，卫星选择29天418圈的太阳同步回归轨道，具备全球大洋监测、南北极区冰覆盖观测的能力。

2. 降交点地方时设计

SAR载荷卫星对于成像目标的光照条件无要求，因此降交点地方时的选择不再考虑目标的光照情况，而是从卫星本身考虑。降交点地方时选择为06:00或18:00，卫星可以持续接收太阳光照，基本没有地影的影响，减小卫星总体和能源系统的设计难度。

3. 冻结轨道参数设计

在卫星高度和轨道倾角确定后，根据冻结轨道的偏心率计算公式即可得到冻结轨道偏心率和冻结轨道近地点幅角的数值，具体的偏心率计算方法参见有关文献。

2.4.3 轨道参数确定

综合前节分析，针对本文选择的典型应用，可最终确定卫星选择29天418圈的太阳同步回归轨道，具体运行轨道参数为：轨道类型为太阳同步回归冻结轨道，轨道半长轴7 126.4 km，轨道偏心率0.001，轨道倾角98.4°，轨道近地点幅角90°，降交点地方时为06:00am，轨道周期为99.7 min，每天飞行圈数为14+12/29。

根据卫星运行轨道要求、整星质量特性和选用的CZ-4C运载火箭运载能力限制，卫星由CZ-4C运载火箭发射的入轨轨道参数为：轨道类型为太阳同步轨道，半长轴7 076.4 km，倾角98.4°，偏心率0，降交点地方时为06:00am。

2.4.4　初轨偏置设计

（1）初轨半长轴偏置：卫星的轨道为冻结轨道，对于偏心率和近地点幅角有一定要求。因此需要预留轨道半长轴负偏置量以用于轨道精调，满足冻结轨道要求。对于姿态机动能力受限且推力器无法直接提供负向速度增量的卫星，一般会对初始轨道半长轴进行负偏置，其他卫星则一般不考虑初轨偏置。

（2）倾角偏置：通过图 2-1 太阳引力摄动对不同降交点地方时的轨道的倾角影响可知，卫星轨道的降交点地方时为 06:00am，太阳引力摄动引起轨道倾角变化率为零，即卫星运行过程中轨道倾角不会发生变化，因此降交点地方时也将维持不变。在标称情况下初始轨道倾角不需要进行初始偏置设计。

2.4.5　轨道控制

1. 初轨调整

微波成像遥感卫星需要进行初轨调整，其初轨调整项目与光学遥感卫星相同，可参考 2.3.4 节中的内容。

2. 轨道保持

微波成像遥感卫星需要进行地面轨迹维持。地面轨迹维持的任务是将地面轨迹控制在以标称位置为中心的一定宽度的范围内。这种控制是通过半长轴的调整来实现的，因此也实现了半长轴的保持。冻结轨道的偏心率和近地点幅角可通过变轨相位的选择实现半长轴的保持，同时实现偏心率和近地点幅角的保持。

针对本节的典型应用，卫星地面轨迹最大漂移范围 ΔL 为 4 km。考虑太阳活动不同年份，地面轨迹保持半长轴理论调整量及轨控周期如表 2-9 所示。

表 2-9　卫星轨道理论调整量及轨控周期

太阳活动率	大气密度/（$kg\cdot km^{-3}$）	半长轴变化率/（$m\cdot d^{-1}$）	半长轴调整量/m	轨控周期/d
高年（$F_{10.7}=225$）	4.62E−04	−14.20	232.25	16.35
中年（$F_{10.7}=150$）	1.13E−05	−0.35	36.36	104.46
低年（$F_{10.7}=75$）	1.80E−06	−0.06	14.50	261.99

3. 典型应用轨道控制燃料消耗分析

卫星推进剂消耗需考虑初轨调整、轨道保持以及姿态控制的推进剂消耗，推进剂消耗统计如表 2-10 所示。卫星携带推进剂不应小于 85.80 kg，并留有 15%的余量，即携带推进剂至少为 98.67 kg。

表 2-10　典型应用的 SAR 载荷微波遥感卫星推进剂消耗统计

项目		分析结果/kg
初轨调整	半长轴	35.70
	倾角	16.93
轨道保持		3.17
姿控		30
合计		85.80

2.4.6　观测能力分析

卫星各个成像模式下的重访和全球覆盖时间特性的分析结果如表 2-11 所示。

表 2-11　本书典型应用的卫星各成像模式重访与全球覆盖分析结果

成像模式	分辨率/m	成像带宽/km	单侧视平均重访周期/d	双侧视平均重访周期/d	全球覆盖时间/d
聚束模式	1	10	1.5～0.8	0.8～0.4	290
超精细条带	3	30	1.2～0.7	0.7～0.3	116
精细条带	5	50	3.4～1.9	1.9～1	58
标准条带	25	130	3.6～2	2～1	29
宽幅扫描	100	500	1.3～0.7	0.7～0.4	7
全极化	8	30	1.5～0.8	0.8～0.4	116
波成像	10	5	3.4～1.9	1.9～1	580
全球观测成像	500	650	3.8～2	2～1	7

2.4.7　降交点地方时漂移

针对降交点地方时为 06:00am 的晨昏轨道的典型应用，理想情况下太阳引力摄动引起的轨道倾角变化率为零，即卫星运行过程中轨道倾角不会发生变化，因此降交点地方时也将维持不变。然而，根据现有的实际测控能力，倾角有 0.01°的测控误差（含测量和控制两部分）。考虑倾角测控误差的情况下，卫星在标称发射时间的降交点地方时漂移情况如图 2-3 所示。

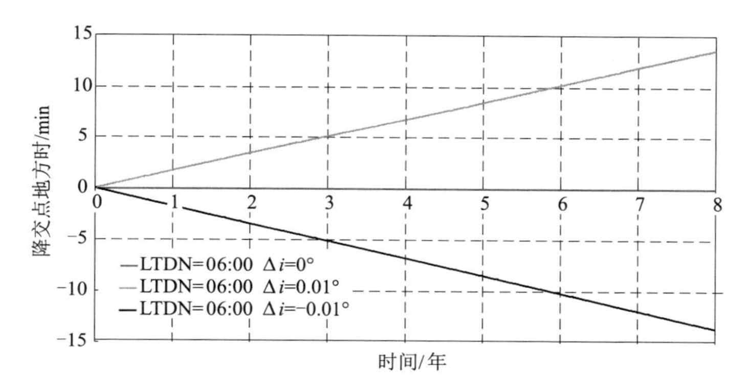

图 2-3　降交点地方时漂移情况（图中 LTDN 为降交点地方时）

在标称时间，在倾角测控精度影响下，卫星在寿命期间的降交点地方时漂移范围为－13.61～13.58 min，对应的降交点地方时范围为 05:46am—06:14am。

考虑到卫星发射时可能因各种原因无法零窗口发射，若卫星提前发射，则入轨降交点地方时偏早；滞后发射，则降交点地方时迟后。发射窗口按 0～＋10 min 考虑，则再考虑卫星倾角 0.01°的测控误差，卫星降交点地方时最大漂移量为－25.7 min，对应的降交点地方时为 05:34am。如若超出卫星降交点地方时范围的要求，则需要通过在寿命期间进行轨道倾角调整的方法来调整卫星的降交点地方时，以满足卫星降交点地方时范围的要求。

本章系统地总结了近年来关于遥感卫星轨道设计的理论研究、关键技术创新和工程应用等方面的研究成果，既包含了卫星轨道力学的各种基础知识和重要理论，也体现了轨道力学在目前一线航天任务中的重要应用，可为遥感卫星等当前和未来重大航天工程提供技术支撑。

参 考 文 献

[1] James R Wertz, David F Everett, Jeffery J Puschell. Space Mission Engineering: The New SMAD [M]. CA: Microcosm Press, 2011.
[2] James R Wertz. Mission Geometry; Orbit and Constellation Design and Management [M]. CA: Microcosm Press, 2001.
[3] Vladimir A Chobotv. Orbital Mechanics [M]. Washington, DC: American Institute of Aeronautics and Astronautics, Inc., 1996.
[4] 杨嘉墀. 航天器轨道动力学与控制 [M]. 北京: 中国宇航出版社, 2009.
[5] 章仁为. 卫星轨道姿态动力学与控制 [M]. 北京: 北京航空航天大学出版社, 2006.
[6] 杨维廉. 太阳同步回归轨道的长期演变与控制 [J]. 航天器工程, 2008, 17 (2): 26-30.
[7] 杨维廉. 近圆轨道控制的分析方法 [J]. 中国空间科学技术, 2003, 23 (5): 1-5.
[8] 杨维廉. 冻结轨道的一阶解 [J]. 中国空间科学技术, 2002, 22 (4): 45-50.
[9] 杨维廉. 卫星轨道保持的一类控制模型 [J]. 中国空间科学技术, 2001, 21 (1): 11-15, 22.

第 3 章

高分辨率可见光遥感卫星系统设计与分析

3.1 概　　述

可见光遥感卫星作为最早开始发展的光学遥感卫星，是卫星遥感体系中极为重要的组成部分。高分辨率光学遥感卫星具有非常广阔应用前景，可用于制图、建筑、采矿、城市规划、土地利用、资源、管理、农业调查、环境监测、应急救灾和地理信息服务等诸多领域，也应用于军事成像侦察。因此，美国、欧洲等西方发达国家和地区十分重视发展高分辨率可见光遥感卫星系统技术，投入巨大。近年商业高分辨率可见光遥感卫星市场竞争异常激烈，极大地推动了高分辨率可见光遥感卫星技术的发展。

本章结合我国低轨高分辨率对地光学成像卫星总体设计经验和应用情况，重点介绍高分辨率可见光遥感卫星面向成像质量的总体设计方法，包括总体设计要素、在轨动态成像质量设计、辐射与几何定标、可见光遥感应用等技术。

3.1.1 发展概况

国外有代表性的高分辨率光学遥感卫星系统主要包括：WorldView、GeoEye、Pleiades 等商业卫星系列，以及 KH（锁眼）系列和 Helios（太阳神）系列等高分辨率侦察卫星系统。表 3-1 给出了国外几种高分辨率光学遥感卫星系统设计参数。

表 3-1　国外几种先进的高分辨率光学卫星

卫星名称	国家	发射时间	轨道高度/km	星下点分辨率/m	姿态机动能力/(°)
KH-12	美	1989	椭圆轨道 250～1 100	0.1@近地点	±60
GeoEye-1	美	2008	684	全色 0.41，多光谱 1.64	±60
WorldView-2	美	2009	770	全色 0.46，多光谱 1.84	±45
WorldView-3	美	2014	617	全色 0.31，多光谱 1.24	±45
WorldView-4	美	2016	617	全色 0.31，多光谱 1.24 短波红外多光谱 3.7	±60
Helios-2B	法	2004	680	0.25	±60
Pleiades-1	法	2011	694	0.5	±45

美国的 KH-12 卫星代表了当今世界上最先进的高分辨率可见光遥感卫星水平，该星采用近地点 250 km、远地点 900～1 100 km 的椭圆轨道，在近地点可以实现 0.1 m 的可见光全色谱段地面分辨率，一般保持 3～4 颗在轨运行。WorldView 系列和 GeoEye 系列卫星是美国的商用高分辨率可见光遥感卫星系列，可为军民用户提供优于 0.5 m 分辨率的卫星光学遥感影像，具有多谱段、成像模式灵活等特点。

法国的军事侦察卫星太阳神-2（Helios-2）地面分辨率（全色）为 0.35 m，Helios-2A/2B 分别于 2004 年、2009 年 12 月发射升空，轨道高度约 700 km。法国 Pleiades 卫星是一种敏捷型的高分辨率光学遥感卫星，采用超分辨技术实现了 0.5 m 的可见光全色谱段地面分辨率，Pleiades-1A、Pleiades-1B 分别于 2011 年、2012 年发射。

3.1.2　发展趋势

（1）地面分辨率不断提高：地面分辨率是光学遥感卫星的关键指标，决定着遥感卫星的应用能力，提高地面分辨率将提升地面小尺寸目标的图像解译能力。目前美国、法国和以色列等国家和地区都已经拥有了优于 0.5 m 分辨率的光学成像能力。

（2）可见光-红外共口径一体化设计：可见光-红外一体化设计，可以使光学遥感卫星具备全天时成像能力，在提高卫星的时间分辨率的同时，获取更丰富的地物目标辐射特性信息。美国的 KH-12、法国的 Helios-2 等卫星均采用

了可见光-红外共口径一体化设计。

（3）可见光-短波红外多光谱对地观测技术：当前主流的谱段配置模式是可见光全色＋多光谱的谱段的设计方案，谱段配置的发展方向是增加多光谱谱段数目，特别是拓展短波多光谱。以 WorldView 系列卫星发展为例，WorldView－1 卫星只配置全色谱段，WorldView－2 卫星扩展至全色＋8 个谱段可见光多光谱，WorldView－3 卫星在 WorldView－2 卫星基础上，进一步增加了 8 个谱段短波红外多光谱，信息获取和遥感应用能力大大增强。

（4）高品质探测器及其先进的降噪技术：高品质可见光探测器是决定卫星成像质量的关键因素，采用先进的倍增式探测器和背照式探测器，可利用其灵敏度高、动态范围宽的优点，实现弱光成像及低反射率目标探测；采用具备双向扫描功能的探测器，可实现俯仰方向上的双向扫描成像，提升卫星在轨应用效能。同时，成像电路可采用专用 ASIC 集成电路，能够显著抑制电路噪声，提高系统成像质量。

（5）发展快速姿态机动能力：高分辨率光学遥感卫星广泛采用高精度、大力矩控制力矩陀螺技术（Control Moment Gyroscope，CMG），实现卫星快速姿态机动能力。如 WorldView 系列、Pleiades 系列卫星均采用了高精度控制力矩陀螺，WorldView 卫星可实现 3.5°/s 姿态机动能力，最大侧摆角 50°。Pleiades 卫星可实现 5°/6 s、60°/25 s 姿态机动能力，卫星在轨信息获取能力强。

3.2 需求分析及技术特点

3.2.1 需求分析

高分辨率可见光遥感是天基精细化对地观测的重要手段，主要应用于城市规划与交通、防灾减灾、环保监测、“一带一路”工程建设、国家安全与国防等领域。

在城市规划与交通应用方面，高分辨率可见光卫星遥感服务可为城市规划和精细化管理提供高精度遥感信息，如：对城市发展与土地利用的动态监测、对物流枢纽的货运量与吞吐能力的精确估计、对高速路网的定量评测等。

在国家防灾减灾应用方面，高分辨率可见光卫星遥感图像数据发挥着不可替代的作用：在防灾阶段，对地质灾害易发区的灾害风险进行早期评估；在救灾阶段，开展灾害影响范围及实物量损毁的遥感监测及损失评估；在灾后重建阶段，指导灾后重建规划和恢复工作。

在环保监测应用方面，利用高分辨率可见光卫星数据，可以对重点区域的燃煤电厂等污染源进行高精度核查，对细小河流的水体排污口进行精细识别，对饮用水源地安全进行监测评价，对国家级自然保护区、大型工程（如高铁、核电设施等）/区域开发建设环境进行遥感监测等。

在“一带一路”工程建设方面，高分辨率可见光卫星遥感系统对工程建

设、环境监测和安全维稳等服务保障具有重大作用，包括对“一带一路”上的成千上万工程项目规划、资源环境勘查和工程开发等提供高精度地理、地质、环境信息保障；对跨国工程建设、基础设施运行、环境灾害等进行安全监测，及时发现和感知安全隐患，为突发事件的快速跨国支援提供重要信息保障。

在打造“数字地球”的应用方面，高分辨率光学卫星遥感数据是打造先进“数字地球”工程的重要基础数据保障，涉及“数字国土”“数字水利”“数字城市”“数字农业”“数字林业”“数字环保”等一系列行业的大数据工程，也包括人类生活中的“数字家园”“数字校园”“数字生活”等。

在国家安全与国防应用方面，高分辨率光学遥感卫星利用其高分辨率的优势，可准确侦察识别外敌的指挥控制中心，导弹基地，海、空军基地，兵营，仓库，工业及交通设施等大型军事目标，监视其兵力部署及其调动变化情况，以及识别确认核武器、防空兵器、飞机、舰船、坦克等武器装备。

3.2.2 可见光遥感卫星技术特点

高分辨率可见光遥感卫星的主要技术特点包括：

(1) 大口径、长焦距高分辨率光学相机：高分辨率可见光遥感卫星相机普遍采用三反同轴/离轴光学系统，以及高品质时间延时积分 CCD（Time Delay and Integration CCD，TDICCD）成像系统。大口径、长焦距高分辨率光机系统涉及的关键技术主要包括大口径、高精度、高稳定性光学元件制备及加工，大型高稳定性碳纤光机结构，环境变化自适应光学定量补偿，高精度无应力装调等。

(2) 高速数据处理与传输技术：高分辨率可见光遥感卫星具有图像数据率高的特点，对于幅宽十几千米的亚米级分辨率可见光卫星，数据率可达几十至上百 Gb/s，对星上数据处理能力具有较高的需求。因此，卫星通常配备具有高速原始数据处理与压缩编码能力、高速大容量存储及边存边放能力、高速数据传输能力、星上智能处理功能的高速数据传输系统，确保海量图像数据的存储与传输。

(3) 高精度、高稳定度、高机动能力的姿态控制技术：高分辨率成像质量对卫星的姿态测量、控制精度及其偏流角补偿精度提出了苛刻要求。卫星通过配置高精度星敏感器、三浮陀螺/光纤陀螺等姿态测量敏感器，以及动量轮、控制力矩陀螺群等执行机构，实现优于 $0.01°$（3σ）的姿态指向精度、优于 5×10^{-4}°/s 的姿态稳定度、$0.001°$（3σ）的姿态测量精度及 25°/20 s 的快速姿态机动能力。

(4) 先进的颤振抑制技术：星上颤振抑制设计是高分辨率可见光遥感卫星总体设计最重要的环节之一。卫星总体需严格依据卫星成像质量特性和成像质量需求，对整星颤振提出明确的控制要求，如 GeoEye-1 卫星对整星颤振提出 50～2 000 Hz、颤振幅度小于 7×10^{-3} mrad 的要求；在总体设计中，尽量避免使用活动部件，而且对星上颤振源的颤振特性进行严格控制并采取充分的隔振设计。如 WorldView-1/2 卫星采用超静太阳帆板驱动机构（Solar Array Driving Assembly，SADA），对 CMG 舱进行了充分的隔振减振设计。同时，通过装载高频角位移测量传感器，对星上颤振特性进行监测，对星上颤振抑制和隔振减振措施进行定量化评估，如美国 GeoEeye-1 卫星、日本 ALOS 卫星均在星上装有高精度的高频角位移传感器，从而实现星上颤振的测量、量化分析及抑制。

(5) 高精度图像定位技术：高分辨率可见光遥感卫星通过对高分辨率光学相机、高精度星敏感器和陀螺等环节开展高精度、高稳定度一体化设计，提高遥感图像几何定位精度。如 GeoEeye-1 卫星采用了高精度星敏设计，实现了平面定位精度优于 4 m（CE90）、高程精度优于 6 m（LE90）的高几何定位精度。

3.3 可见光遥感系统成像质量关键性能指标内涵

可见光卫星成像质量分为图像辐射质量和图像几何质量两部分，两者分别用相应的技术指标进行约束和客观评价，因此为保证整星的成像质量，首先要保证评价卫星成像质量相关指标的完整性。此外，卫星成像链路长，影响成像质量的环节多且关系复杂，需要全面分析客观指标与成像质量的关联性。

3.3.1 辐射成像质量

辐射成像质量是指成像系统生成的遥感图像反映地表能量分布的能力。辐射成像质量的评价指标有很多，其中在轨动态调制传递函数（Modulation Transfer Function，MTF）、信噪比（Signal to Noise Ratio，SNR）和动态范围是目前对卫星辐射成像质量进行评价的核心指标，不仅可以定量反映成像链路中每个环节对成像质量的影响程度，还可以指导卫星、遥感相机的工程设计和制造。

（1）在轨动态调制传递函数 MTF：可见光遥感卫星作为线性系统，其 MTF 是图像调制度与目标调制度之比的函数，即表示了卫星对不同空间频率下目标对比度的传输能力，该指标主要影响遥感图像的清晰度。影响 MTF 的主要因素包括大气条件、相机性能、卫星在轨控制精度和微振动特性、积分时间

控制精度等。

（2）在轨信噪比SNR：可见光遥感卫星的信噪比是指卫星输出图像中信号和噪声的比值，是表征可见光遥感卫星辐射特性的重要参数。信噪比由噪声水平及信号水平共同决定。其中信号的强弱主要由光电成像系统的设计及输入的成像条件等环节决定，噪声水平则由探测器噪声和成像电路噪声特性等多个环节决定。

（3）在轨动态范围：在轨动态范围是指可见光遥感卫星在轨能够适应的最大、最小输入信号范围。它描述了可见光遥感卫星对输入光照条件、信号条件的适应能力。影响在轨动态范围的主要因素包括外界成像条件、探测器特性、成像电路噪声特性和成像参数设置等。

3.3.2　几何成像质量

几何成像质量是指成像系统生成的遥感图像正确描述目标的几何形状、位置精度的能力。图像几何质量的评价指标主要包括：地面像元分辨率、成像幅宽、几何定位精度、图像畸变和谱段配准精度等，其中几何定位精度是对卫星图像几何质量进行评价的主要内容。为此需重点评估卫星设计方案、设计参数中的关键影响因素，并有针对性地采取保证措施。

（1）地面像元分辨率：对于TDICCD相机，地面像元分辨率用探测器单元对应的最小地面尺寸进行表征。其主要影响因素包括轨道高度、相机焦距、像元尺寸等。

（2）成像幅宽：成像幅宽是指在垂直于可见光遥感卫星飞行地面轨迹的方向上，一次轨道通过所观测的地面宽度。影响因素包括相机视场角、轨道高度等。

（3）几何定位精度：几何定位精度是指通过星上定轨、定姿手段，获得相机成像系统在某一时刻指向地面的遥感图像几何位置精度，是体现卫星平面、立体测绘能力的重要指标。其主要影响因素包括相机内方位元素（Inner Orientation Parameter，IOP）误差（主点、主距和畸变标定误差）和外方位元素（Exterior Orientation Parameter，EOP）误差（星敏精度及姿态测量误差、卫星稳定度、相机和星敏安装误差、定轨精度等）。

（4）图像畸变：可见光遥感卫星的光学系统并非理想光学系统，因此图像的放大率随视场不同而不同，使得图像中的几何图形与该物体在所选定投影中真实几何图形存在差异，这种变形称为图像畸变。图像畸变一般可以通过实验室精密测角法测得，并可在轨标定。但受到在轨空间环境的影响，会呈现一定的随机性变化。图像畸变主要受相机光学系统畸变、卫星姿态稳定度、结构及热稳定性等因素的影响。

(5) 谱段配准精度：对于具有多个成像光谱谱段的遥感卫星，通常需要对各个谱段的信息进行融合处理，以获得更丰富的地物信息。各个谱段图像数据之间的配准偏差即为谱段配准精度。谱段配准精度主要受探测器制造精度及安装精度、光学系统畸变及卫星姿态抖动等因素影响。

3.4　高分辨率可见光相机成像质量设计与分析

3.4.1　高分辨率可见光相机发展概况

各国可见光遥感卫星相机均以地面像元分辨率为主要提升指标而逐步发展，因此，对光学系统的口径、焦距及探测器尺寸、响应度等都提出了很高的发展需求。近年国外主流高分辨率光学遥感相机的指标见表 3-2。

表 3-2　国外高分辨率光学遥感卫星相机参数设计（波长 λ 取 0.65 μm）

卫星	质量/kg	幅宽/km	口径/m	焦距/m	F 数	探测器类型	像元尺寸/μm	$\lambda F/p$
Pleiades	195	20	0.65	12.9	19.8	背照 TDICCD	13×13	0.99
GeoEye - 1	450	15.3	1.1	13.3	12.1	背照 TDICCD	8×8	0.986
WorldView - 2	680	16.4	1.1	13.3	12.1	背照 TDICCD	8×8	0.98
WorldView - 3	—	13.1	1.1	15.9	14.5	背照 TDICCD	8×8	1.176

国外高分辨率可见光相机的发展具有以下特点：

1. 基于成像质量设计的相机参数优化

CCD 从最初的单线阵逐步发展为具有时间延迟积分能力的 TDICCD，进一

步发展为背照式 TDICCD。探测器光电转换效率和能量获取能力大幅提高，综合探测性能得到了明显改善。目前国际主流的高分辨率可见光遥感相机普遍采用 TDICCD 成像体制，显著增大相机探测器曝光获取的能量，为大 F 数（即相机焦距与光学口径之比）相机设计与应用奠定技术基础，即利用高性能的 TDICCD 探测器可弥补大 F 数相机曝光能量不足。从表 3-2 可以看出，Pleiades 卫星 F 数最大，但探测器像元尺寸也最大且为背照 TDICCD；WorldView 和 GeoEye 系列卫星探测器像元尺寸较小，探测器也为背照式 TDICCD。它们共同的设计特点是：以 $\lambda F/p$（光学采样频率与探测器采样频率之比）设计接近1 为主要设计依据之一，其中 λ 为波长，F 为相机 F 数（即相机焦距与光学口径之比），p 为探测器像元尺寸。

2. 高分辨率可见光/短波红外光谱成像技术

为提高光学遥感卫星的信息获取能力，相机多采用多谱段探测设计。除了可见光全色谱段外，还搭配多光谱谱段，常用为四谱段多光谱，目前最新发展为全色谱段搭配可见光-短波红外的多光谱谱段，并采用可见光-近红外-短波红外共口径一体化设计。

3. 光机结构轻量化技术

高分辨率可见光相机所采用的三反光学系统中，主要的光学元件都由反射镜构成。为了减小质量，反射镜背面通常采用挖蜂窝方式或制造成夹心蜂窝结构，对于大型反射镜可有效减少质量 65%以上。光机结构常采用高稳定、高比刚度材料。大型反射镜材料可用碳化硅复合材料（SiC）、微 ULE 超低热膨胀玻璃等，结构件采用钛合金或碳纤维为基础的复合材料。这些材料具有质量小、比刚度高、膨胀系数小的特点，可减轻高分辨率相机光机结构重量。

4. 卫星平台-载荷一体化设计

由于高分辨率光学相机规模庞大，为了更好保证相机成像质量，卫星必须进行相机与平台一体化总体设计，主要包括相机与平台光、机、电、热高精度、高稳定性的一体化设计，相机、高精度星敏感器和陀螺的一体化安装及其高精度热控，以提高其在轨光轴夹角稳定性，提升图像的几何定位精度。

3.4.2 可见光相机关键设计要素

光学相机的主要技术指标直接影响遥感图像数据的品质，因此需要在相机

设计和研制中，充分识别影响成像质量的关键设计要素，并进行优化设计和控制，主要设计要素包括相机焦距、相机视场角、谱段配置、探测器选择、相机口径、相机光学系统设计、杂光抑制设计、光学系统畸变、有效像元数、焦面探测器拼接、成像电路设计、调焦系统设计、热光学稳定性设计、力学稳定性设计等。

3.4.3　地面像元分辨率与相机焦距设计

高分辨率可见光相机通常采用推扫方式成像，相机地面像元分辨率与相机的焦距、探测器像元尺寸、卫星轨道高度和侧摆角度有关。在星下点成像时，在卫星飞行方向和线阵方向的地面像元分辨率一致，由下式确定：

$$\mathrm{GSD}=\frac{p}{f}\times H \tag{3-1}$$

式中，GSD 为地面像元分辨率，p 为像元尺寸，f 为相机焦距，H 为轨道高度。例如，对于 500 km 轨道高度，选用像元尺寸 10 μm×10 μm 的探测器，要实现优于 0.5 m 的地面像元分辨率，则焦距应不小于 10 m。

3.4.4　成像幅宽与相机视场角设计

相机视场角取决于成像幅宽和成像距离，在卫星星下点推扫成像情况下，覆盖宽度与相机的视场角、卫星轨道高度的关系式为：

$$S=2H\times\tan\omega \tag{3-2}$$

式中，S 为覆盖宽度，H 为轨道高度，ω 为相机的半视场角。例如，对于 500 km 轨道高度，为实现不小于 30 km 的幅宽，相机的有效视场角应不小于 3.45°。

3.4.5　谱段配置

对于高分辨率光学遥感卫星，相机成像的谱段范围是一项至关重要的性能指标。谱段范围的选取、实现和标定，贯穿了可见光相机从论证、研制到在轨应用的全过程。高分辨率可见光相机的谱段选择一般在可见光到近红外谱段范围内（0.4～1.5 μm），选取一个全色谱段及多个多光谱谱段。国内外典型高分辨率遥感卫星的谱段选择情况见表 3-3。

表 3-3 国内外典型高分辨率可见光卫星谱段配置

卫星	全色	多光谱	
	谱段范围/μm	谱段数	谱段范围/μm
Pleiades－1	0.48～0.83	4	蓝 0.43～0.55；绿 0.49～0.61；红 0.60～0.72；NIR 0.75～0.95
GeoEye－1	0.45～0.80	4	蓝 0.45～0.52；绿 0.52～0.60；红 0.625～0.695；NIR 0.76～0.90
WorldView－1	0.40～0.90	0	—
WorldView－2	0.45～0.80	8	紫 0.40～0.45；蓝 0.45～0.51；绿 0.51～0.58；黄 0.585～0.625； 红 0.60～0.69；红边 0.705～0.745；NIR 0.77～0.895；NIR 0.86～1.04
WorldView－3	0.45～0.80	16	海岸色带 0.400～0.452；蓝 0.448～0.510；绿 0.518～0.586；黄 0.590～0.630； 红 0.632～0.692；红边 0.706～0.746；NIR 1.772～1.890；NIR 2.866～2.954； SWIR 1.195～1.225；SWIR 1.55～1.59； SWIR 1.640～1.680；SWIR 1.71～1.75； SWIR 2.145～2.185；SWIR 2.185～2.225； SWIR 2.235～2.285；SWIR 2.295～2.365
GF－2	0.45～0.90	4	蓝 0.45～0.52；绿 0.52～0.59；红 0.63～0.69；NIR 0.77～0.89

1. 全色谱段选择

高分辨率可见光遥感卫星配置全色谱段，能够充分利用 TDICCD 探测器的光谱响应特性优势（即响应峰值位于 0.7～0.8 μm 附近），实现高分辨率成像，可提供高清晰度的遥感图像和高精度的几何特性。

从国外光学遥感卫星相机全色谱段范围选择来看，早期的可见光卫星采用 0.4～0.8 μm 谱段范围，而 WorldView－2、Geoeye－1 卫星则选用了 0.45～0.9 μm、Pleiades 卫星选用了 0.48～0.83 μm 谱段范围，这几种谱段范围均可以满足可见光观测要求。值得注意的是，部分典型军事目标对近红外波段的反射特性更为明显，全色谱段向近红外光谱范围拓展可更有利于高分辨率侦察遥

感应用。同时，0.8～0.9 μm 的近红外谱段，植被与建筑物区域灰度水平一致，因此，在进行全色-多光谱融合处理时，需要将近红外谱段截除以获得接近真实颜色的融合效果。全色谱段的谱段范围选择需要根据实际应用进行决策。我国高分辨率遥感卫星的全色谱段范围通常为 0.45～0.90 μm。

2. 多光谱谱段选择

配置多光谱谱段能够揭示地物表面的光谱特征和物理细节，通过图像数据融合和反演能够增强遥感图像地物属性的分辨能力。同时多光谱图像和全色图像融合后信息量更丰富，更有利于目视判读及地物属性分类，从而推动高分辨遥感精细化应用。

根据国内外的发展趋势，全色与多光谱遥感图像融合技术可显著提升遥感卫星的信息获取能力。所以，目前可见光遥感卫星均配置了全色谱段和多光谱谱段。全色与多光谱谱段的地面像元分辨率关系一般为 1∶4。我国高分辨率可见光遥感卫星多光谱谱段的选择通常为：0.45～0.52 μm、0.52～0.60 μm、0.63～0.69 μm、0.76～0.90 μm 等。

3.4.6 探测器选择

相机探测器的性能直接影响到相机的成像质量，是相机的核心器件。为了确保高成像质量要求，目前广泛选用具备时间延迟积分功能的 TDICCD，可有效提高可见光相机所获得的某一地物的电磁辐射能量和动态范围，提高在轨成像质量。TDICCD 探测器优点主要体现在：

（1）推扫式成像时，多行探测器先后对同一景物多次曝光，曝光时间增长 m 倍（m 是积分级数：如 12，24，32，48，64，96 等），信号能量也增长 m 倍，而器件噪声增加约为 $\sqrt{m}$ 倍，从而提高了成像的信噪比；

（2）显著提高相机成像的动态范围，特别是改善低照度下的成像性能；

（3）对于高分辨率长焦距的可见光相机，为小相对孔径（大 F 数）的光学系统应用创造条件，从而可大幅度减小相机规模。

对于采用大口径、视场无遮拦、高调制传递函数的三反离轴光学相机，可选用像元尺寸相对较小的 TDI 探测器，其主要参数包括：

（1）行像元数：主要影响实现有效像元数指标及幅宽指标所需的探测器拼接片数，同时对相机与数传的接口设计产生约束；

（2）像元尺寸：主要影响相机在某一轨道高度上能够实现的地面像元分辨率；

(3) 积分级数：一般具有多挡可供在轨动态选用，对不同的地物目标及光照条件，通过优化选择 TDICCD 的积分级数设置，可获得更好的图像信噪比及动态范围；

(4) 光谱范围：各个谱段采集光信号的谱段范围，对图像应用有较大影响；

(5) 行速率：与成像行频具有对应关系，也进一步影响着相机在某一轨道高度上最高可实现的分辨率；

(6) 电荷转换效率：是 CCD 应用中最直接影响相机信噪比等性能的参数之一，表示每个像元上输入的光能量，与光电转换效率有关。

表 3-4 中给出了几种典型的 TDICCD 器件主要性能参数。

表 3-4　TDICCD 器件主要参数示例

型号 参数	TDICCD 探测器 1	TDICCD 探测器 2
行像元数	全色 6 144，多光谱 1 536/单谱段	全色 4 096，多光谱 1 024/单谱段
像元尺寸/μm	全色 7，多光谱 28	全色 8.75，多光谱 35
最大行速率/kHz	30.9，多光谱 15.73	80，多光谱 20
饱和输出/mV	2 000	全色 1 380，多光谱 2 100
转换效率/（$\mu V \cdot e^{-1}$）	全色 12，多光谱 5	全色 11.5，多光谱 3.5
等效噪声/μV（rms）	全色 550，多光谱 450	全色 460，多光谱 350

3.4.7　*F* 数选择与相机口径确定

选用 TDICCD 可显著提高相机接收能量和信噪比，通过提高探测器的性能可以在保证相机获取足够的曝光量的前提下，减小光学系统对相对孔径的需求。由于相机重量近似于与相对孔径（*F* 数）的平方成正比，因此相对孔径优化设计可以在保证成像质量的前提下减小相机规模。相机相对孔径与地面像元分辨率、相机光学系统调制传递函数和信噪比紧密相关。

1. 通光口径与地面像元分辨率的关系

光学系统的极限分辨率等于艾利斑的半径 $1.22\,\lambda/D$，其中，λ 为谱段中心波长、D 为光学系统通光口径。光学系统的通光口径选择时，应使其满足关系式（3-3）。

$$GSD/H > 0.61\lambda/D \tag{3-3}$$

式中，GSD为地面像元分辨率，H为轨道高度。

2. 相对孔径与光学系统MTF的关系

光学系统MTF与光学系统孔径的关系式为：

$$\mathrm{MTF}=\frac{2}{\pi}\left[\cos^{-1}\left(\frac{v}{v_{\mathrm{OC}}}\right)-\frac{v}{v_{\mathrm{OC}}}\sqrt{1-\left(\frac{v}{v_{\mathrm{OC}}}\right)^{2}}\right] \tag{3-4}$$

式中，v为奈奎斯特频率；v_{OC}为光学空间截止频率，$v_{\mathrm{OC}}=D/(\lambda f')$，$\lambda$为平均波长（取值0.65 μm），$f'$为相机焦距。如，相机光学系统$\mathrm{MTF}_{光学}\geqslant 0.45$，并考虑实际光学系统的像差和遮拦，可计算出相机$F$数范围$\leqslant 12$。

3. 相机信噪比与相对孔径关系

$$\mathrm{SNR}=\frac{m\cdot t\cdot\frac{\pi}{4}\cdot\left(\frac{D}{f}\right)^{2}\cdot(1-\beta)\cdot T_{\mathrm{e}}\cdot\int_{\lambda_1}^{\lambda_2}L_{\mathrm{p}}(\lambda)\cdot R(\lambda)\cdot \mathrm{d}\lambda}{\mathrm{Noise}} \tag{3-5}$$

式中，m为CCD的可选积分级数，t为一次积分过程中的曝光时间，$\frac{D}{f}$为光学系统的相对孔径，β为相机的面遮拦系数，T_{e}为光学系统的等效光谱透过率，$L_{\mathrm{p}}(\lambda)$为入瞳前光谱辐亮度，$R(\lambda)$为CCD的归一化光谱响应度，Noise为噪声。通常在相机的相关设计参数确定后，采用信噪比计算式估计信噪比水平，复核所选择的F数是否能够满足对相机的性能要求。

3.4.8　相机光学系统的设计

1. 光学系统形式选择

目前遥感卫星相机光学系统主要是折射式和反射式，光学系统选型需要依据地面像元分辨率、光学调制传递函数、幅宽、外形尺寸、重量等要求开展。对于高分辨率、长焦距可见光相机，特别是焦距超过5 m的相机，受卫星平台对外形尺寸和重量的限制，折射式光学系统难以实现。目前国外高分辨率光学遥感卫星大都选择三反系统，其主要优点是：能够更好地消除像散和场曲，从而实现高像质、增加有效视场，同时，光学系统结构紧凑，使相机系统的体积大大缩小。

三反光学系统又分为同轴三反和离轴三反两种类型，它们优势和特点各异，在选型时应针对不同任务、不同应用需求，深入论证分析，择优选取。

1）同轴三反式光学系统

同轴三反式光学系统采用同轴设计，除主、次、三镜外，通常还有一个平面反射镜用于折转光路，如图 3-1 所示为某同轴三反光学系统光路图。

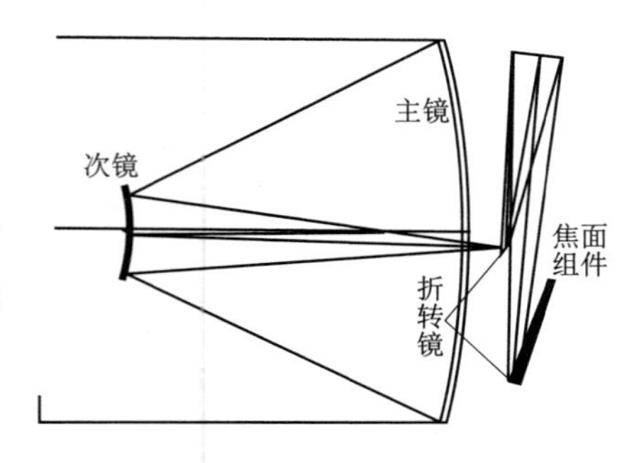

图 3-1　同轴三反式光学系统光路图

同轴三反式光学系统典型代表是美国 KH－11、GeoEye－1、WorldView－2/3/4、法国太阳神-2 和 Pleiades 等高分辨率遥感卫星的相机。相比离轴三反式光学系统，同轴三反式光学系统的主要优点是结构紧凑、热稳定性好，同时，其轴对称特性使得相机回转惯量小，易于卫星在轨实现快速姿态机动能力。其缺点为中心遮拦降低了入瞳能量，从而对成像质量造成不利的影响。美国的 KH－11、KH－12 卫星采用同轴光学系统设计，由于其卫星质量高达十几吨，整星惯量巨大，难以实现高姿态机动成像，为此，采用在光路中加入摆镜的方式，调整卫星对地成像指向，提高其应用效能。

2）离轴三反式光学系统

为了提高接收光能量的能力和提高轴外视场的成像质量，逐步发展出了无中心遮拦的离轴三反式光学系统。无遮拦的离轴三反系统主要有两种结构形式：一种是二次成像光学系统，如图 3-2 所示，由主镜或由主镜和次镜先成一次像，然后再由后面的系统把像成到焦面上，这种形式有利于消杂光设计，但无法实现较大的视场角；另一种是中间不成像的一次成像光学系统，如图 3-3 所示，能够实现较大的视场角。目前使用离轴三反的光学系统往往是幅宽方向的视场较大，而飞行方向视场较小，因此焦面探测器通常采用的线阵成像探测器。

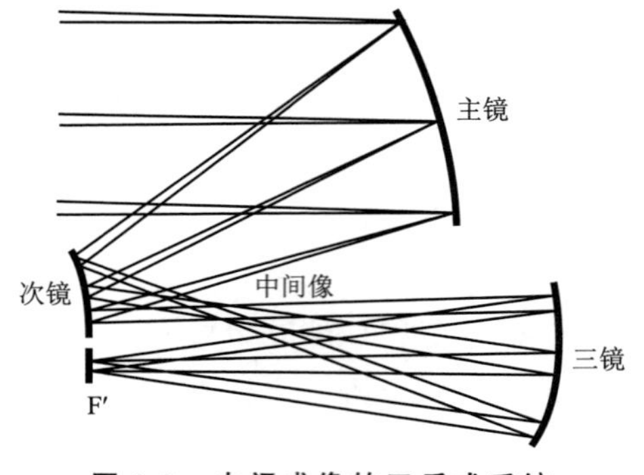

图 3-2　中间成像的三反式系统

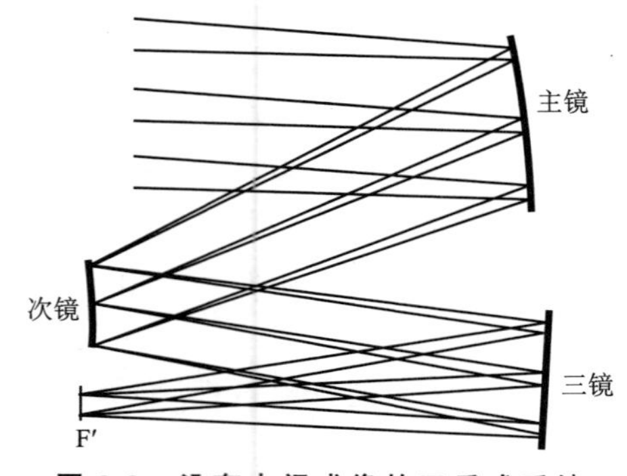

图 3-3　没有中间成像的三反式系统

离轴三反式光学系统典型代表是美国 QuickBird-2、WorldView-1 卫星相机的光学系统。离轴三反式光学系统的主要优点是视场角大、光学系统调制函数高等，但其加工装调难度、视场边缘畸变较大。

2. 光学系统设计

高分辨率可见光相机的地面像元分辨率受限于光学系统的衍射极限。光学系统的艾里斑直径为

$$d_{Airy}=2.44\lambda F \tag{3-6}$$

根据采样原理，为了能使探测器对焦面光学信号充分采样，应该使光学系统艾里斑的直径 d_{Airy} 大于等于探测器两个像元的尺寸 p。同时，根据瑞利条件，当两个像点照度合成曲线的最小值与最大值相差 26%时，这两点即被认为是可以分辨开来的。结合采样原理及瑞利条件，可以得到式（3-7）的设计需求：

$$1.845\lambda F\geqslant 2P \tag{3-7}$$

$$\frac{\lambda F}{P}\geqslant 0.9225 \tag{3-8}$$

相机光学系统的设计需要综合考虑探测器与光学系统之间的参数匹配，并进行优化设计，以降低空间采样带来的混叠影响。定义相机归一化频率 γ 为：

$$\gamma=\frac{v}{v_c}=\frac{1/(2p)}{1/(\lambda F)}=\frac{\lambda F}{2p} \tag{3-9}$$

式中，v 为探测器的奈奎斯特频率，v_c 为镜头截止空间频率，λ 为工作谱段的中心波长，F 为光学系统的相对孔径倒数。

（1）当 $v<\frac{1}{2}v_c$ 时，$\frac{\lambda F}{p}<1$，相机系统的空间分辨率由探测器的采样频率决定，光学系统处于欠采样状态，光学系统的信息在在采样及恢复过程中存在一定程度的丢失，恢复过程中将缺失图像的高频信息成分，造成图像细节模糊；

（2）当 $v=\frac{1}{2}v_c$ 时，$\frac{\lambda F}{p}=1$，此时光学系统的衍射极限等于探测器的采样频率，相机的奈奎斯特频率为光学系统截止频率的一半，存在高频分量的混叠；

（3）当 $\frac{1}{2}v_c<v<v_c$ 时，$1<\frac{\lambda F}{p}<2$，此时相机系统的空间分辨率由探测器的决定，光学系统处于欠采样状态，图像细节可以部分被恢复；

（4）当 $v=v_c$ 时，$\frac{\lambda F}{p}=2$，相机系统的分辨能力由光学系统的衍射极限决

定，相机系统处于过采样状态，频谱无混叠。

相机光学系统的设计需要综合考虑探测器与光学系统之间的参数匹配，并进行优化设计，以降低空间采样带来的混叠影响。近年来，随着背照式 TDICCD 应用，以及高速、低噪声成像电路的技术进步，在保障系统成像质量符合应用要求的前提下，采用基于$\frac{\lambda F}{p}$接近于 1 的系统优化设计思路，进行大 F 数相机系统设计，如 GeoEye、WorldView 系列卫星均实现大 F 数、小像元系统设计，$\frac{\lambda F}{p}$均接近于 1，在相同的入瞳直径下有效提高系统焦距和瞬时视场(IFOV)，提高地面像元分辨率，同时减小相机系统规模。

对于焦距 10 m、成像探测器像元尺寸 10 μm 、光学系统 F 数 12 的可见光相机，经全系统匹配优化设计后，根据式（3-4）计算，相机光学系统在奈奎斯特频率下全视场平均值可达到 $MTF_{光学系统}=0.45$。

3. 光学系统加工与装调技术

由于大型光学系统调制传递函数对面形加工精度、装调误差十分敏感，为保证光学系统调制传递函数的设计目标，以及减小光学加工、装调过程的损失，采取的主要措施包括：在光学面型加工环节上提高大口径非球面加工精度；对反射镜组件及主承力结构均采取应力及热变形的卸载设计，实现无应力安装；在加工、装调过程中严格控制温度、气流和微振动环境最大限度减小环境应力，以及开展多方向重力影响试验、微重力下调制传递函数可恢复性测试和重力补偿策略。根据工程经验，高分辨率可见光相机镜头加工和装调因子一般为 $MTF_{镜头加工}=0.85\sim0.90$。

3.4.9 杂光抑制设计

光阑是抑制杂光、保证相机成像质量的关键措施，对提高相机在轨成像的对比度和信噪比意义重大。光学系统的杂光来源主要包括：视场外光线，不经过主镜、次镜，经第三反射镜反射到像面的杂光；视场内光束，不按成像光路、经镜面多次反射到像面的非成像光线；视场外光线经筒壁等结构件表面漫反射后射到像面的杂光。

在光机结构设计时，需针对上述杂光源进行系统消杂光设计，最大限度抑制杂光进入像面。相机光学系统杂光抑制方法主要包括：光学系统选型和参数设计时应考虑一次杂光的影响，以实现对一次杂光的全部抑制；通过减小光路

中反射镜表面的粗糙度来降低第二种杂光，反射镜镜面粗糙度应控制在3 nm之内；在光学镜头内壁涂覆超低反射率涂层和内置拦光结构，对第三种杂光进行抑制。

消杂光设计需利用诸如Tracepro等专业仿真软件进行不同角度入射杂光的影响分析，确定杂光抑制效果。采用PST（点源透射率）作为评价杂光影响的量度，即到达像面的光能量与垂直于光入射方向的输入孔径的光能量的比值。计算数据为入射光功率密度为1 W/cm^2时像面的光功率密度。将光学系统在各个视场角上的各离轴角度PST的平均值作为系统最终PST值。

杂光系数V与MTF之间的关系为：

$$\mathrm{MTF}_{杂光}=\frac{1}{1+V} \tag{3-10}$$

一般要求光学系统的杂光抑制系数控制在$V=3\%$以下，由杂光造成相机调制传递函数损失为$\mathrm{MTF}_{杂光}=0.97$。

3.4.10　光学系统畸变控制与分析

高分辨率可见光相机在光学设计时，需要控制有效视场内的畸变，一般要求有效视场内光学系统畸变≤1.5%。相机光学系统加工装调和相机焦面安装完成后，应对相机的畸变进行测试和标定，控制畸变量；为提高卫星图像的几何定位精度，需要采取高精度控温，来保证相机在轨畸变的稳定性；通过在轨利用地面高精度定标场对每个像元的指向进行精确标定，以保证图像高几何精度。

3.4.11　有效像元数确定

可见光相机的有效像元数由星下点幅宽和相机分辨率决定。目前探测器受技术限制，单探测器内集成的像元数十分有限，为此，通常采用多片探测器拼接方式来充满相机有效视场。例如，对于单片TDICCD探测器，其像元数为全色6 144像元/多光谱1 536像元，如要求相机成像分辨率为0.5 m、幅宽为30 km，则全色需要60 000有效像元、四谱段多光谱共需要4×15 000有效像元，共需要探测器片数为60 000/6 144≈9.7。

3.4.12 焦面探测器拼接及拼接精度

1. 焦面探测器拼接方式

焦面探测器拼接方式包括机械拼接、视场拼接、光学拼接和反射镜拼接。

1）机械拼接

机械拼接也称为芯片拼接，是将数个探测器芯片头尾相接地胶合在可通光的焦面基体上形成长线阵。这种方法的优点是成像关系简单完整，没有视场拼接和光学拼接引起的电路或光学复杂性。缺点是受工艺结构限制，两块芯片之间的拼接处会有2～3个像元尺寸无光敏像元，形成图像缺陷。

2）视场拼接

视场拼接是将数个探测器排成两排，以台阶方式装在焦面基体上，如图3-4所示。两排探测器对目标不同时成像，第二排相对第一排的像有一个比较大的延时。

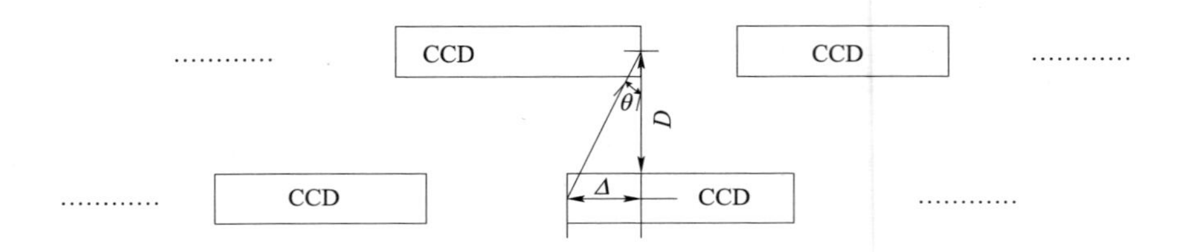

图3-4 视场拼接重叠像元示意图

当相机在轨道上成像时，相机光学系统自身存在畸变，且相机与卫星安装方向误差、卫星姿态控制误差和地球自转速度等将使探测器线阵方向与卫星飞行方向不垂直，因此引起前一排线阵在第二排线阵上的位置投影相比理想情况下发生变化，出现像元间隙或重叠，从而导致在部分成像条件下各片探测器图像拼接时“漏缝”。为了避免图像拼接“漏缝”的情况，相邻两片探测器间的最小重叠像元数为：

$$N=\frac{D\tan\theta}{d} \tag{3-11}$$

式中，D为两排探测器线阵之间的距离，d为探测器像元尺寸，θ为预估的线阵与飞行方向不垂直的最大误差角。

对于像元尺寸为10 μm、两排探测器间距46.6 mm、视场角3.5°、视场内畸变不超过1.5%的相机，当预估的线阵与飞行方向不垂直的最大误差角为

0.05°时，根据公式计算，对相邻两片CCD搭接像元个数需求为不小于5个像元；同时，考虑不同视场下光学系统畸变不同，需针对每片探测器所在视场位置分别计算畸变对搭接像元的需求。此外，综合考虑幅宽要求和设计裕度要求，可在有效像元数允许的情况下，增加拼接像元数。

3）光学拼接

光学拼接是在45°斜面上镀反射膜的立方棱镜两侧，依次安装探测器，从立方棱镜的进光面看，焦面探测器形成了连续的长线阵。光学拼接有半反半透法和全反全透法。

半反半透法是在立方棱镜上全部镀膜，其反射率和透过率相等，接近50%。光学拼接中，后一个探测器的初始像元紧挨迁移器件末像元排列，全部像元得到利用，但进入相机的光能要损失一半以上，目前较少采用此种拼接形式。

全反全透法是在反射光线对应的斜面上镀全反射膜，在透射光线对应的斜面上不镀膜，如图3-5所示，使进入拼接棱镜98%的光能都可以利用，所以常应用于相对孔径较小、光能量不足的高分辨率可见光相机。全反全透的反射膜对透射区形成挡光板，无反射膜的透射区也对反射区形成挡光板。因此焦面探测器上的照明不是从全照明突变成全挡光，而是逐渐过渡的渐变过程，因而产生“渐晕”现象。为了能够使挡光区域的信息能够尽量不丢失，也需要相邻探测器间具有重叠像元，从而在地面图像处理的过程中将挡光区像元的能量相加，从而使信号得到补偿。我国的ZY-3、GF-2等卫星均采用了此种光学拼接方案。

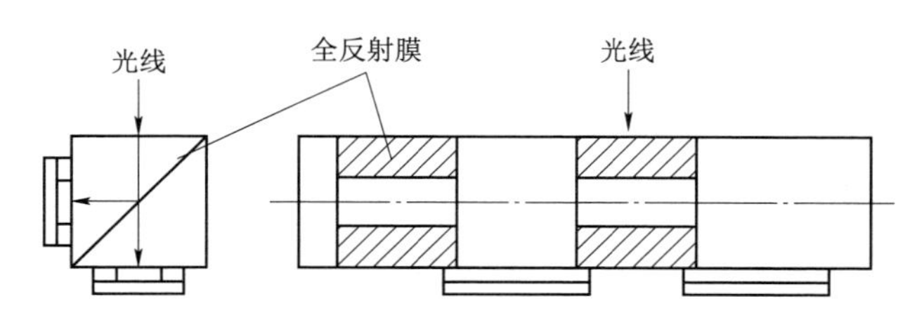

图3-5　全反全透光学拼接示意图

4）反射镜拼接

反射镜拼接是通过两排交错布置的反射镜将相机像平面分割并投射至垂直于原像平面的两个小的像平面，一方面与普通视场拼接相比，不再受制于探测器外形尺寸，可以减少两行探测器的间隔，从而降低搭接像元数量的影响；另一方面也避免了光学拼接中，相邻两个探测器拼接区产生渐晕的问题。法国的Pleiades卫星即采用了这种拼接方式，如图3-6所示。

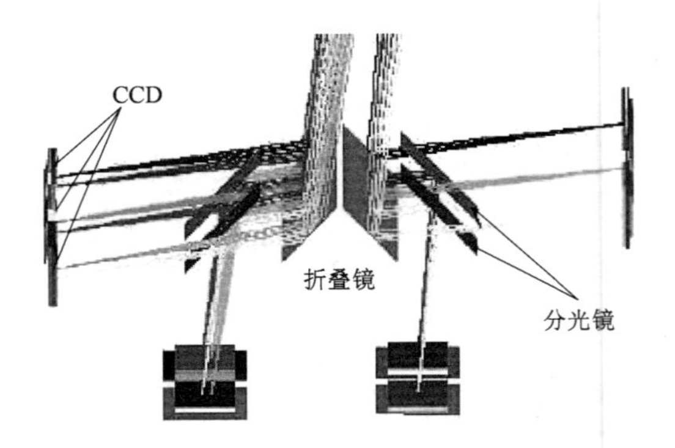

图 3-6 Pleiades 双反射镜拼接方案

2. 拼接精度分析

为保证成像质量，需对多片探测器的拼接精度提出要求，主要包括两片探测器间搭接精度，及两行探测器拼接后的直线度、平行度等，一般精度要求优于 0.1～0.2 个像元，以满足多光谱相机中各谱段间的配准要求。对于单光谱相机，要求可适当降低。各探测器件的共焦性，要求达到镜头 1/2 焦深的数分之一。

对于高分辨率可见光相机，若全色探测器像元尺寸 8～10 μm，则一般要求两片 CCD 间搭接精度偏差 ≤ 3 μm；每行 CCD 拼接后的共线度偏差 ≤ 4 μm；两行 CCD 平行度偏差 ≤ 5 μm；各 TDICCD 像元共面度偏差 ≤ 10 μm。

3.4.13 相机焦平面及成像电路设计分析

1. A/D 量化位数确定

模数转换（Analogue to Digital，A/D）量化就是将视频信号变换为数字信号以便于传输。量化位数的选择在一定程度上影响成像质量。采用高量化位数可以降低量化噪声。此外，量化位数还与图像动态范围成正比，可以在一定程度上提高成像质量。在满足视频信号高信噪比的前提下，高量化位数反映的景物信息更丰富。

国外高分辨率可见光遥感卫星的图像量化位数大多为 11 bit，如 IKONOS-2、WorldView 系列、GeoEye 系列等；部分卫星采用 12 bit 量化，如 Pleiades 等。量化位数的选择主要依据相机噪声水平、动态范围、数据量等设计因素来决定，不能盲目追求更高的量化位数。举例分析如下：

（1）若相机电路的暗背景噪声（无光子散粒噪声条件下）为2.5 mV，在饱和电压为2 V的情况下，对应12 bit的量化占5个DN值，即12 bit的低2 bit信号已经被噪声淹没，为无效数据，而且电路噪声仍会随光照强度增加而增加，主要为光子散粒噪声增加。因此相机输出量化位数可以≤10 bit。

（2）若相机在最小辐亮度输入条件下，即太阳高度角20°、地物反射率0.05，采用默认积分级数及增益设置，相机电路噪声为2.75 mV，则对应12 bit的量化占5.5个DN值，小于8个DN值（对应3个bit位）。因此，为保留图像有效信号，相机输出量化位数需>9 bit。

（3）根据信噪比量化噪声公式 $N_{AD}=\frac{x}{\sqrt{12}}$，$x$ 为一个分层代表的电压值，按 $x=\frac{2V}{2^{10}}$ 计算，则10 bit量化噪声为0.56 mV，对噪声的贡献较小。

综上，相机系统选用10 bit作为量化位数是较为合理的，应据此开展相机分系统与数传分系统的接口匹配性设计。

总之，高的量化位数可以减小量化噪声，但前提是要求相机的视频输出噪声要减小，二者匹配才合理。

2. 噪声分析与抑制技术

高分辨率可见光相机的噪声模型如图3-7所示。从入射光输入到数字视频信号输出，几乎每一个环节产生的噪声都叠加到信号之上。因此每一个像素的数字量既包括信号分量，又包括噪声分量。主要噪声源：光子散粒噪声 N_{SN}、探测器暗电流噪声 N_D、CCD读出噪声 N_{READ}、预放电路噪声 N_{PA}、信号处理器噪声 N_{PR}、量化噪声 N_{AD} 和驱动及供电干扰噪声 N_{EMC}。

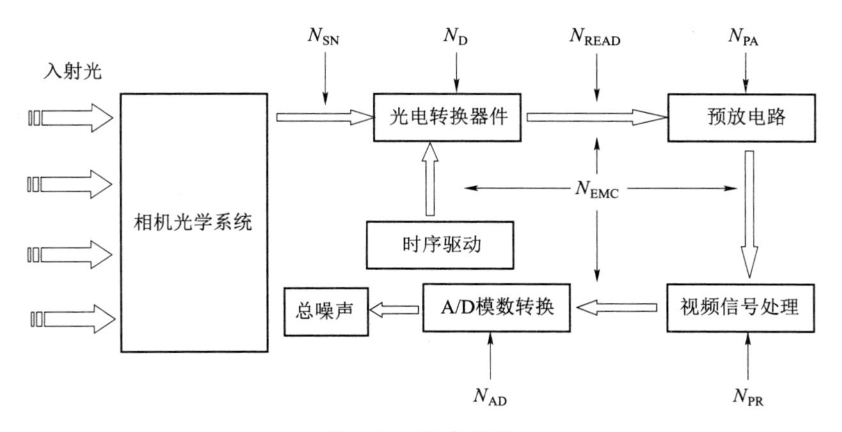

图3-7　噪声模型

(1) 光子散粒噪声：是由于到达传感器的光子数量随机波动引起的，其值与探测器积累电荷数的平方根成正比，是 TDICCD 器件的固有噪声，片外处理电路无法对此噪声进行抑制。

(2) 探测器暗电流噪声：受 CCD 温度影响较大，温度每升高 7 ℃，暗电流噪声增大约 1/2 倍，以 CORONA 器件为例，具体对应关系如表 3-5 所示。

暗电流噪声是由于到达传感器的光子数量随机波动引起的，其值与探测器积累电荷数的平方根成正比，是 TDICCD 器件的固有噪声，片外处理电路无法对此噪声进行抑制。

表 3-5　探测器工作温度对应暗电流噪声输出

探测器工作温度/℃	18	25	32	39
探测器暗电流噪声/mV	0.08	0.12	0.17	0.25

(3) CCD 读出噪声：反映其自身的噪声水平，片外处理电路无法对此噪声进行抑制，通过选用低噪声的 TDICCD，可有效降低其读出噪声到 0.53 mV 左右的水平。

(4) 预放电路噪声：主要来自运算放大器噪声，降低预放电路噪声的主要措施是选用低噪声的运算放大器，如 LMH6715 运算放大器，其噪声值约为 0.1 mV。

(5) 量化噪声：与量化位数直接相关，对于采用 10 bit 量化的相机，量化噪声值为 0.56 mV。

(6) 信号处理器噪声：采用集成型信号处理芯片可以将相机相关双采样、放大和量化功能均在芯片内解决，减少了外部接口与信号传输环节，避免不必要噪声的引入。如 OM7560 是一款满足航天高等级的质量要求且噪声性能较好的集成型信号处理芯片，在带宽 175 MHz 条件下信号处理器噪声为 0.5 mV。

(7) 驱动及供电干扰噪声：图像信号在生成和传输过程中易受到电源、驱动时序和其他高频信号干扰，因此在电路设计时需要采取一系列有效抑制干扰噪声的措施，采取措施后干扰噪声可减小至 2.5 mV。主要措施包括采用驱动电路和信号处理电路前置的设计思路，减少强驱动信号对弱图像模拟信号的干扰；用具有屏蔽性能的地线隔离每片探测器，形成独立的电气环境空间；采用分布式的独立探测器供电系统防止信号传输过程中串扰的发生，并且同一片探测器内部不同抽头处理电路、驱动、模拟电路和数字电路也采用独立电源及其去耦电路。

3. 箝位校正技术

相机在轨成像受相机电路本底电平、大气散射和杂散光的影响，抬高了图像的背景，使图像表观有雾状感，从而影响图像的层次和质量，所以要对这种图像的背景进行扣除。相机的箝位处理功能，一方面可通过调整信号偏置去除图像背景，另一方面通过图像拉伸有效提高图像对比度及暗目标清晰度。具体实现途径是对数字图像信号实施处理。箝位校正可以作为相机可选的功能选项，设置功能开关，从而使得用户可以根据不同的使用需求选择原始图像下传或选择箝位校正后图像下传。

数字电路暗背景负箝位处理方法，即通过相机 A/D 量化芯片按高量化位数（如 12 bit）量化后输出至信号处理电路，信号处理电路对数字图像进行整体向下偏移调整（即图像背景箝位）和灰度拉伸，再将量化后的部分高比特位输出（如输出 12 bit 中的高 10 bit）至数传系统。对数字图像的箝位、拉伸等处理参数均记录在图像辅助数据中，并且与图中每行图像数据严格对应，便于地面进一步辐射校正。同时，任务制定前可针对不同的大气条件和成像条件，通过指令选取合适的箝位参数，提高成像质量。

图 3-8 为 SPOT－5（8bit 量化）灰度箝位和拉伸处理前的北京机场图像，图 3-9 为灰度箝位和拉伸处理后图像。可见，处理前图像有本底灰度，直方图较窄，目标模糊；处理后图像的本底灰度被扣除，直方图分布均衡，目标对比度较高。

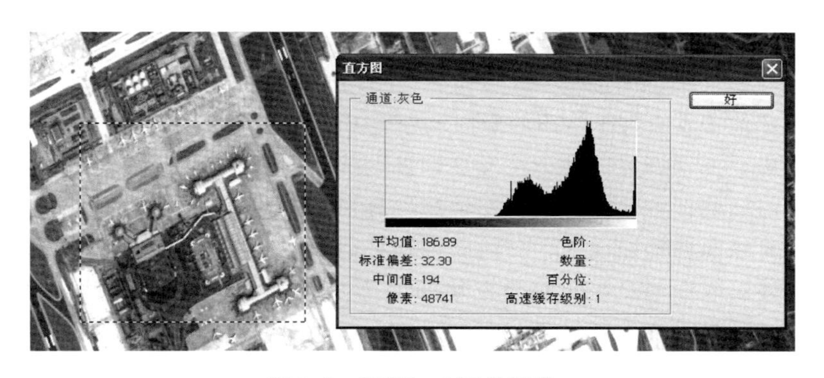

图 3-8　SPOT－5 零级图像

当前，在卫星设计时通常采用基于星上 12 bit 量化、输出 10 bit 的箝位校正技术，其主要优点如下：

(1) 通过数字图像背景扣除和灰度拉伸处理后，可以使灰度尽量充满相机整个量化量程 1 024 DN，增强了图像对比度；

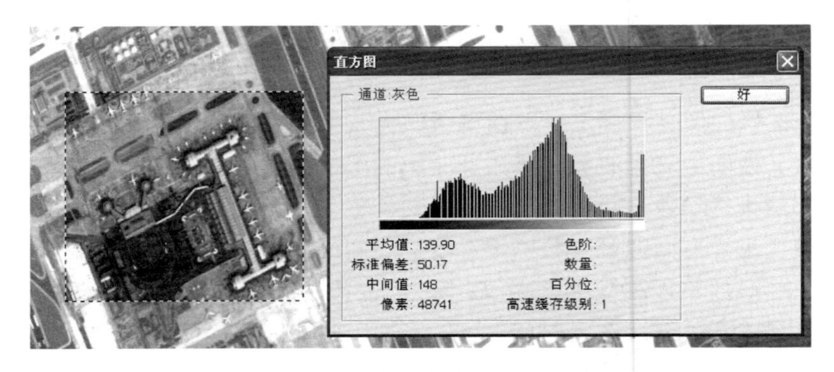

图 3-9　SPOT-5 局部处理后图像

(2) 暗目标成像时，对 12 bit 数字图像进行直方图拉伸处理后再输出高 10 bit，低 2 bit 中的有效信号可以被拉伸至高 10 bit 图像中输出，保留部分暗目标的信息，增强识别能力；

(3) 在图像压缩之前对原始数据的直方图拉伸处理，与地面进行拉伸处理相比，星上处理更易较好地保留图像高频信息。

3.4.14　调焦系统设计

高分辨率可见光相机在轨飞行时，由于环境温度或力学条件变化，会造成相机焦面位置变化，引起系统调制传递函数的下降。一般来说，当相机的离焦量超过 1/2 焦深时，就会引起相机成像质量产生较明显的退化。因此，高分辨率可见光相机一般需设计调焦机构，为了尽量减小离焦对系统调制传递函数的影响，一般要求相机调焦控制精度优于 1/20 焦深。

全反射光学成像系统常用的像面调整方式包括镜组调焦、焦面调焦和平面反射镜调焦。镜组调焦借助于反射镜位置调整来实现，对于采用多片离轴非球面反射镜的相机，各非球面镜的光学间隔有严格的控制要求，因此不宜做调焦光学元件。焦面调焦通过焦平面前后运动实现焦面位置调整，但采用焦平面前后调焦必须解决焦面电子学线束、焦面散热元件等与焦平面一起运动的问题。平面反射镜调焦是在光路中加入一个平面反射镜，通过该平面反射镜前后移动，调整像平面在焦平面的成像位置。当前高分辨率可见光卫星设计中多采用平面反射镜调焦方式。

3.4.15　热光学稳定性设计

卫星入轨后，相机由于受环境温度条件变化，会引起相机的焦面位置、光

轴指向、焦距和图像畸变的变化，从而造成在轨动态调制传递函数、几何定位精度下降。因此相机设计需考虑光学系统合理布局以及光学材料与光机结构相容匹配性，同时进行高精度热控设计，保证相机在轨热稳定性。相机热光学稳定性设计主要包括：通过热光学设计分析，评价光机系统材料匹配性、力学稳定性和热稳定性，确定相机系统在轨温度适应能力，对光学系统关键部件提出温度稳定度和温度梯度要求，提出高精度、高稳定度热控方案，以及针对环境温度变化引起的面型和成像质量下降，提出主动补偿或校正方案。

3.4.16　力学稳定性设计

相机由于受卫星发射段力学振动和在轨初期失重、应力释放等因素的影响，会引起相机的焦面位置、光轴指向、焦距和图像畸变等变化，从而影响在轨成像质量和定位精度。因此相机设计时需要考虑相机光机系统的力学稳定性，保证相机在轨稳定。

在反射镜组件结构稳定性控制方面，通过大型反射镜轻量化设计和提高光学元件的比刚度，降低光学元件自身重力对镜面面形的影响；通过支撑结构柔性化设计，实现光机结构力/热匹配性，既可以解决反射镜装配应力和在轨热应力释放问题，还可起到一定程度的隔振减振效果。在加工、装调和试验环节，应保证大型反射镜组件具有足够的抵御应力变形能力，在光学加工、改性、组件粘接装配、镀膜等环节，严格控制引入应力环节和采取消应力工艺措施，包括振动试验和热真空试验消应力措施。

在框架组件结构稳定性保证方面，尽可能采用线膨胀系数小的材料，框架组件采用无应力装配，保证工作环境温度，降低镜头对环境温度变化的敏感性。通过光学件及结构件间热膨胀系数相互补偿的方法对光机结构进行热补偿设计，进一步提高相机结构的环境适应性，并通过力学振动试验和热真空试验消除装配应力。

|3.5 高分辨率可见光相机方案描述|

高分辨率可见光相机设计通常通过焦距、视场角、光学系统形式、探测器片数及像元尺寸来描述。如某高分辨率可见光相机采用焦距10 m、视场角3.5°的离轴三反光学系统，采用10片全色10 μm/多光谱40 μm的五谱合一TDICCD。相机利用推扫成像方式通过离轴三反消像散光学系统将地面景物成像在焦面TDICCD上，将光信号转换成电信号输出，信号处理电路对电信号进行一系列处理，最后通过数传分系统传到地面。

3.5.1 相机主要功能定义

相机的主要功能包括：

(1) 在轨积分时间动态调整功能：地物目标在相机焦平面上的像移速度是在轨动态变化的，因此相机需动态调整积分时间实现像移匹配，并且积分时间范围能够适应卫星在轨姿态机动范围内成像的要求。

(2) 在轨积分级数、增益调整功能：卫星在轨执行任务期间，由于输入地物辐亮度差异较大，相机需在轨调整TDI积分级数、增益，以适应不同的成像条件，获取较优的图像动态范围。

(3) 在轨调焦功能：光学系统成像物距和像距之间具有严格的匹配关系，

相机需要具有调焦功能，适应可见光相机入轨后空间环境带来的光学系统微变化及不同姿态成像带来的物距变化。

(4) 热控功能：相机在轨空间外热流变化强烈，需采取高精度热控，以确保光学系统工作在稳定温度环境下，以确保在轨动态成像质量。

(5) 高精度校时、守时功能：保证轨道、姿态和成像等各个环节时间数据基准的一致性及时间准确度，提升图像的几何定位精度。

3.5.2 设计约束

1. 任务层面设计约束

可见光遥感卫星系统任务层面的设计约束主要来自于应用需求，包括卫星运行轨道、成像谱段、地面像元分辨率及幅宽等应用指标，以及关键成像质量指标，如在轨动态调制传递函数、信噪比等。

可见光遥感卫星需要考虑光照条件和太阳高度角的设计约束，其轨道通常选择太阳同步轨道。考虑到太阳照射条件对春、夏、秋、冬应用需求，降交点地方时通常选择在上午10:30或下午1:30的轨道，轨道高度一般在450～800 km范围内。根据我国某资源卫星的应用需求，卫星选择轨道高度为500 km的太阳同步轨道，要求全色谱段光谱范围为0.45～0.90 μm，多光谱谱段光谱范围为0.45～0.52 μm、0.52～0.60 μm、0.63～0.69 μm、0.76～0.90 μm，地面像元分辨率为全色0.5 m、多光谱2.0 m，成像带宽20 km。为保证成像质量，对在轨调制传递函数、信噪比及定标精度提出要求，其中在轨动态传递调制函数优于0.1；典型输入条件信噪比全色优于39 dB、多光谱优于42 dB（典型条件为30°太阳高度角、地物反射率为0.2）；量化位数为10 bit。

2. 工程大系统设计约束

可见光相机需要接收星上总线广播的辅助数据，并与可见光相机的辅助数据、图像进行统一编排、发送至地面应用系统。为了保证几何成像质量，要求相机全视场畸变优于1.5%、畸变测量精度优于5个像元，绝对定标精度优于7%，相对定标精度优于3%。

3. 卫星总体设计约束

为了保证整星的接口匹配性，卫星总体需对相机系统提出设计约束，要求相机全色谱段的静态调制传递优于0.2、多光谱谱段优于0.3，低端信噪比优于20 dB（20°太阳高度角、地物反射率为0.05），高端信噪比优于48 dB（70°太阳高度角、地物反射率为0.5），TDICCD通道之间响应不一致性≤5%。

为了保证可见光相机与星上其他分系统接口的匹配性，要对可见光相机的重量、长期功耗、短期功耗、量化位数等进行约定。卫星在轨考核寿命为5～8年，相机设计寿命应满足“1.5年卫星总装、1年贮存、在轨运行5～8年”的要求。

3.5.3 系统配置与拓扑结构

相机分系统一般由相机本体及电子学单机构成（图3-10）。相机本体主要由光学系统、调焦组件、焦面组件、遮光罩组件等构成，负责完成地面景物到电子学图像的变换。电子学单机则主要包括管理控制模块、总线通信模块、供配电模块、信号处理模块等，主要负责接收整星一次母线电源，为相机电子系统供电，通过总线接收指令和相关参数信息，控制相机工作，同时向卫星反馈工程参数。

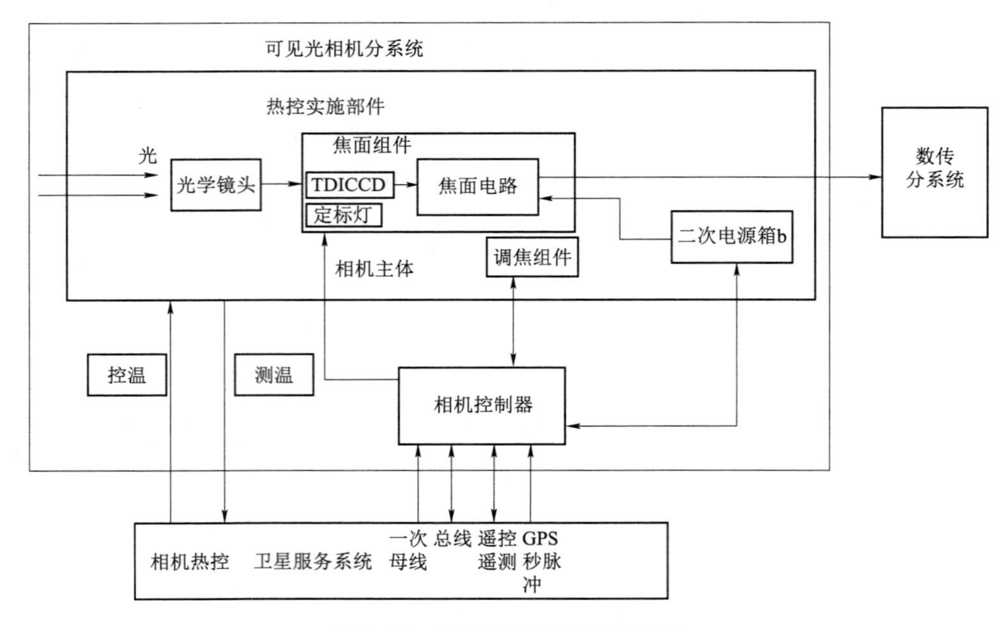

图3-10　相机分系统组成原理图

3.5.4 工作模式设计

等待模式：在等待模式下，只有相机的遥测电路、热控处于长期工作状态，其他设备均处于关机状态。

成像模式：成像模式又包括同速成像模式和异速成像模式。同速成像模式下，各片 CCD 采用相同的积分时间工作，并输出摄取的地面景物图像数据。异速成像模式下，各片 CCD 采用不同的积分时间工作，并输出摄取的地面景物图像数据。

调焦模式：在调焦模式下，相机通过调焦机构进行焦面位置调整，根据调焦前后成像质量确定焦面所应调整方向和步数。调焦工作可单独进行，也可在成像过程中进行。成像模式和调焦模式可以共用。

自检模式：自检模式可分为定标模式和自校图形模式。定标模式在夜间进行，卫星应处于地球阴影区。相机对星上内定标灯成像，获得相对定标图像数据。自校图形模式下焦面 CCD 不上电，将预先存储的自校图形数据输出给数传分系统。

3.5.5 相机光学系统设计

某资源高分辨率相机采用离轴三反、无中心遮拦、无中间像的光学系统，光学系统包括主镜、次镜和三镜等三块非球面镜及一块平面反射镜（位于像面和三镜之间）。全视场平均设计传函优于 0.45，光学系统结构图如图 3-11 所示，其光学设计方案见表 3-6。

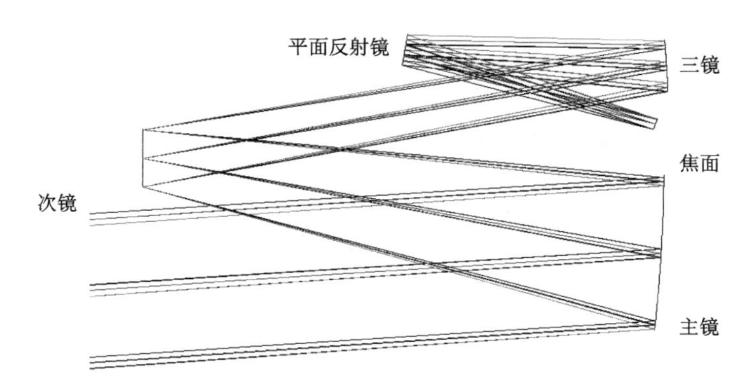

图 3-11　光学系统结构图

表 3-6　相机光学设计方案

参数	设计结果
谱段/μm	PAN：0.45～0.90 B1：0.45～0.52；B2：0.52～0.60；B3：0.63～0.69；B4：0.76～0.90
焦距/m	10
相对孔径	1/12
视场角/(°)	3.5
设计传函	Nyquist 频率 0.45（视场平均值）；1/4Nyquist 频率 0.65（视场平均值）

相机采用离轴光学系统设计，光机结构主要由空间桁架结构组件、主反射镜组件（简称主镜组件）、次反射镜组件（简称次镜组件）、第三反射镜组件（简称三镜组件）、调焦组件、CCD 焦面组件和遮光罩组件等构成。

3.5.6　相机电子系统设计

相机电子系统主要由成像电路、相机控制器和相机配电单元三部分组成。成像电路用于实现光电转换和图像数据输出等功能，通常包括 TDICCD 电路、时序控制电路、驱动电路、模拟前放电路、视频处理电路、数据合成电路、积分时间控制电路等组成部分。相机控制器主要完成相机任务管理、遥控指令管理、高精度像移计算及控制、秒脉冲同步信号、遥测参数管理、调焦控制等功能。相机配电单元主要完成一次母线电源到二次电源和三次电源的变换功能、控制 CCD 上下电顺序、电源遥测采集等功能。

3.5.7　相机高精度热控设计描述

大口径、长焦距光学系统对温度水平、温度变化、温度梯度十分敏感，温度控制要求非常苛刻。然而，大型相机往往装在星外，空间热环境非常恶劣，因此，其热光学设计分析和热真空环境模拟成像试验验证十分关键。

对于大型相机光机系统，在采取充分等温化设计、隔热设计的基础上，依据相机在轨飞行热特性，采用高精度分布式主动热控制方案，即对相机本体上的反射镜组件、安装反射镜框架组件、相机蒙皮等分散式光机结构系统进行分

布式共精度控温，实现测温、加热和控温回路一体化协同控制，以保证相机光机系统工作在高精度、高稳定度、高温度均匀性的状态。

对于相机焦面组件，由于高分辨率相机 TDICCD 及其成像电路功耗很大，工作时几百瓦，甚至上千瓦，不工作时无热功耗，热功耗波动很大。温度波动对成像电路、光机系统成像性能影响很大，根据相机探测器、成像电路噪声控制要求和热特性，利用高导热传热元件＋高相变储能元件组合应用，采用“储热-散热-放热-储热……”主动恒温热控方案，阻尼焦平面成像电路的大功耗波动引起的温度波动，以保证 TDICCD 和光机系统高精度温度控制。

3.6 卫星在轨成像模式设计

随着高分辨率遥感卫星姿态机动能力的提升，卫星在轨可实现越来越多样化的成像模式，如常规条带推扫成像、同轨多点目标成像、同轨拼幅成像、同轨单目标多角度成像等方式，甚至还可实现动中成像、非沿迹主动扫描成像等，卫星的成像能力和观测范围均获得了显著提升。

3.6.1 沿迹方向推扫成像模式

沿迹方向推扫成像模式是卫星以高精度、高稳定度姿态控制模式，对沿轨飞行方向的星下目标进行推扫成像，成像期间卫星进行偏流角修正，但滚动、俯仰角保持不变，其成像模式示意如图 3-12 所示。

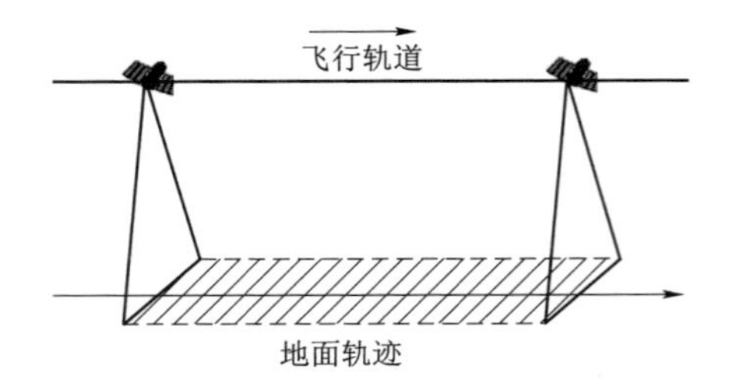

图 3-12　沿迹方向推扫成像模式示意图

3.6.2　同轨多目标成像模式

同轨多目标成像模式是利用卫星的快速机动能力，通过快速侧摆对分散的目标进行成像，如图 3-13 所示。这种成像模式主要针对在一轨内距离沿迹方向较近且指向位置不同的多个目标进行成像，要求卫星具有滚动、俯仰方向的快速姿态机动能力。

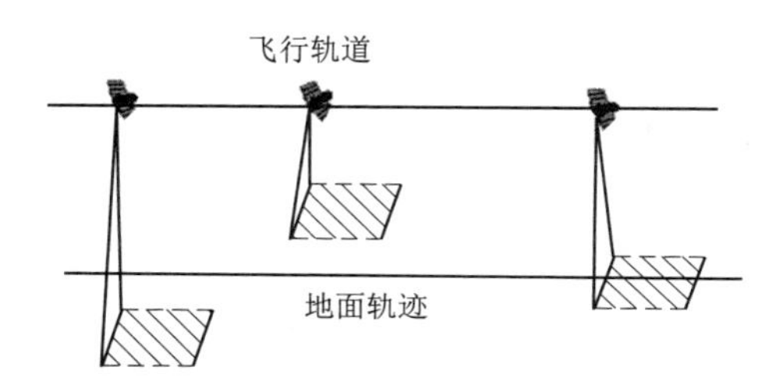

图 3-13　同轨多目标成像示意图

3.6.3　同轨拼幅成像模式

同轨拼幅成像模式是利用卫星的快速机动能力，使卫星多次进行沿迹方向的推扫成像，并通过多次图像拼接以增大幅宽的成像方式。当某些特定区域内观测目标较为集中且分布较广，在一轨内卫星单次推扫无法全部覆盖时，这种模式能有效增强卫星垂轨方向的成像覆盖能力，卫星拼幅成像时的飞行模式如图 3-14 所示。

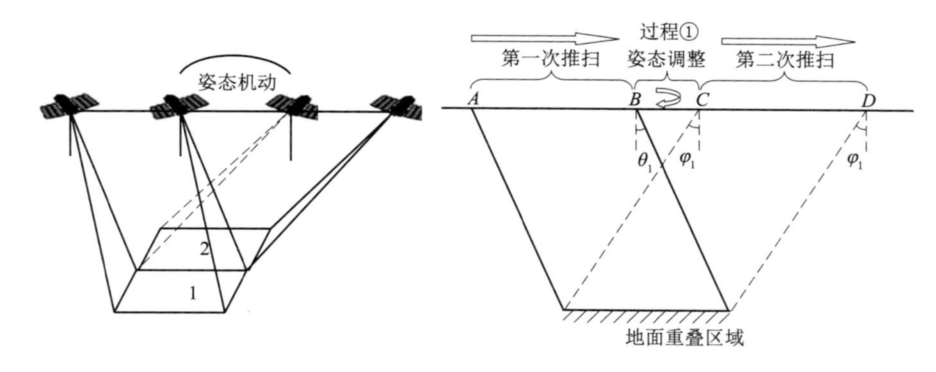

图 3-14　同轨拼幅成像模式示意图

3.6.4 同轨多角度成像模式

同轨多角度成像模式是卫星在飞行过程中以不同俯仰角对地面同一目标进行连续跟踪推扫成像方式。经过若干次推扫后，可以获得同一地物目标多个不同立体面的影像信息，通过地面处理即可获取地面目标全方位的立体影像信息。图 3-15 给出了卫星在同轨单目标两次多角度成像时的飞行模式。

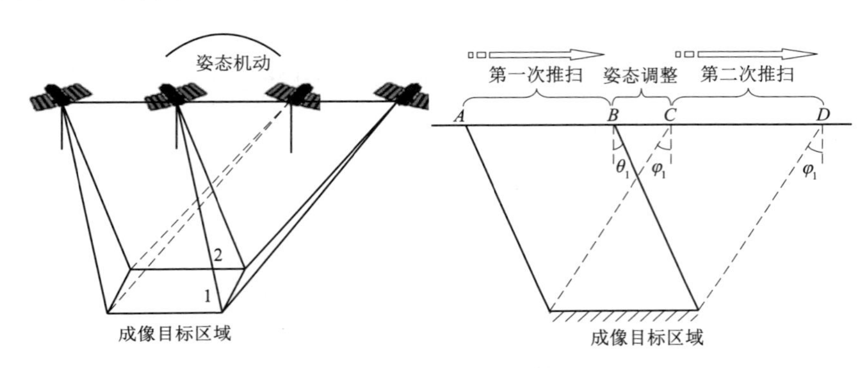

图 3-15 同轨多角度成像模式示意图

3.6.5 非沿迹方向主动推扫成像模式

当被观测目标不在卫星沿迹方向，而是与卫星星下点轨迹成一定角度的分布，且分布宽度处于卫星单条带覆盖范围时，则需要卫星首先进行绕 Z 轴旋转一定角度，再利用俯仰结合滚动两向主动推扫模式进行成像，即可获得非沿迹方向的卫星图像。非沿迹方向主动推扫成像模式如图 3-16 所示，这种模式对非沿迹方向的狭长地物目标，如边界、河流和海岸线等，具有很好的时效性。

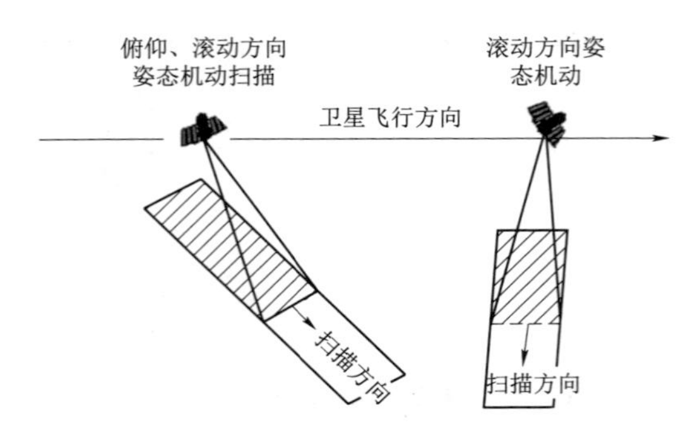

图 3-16 非沿迹方向主动推扫成像模式示意图

3.7　卫星在轨动态成像质量设计与分析

可见光相机装载到卫星平台并发射到空间环境后，其动态成像质量除了相机本身的影响因素外，还受到平台、空间环境和在轨动态飞行等环节的影响。因此，需开展全链路、全要素的成像质量分析和控制，也是高分辨率光学遥感卫星总体设计中最关键的内容。

3.7.1　卫星在轨动态成像质量保证设计措施

随着分辨率的不断提升，全链路、全要素的成像质量保证难度越来越大。在轨成像质量设计保证是遥感卫星总体设计和工程研制的重要环节，主要保证要素和控制措施见表 3-7。

表 3-7　卫星动态成像质量保证要素和控制措施

序号	措施	方案说明	备注
1	高精度时统设计	采用导航星高精度秒脉冲校时方案，为控制、测控和相机分系统间数据建立高精度时统关系	提升辐射质量
2	积分时间设置	采用高精度导航接收设备提高积分时间计算精度，并对相机分视场设置积分时间	

续表

序号	措施	方案说明	备注
3	颤振抑制	采用相机高刚度结构设计、卫星平台与相机机械接口处隔振设计等措施，保证相机适应在轨热力学变化。 对星上主要扰振源（如CMG）采取充分的隔振设计，降低高频颤振对图像影响	提升辐射质量
4	多星敏联合定姿	合理布局星敏等姿态测量设备，采用多星敏联合定姿，实现高姿态测量精度	提升几何质量
5	提高定轨精度	采用高精度导航接收设备，提高定轨精度	
6	相机与星敏光轴夹角的稳定性	采用相机与星敏一体化和等温化设计，保证在轨运行期间相机与星敏间光轴夹角的稳定性	
7	辅助数据的合理编排	下传星敏、陀螺数据及其高精度时统信息；增加姿态、轨道等数据的下传频率	
8	角位移测量	利用高精度角位移测量装置测量卫星颤振数据，并下传地面可作为地面图像校正的参考数据	

3.7.2 高精度像移匹配设计

对于TDICCD成像体制，其正常工作的基本前提是光生电荷包的转移与焦面上图像的运动保持同步，即在卫星飞行过程中相机在积分时间内通过地面景物的距离应与相机单个光敏元的地面投影大小相同。但是由于轨道摄动、地球椭率、地面地形高低等干扰因素的变化，实际卫星相对地面物点的距离将发生变化，由此带来成像距离的变化和卫星相对地面速度的变化，从而导致相机积分时间的变化，因此需要卫星根据在轨的实际轨道和速度变化情况，实时计算相机积分时间，以减小CCD所成像的景物失配造成的成像质量下降。

1. 积分时间设计

根据卫星轨道参数和相机设计参数，可计算出相机成像的积分时间范围。计算最小积分时间时，采用最小轨道高度星下点轨道参数，最大高程可按8.848 km进行计算；计算最大积分时间时，采用最大轨道高度加上最大姿态机动角的轨道参数，高程数值按0 km进行计算。某型资源遥感卫星平时轨道460～500 km，偏心率最大0.002 5、半长轴最大偏移±2 102.75 m，依据相机焦距和像元尺寸等设计参数，则可计算得相机的积分时间范围为64～130 μs。相

机成像电路设计必须考虑其适应轨道、姿态机动等极端工况下的积分时间范围，并留有余量。

2. 积分时间分视场设置方法

对于地面像元分辨率优于 1 m、幅宽几十千米的可见光遥感卫星，其有效视场需采用多片 TDICCD 拼接设计。由于各片 TDICCD 的成像视场不同，从而使得各片 TDICCD 像元在地面的投影尺寸不一致，进而导致它们像移速度出现差异。若各片 TDICCD 仍统一按中心点积分时间设置，会导致边缘视场图像因像移速度不匹配而带来传函下降，尤其在大角度滚动姿态机动后更为严重，表 3-8 给出了按中心点积分时间设置时中心与边缘视场 MTF 下降情况。

表 3-8　中心点积分时间设置时中心与边缘视场 MTF 下降情况

俯仰/(°) \ 滚动/(°)	0	10	20	30	45
45	0.899	0.907	0.601	0.170	−0.081
30	0.978	0.954	0.812	0.545	−0.096
20	0.991	0.965	0.847	0.625	0.037
10	0.997	0.964	0.858	0.662	0.127
0	0.999	0.962	0.854	0.665	0.142
注突出显示部分为 MTF＞0.95 的数值。					

因此，为保证全视场成像调制传递函数，卫星可对不同视场的探测器进行高精度积分时间实时计算，并进行分视场设置积分时间，表 3-9 给出了按分视场积分时间设置时中心与边缘视场 MTF 改善情况。可见，分视场设置积分时间可显著提高边缘视场的 MTF。

表 3-9　按分视场积分时间设置时中心与边缘视场 MTF 改善情况

俯仰/(°) \ 滚动/(°)	0	10	20	30	45
45	0.990	0.980	0.966	0.952	0.861
30	0.999	0.995	0.989	0.983	0.956
20	0.998	0.999	0.993	0.988	0.966
10	0.998	0.997	0.994	0.990	0.976
0	0.991	0.983	0.966	0.952	0.861
注：突出显示部分为 MTF＞0.95 的数值。					

3. 像移匹配高精度控制

对于高分辨率可见光相机，速高比计算、焦距测量、积分时间设置延时等环节均会造成积分时间设置误差。对于 TDICCD 相机，积分时间设置精度将对成像质量造成影响。积分时间设置误差导致的 MTF 下降可用下式来确定：

$$\Delta d = m \cdot c \cdot \Delta t_i \tag{3-12}$$

$$\mathrm{MTF}\ (N) = \mathrm{sinc}\ (\pi v_n \Delta d) \tag{3-13}$$

式中，m 为积分级数，Δt_i 为积分时间设置误差，v_n为采样频率 1/（2p）（p 为像元尺寸），Δd 为由积分时间设置误差造成的像移。表 3-10 给出了积分时间设置误差对 MTF 的影响。

表 3-10　不同级数、不同设置精度误差与 MTF 的关系

MTF		积分级数				
		16	32	48	64	96
积分时间不同步误差	0.3%	0.999 5	0.995 2	0.991 5	0.980 9	0.966 2
	0.5%	0.998 5	0.986 7	0.976 5	0.947 6	0.907 9

计算结果表明：48 级积分级数下，积分时间设置精度小于 0.5%时，MTF 下降 2.3%，对成像质量影响较小。然而，当积分时间设置精度为 0.5%时，积分级数提高到 96 级，MTF 下降 9.21%，对成像质量影响较大。

影响积分时间设置精度的参数包括探测器像元尺寸测试精度、相机焦距测试精度、卫星速高比计算精度、积分时间设置延时误差和积分时间量化误差等，在积分时间设置精度小于 0.5%的误差要求下，需对各项的影响进行指标分配：采用高精度的自准直和精光测距法，保证焦距测量精度小于 0.1%；TDICCD 尺寸测量误差由探测器厂家给出，一般可以忽略；速高比计算精度的影响因素主要包括卫星测速误差、星上所用数字高程误差、卫星定位误差、姿态测量误差等。假设卫星轨道高度 H_e 为 500 km，误差分析方法如下：

（1）当测速误差 $\Delta V_G \leqslant 0.2$ m/s 时，对速高比计算造成的误差为 2.9×10^{-5}。

（2）当在整个数字高程图范围内的高程误差 ΔH_1 最大不超过 500 m 时，其对速高比计算造成的误差为 $\left|\frac{\Delta H_1}{H_e}\right| \leqslant 1.0\times10^{-3}$。

（3）当卫星在沿轨道高度方向上的定位误差分量 ΔH_2 不超过 10 m 时，其对速高比计算造成的误差为 $\left|\frac{\Delta H_2}{H_e}\right| < 2.0\times10^{-5}$。

(4) 当相机最大侧摆角45°、侧摆角误差为0.05°(姿控指向误差)的情况下，引入的摄影距离误差ΔH_3约为617 m，因而其对速高比计算造成的误差为$\left|\frac{\Delta H_3}{H_e}\right|<1.23\times10^{-3}$。

(5) 假设将速高比数据转化为积分时间代码所用的量化时钟频率为7 MHz，则其对应的量化误差最大为一个分层1.43×10^{-7} s，当积分时间为65 μs时，误差量最大值2.2×10^{-3}。

(6) 星上电子系统需要根据测姿系统的姿态数据及定位系统的轨道数据进行积分时间计算，各设备数据的组织、设备间数据的发送及积分时间的最终计算都需要有一定的时间，对于某一时刻而言，积分时间无法实时获得，而是具有一定的延时，一般积分时间计算链路延迟误差≤1‰。

3.7.3 图像辅助数据设计

1. 与几何质量相关的辅助数据设计

地面几何定位精度处理所需的卫星姿态数据、轨道数据、图像行曝光时间等均是根据星上各分系统输出的辅助数据进行解算的，因此卫星辅助数据编排内容、数据格式以及数据更新频率，直接影响地面处理定位精度。与几何质量相关的辅助数据主要包括：

(1) 卫星定位数据：导航接收机提供的成像时刻位置和速度，主要包括定位数据时标、轨道位置、速度、定位标识、积分时间等，一般更新频率为1 Hz；

(2) 卫星姿态数据：控制系统提供的卫星姿态数据，主要包括定姿方式标识、星敏数据有效性标识、卫星姿态数据及时刻等，一般更新频率为4 Hz或更高；

(3) 陀螺提供的成像时刻角速度：主要包括陀螺及姿态数据时标、惯性姿态角速度等，一般更新频率为4 Hz或更高；

(4) 积分时间及其时标：精度应精确到微秒量级；

(5) 曝光成像行时标：行时标时间包括每行成像所对应的整秒时刻与微秒时刻，采用高精度时统设计后，行时标与卫星整星时间基准的误差可以提高到0.1 ms以内。

此外，为进一步提升几何定位精度，可对辅助数据作如下设计：通过同时输出三台星敏感器的原始四元数值，避免因星上计算机无法实现星上复杂运算而带来的星上解算误差，可将星敏的原始四元数值及其高精度时标下传，为地面进行高精度解算卫星姿态运动提供高精度在轨原始数据，提升姿态计算精度。同时输出高精度三浮陀螺和光纤陀螺的原始数据，在卫星辅助数据中的姿态数据中下传陀螺数据及其高精度时标数据，可有效保证部分星敏无法工作时的姿态测量精度。

2. 与辐射质量相关的辅助数据设计

与辐射质量相关的辅助数据是与相机成像相关的状态参数，表征相机成像时的工作状态和参数，是地面图像辐射质量处理必不可少的状态参数，主要包括：积分级数、增益、偏置参数，以及直方图均衡系数、本底扣除系数，表示相机在轨原始数字图像进行箝位处理的参数值。

3.7.4 整星高精度时统设计

卫星采用基于秒脉冲的硬件统一校对时间基准高精度时统方案，可有效减小星上各相关分系统间时间同步误差，提高图像的几何定位精度。该方案采用秒脉冲与整秒时间总线广播相结合的方法，星上计算机在每个整秒时刻产生硬件秒脉冲信号送给授时分系统，如相机、控制等，对时精度优于 1 μs。发送该硬件秒脉冲时间基准后通过总线发送秒脉冲的整秒值，各授时分系统利用各自时钟进行计数，细分每个整秒基准中间的时刻，从而可实现整星小于 0.1 ms 的高精度时间管理。使用高精度时统的分系统包括相机、控制分系统的星敏和陀螺等。影响卫星时统同步精度的主要因素有：时间发送部分引起的误差，主要包括硬件秒脉冲与准确时间精度误差（一般要求不超过 1 μs）；硬件秒脉冲信号发给授时分系统传输过程中的时间延迟（一般在几十 ns 之内），即时间发送部分的总误差不超过 2 μs；授时分系统的秒脉冲校时误差，主要包括授时分系统从收到秒脉冲信号到将相关数据打入辅助数据的延时，主要有板内走线延时、板间传输延时和器件延时等误差项，一般为 ns 量级；授时分系统的本地计时误差，受本地时钟的准确度影响，当本地时钟频率稳定度为±20 ppm（ppm 即为 10^{-6}），那么其误差约为 20 ppm×1 s=20 μs，则授时分系统秒脉冲校时误差为不超过 20 μs。

3.7.5 在轨动态 MTF 分析

卫星在轨动态成像过程中，由于卫星运动，相机在轨成像在沿轨和垂轨方向存在较大的差别。影响卫星在轨动态 MTF 的主要因素包括大气、相机静态传函、相机推扫、积分时间精度、偏流角修正精度、颤振影响、空间环境影

响、杂光影响、调焦影响等，将整个成像链路系统看作空间频率的线性系统，如图 3-17 所示。这些影响单元对调制传递函数进行级联相乘即可确定整个系统的综合调制度响应，系统的总体响应可表示成各个环节传函的乘积。一般需对奈奎斯特频率处的 MTF 进行定量评价。

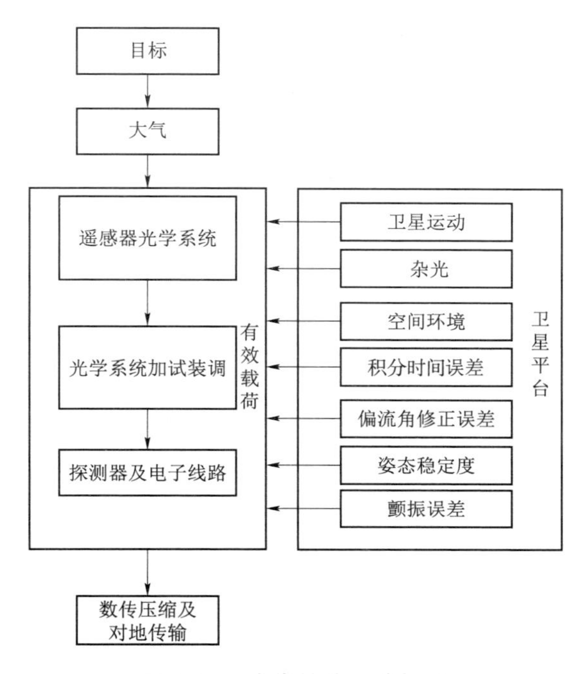

图 3-17　成像链路系统框图

1. 大气对在轨动态 MTF 的影响

地物反射辐射到达遥感相机前，要穿过地球大气层，使得地物目标的光谱分布、辐射能量大小等都发生了变化，进而影响了卫星在轨成像 MTF。大气传递函数主要受太阳高度角、探测波长、大气能见度等因素的影响。

（1）太阳高度角对卫星成像 MTF 的影响：地面景物经过大气后对比度明显下降，变化因子与太阳高度角有关，太阳高度角越低，对比度下降越明显。在太阳高度角 30°、地面反射率 0.2 的典型成像条件下，大气传递函数一般可以取 $MTF_{大气}=0.8$。

（2）太阳高度角对卫星成像信噪比的影响：相机在同一增益、级数条件下，信噪比会随太阳高度角和地面反射率的增大而增大。即不同季节采用相同的相机成像设置参数，对信噪比影响很大；而且在同一天内，使用相同成像设置参数时，在低纬度地区的信噪比比高纬度地区高。

(3) 大气能见度对卫星成像质量的影响：大气能见度反映大气的清洁程度，大气能见度越差表明大气越浑浊，这会引起大气散射效应的加剧，从而影响最终成像质量。

卫星在轨动态传函分析通常选取卫星在轨测试时的典型 23 km 能见度条件，大气传递函数影响约为 0.81。

2. 相机静态 MTF

相机静态 MTF 应包括光学镜头、光学装调、CCD 及电子线路 MTF 的乘积。光学系统 MTF 计算方法参见公式（3-4），某光学系统在奈奎斯特(Nyquist) 频率、1/4 奈奎斯特频率下，全视场 MTF 平均值分别为 0.45 及 0.65，通常，光学镜头加工装调因子 $MTF_{加工装调}$ 为 0.85～0.90，探测器在光谱范围内平均 MTF_{CCD} 为 0.55～0.57，电子线路对传函影响因子 $MTF_{电子线路}$ 一般为 0.95，相机的静态传递函数为全色谱段 0.2、多光谱谱段 0.3。

3. 推扫运动对在轨动态 MTF 的影响

TDICCD 与普通线阵一样，在飞行方向存在一个固有的由于推扫造成的下降因子。卫星推扫运动造成的 MTF 下降因子为：

$$MTF_{推扫}=\frac{\sin\ (\pi v_n d)}{\pi v_n d}=0.636 \tag{3-14}$$

式中，v_n为采样频率 $1/(2p)$（p 为像元尺寸）；d 为一个积分时间内像移距离，填充因子为 1，$d=p$。

4. 积分时间设置精度对在轨动态 MTF 的影响

TDICCD 成像要求地物运动与像移同步，积分时间设置精度对成像质量的影响详见前文表 3-10。目前积分时间设置精度可实现优于 0.3%时，在 48 级积分级数下 $MTF_{积分时间}=0.99$，在 96 级积分级数下 $MTF_{积分时间}=0.97$。

5. 偏流角修正精度对在轨动态 MTF 的影响

由于可见光相机成像器件是 TDICCD，采用时间延迟积分的原理完成成像，所以需要对地球自转引起的横向偏移进行补偿，相机要求对地成像期间卫星进行偏流角控制。相机采用 TDICCD 成像，成像时要求卫星对地球自转引起的横向像移进行补偿，进行偏流角补偿控制。偏流角修正精度的大小会影响到相机的成像性能，主要表现在偏流角修正误差会导致像移，引起 MTF 下降。

由于相机采用 TDICCD 成像体制，需要对地球自转引起的横向偏移进行补偿，即偏流角控制。偏流角修正精度直接影响卫星在轨成像性能，主要表现为偏流角修正误差会导致像移，引起 MTF 下降。偏流角修正误差引起的像移为 Δd：

$$\Delta d = m \cdot c \cdot \tan\theta \tag{3-15}$$

$$\mathrm{MTF}_{偏流角} = \sin c\ (\pi v_n \Delta d) \tag{3-16}$$

式中，m 为级数，θ 为偏流角修正精度，v_n为采样频率 1/（2p）（p 为像元尺寸）。不同偏流角修正精度对卫星在轨成像 MTF 的影响见表 3-11。目前遥感卫星偏流角修正精度优于 0.05°，由此引起的在轨成像质量下降因子为 $\mathrm{MTF}_{偏流角}$＝0.99。

表 3-11　偏流角修正精度（Δθ）与 MTF 的关系

MTF		积分级数				
		16	32	48	64	96
$\Delta\theta$	0.03°	1.000	1.000	0.999	0.998 2	0.995 8
	0.05°	1.000	0.999	0.999	0.998 2	0.995 8
	0.1°	1.000	0.997	0.994 2	0.995	0.989

高分辨率可见光卫星的偏流角修正精度一般优于 0.05°，由此引起的成像质量因子为 $\mathrm{MTF}_{偏流角}$＝0.99。

6. 姿态稳定度对在轨动态 MTF 的影响

姿态稳定度对相机的 MTF 影响主要是其 TDICCD 多级积分时所产生的像移量，按下式计算，像移：

$$\Delta d = \bar{\omega} \cdot f \cdot m \cdot t_i \tag{3-17}$$

式中，$\bar{\omega}$ 为姿态漂移角速度，°/s；f 为焦距；m 为积分级数；t_i为积分时间。

因此，控制系统低频线性运动对 MTF 影响由下式确定：

$$\mathrm{MTF}_{姿态稳定度} = \sin c\ (\pi v_n \Delta d) \tag{3-18}$$

式中，v_n为采样频率 1/（2p）（p 为像元尺寸）。

卫星姿态稳定度对系统 MTF 的影响见表 3-12。当卫星姿态稳定度为 5×10^{-4}°/s 时，相机成像积分时间内产生的像移对相机成像 MTF 影响很小，$\mathrm{MTF}_{姿态稳定度}$＝0.99。当卫星姿态稳定度为 2×10^{-3}°/s 时，积分级为 96 级，相机成像积分时间内产生的像移对引起相机成像 $\mathrm{MTF}_{姿态稳定度}$＝0.98。

表 3-12 卫星姿态稳定度对 MTF 的影响因子

姿态稳定度/[(°)·s^{-1}]	不同 TDICCD 积分级数下的 MTF 影响因子			
	$N=24$	$N=36$	$N=48$	$N=96$
5×10^{-4}	0.999 9	0.999 8	0.999 6	0.998 4
1×10^{-3}	0.999 6	0.999 1	0.998 4	0.993 8
1.5×10^{-3}	0.999 1	0.998 0	0.996 4	0.986 0
2×10^{-3}	0.998 4	0.996 4	0.993 8	0.975 1

7. 颤振对在轨动态 MTF 的影响

卫星在轨运行期间，卫星整体或局部出现的幅度较小、频域较宽的振动通常称之为颤振。颤振会导致光学相机在成像时间内并非对同一地物成像，从而引起成像质量下降。根据颤振频率和相机成像频率的比值不同，可以分为高频颤振和低频颤振，不同频率颤振对图像影响程度差异很大。

1）低频颤振对在轨动态 MTF 的影响（图 3-18）

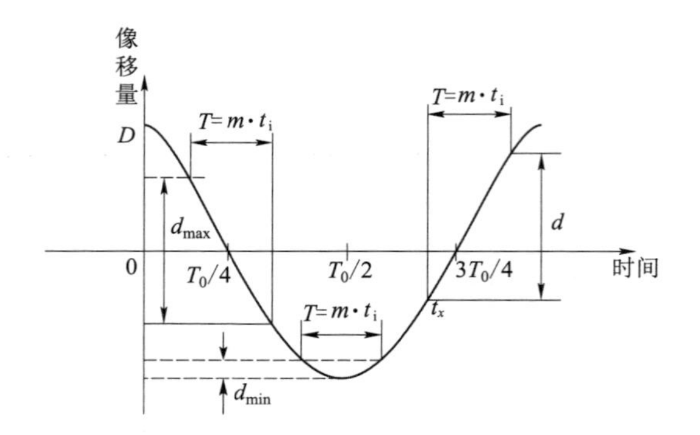

图 3-18 低频颤振示意图

对单个频率的低频正弦振动，其中 T 为 m 级积分时间，$T=m\cdot t_i$，T_0 为振动周期，L 为振幅，t_x 为 TDICCD 积分开始时刻。最大的像移值为：

$$d_{\max}=2L\sin\left(\frac{2\pi}{T_0}\times\frac{T}{2}\right)=2L\sin\ (\pi v_0 T)\ (T<T_0/2) \tag{3-19}$$

式中，v_0 为振动频率，$v_0=1/T_0$。

而低频振动像移对图像 MTF 的影响计算公式如下：

$$\text{MTF}_{\text{低频颤振}}=\sin c\ (\pi v_n d_{\max}) \tag{3-20}$$

式中，v_n为采样频率 $1/(2p)$（p 为像元尺寸）。由此可得不同的像移对图像传

函的影响如表 3-13 所示。对于高分辨率光学遥感卫星，一般要求低频颤振最大像移量 d_{max} 小于 0.2 个像元，则 $MTF_{低频}=0.984$。

表 3-13　低频振动对图像 MTF 的影响

像移量/像元	0.1	0.2	0.3	0.4	0.5
MTF	0.996	0.984	0.963	0.935	0.900

2）高频颤振对在轨动态成像 MTF 的影响

卫星在某一工作级数下，当振动频率 f_0 大于相机成像频率的一半 $f/2$ 时，可以认为颤振为高频颤振。高频颤振对图像 MTF 影响的计算公式如下：

$$MTF_{高频颤振}=J_0\ (2\pi v_n L) \tag{3-21}$$

式中，J_0 为 0 阶 Bessel（贝塞尔）函数，v_n 为采样频率 1/（2p）（p 为像元尺寸），L 为振幅。高频颤振对传函的影响见表 3-14。可见，高频颤振对系统成像质量影响很大，通常要求为高频颤振传递至相机像面的相对幅度不大于 0.1 个像元尺寸，对应的 $MTF_{高频}=0.975$。当大于 0.2 个像元尺寸时，对应的 $MTF_{高频}=0.903$，对成像质量的影响不可接受。因此，高频颤振特性、测量、抑制和验证是高分辨率遥感卫星系统设计最艰巨的工作。

表 3-14　高频颤振对图像 MTF 的影响

像移量/像元	0.1	0.2	0.3	0.4	0.5
MTF	0.975	0.903	0.790	0.646	0.471

可见，在振幅相同的情况下，单位积分时间内产生的高频颤振，明显比低频颤振对系统成像 MTF 影响要大得多。因此卫星总体设计时应针对星上多个振动源的幅频特性、谐振特性进行系统分析和控制。通过采取有效的颤振抑制措施，才能保证整星高频颤振引起相机像移量控制在 0.1 个像元内、低频颤振引起相机像移量控制在 0.2 个像元内，对 MTF 的影响为 $MTF_{颤振}=MTF_{低频}\times MTF_{高频}=0.984\times0.975=0.959$。

8. 杂光对在轨动态 MTF 的影响

来自视场外的非成像光束经过筒壁漫反射后到达像面，会造成对探测器的不均匀照明，从而使图像对比度降低。当光学系统杂光系数为 3%时，根据式（3-10）计算，由杂光引起调制传递函数下降为：$MTF_{杂光}=0.97$。

9. 相机在轨力热稳定性对 MTF 的影响

虽然在地面进行主动段力学环境试验、空间真空热环境成像试验，以及相机 180°翻转模拟在轨失重环境试验，在一定程度上验证相机系统成像性能，但考虑地面试验与实际在轨飞行环境的差异性，相机在轨力热稳定性对 MTF 仍存在一定影响。这种影响主要体现为离焦，可通过在轨调焦来解决。离焦对相机 MTF 的影响可用下式计算。

$$\mathrm{MTF}_{离焦}=2J_1(X)/X \tag{3-22}$$

式中，J_1 表示一阶 Bessel 函数；$X=\pi d\nu_n$，d 表示离焦引起的弥散圆直径，$d=\Delta l/F$，Δl 表示离焦量，F 表示相对孔径的倒数，ν_n 表示特征频率，即奈奎斯特频率对应的空间频率。当相机具有远高于焦深的调焦精度时，可认为调焦环节的 $\mathrm{MTF}_{热/力学}=0.99$。

10. 在轨动态 MTF 综合分析

1）在轨动态 MTF 分析

卫星总体设计和工程研制过程需要依据卫星全系统设计结果以及产品实现情况，对卫星在轨动态成像 MTF 进行全链路、全要素建模分析和评价。通常，以奈奎斯特频率处的 MTF 为评价准则，分析与评估全系统各项成像质量参数的设计合理性和控制措施有效性，确保卫星成像质量符合应用要求。卫星系统在轨动态 MTF 与各环节 MTF 影响因子的计算关系为：

对于飞行方向的系统 MTF：

$$\begin{aligned}\mathrm{MTF}_{总飞行}(v)=&\mathrm{MTF}_{大气}\times\mathrm{MTF}_{相机}(v)\times\mathrm{MTF}_{推扫}\times\mathrm{MTF}_{热/力学}\times\\&\mathrm{MTF}_{杂光}\times\mathrm{MTF}_{积分时间}\times\mathrm{MTF}_{姿态稳定度}\times\mathrm{MTF}_{颤振}\end{aligned} \tag{3-23}$$

对于垂直于飞行方向的系统 MTF：

$$\begin{aligned}\mathrm{MTF}_{总垂直}(v)=&\mathrm{MTF}_{大气}\times\mathrm{MTF}_{相机}(v)\times\mathrm{MTF}_{热/力学}\times\mathrm{MTF}_{杂光}\times\\&\mathrm{MTF}_{偏流角}\times\mathrm{MTF}_{姿态稳定度}\times\mathrm{MTF}_{颤振}\end{aligned} \tag{3-24}$$

卫星在轨 MTF 统计结果为：

$$\mathrm{MTF}_{在轨}(v)=[\mathrm{MTF}_{总飞行}(v)\times\mathrm{MTF}_{总垂直}(v)]^{1/2} \tag{3-25}$$

由于卫星推扫运动、积分时间误差仅在沿轨方向引起 MTF 的退化，而偏流角修正误差仅在垂轨方向引起 MTF 的退化，因此，需要对沿轨、垂轨的 MTF 分别进行计算。以本章前述的各环节分析结果为基础，以不高于 48 级的在轨常用积分级数进行分析，预估结果详见表 3-15。

表 3-15 在轨动态 MTF 预估结果（积分级数 48 级，奈奎斯特频率为 50 lp/mm）

序号	影响因素	全色		多光谱	
		飞行方向	垂直方向	飞行方向	垂直方向
1	相机静态 MTF	0.21	0.21	0.30	0.30
2	大气	0.81	0.81	0.81	0.81
3	推扫运动	0.637	1.000	0.637	1.000
5	积分时间同步精度	0.990	1.000	0.990	1.000
6	姿态稳定度	0.990	0.990	0.990	0.990
7	偏流角修正精度	1.000	0.990	1.000	0.990
8	卫星颤振	0.959	0.959	0.959	0.959
9	杂光	0.970	0.970	0.970	0.970
10	热/力学环境（含调焦）	0.990	0.990	0.990	0.990
11	合计	0.098	0.153	0.140	0.219
12	两方向综合	0.123		0.175	

2）不同 MTF 的在轨图像效果预估

通过图 3-19 对比可知，动态传函为 0.07 的图像对比度较差、目标边缘模糊、内部细节丢失。

图 3-19 0.1 传函和 0.07 传函效果比对

而在轨动态传函为 0.1 的图像在对比度、边缘和细节等方面都更好。因此，高分辨率光学遥感卫星在轨动态传函通常设计为 0.1 左右。

3.7.6 在轨动态范围分析

相机在轨动态范围是指不饱和情况下，成像系统对于输入信号所能响应的最大输出幅度和可分辨的最小信号幅度。动态范围设计是否合理直接关系到卫星图像的层次、亮度和对比度，最终影响像质。动态范围越大，表征图像可分辨的层次越多，信息量越大，图像的目视效果越好。

相机在轨动态范围主要受在轨成像条件、TDICCD 特性、A/D 电路特性和系统参数设置影响。相机成像电路设计采取定制高品质 TDICCD 及其高速成像电路噪声抑制等措施的同时，还需依据在轨成像条件、光照特性、大气特性等因素，合理设置在轨成像参数来保证动态范围，以适应在轨不同的成像条件。

对于成像系统的输入动态范围常用入射的最大、最小光谱辐亮度范围表示，输入动态范围取决于感兴趣目标区景物辐亮度范围，根据地球光照条件统计，全球南北纬 80°范围内太阳高度角不大于 70°的地区，根据目标反射率特性统计可知，典型目标反射率范围主要在 0.05～0.50 之间。因此，要求相机的地面输入条件适应范围为：最大输入为太阳高度角 70°，地面反射率 0.50；最小输入为太阳高度角 20°，地面反射率 0.05。输入动态范围具有以下特性：

(1) 输入动态范围取决于目标的等效光谱辐亮度范围，对于相同降交点地方时的轨道，同一季节同一纬度的等效光谱辐亮度相同；

(2) 输入动态范围与轨道高度无关，与太阳高度角呈非线性关系，与目标反射率呈线性关系；

(3) (70°, 0.50) ～ (20°, 0.05) 的输入动态范围可以满足高分辨率可见光遥感数据获取需求。

输出动态范围常用系统响应线性或单调变化的电压或灰度值范围表示，要求相机在同一成像工况，即相同的增益、积分级数、积分时间下，最大输入辐亮度条件下输出灰度值接近饱和，最小输入辐亮度条件下，在保证信噪比前提下灰度尽量低，提高相机动态范围，提高卫星图像的层次和对比度。

若将相机按线性系统计算，则很难实现在同一工作级数和增益下，保证在高端输入下相机输出灰度值≥80%满量程的同时，动态范围低端输入条件对应的输出满足≤2%满量程。因此，需要将相机的响应曲线设计成负截距线性系统。根据成像地物目标条件来调整相机级数和增益，以保证相机的输出动态范

围满足要求。提高动态范围的主要措施有：

（1）选用高动态范围的探测器：假设最低成像条件下电路等效输入噪声约为 3 mV、探测器的饱和电压为 2 000 mV，则应选择动态范围≥2 000/3＝667 的 TDICCD 探测器。

（2）合理选取量化位数，提高细节分辨能力：目前可见光遥感相机量化比特数一般取 10 bit（输出 DN 值范围 0～1 023）～12 bit（输出 DN 值范围 0～4 095），选用高的量化位数有利于实现高的输出动态范围。但当噪声电压已大于图像量化一个分层的分辨能力时，继续增大量化位数已经无法再提高图像有效信号的量化分层，并给数据处理和数据传输带来不必要压力。因此，量化位数的选择需要根据多种因素综合分析确定。详见 3.4.13 节。

（3）暗电平箝位，充分利用量化量程：通过数字图像背景扣除和灰度拉伸处理，可以去除由相机电路本底电平、大气散射和杂光等因素造成的图像本底，使灰度分布尽量充满相机整个量化量程，详见 3.4.13 节。

（4）合理配置积分级数及增益，降低大气散射对图像暗背景的影响：大气背景在卫星图像上最直接的反映是在图像上存在与地物目标无关的图像背景。对于遥感卫星的数字图像，可以用图像灰度分层值（DN）来表示。图像背景的大小直接影响图像地物信息的有效范围，图像背景越大，地物目标信息的有效范围越窄，图像信息的灰度层次越受压缩。地物目标反射率及太阳高度角越低，大气占用动态范围就越严重。为减少大气对动态范围的影响，通过在轨优化调整相机积分级数和增益的方法，提高成像信号的强度，降低大气背景在图像中的比例。

3.7.7　在轨信噪比分析

信噪比主要由信号功率和噪声功率决定。信号功率主要与光照条件、目标光谱反射率等成像条件以及相机的相对孔径、光学效率、TDICCD 的光电特性等因素有关；噪声功率主要与探测器及其电子线路的噪声特性有关。

1. 在轨信噪比估算

相机在轨信噪比估算方法是利用“6S”、MODTRAN 等软件分析相机在特定条件下的入瞳辐亮度；利用相机谱段信息及探测器响应度信息计算相机响应谱段内地物光谱的等效辐亮度；根据光学系统设计和成像电子系统设计参数等，计算信号输出 DN 值；根据相机成像电子系统的设计参数，确定噪声对应 DN 值，再根据信号及噪声估算信噪比。

1）入瞳辐亮度计算

以典型夏季大气条件为例，计算相机入瞳辐亮度，输入参数包括轨道高度为 500 km；太阳方位角、卫星天顶角、卫星方位角均选择 0；观测日期为 6 月 23 日；大气模型为中纬度夏季模式；气溶胶类型为大陆型；大气能见度为 23 km；谱段范围为 0.5～0.8 μm。计算结果数据见表 3-16。

表 3-16　相机星下点夏季成像时入瞳前辐亮度数据　单位：W/(m² · sr · μm)

太阳高度角/(°) 地物反射率/%	10	20	30	50	70
5	9.617	15.343	19.815	27.565	33.492
20	15.470	30.989	45.611	70.984	88.492
40	23.554	52.605	81.255	130.989	164.504
60	31.978	75.138	118.417	193.560	243.772
70	36.325	86.768	137.601	225.865	284.699

2）等效入瞳辐亮度计算

相机响应谱段内地物光谱的等效辐亮度按下式进行计算：

$$L=\frac{\int_{\lambda_1}^{\lambda_2} L(\lambda)\times R(\lambda)\,\mathrm{d}\lambda}{\int_{\lambda_1}^{\lambda_2} LR(\lambda)\,\mathrm{d}\lambda} \tag{3-26}$$

式中，L 为谱段范围 λ_1～λ_2 内的等效光谱辐亮度，$L(\lambda)$ 为谱段范围内的光谱辐亮度，$R(\lambda)$ 为谱段范围内相机的归一化光谱响应度。

3）TDICCD 输出电压和 A/D 量化输出分层计算

根据 TDICCD 光谱响应曲线计算相机 TDICCD 电压输出，再根据相机电子学增益放大系数设置情况及 A/D 器件特性计算相机 A/D 转换后的分层输出值。

$$V_{\mathrm{ccd}}=m\cdot t_{\mathrm{i}}\cdot\frac{\pi}{4}\cdot\left(\frac{D}{f}\right)^2\cdot(1-\beta)\cdot T_{\mathrm{e}}\cdot\int_{\lambda_1}^{\lambda_2} L_{\mathrm{p}}(\lambda)\cdot R(\lambda)\cdot\mathrm{d}\lambda \tag{3-27}$$

$$\mathrm{DN}=V_{\mathrm{ccd}}\cdot G\cdot\eta_{\mathrm{AD}} \tag{3-28}$$

式中，m 为 CCD 的可选积分级数；t_{i}为一次积分过程中的曝光时间；$\frac{D}{f}$为光学系统的相对孔径；β 为相机的面遮拦系数；T_{e}为光学系统的等效光谱透过率；$L_{\mathrm{p}}(\lambda)$ 为入瞳前光谱辐亮度；$R(\lambda)$ 为 CCD 的归一化光谱响应度；G 为 CCD 电路的基础增益放大倍数；η_{AD}为 A/D 转换系数，与量化位数及 TDICCD 器件最大输出饱和电压相关，当饱和电压为 2 V、量化位数为 10 bit 时，A/D 转换系数为 $2^{10}/2$。

4）噪声估算

详见3.4.13节。

5）信噪比计算

根据相机的信号及噪声估算结果，信噪比的计算方法为：

$$\mathrm{SNR}=20\log\frac{S}{N} \tag{3-29}$$

式中，S 为信号DN值，N 为噪声DN值。

2. 提高相机在轨信噪比设计措施

提高卫星在轨成像信噪比主要措施有：提高光学反射镜表面反射率（≥96%），降低由入瞳辐亮度到焦面处曝光量的光能损失；TDICCD信噪比与满阱电荷数平方根呈正比，因此探测器选型应选取满阱电荷数较高的TDICCD，以提高信噪比，同时依据在轨成像条件，增加TDICCD积分级数，提高信号强度；降低TDICCD工作温度，降低其暗电流噪声；选取高性能、低噪声视频处理芯片以及高速成像电路EMC噪声抑制设计，降低成像电路总噪声。

3.8 几何定位精度分析

3.8.1 误差源分析

图像定位精度属于星地一体化指标，是指地面应用系统利用卫星轨道数据和姿态数据对图像进行系统几何校正，消除卫星姿态运动、推扫成像运动引起的各种系统误差，以及校正后图像的目标位置的均方根误差。卫星定位精度则是在完成内外检校，去除系统误差后的基础上进行评价，几何定位精度的影响因素分析见图 3-20。

相对定位精度是针对图像内部几何变形（如长度变形、角度变形和放射变形等）的绝对量与整幅图像变形量一致性的评价，又叫内部几何精度。对于采用线阵推扫成像体制的遥感卫星，其相对定位精度主要受相机内方位元素不稳定性误差和卫星姿态机动后成像的角元素/线元素的稳定度等因素的影响。其中垂轨方向主要受相机内方位元素的影响，沿轨方向除相机内方位元素在轨不稳定性影响外，还受外方位元素影响，如姿态机动后姿态测量精度、稳定度和高频颤振等因素的影响。

绝对定位精度是指从经过几何校正后的遥感图像产品上选定的多个参考目标的坐标位置与其实际位置之间的偏差，也就是图像上像点的地理位置和真实地理位置之间的差异，也称外部几何精度。绝对定位精度受内方位元素、外方

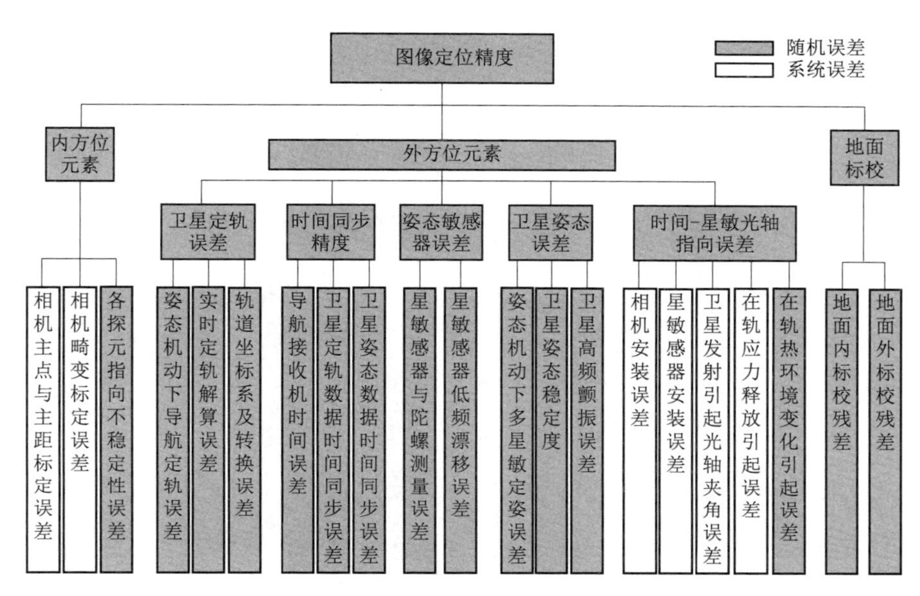

图 3-20　几何定位精度影响因素分析

位元素精度共同影响，影响因素更复杂，主要包括相机内方位元素在轨不稳定性误差、定轨误差、时间同步精度、姿态敏感器测量误差、卫星定姿误差和稳定度、星上高频颤振、相机与星敏感器光轴夹角不稳定性误差、地面系统标校残差等，特别是卫星大角度姿态机动时引起导航接收机定轨精度、星敏感器姿态测量精度下降。

3.8.2　提高定位精度设计措施

随着遥感卫星技术的发展，高分辨率可见光遥感卫星的定位精度越来越高。卫星的绝对定位精度指标已从最初的百米量级提高到 10 m 以内。然而，卫星敏捷成像能力的提高，对图像几何定位精度的保证带来了新的挑战。实现高几何定位精度的关键措施包括：配置甚高精度、高动态星敏感器，确保各种敏捷机动成像模式下获取双星敏感器的高精度原始姿态测量数据；星上高精度星敏感器、陀螺等姿态测量部件均与相机一体化安装和高精度控温，减小精度传递环节及不稳定性，并通过在轨标定消除固定偏差；采用高精度导航接收机，记录下传实时轨道测量数据，以及采用高精度统一基准源和 GPS 秒脉冲，建立星上高精度时统，实现各相关数据源时间同步精度优于 100 μs；开发多种手段高精度联合定姿方法，提高系统定位精度，包括高精度星相机、高频角位移传感器，以及星相机原始图像和陀螺数据，以解决姿态机动成像时星敏感器精度所受影响。

3.8.3 联合定姿方法及精度分析

姿态测量精度是定位精度影响因素中最关键也是权重最大的一项，高分辨率可见光遥感系统通常采用多种姿态测量设备实现更高精度、更高测量频率的联合定姿，以尽可能精确地确定每行成像时的姿态信息。其中星敏感器/星相机提供绝对姿态测量数据；高精度三浮陀螺、光纤陀螺、高精度角位移提供更高测量频率的相对姿态测量数据，通常是角速率或角增量。下面讨论几种联合定姿模式，并进行精度分析。

1. 星上联合定姿模式

卫星控制分系统采用星敏感器与陀螺联合定姿，并将星敏四元数打入辅助数据。在双星敏感器联合定姿时，可以满足姿态测量精度 0.001°，这种定姿方式便于地面应用和图像数据快速处理和几何定位处理。

2. 基于原始多星敏 Q 值定姿的精度分析

卫星通常采用 3 台甚高精度星敏感器作为主要姿态测量部件，在轨均开机工作。星敏之间的安装关系应尽可能保持 90°夹角。正常情况下，在轨通常通过 3 取 2 方式引入双星敏进行联合定姿。但在特定天区和星敏见日/月等特殊情况下，也会通过 3 取 1 方式采取单星敏定姿。星敏感器光轴测量精度为 α，横轴测量精度为 β，两星敏夹角为 φ，不考虑星敏的低频短周期项的影响情况下星敏定姿精度为：

(1) 对于单星敏定姿情形，当甚高精度星敏光轴测量精度 α 优于 1″ (3σ)，横轴测量精度 β 优于 30″ (3σ)，单星敏姿态测量误差合成值为：

$$m_{x星敏}=m_{y星敏}=\sqrt{\alpha^2+\beta^2}=\sqrt{1^2+30^2}=30.02''\ (3\sigma) \tag{3-30}$$

可见，单星敏定姿精度较差。因此，需要至少配置 2 台星敏感器，才能实现高精度姿态测量。

(2) 对于双星敏定姿情形，双星敏定姿测量误差为：

$$m_{x星敏}=m_{y星敏}=\sqrt{m_1^2+m_2^2+m_3^2} \tag{3-31}$$

式中，m_1 为两星敏夹角平分线精度，由式 (3-32) 确定；m_2 为两星敏光轴平面内与星敏夹角平分线垂直方向精度，由式 (3-33) 确定；m_3 为垂直两星敏光轴方向精度，由式 (3-34) 确定。

$$m_1=\alpha\times\frac{1}{\cos\ (\varphi/2)}\times\frac{\sqrt{2}}{2} \tag{3-32}$$

$$m_2=\alpha\times\frac{1}{\cos\ (90^\circ-\varphi/2)}\times\frac{\sqrt{2}}{2} \tag{3-33}$$

$$m_3=\alpha\times\sqrt{1+\frac{1}{\sin^2\varphi}} \tag{3-34}$$

双星敏定姿精度与双星敏光轴夹角大小有关。因此，双星敏感器实现高精度姿态测量及确定，还须保证星敏光轴夹角大于一定角度。

3. 星敏感器低频误差的影响分析

星敏感器低频误差主要包括视场空间误差和热变形误差两个部分。其中视场空间误差，指随星点在视场中位置缓慢移动的误差分量，影响范围为几个像素到整个像面，低频误差变化周期通常在几十秒至一个轨道周期之间，由光学系统标定残差、光学系统色差畸变、星表误差等组成。热变形误差由星敏感器热环境变化等因素引起，包括阳照和地影影响、制冷器开关带来的功耗变化、安装面温度及温度梯度、热控系统的热控动作等，一般表现为轨道周期性变化，是时域低频随机误差。

3.9 谱段配准分析

遥感卫星谱段配准精度是评价多光谱影像几何质量的重要指标，决定了其后续应用效果。通常，相机设计需依据谱段间配准要求的严密几何关系安置 CCD 阵列，以保证配准精度。然而，由于安装误差、各谱段间镜头光学畸变等因素的影响，卫星在轨成像后需要利用地面后处理技术提高谱段间的配准精度。

探测器制造与安装精度为固定误差，可通过地面系统处理消除，而卫星系统造成图像配准精度无法消除的误差主要来自三方面，即光学系统畸变、卫星姿态控制精度，以及地面高程、地形起伏等因素。

3.9.1 光学系统畸变稳定性

和几何畸变类似，光学系统固有畸变对配准精度的影响，可通过在轨标定配合实验室精测进行校正；光学畸变的稳定性对配准精度的影响也体现为配准精度的稳定性，对于高分辨率可见光相机而言，多光谱各谱段边缘视场处相对畸变的稳定性通常可实现亚微米级，影响较小。

3.9.2 卫星姿态控制精度的影响

卫星姿态稳定度及偏流角修正等因素也会对配准精度带来影响。计算分析

需利用全色谱段与多光谱谱段间距设计或测量数据，计算星敏采样间隔时间内卫星姿态稳定度、偏流角修正误差引入的全色与多光谱谱段配准偏差。当卫星姿态稳定度为 5×10^{-4}°/s、偏流角修正误差为 0.05°、探测器全色与多光谱谱段间距离为 5.8 mm、相机焦距为 10 m、星敏采样间隔为 125 ms、全色像元尺寸为 10 μm、多光谱像元尺寸为 40 μm 时，由姿态稳定度引入的配准偏差约为 0.1 个多光谱像元，由偏流角引入的全色与多光谱谱段配准偏差则约为 0.2 个多光谱像元。综合考虑，由卫星平台特性决定的配准偏差最大合计 0.22 个多光谱像元。

3.9.3　地面高程引入的配准误差

由于相机焦面各谱段间存在一定间距，各谱段前后排列，地面对各谱段进行图像配准时，往往因为高程信息的误差造成配准误差。图 3-21 为推扫式成像过程中垂直于 CCD 线阵的截面图，图中 A 光线与垂线夹角为 θ，B 光线与垂线夹角为 δ_θ。

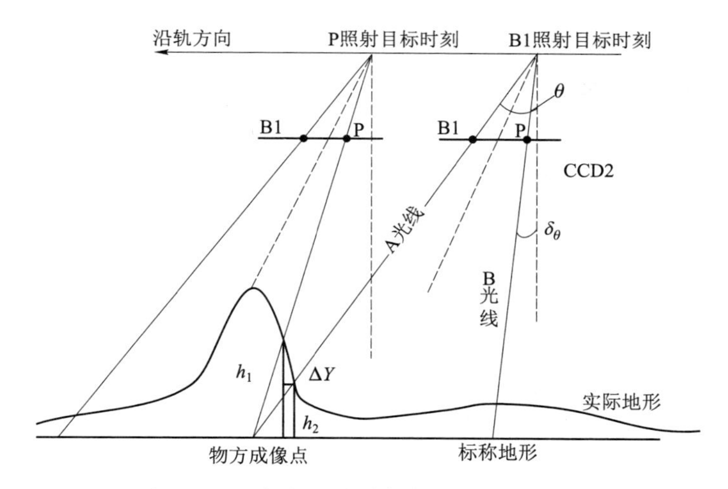

图 3-21　高程误差引起的沿轨方向像差

图中，h_1、h_2 分别表示 P、B1 谱段光线物方投影点高程差，该地形起伏产生的像差 ΔY（为物方距离）为：

$$\Delta Y = h_2 \tan\theta - h_1 \tan\delta_\theta \tag{3-35}$$

由于 ΔY 通常较小，$h_1 \approx h_2$，则谱段安装的视轴角差值越大，高程误差对配准精度的影响也越大。若在地面处理过程利用高程精度约为 30 m 的 DEM，则沿轨像差约为 0.02 个多光谱像元。

3.10 实验室定标技术

3.10.1 地面实验室定标

为提高卫星的绝对响应精度，需要对卫星实施辐射定标，根据定标参数进行图像修正。实验室相对辐射定标主要包括各片 CCD 或通道间辐射响应一致性调整、获取用于相对辐射校正并按像元给出的相对定标系数，以及定标相机辐射响应与行频、增益以及积分级数之间的关系。实验室辐射定标流程见图 3-22。

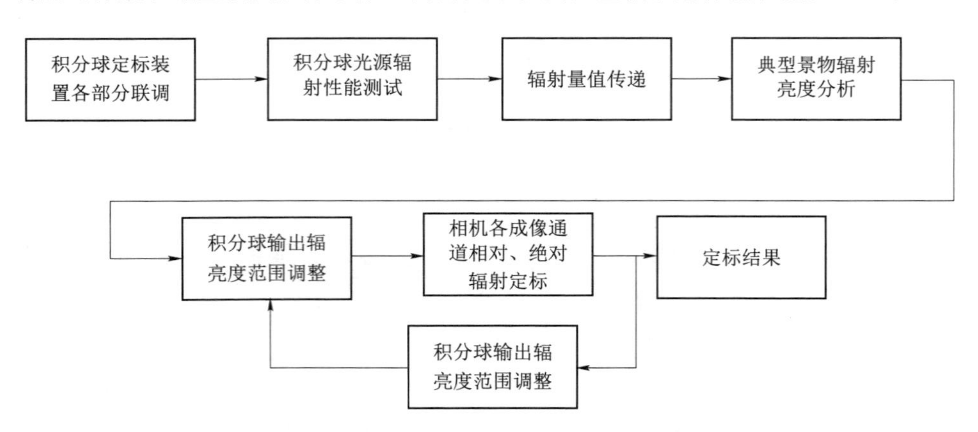

图 3-22 实验室辐射定标实验流程

提高实验室辐射定标精度主要措施包括：建造大口径高稳定的积分球光源，以保证积分球光源充满大口径相机的整个孔径和视场；积分球内壁高反射涂层，以保证定标源出射光角均匀性；使用高稳供电电源，以保证定标光源的辐亮度稳定性；利用国家计量部门定标过的光谱辐照度标准灯和标准漫反射白板标定辐射计；控制定标光源的光谱辐射强度和输出波长，测试和标定相机多光谱谱段的相对光谱辐射响应。

由于光学系统视场角、CCD器件的像元响应的不一致性、后续处理电路的影响等，在相同增益、相同辐亮度下，同一线阵的不同像元有不同的响应输出（DN值），因此必须对相机输出进行校正，以达到每个像元在不同辐亮度下DN输出一致的目的。影响相对辐射定标精度的因素分析示例如表3-17。

表3-17 相对定标误差源及其精度分析

序号	误差源	误差源属性	特性	参考值/%
σ1	积分球辐射定标源面均匀性（峰谷值）	测试设备	系统	1.5
σ2	积分球辐射定标源辐亮度稳定性	测试设备	随机	0.5
σ3	积分球辐射定标源角均匀性	测试设备	随机	1.0
σ4	相机探测器像元响应稳定性	相机	随机	1.0
σ5	相机全部通道的最大重复性误差（相机处理电路稳定性）	相机	随机	1.5
σ6	量化误差	相机	随机	0.5
σ7	系统非线性误差（相机输出信号的最大非线性误差）	相机	随机	1.0
σ8	定标算法误差（修正后图像最大残差）	相机	随机	1.0
综合（RMS）				2.55

根据国军标《星载CCD相机实验室辐射定标方法》中的误差分析方法，卫星相机绝对定标的误差源分析示例见表3-18。绝对定标误差按表中各误差源大小的均方根误差（Root Mean Square，RMS）估算。

表3-18 绝对定标误差源及其精度分析

序号	误差源	误差源属性	特性	参考值/%
σ1	积分球辐亮度标定	测试设备	系统	5.0
σ2	传递过程	测试设备	系统	3.0
σ3	辐射定标源（积分球）面均匀性（峰谷值）	测试设备	随机	1.5

续表

序号	误差源	误差源属性	特性	参考值/%
σ4	辐射定标源（积分球）辐亮度稳定性	测试设备	随机	0.5
σ5	辐射定标源（积分球）角均匀性	测试设备	随机	1.0
σ6	相机探测器像元响应稳定性	相机	随机	1.0
σ7	相机全部通道的最大重复性误差（相机处理电路稳定性）	相机	随机	1.5
σ8	量化误差	相机	随机	0.5
σ9	系统非线性误差（相机输出信号的最大非线性误差）	相机	随机	1.0
σ10	相机带外响应	相机	系统	1.0
σ11	相机视场外杂光	相机	随机	2.0
σ12	定标算法误差（修正后图像最大残差）	地面	系统	1.0
综合（RMS）				6.7

3.10.2　实验室高精度几何内定标

相机内方位元素实验室精密标定是保证相机内方位元素高精度的一个重要手段。相机内方位元素主点、主距和畸变的标定方案通常为：利用光学平台、网格板、高精度徕卡经纬仪，采用精密测角法进行检测，利用气浮平台、高精度二维转台、装有 10 μm 星孔的光管，测试相机的内方位元素和畸变。

在被测光学镜头的像面放置网格板，使用经纬仪作为测量望远镜置于物方对网格板进行观测，测量网格板上相应像面位置处所对应的视场角度，再通过观测所得的物像关系加以拟合计算得到光学系统的畸变参数。误差来源及其控制措施主要包括以下几方面：网格板由光刻机精密刻划，保证任意刻线间距极限误差小于±1 μm；网格板的安装精度引入的倾斜误差不超过 5″，可以忽略不计；经纬仪的测量误差大约为±1″。

3.11　可见光遥感卫星应用

亚米级高分辨率可见光遥感卫星的问世，为遥感应用打开了新的“视界”，使创建“数字地球”、塑造“数字时代”成了人类社会发展的愿景。高分辨率可见光遥感数据的应用更加广泛、更加深入，包括传统的国土、测绘、城建、国防、水利、海洋、农业、林业、交通、通信、矿业、石油等行业领域，同时进一步向新型的互联网、导航定位、无线通信等巨大产业领域拓展。

3.11.1　城市规划监测应用

城市是人们赖以生存的环境基础，是包含社会、经济、自然的复合生态系统，过度的城市开发容易导致人地矛盾激化、土地资源与生态环境的恶化。WorldView 等高分辨率遥感卫星影像具有空间分辨率高、空间信息量大、地物波谱特征更加明显等优势，为实现地物的精细分类提供了有利条件，使其在城市发展动态监测和专题信息提取方面得到广泛的应用。基于高分遥感的城市土地覆盖变化监测，成为开展城市生态环境影响分析、国家地理国情监测中的重要项目之一。图 3-23 给出了利用 WorldView - 2 卫星图像对某城市的地物分类结果示意图。

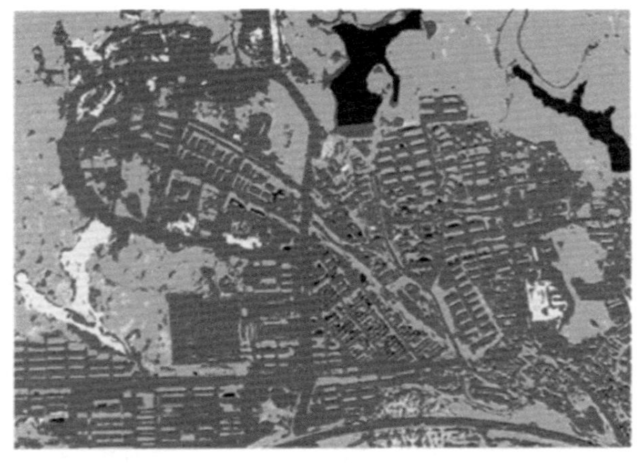

图 3-23 利用 WorldView－2 卫星影像对某城市的地物分类图

3.11.2 防灾减灾应用

重大自然灾害发生后，灾区现场通常发生交通和通信设施中断，此时高分辨率可见光遥感卫星可以快速、大范围获取灾害信息，全面掌握灾区灾情，在专家先验知识的指导下，通过自动解译、半自动解译、人工解译等多重异常信息提取方法，开展房屋、生命线、基础设施、土地资源等损毁实物量监测评估，以及滑坡、泥石流等次生灾害的监测评估。高分辨可见光遥感卫星数据在我国的汶川地震、玉树地震、舟曲泥石流、云南贡山泥石流灾害、关岭滑坡、安康滑坡、抚州洪灾、襄汾溃坝等应急救灾抢险、灾害损失评估及灾后重建工作中均发挥了重要作用。图 3-24～图 3-26 给出了不同房屋受灾程度的高分辨率遥感卫星图像解译标志及特征。

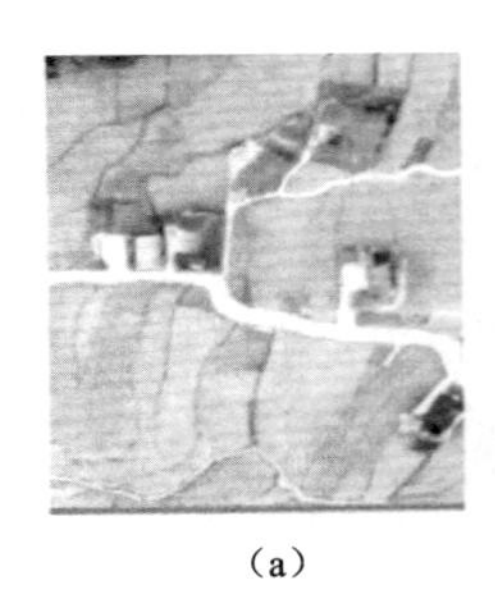

(a)

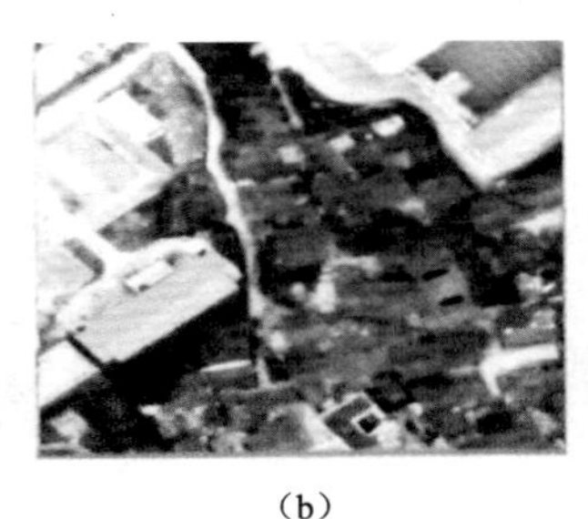

(b)

(c)

图 3-24 房屋用途遥感解译标志

(a) 农村居民住房；(b) 城镇居民住房；(c) 厂房

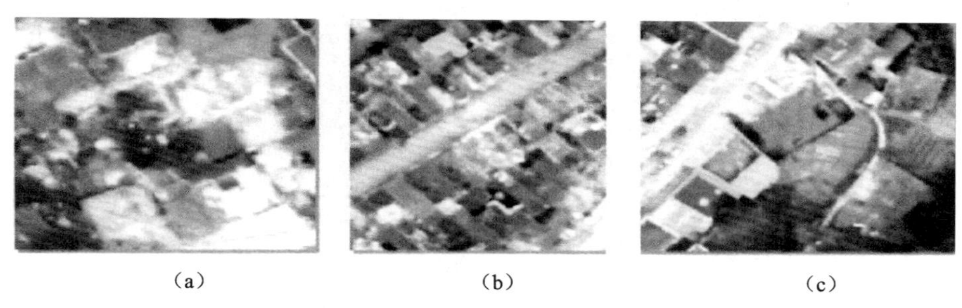

(a)　　(b)　　(c)

图 3-25　砖木结构房屋受灾程度遥感解译标志

(a) 完全倒塌；(b) 严重损坏；(c) 一般损坏

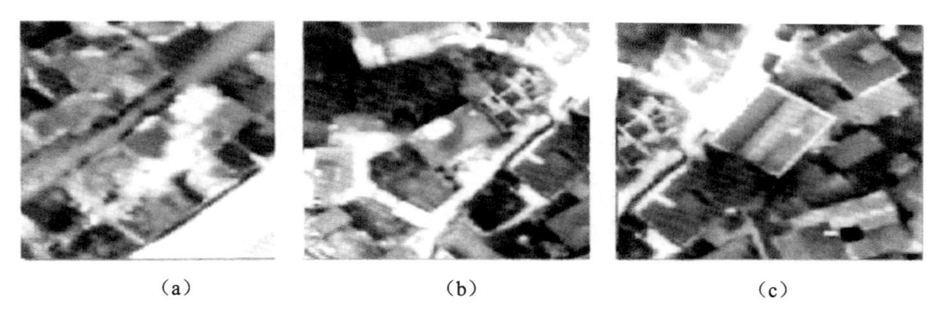

(a)　　(b)　　(c)

图 3-26　砖混结构房屋受灾程度遥感解译标志

(a) 完全倒塌；(b) 严重损坏；(c) 一般损坏

3.11.3　道路网提取及监测应用

道路网作为交通设施的重要组成部分，是地理信息数据库的基础数据。准确、现时的道路网信息具有广泛的社会需求，在社会经济活动中扮演着重要功能，得到公众的广泛使用，如车辆导航、城市规划管理、物流配送等。利用高分辨率可见光遥感卫星覆盖范围广、分辨率高的特点，能够快速有效地探测和抽取道路目标特征，作为基础地理信息数据，便于 GIS 数据库的更新和应用，具有十分重要的应用前景。图 3-27 为利用 QuickBird 卫星 0.6 m 分辨率图像对某地区路网的检测结果。

图 3-27　利用 QuickBird 卫星开展的路网检测结果

3.12 小　　结

回顾历史，自从人类发射第一颗遥感卫星以来，遥感卫星的空间分辨率不断得到提高。目前国外商用高分辨率遥感卫星光学成像分辨率已达到 0.3 m，随着光学成像技术和高灵敏度光电传感器的快速发展，不远的将来可实现 0.1～0.3 m 的分辨率，或者更高。可见光全色＋多光谱模式已成为主流的应用模式，WorldView－2 卫星更是将谱段扩展至 8 个可见光谱段，其分辨率为 1.84 m；WorldView－3 卫星进一步增加了 8 个波段的短波红外影像，其分辨率为 1.24 m，信息获取能力大大增强，进一步拓宽了应用范围。随着空间分辨率不断提高，成像质量对卫星的姿态控制精度及偏流角补偿精度提出了更高的需求，需要发展更高精度、更高稳定度、更高机动能力的姿态控制技术，即发展“超精、超稳、超机动”三超平台技术及发展大力矩的控制力矩陀螺等执行机构，实现 25°/10 s 快速姿态机动能力，稳定度优于 1.0×10^{-6}°/s (3σ)，显著提高在轨成像质量和效能。

参 考 文 献

[1] 马文坡，等. 航天光学遥感技术 [M]. 北京：中国科学技术出版社，2011.

[2] 郭云开，周家香，黄文华，龙江平，丁美青. 卫星遥感技术及应用 [M]. 北京：测绘出版社，2016.

[3] 张永生，刘军，巩丹超，等. 高分辨率遥感卫星应用——成像模型、处理算法及应用技术 [M]. 北京：科学出版社，2014.

[4] 朱仁璋，丛云天，王鸿芳，徐宇杰，白照广，等. 全球高分光学星概述（一）：美国和加拿大 [J]. 航天器工程，2015 (6)：85 - 106.

[5] 朱仁璋，丛云天，王鸿芳，徐宇杰，白照广，等. 全球高分光学星概述（二）：欧洲 [J]. 航天器工程，2016 (1)：95 - 118.

[6] Craig Covault. Top Secret KH - 11 Spysat Design Revealed by NRO's Twin Telescope Gift ro NASA [EB/OL]. [2015 - 04 - 06]. http：//www. americaspace. com/? p=20825.

[7] Global Security. KH - 12 Improved Crystal [EB/OL]. [2015 - 02 - 26]. http：//www. globalsecurity. org/space/systems/kh - 12 - schem. htm.

[8] Digital Globe. Introducing WorldView：Digital Globe's Next Generation System [EB/OL]. [2015 - 04 - 12]. http：//www. auricht. com/Coasts/documents/DigitalGlobe _ Satellite _ Constellation _ Presentation/WorldView%20Satellites. pdf.

[9] 崔燕，李博，张薇，徐丰，聂娟. 雅安地震房屋倒损情况遥感影像解译 [J]. 航天器工程，2014 (5)：129 - 134.

[10] 范宁，祖家国，杨文涛，周辉. WorldView 系列卫星设计状态分析与启示 [J]. 航天器环境工程，2014 (3)：337 - 342.

[11] 姜婷. 基于 WorldView - 2 高分辨率影像的城市土地覆盖分类方法研究 [D]. 青岛：山东科技大学，2015.

[12] 陈荣利，樊学武. 高分辨率 TDICCD 相机轻量化技术 [J]. 航天返回与遥感，2003 (2)：20 - 24.

[13] Robert Ryan，Braxton Baldrige，et al. Ikonos Spatial Resolution and Image Interpretability Characterization [J]. Remote Sensing of Environment，2003 (88)：37 - 52.

第 4 章 红外遥感卫星系统设计与分析

4.1 概　　述

空间红外遥感技术广泛应用于国土资源、海洋、测绘、农业、林业、水利、环保、气象、减灾、地震、国防等多个领域，特别是水污染监测应用、城市红外遥感应用和国家安全与国防应用等，应用效果显著。空间红外遥感技术通常指的是利用空间（卫星、空间站等）平台上的红外遥感仪器或传感器获取感兴趣目标的热辐射信息技术。

本章将结合我国资源红外遥感卫星的研制和应用经验，重点介绍空间红外遥感卫星系统的应用需求、技术特点和总体设计方法，主要包括总体设计要素、在轨动态成像质量设计与分析、仿真与试验验证、红外辐射定标等技术。

4.1.1 发展概况

国外有代表性的红外遥感卫星系统主要包括 Landsat 系列、WorldView－3、KH 系列和太阳神系列等卫星系统。表 4-1 给出国外部分高分辨率红外卫星及其红外遥感性能参数。可见，目前世界高水平的遥感卫星均配置有红外谱段。

表 4-1　国外部分高分辨率光学卫星及其红外遥感性能参数

卫星	国家	发射时间	轨道高度/km	分辨率/m
KH－12	美	1989	250～1 000	近地点可见光：0.1；长波红外：1.0
Helios－2A	法	2004	680	可见光：0.35；长波红外：5.0
Helios－2B	法	2009	680	可见光：0.25；长波红外：2.5
WorldView－3	美	2014	617	可见光：0.314；短波红外：3.7

目前世界最高水平的具有红外手段的遥感卫星是美国 KH－12 卫星。根据文献报道，KH－12 卫星相机光学系统口径约为 3 m、焦距约 38 m，可见光全色地面分辨率 0.10～0.15 m，且具有高分辨率红外成像手段，其红外夜视分辨率可达到 1 米左右。红外谱段主要用于揭示伪装、获取掩体工事和探测目标的热特性等，可以用于夜间成像遥感。

法国太阳神系列卫星是欧洲 20 世纪 80 年代发展的光学遥感卫星系列，主要为参与国提供重要的军事情报信息。目前已发展两代，其最新一代为 Helios－2 卫星，目前有 Helios－2A 和 Helios－2B 两颗卫星在轨运行。根据文献报道，Helios－2 卫星携带高分辨率相机（HRZ）和宽视场相机（HRG）两台光学载荷，其 HRZ 相机采用推扫成像体制，同时具备可见光和红外通道，能够拍摄红外图像，使法国具备了夜间遥感能力。Helios－2 卫星 HRZ 相机可见光分辨率可达到 0.35 m，红外夜视空间分辨率可达 2.5 m 左右；HRG 宽视场相机分辨率 5 m、幅宽 60 km；卫星平台采用 MK－Ⅱ 型公用卫星平台，卫星发射质量 4 500 kg，运行轨道高度 680 km，设计寿命为 5 年。

4.1.2　发展趋势

红外遥感手段具有可见光、SAR 等遥感手段无法替代的作用，鉴于目前我国高分辨率红外遥感卫星数量较少，且相对于世界先进水平差距明显，因此我国红外遥感手段具有非常广阔的发展前景，主要发展方向为：

（1）更高分辨率红外遥感技术：我国目前分辨率最高的红外遥感手段为十几米到几十米量级，目前世界最高水平的军用遥感卫星 KH－12，其红外分辨率能达到 1 m，我们与之相差巨大，而高分辨率红外遥感在城市住建、污染监测、防灾减灾、国防建设等方面均有巨大的需求，因此高分辨率红外遥感，是红外遥感的主要发展趋势。

（2）高灵敏度红外遥感技术：红外遥感手段利用其高温度分辨率可以实现

诸多用途，如生态环境监测、大气污染监测、矿产勘查、地质灾害调查以及水下目标发现识别等，因此对于红外遥感手段，其温度灵敏度的提升也是主要发展方向之一。量子阱探测器温度灵敏度可达 mK 量级，且一致性好，为降低热噪声和暗电流影响，须工作在 40 K 温区。美国 2013 年发射的陆地卫星八号使用的量子阱探测器工作在 40 K，探测灵敏度提高到了 30 mK。

（3）可见光/红外多谱段一体化综合遥感技术：红外遥感相对于可见光遥感手段虽然能获取目标的温度信息，但是对目标的细部特征和几何特性的识别相对于可见光差距较大，因此可见光/红外综合遥感是红外发展的主要方向，其中可见光/红外共口径一体化相机是载荷发展的主要方向。

4.2　需求分析及任务技术特点

4.2.1　需求分析

1. 国土资源勘查对红外遥感的需求

在矿产勘查方面，红外波段是矿物基频振动所致的光谱特征的谱段范围，国外如 ASTER、WorldView－3 等载荷中均设置了多个红外谱段用于矿产勘查，另外，岩石中放射性元素的衰变热是地壳内热源的一个重要组成部分，而铀矿化使得铀放射性元素大量富集，会产生明显的热异常。因此利用热红外（8～12.5 μm）成像图可以一定程度上实现对铀矿的勘探。

在油气勘查方面，油气田中的烃类以微烃方式沿孔隙和微裂隙垂直向上运移并与周围物质相互作用，在地表和近地表处相对应地形成近似圆形的烃蚀变区，并产生一系列标志。利用热红外波段（8～14 μm）遥感数据能提取热异常标志，这是由于烃类物质渗漏至地表或近地表后，改变了地表物质的理化性状，一般温度比周边地区高出 1 ℃～3 ℃，可依据此图像的谱型特征圈划油气勘探远景区。

2. 防灾减灾对红外遥感的需求

在林火监测方面，林内草地灌木丛火温一般为 300 ℃～800 ℃，通过红外遥感可以对火情进行很好的发现和判读。考虑到林火初期时的过火面积较小，温度较低，因此高分辨率、高灵敏度的红外调查手段具有探测精度高、更早发现火情的优势。

在地下煤层自燃监测方面，以内蒙古自治区古拉本矿区为例，小的煤火点不足 5 m，大的煤火区则达到 30 m，高空间分辨率的红外热像仪可以准确捕获相应火点，而达到高辐射分辨率（0.1 K）则可以判断火区的温度分布以及温度升高速度，精确获得过火面积以及火情发展趋势，为及时、准确地针对如煤田或由许多小火电组成的火情区域开展有效施救活动提供精确数据信息。

在火山监测方面，实验研究证实，在火山喷发前兆期，火山区有明显的突发性地热异常现象。火山区的突发性地热异常特征与火山区的地质构造，火山成因、规模、类型等多种因素有关。火山区突发性地表热异常是热红外遥感监测、预测火山活动的重要标志。

3. 环境保护对红外遥感的需求

随着工业化和城市化的推进，我国的环境污染日益加剧，虽然环境治理已经取得了阶段性的进步，但是总体形势依然严峻。环境执法急需环境污染的日常监测。天基高分辨率红外多谱段的遥感手段在水污染、海洋溢油监测、大气污染等方面优势明显。

在水环境与污染监测方面，高分辨率红外遥感卫星可应用在重点水污染源遥感监测，水华、赤潮与溢油遥感监测，饮用水源地遥感监测等方面。主要包括对水体热污染、工厂企业排污（特别是夜间）、重点河段河口水质（叶绿素、水体透明度、悬浮物浓度）、饮用水源地安全、核电厂温排水等高精度监测需求。

在海上溢油区域识别和监测方面，可利用热红外谱段（8～14 μm）识别是否出现溢油区域，特别是在夜间由于海水和油的比热容不同，海水与油之间温差依旧存在，即可利用热红外谱段进行海上溢油的全天时监控且目标识别率高。

在大气污染源监测方面，高分辨率红外遥感可对大气气溶胶光学厚度进行有效监测，尤其是对于夏秋两季全国秸秆焚烧的火点、沙尘分布、重点区域的燃煤电厂及煤化工、石油化工等大型排污企业的烟囱污染的非法排放，特别是夜间排放进行有效监测。

4. 国家安全对红外遥感的需求

红外探测手段可以通过获取目标的温度信息，判断目标工作状态，具有可

见光和SAR手段无法替代的作用。在反恐维稳对红外遥感的需求方面，利用红外遥感手段的温度敏感特性，通过其广域搜索发现能力，对篝火、露营地等人员活动痕迹探测，可在无人区、边境区发现恐怖分子隐藏窝点。在军事应用方面，通过获得同一地区的多种谱段图像信息，不仅可以从可见光图像上获得目标几何形状和多谱段融合的卫星图像，从红外图像上获得目标的温度分布信息，还可利用红外遥感探测，对各种热源目标进行探测，为可见光探测和后续的特征级融合提供一个“可疑的”热源区域，为识别伪装提供关键性指示数据。

4.2.2　任务特点

针对红外遥感卫星结合红外遥感手段的应用需求，可以总结出红外遥感卫星的任务特点有以下几方面。

1. 全天时观测，可大幅提升光学遥感效能

红外遥感手段探测的是物体的自发热辐射能量，具备全天时观测能力，对于太阳同步轨道、升轨降轨均可成像，对特定目标的重访次数相比单可见光卫星提高一倍，可有效提升观测效率。红外波段相比可见光波段，波长更长，穿透能力更强，对于如硝烟弥漫的战场环境、烟雾弥漫的火灾灾区以及雾霾等恶劣气候条件，红外波段，尤其长波红外波段优势明显。图4-1给出可见光和红外波段对观测着火点及着火面积的应用效果。

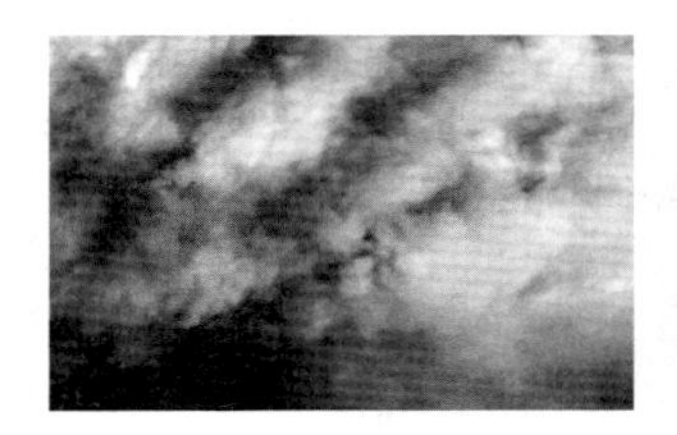

可见光

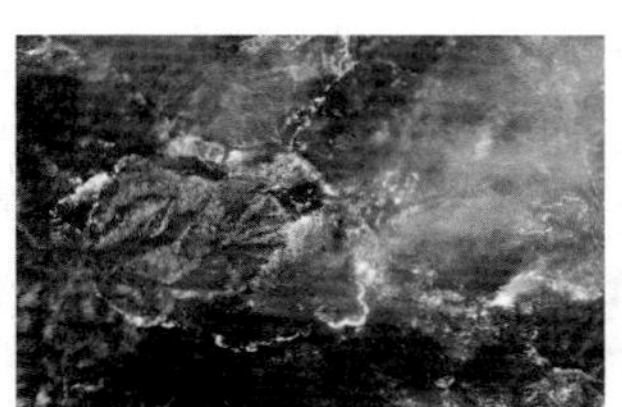

短波红外

中波红外

图4-1　可见光和红外波段对观测着火点及着火面积的应用效果图

2. 利用红外特有的温度分辨能力在各领域发挥重要作用

红外遥感获取的目标信息主要是目标的温度信息，不同温度的物体表现为图像上不同的灰度水平。无论是资源勘查、防灾减灾、污染检测、工作状态判断、伪装揭露等能力，均是利用其对目标的温度分辨能力。

3. 红外遥感与高分辨率可见光联合成像或图像融合可大幅提升应用效能

由于红外成像的特殊性以及受红外探测器制造工艺的限制，与可见光图像相比，红外图像呈现边缘模糊、图像不清晰、对比度差的缺陷；可见光图像可提供更多的场景细节信息，它反映的是地物在可见光波段的反射特性，所成图像符合人类的视觉特性，容易被人接受。另外，红外图像只敏感于场景的红外辐射，而对场景的亮度变化不敏感；可见光成像传感器只敏感于场景的亮度变化，而与场景的热对比度无关。

综上所述，由于红外图像和可见光图像各有自己的优缺点，因此红外图像信息和可见光图像信息可互为补充，对同一场景的红外图像和可见光图像提供更多、更有效的信息，形成的融合图像保留了有高局部对比表征的重要细节，有利于提高图像的应用效能。

4. 不同的红外波段具有不同的应用效果

根据红外线波长与大气衰减特性，波长为 3～5 μm 和 8～12 μm 两个波长区间的红外线大气衰减较低，因此一般红外成像系统都是工作在这两个波段。

红外谱段中，中波（3～5 μm）和长波（8～12 μm）两个红外谱段的图像都能反映出目标的热辐射，均具有全天时遥感的能力，但观测特性存在不同之处。表 4-2 给出两个谱段观测特性对比情况。

表 4-2　中波和长波红外谱段观测特性比较

波段	3～5 μm	8～10 μm
辐亮度随温度变化	1.7%/K	0.8%/K
能量分布	目标热启动状态峰值	常温状态峰值
大气透过情况	弱	强
穿透薄云薄雾能力	弱	强
受太阳反射影响	强	弱
主观判读	噪声明显	噪声较弱

从表 4-2 可以看出，两者结合可以更多地揭示目标热辐射信息。而根据监视需求，监视对象既有常温物体，也有大量的发热目标。一般情况下，对于高温物体，其辐射峰值在中波区；对于常温物体，其辐射峰值向长波移动。为有效探测各类目标，需综合运用中波和长波红外两个谱段。

对于陆地常温目标，长波波段相对于中波波段由于温度分辨率高，图像中

太阳光反射干扰少，在高分辨率对地遥感领域应用更广泛。

4.2.3　技术特点

综合国内外红外遥感卫星技术的发展现状，可以总结出高分辨率红外遥感卫星的主要特点包括以下几方面。

1. 与可见光相比，红外遥感实现高空间分辨率更难

红外遥感手段，由于其波长比可见光长，衍射效应明显，因此在同等光学系统口径下，其几何分辨率比可见光低（通常是可见光的10～15倍），因此在轨红外手段配合高分辨率可见光同时成像，可大幅提升应用效能。

2. 长阵列红外探测器研制难度大

红外探测器器件的生产工序复杂，加工难度大，同时为了保证器件的工作性能，需要将器件封装在低温杜瓦中，因此红外探测器的规模很难达到可见光的规模，目前红外线阵器件可以做到5 000～8 000像元，而可见光线阵器件可以实现单片1万像元以上，还可以实现十余片甚至几十片的拼接。

3. 高灵敏度红外遥感需要低温制冷

红外遥感手段为了实现高灵敏度，主要的技术途径为低温制冷。现阶段天基高灵敏度红外探测器均使用制冷机将探测器制冷至80 K甚至更低，抑制探测器的热噪声，保证成像性能。随着对红外灵敏度要求的提高，后续遥感卫星还需采用冷光学技术，将整个相机的光机主体保持在200 K以下的低温条件。

4.3 红外遥感系统成像质量关键性能指标及内涵

卫星成像质量分为图像辐射质量和图像几何质量两部分，两者分别用相应的技术指标进行客观评价。因此为保证整星的成像质量，首先要保证评价卫星成像质量相关指标的完整性。此外，卫星成像链路长，影响成像质量的环节多且关系复杂，需要全面客观分析指标与成像质量的关联性。

4.3.1 红外遥感系统辐射成像质量

辐射成像质量是指遥感图像反映被观测目标辐射能量分布的能力，影响辐射质量的因素和环节很多，其中在轨动态调制传递函数 MTF、温度分辨率和动态范围是目前对卫星图像辐射质量进行评价的主要指标，不仅可以定量反映成像链路中每个环节对图像的影响程度，还可以指导卫星、遥感相机的工程设计和制造。

(1) 在轨动态调制传递函数 MTF：红外遥感卫星的在轨动态 MTF 是图像调制度与目标调制度之比的函数，它表示了卫星对不同空间频率下目标对比度的传输能力，主要影响遥感图像的清晰度。在轨动态 MTF 的影响因素主要包括大气条件、相机静态 MTF、卫星在轨推扫/摆扫运动、在轨空间环境以及卫星平台影响等。

（2）温度分辨率：红外遥感卫星的温度分辨率是红外遥感的重要性能指标，它表征了红外遥感卫星的温度分辨能力，主要由相机的噪声等效温差（NETD）和大气透过率决定。

（3）动态范围：红外遥感卫星的动态范围指的是红外遥感卫星能够有效响应的最大、最小输入信号范围，表征了红外卫星能够定量反演的目标等效黑体温度范围。其主要影响因素包括外界成像条件、探测器响应特性、成像电路参数设置等。

4.3.2　红外遥感系统几何成像质量

几何成像质量是指遥感图像正确描述目标的几何形状、位置精度的能力。图像几何质量的评价指标主要包括几何定位精度、图像畸变等，其中几何定位精度是对卫星图像几何质量进行评价的主要内容。为此需重点识别卫星设计方案、设计参数中的关键影响因素，并有针对性地采取保证措施。

（1）空间分辨率：红外遥感卫星的空间分辨率决定了卫星的最小分辨能力，主要由相机的焦距、轨道高度以及探测器的采样间隔决定。

（2）成像幅宽：红外遥感卫星的成像幅宽决定了卫星图像的覆盖范围，对于摆扫体制的红外遥感卫星，其幅宽取决于卫星的轨道高度以及摆镜的扫面范围；对于推扫体制的红外遥感卫星，其幅宽取决于卫星的轨道高度以及相机的焦距和器件长度。

（3）几何定位精度：几何定位精度是指通过星上定轨、定姿手段，获得相机的光学系统在某一时刻指向地面目标的位置的精度。几何定位精度主要影响因素包括相机内方位元素误差、外方位元素误差和图像畸变。对于推扫体制的红外遥感卫星，其图像畸变的产生原因和影响因素与推扫体制可见光相同；对于摆扫体制的红外遥感卫星，其图像畸变除了相机光学系统的畸变外，还包括由于摆扫体制产生的图像畸变，扫描畸变的主要影响环节包括扫描频率、扫面非线性度、图像重叠率等。

4.4 高分辨率红外相机成像质量设计与分析

4.4.1 高分辨率红外相机成像质量关键设计要素分析

红外相机成像质量直接影响遥感图像数据的品质，其关键设计要素主要包括成像体制选择、谱段配置与谱段范围确定、地面像元分辨率设计、成像带宽设计、探测器及其焦平面制冷组件选择、扫描特性（摆扫体制）、相机光学系统设计、杂光抑制设计、噪声等效温差（NETD）设计、动态范围设计、星上定标精度设计等。

4.4.2 成像体制选择

目前红外成像体制主要有摆扫型和推扫型两种。

1. 摆扫型

摆扫体制的红外相机其工作原理是靠摆镜沿垂直于卫星飞行方向扫描，实现较大的成像覆盖宽度。摆扫体制红外相机其优点是可利用规模较小的红外探测器实现较大的可视范围；缺点是受制于摆镜尺寸、重量以及扰动特性的影响，相机口径很难做大，分辨率很难进一步提高。摆扫体制的红外相机的产

生，其根本原因是受限于红外探测器的阵列规模小（几百像元），如果用推扫体制则相机的覆盖宽度只有几千米量级，不能满足应用需求。随着红外器件加工水平的提高，红外探测器阵列规模越来越大，在高分辨率对地观测领域，摆扫体制有逐渐被推扫体制取代的趋势。

2. 推扫型

随着红外探测器制造水平的提高，红外器件线阵长度与规模逐渐增大，相机无须增加摆扫机构即可实现与可见光相机相当的覆盖宽度，形成了推扫体制的红外相机。推扫体制的红外相机与可见光成像体制相同，其优点是可以实现大口径、高分辨率，同时没有摆镜这一运动部件，星上姿态稳定度较高，不会造成由于星体姿态稳定度降低而引起成像质量下降。

4.4.3　谱段配置与谱段范围确定

根据红外线波长与大气衰减特性，波长为 3～5 μm 和 8～12 μm 两个波长区间的红外线大气衰减较低，因此一般红外成像系统都是工作在这两个波段。一般情况下，对于高温物体，其辐射峰值在中波区；对于常温物体，其辐射峰值向长波移动。为有效探测各类目标，需综合运用中波和长波红外两个谱段。对于陆地常温目标，长波波段相对于中波波段由于温度分辨率高、图像中太阳光反射干扰少，在高分辨率对地遥感领域应用更广泛。

红外相机的谱段选择还受限于红外探测器水平及其响应特性。某型号用长波红外器件的谱段特性由于受探测器性能的限制，目前可获得的红外焦平面探测器的光谱覆盖范围（峰值 50%对应的谱段范围）达不到 12 μm，只能做到10 μm 左右。因此，该型号卫星红外相机的工作谱段可确定为 7.7 μm±0.3 μm～10.3 μm±0.4 μm。

4.4.4　地面像元分辨率设计

影响星下点地面采样距离（星下点地面像元分辨率）的主要因素包括光学系统的焦距、探测器采样间距和轨道高度。当轨道高度一定时，影响星下点地面采样距离的主要因素为光学系统焦距和探测器采样间距。星下点地面采样距离的计算公式如下：

$$\mathrm{GSD}=d_{\mathrm{S}}\times H/f \tag{4-1}$$

式中，GSD 为星下点地面采样距离，d_{S}为探测器采样间距，H 为轨道高度，f 为焦距。

4.4.5 成像带宽设计

对于推扫体制的红外相机，其成像带宽取决于相机光学设计的视场角和轨道高度，其星下点成像带宽可近似表示为：

$$W=2\cdot H\cdot \tan(\theta/2) \tag{4-2}$$

式中，W 为成像带宽，H 为轨道高度，θ 为光学系统视场角。然而，红外探测器因受制冷机的制约，无法像可见光探测器那样拼接，因此其成像带宽主要取决于探测器阵列像元数，即像元数乘上地面像元分辨率。

对于摆扫体制的红外相机，其成像带宽主要取决于其有效扫描视场角和轨道高度，其星下点成像带宽可近似表示为：

$$W=2\cdot H\cdot \tan(\alpha/2) \tag{4-3}$$

式中，α 为扫描视场角。

4.4.6 探测器及其焦平面制冷组件选择

红外焦平面探测器的性能直接影响到红外相机的成像质量，是红外相机的核心组件，也是影响红外相机整机可靠性的关键组件。目前，为了保证其性能和可靠性，探测器及其焦平面制冷通常采用一体化集成设计，通过合理优化设计组件的工作温度、制冷时间、回温速率、开关机次数、寿命等指标，以避免产生两者结构和热形变不匹配造成的盲元率高、性能下降等一系列后果。表 4-3 给出几款典型的探测器制冷机组件，图 4-2 为其示意图。

表 4-3 探测器制冷机组件

型号 / 参数	法国 Sofradir 公司 480×6 长波红外探测器制冷机组件	国产 1 024×6 长波红外探测器制冷机组件
探测器阵列/像元	480	1 024
TDI 级数	6	6
光谱响应范围/μm	8～10	8～10
像元尺寸/μm	25.4（线列方向）×16.6（TDI 方向）	24（线列方向）×20（TDI 方向）
平均峰值 D^*	2.41×10^{11} jones（300 K 黑体）	2.3×10^{11} $\mathrm{cmHz^{1/2}/W}$

续表

型号 参数	法国 Sofradir 公司 480×6 长波红外探测器制冷机组件	国产 1 024×6 长波红外探测器制冷机组件
响应率不均匀性	4.72%	≤7%
制冷形式	斯特林制冷	斯特林制冷
工作温度/K	80±0.5	80±0.5
寿命/h	8 000	30 000

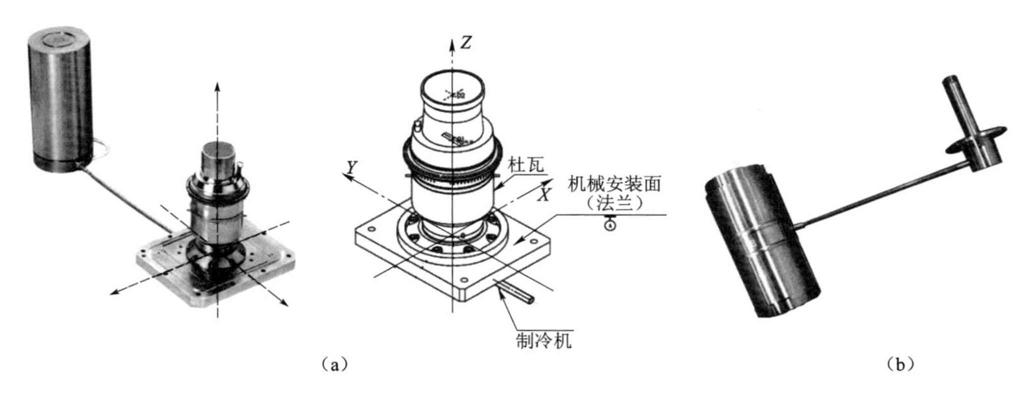

图 4-2　长波红外探测器制冷机组件

(a) 法国 Sofradir 公司 480×6；(b) 国产 1 024×6

4.4.7　基于摆扫型成像体制的扫描特性分析

对于摆扫型红外相机，为了保证相机的覆盖宽度满足指标要求、拼接不漏缝以及高的几何成像质量，需要对扫描特性进行设计和测试。下文以某资源卫星摆扫型红外相机为例，对其扫描特性进行分析。

1. 红外相机行周期分析

红外相机采用摆动扫描成像方案，按匀扫描角速度进行采样，不受卫星侧摆和轨道高度变化影响。但在确定扫描频率时，为了使红外相机能够适应卫星侧摆和轨道高度变化，需要按照卫星最低运行轨道高度和星下点成像状态来确定相邻扫描条带图像既不重叠又不漏扫条件下的扫描频率。卫星运行轨道高度升高后，相邻扫描条带图像产生重叠，重叠部分可以处理掉，不损失信息。

因此考虑设计余量，对于 500 km 左右的低轨遥感卫星，按轨道高度为 460 km 星下点成像时相邻扫描条带不出现重叠和漏扫进行设计，由此计算出赤道处速高比为 0.015 647 785、扫描频率为 1.576 1 Hz，扫描周期为 6 345 ms。沿扫描方向上成像采样周期为 23.5 μs。

2. 扫描参数确定

某资源卫星采用光机扫描型红外相机，扫描频率、有效扫描角度、扫描效率和扫描非线性度等为主要扫描参数。

(1) 扫描频率确定：在确定扫描频率时，要考虑卫星轨道高度低于标称轨道高度（480 km）时相邻扫描条带不出现漏扫（间隙）。根据任务要求，在卫星轨道高度为 460 km、赤道处速高比为 0.015 6 时，相邻扫描条带不出现漏扫（间隙），由此计算出扫描频率为 1.577 2 Hz。

(2) 有效扫描角度确定：根据幅宽要求，计算出有效扫描视场角以及对应有效扫描角度为±2.087 5°。

(3) 扫描效率确定：提高扫描效率可提高辐射分辨率，但扫描控制难度和扫描扰动会加大，因此，针对某资源卫星的应用需求和总体设计分析，确定扫描效率为 40%。

(4) 扫描非线性度确定：对于延时积分体制的红外焦平面探测器，为了最大限度减小扫描非线性对 TDI 成像的影响，要求扫描非线性度小于 0.5%。

3. 图像重叠率分析

根据红外相机的扫描频率，计算其在标称轨道和高响应轨道工作时相邻扫描条带的重叠率以及重叠像元数量。通过分析，红外相机在 480 km 标称轨道工作时相邻扫描条带的重叠率为 4.6%，约 22 个像元。

4.4.8 相机光学系统的设计

红外相机的主光学系统形式选择和可见光相机一致。红外相机光学系统在主光学系统之后，通常增加一套中继光学系统，其主要功能是与主光学系统配合实现联合消像差，使光线聚焦到探测器组件的光敏面上，进行二次成像，某型号摆扫体制红外相机的光学系统形式如图 4-3 所示。红外光学系统的设计原则与可见光相同，详见 3.4.8 节。

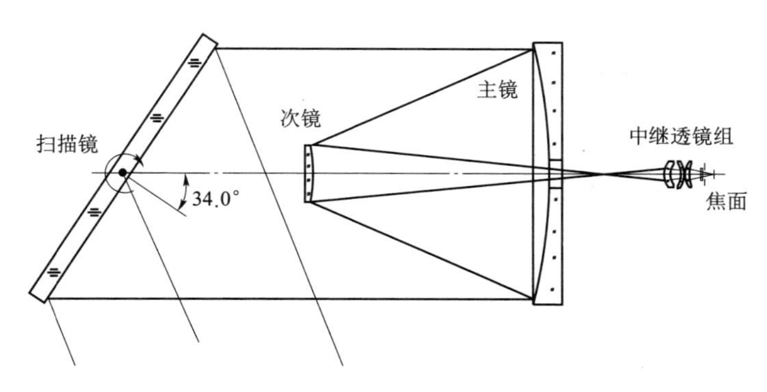

图 4-3　红外相机光学系统光路图

4.4.9　杂光抑制设计

杂光抑制设计是保证红外相机成像质量的有效措施，对提高成像的对比度、获得清晰照片、充分发挥相机性能具有十分重要的意义。相对于可见光相机，红外相机在杂光抑制设计时除了要考虑视场外光线的杂光外，还需考虑相机光学元件和主结构的自发红外辐射的影响。

通常，完成消杂光设计后，需利用专业软件（如 Tracepro 等）分析不同角度入射杂光的影响，确定杂光抑制效果。其中杂光系数 V 与 MTF 之间的关系为：

$$\mathrm{MTF}_{杂光}=\frac{M_{靶面杂光}}{M_{靶面}}=\frac{1}{1+V} \tag{4-4}$$

4.4.10　噪声等效温差设计

影响红外相机噪声等效温差（NETD）的主要因素包括光学系统的口径、焦距和光学透过率、扫描效率（影响积分时间）、探测器的探测率、并扫探测元数和视频处理电路的噪声。

噪声等效温差的计算公式如下：

$$\mathrm{NETD}=4F^2/[\delta(2A_d\tau_d)\ 1/2\tau_a\tau_0 D^*_{\lambda p}(\Delta M/\Delta T)] \tag{4-5}$$

式中，δ 为过程因子；F 为光学系统 F 数；A_d为探测器敏感元面积；τ_d为探测器积分时间；τ_a为大气透过率，实验室测试时距离很近，$\tau_a=1$；τ_0为光学系统透过率；$D^*_{\lambda p}$为探测器峰值探测率；$\Delta M/\Delta T$ 为光谱微分辐射出射度在 $\lambda_1\sim\lambda_2$范围的积分辐射度，由式（4-6）确定：

$$\Delta M/\Delta T = \int_{\lambda_1}^{\lambda_2} \frac{\partial M_\lambda(T_B)}{\partial T} d\lambda \tag{4-6}$$

式中，$M_\lambda(T_B)$ 为光谱辐射出射度，是黑体温度 T_B的函数。

4.4.11 动态范围设计

红外遥感卫星的动态范围指的是红外遥感卫星能够有效响应的最大、最小输入信号范围，表征了红外卫星能够定量反演的目标等效黑体温度范围。其主要影响因素包括外界成像条件、探测器响应特性、成像电路参数设置等，需要通过地面的真空辐射定标试验测试得到。通过真空辐射定标的相关数据得到探测元对应的定标方程，通过外定标黑体入瞳等效辐亮度拟合得出定标曲线。图 4-4 给出某型红外相机的实验室定标曲线。求得各元可探测的等效光谱辐亮度范围及对应的温度值，从而获得红外相机的动态范围。

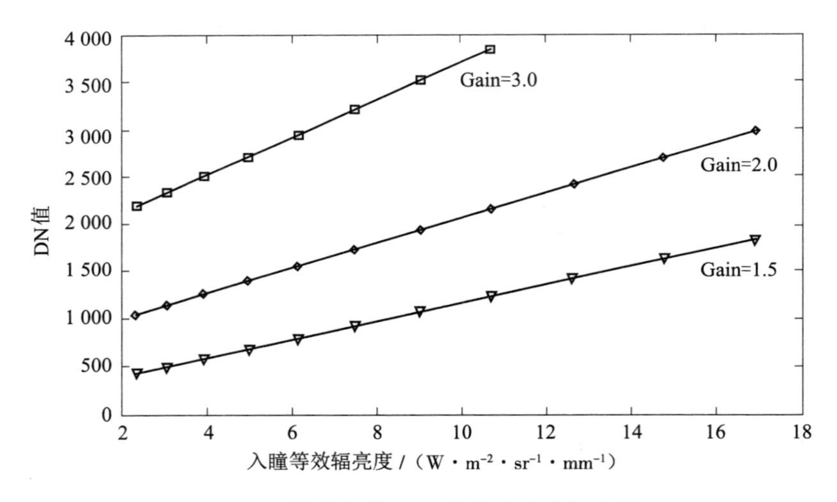

图 4-4　某型红外相机的实验室定标曲线

4.4.12 星上定标精度设计

为了保证红外相机在轨的温度反演精度，在星上通常配置星上定标机构，每次成像前通过将高低温黑体依次切换入后端光路，并将黑体的图像下传至地面，用于地面的非均匀校正以及定量反演。

影响红外相机星上辐射定标精度的因素主要有：发射前的真空辐射定标精度以及红外相机入轨后星上定标装置的稳定性。以下结合某资源卫星红外相机

的实验室测试，介绍红外相机星上定标精度的影响因素以及分析方法。从真空辐射定标能量传输环节上看，影响真空辐射定标精度的因素主要包括以下几方面。

1. 黑体辐射源

黑体辐射源为红外遥感器真空辐射定标的基准源，一般外定标黑体其温度稳定性可达±0.05 K/30 min，出口温度均匀性可达±0.2 K，控温精度达±0.01 K，温度不确定度为±1 K，法向发射率达0.995。其中温度不确定度和发射率误差影响了真空辐射定标精度。经计算，温度不确定度的影响量为1.78%，发射率误差为0.4%。

2. 低温平行光管

用于红外遥感器真空辐射定标的平行光管工作在低温，工作温度低于150 K。采用准直型扩展源对红外遥感器进行定标，红外遥感器接收的辐射功率受到低温平行光管光学镜面自身辐射的影响。选取典型值进行计算，当镜面反射率为0.94时，在7.7～10.3 μm谱段和外定标黑体温度300 K附近，镜面温度在150 K左右，自身辐射对定标精度影响量为0.03%；在7.7～10.3 μm谱段和外定标黑体温度在300 K附近，低温平行光管光学效率误差对定标精度的影响为0.85%。

3. 红外相机

红外遥感器的输出信号的不稳定性会对真空辐射定标精度产生影响。根据主体变温数据，统计外定标黑体300 K时红外相机连续工作输出的DN值，将相机背景辐射的影响去除后计算输出DN值随时间的波动。分别计算各探测元最大输出DN值的波动，再求解算术平均值作为红外相机的输出信号不稳定度。

综上，影响真空辐射定标精度的因素主要包括黑体温度不确定度、黑体发射率误差、准直仪光学效率误差、准直仪镜面自身辐射和红外遥感器输出信号的不稳定性等。

根据影响真空辐射定标精度的主要因素的各影响量，真空辐射定标的总误差约为2%，折合温度误差为±1.15 K（300 K黑体）。

红外相机入轨后，星上定标装置的稳定性会影响星上定标精度。星上定标黑体表面通过发黑处理得到，发射率不会有明显变化，影响星上定标稳定性的主要因素是黑体控温的稳定性和测温精度。星上定标黑体具有独立的主、备份控温和测温回路，相互之间可以比对。此外，还可利用地面辐射校正场对红外相机进行在轨辐射定标，并对星上定标装置进行定标。考虑这些因素，预计星上定标装置的稳定性可达到＜1.0％，折合 300 K 黑体下的温度误差为＜0.6 K。综上，通过计算可以得出红外相机星上辐射定标精度可达到 1.3 K（300 K 黑体）。

4.5　红外摆扫相机系统方案描述

红外相机工作原理是：来自目标的辐射信息经遮光罩和扫描装置进入主光学装置，并聚焦在主光学装置的焦面上，然后经中继光学装置进行二次汇聚成像在红外探测器上。探测器采用带有6级延时积分（TDI）功能的480×6线阵红外焦平面探测器，配以斯特林制冷机。

4.5.1　红外相机主要功能定义

红外相机的主要功能是获取地物目标的几何特征以及高辐射分辨率红外影像。其主要功能包括：

（1）根据地面上注的任务信息，在指定区域上空完成照相，获取目标红外影像数据；

（2）红外遥感卫星在轨入瞳辐亮度与地物的温度有关，在不同时间段、不同地物类型等因素下，地物的红外辐射强度差异较大，为了获取高质量的图像，需要红外相机具有在轨调节增益的功能；

（3）红外相机包含摆镜、定标组件等活动部件，为了保证活动部件能够适应主动段的力学环境，需要红外相机活动部件具有主动段锁定以及在轨解锁的功能；

（4）图像辅助数据是地面图像处理的重要数据，需要在星上进行组织、编排并下传，因此，红外相机需要具有接收星上计算机发送的辅助数据，并与红外相机的辅助数据、图像进行统一编排、发送的功能。

4.5.2 系统设计约束分析

1. 任务层面约束

需要考虑太阳高度角影响，其卫星运行轨道通常选择太阳同步轨道。考虑到太阳照射条件对春、夏、秋、冬应用能力需求，对于红外遥感卫星系统，原则上需要考虑太阳高度角影响。然而，由于红外谱段实现高分辨率成像难度很大，为了提高其应用效能或弥补其分辨率的不足，通常与可见光遥感载荷配合使用，因此，其卫星运行轨道通常也选择太阳同步轨道，降交点地方时选择在上午10:30或下午1:30左右的轨道，轨道高度一般在450～800 km范围内。根据我国某资源卫星型号的典型应用需求，要求光谱范围为8～10 μm的热红外遥感，地面像元分辨率为10～20 m，成像幅宽大于70 km。为保证成像质量，在轨动态调制传递函数要求优于0.1，在轨温度分辨率优于0.2 K（300 K黑体)。

2. 工程大系统设计约束

红外相机的探测器需要在低温下工作，在红外相机获取目标地物前需要提前一段时间开启制冷机，将红外探测器焦面制冷至工作温度。同时，为了红外图像的定量反演以及非均匀性校正，红外相机成像前需要顺次对高低温黑体成像，获取定标数据。红外相机需要接收星上总线广播的辅助数据，并与红外相机的辅助数据、图像进行统一编排、发送至地面应用系统。

3. 卫星总体设计约束

为了保证红外相机的在轨性能、可靠性以及分系统间的接口匹配性，卫星总体会对红外相机提出设计约束。如某型卫星，为保证在轨动态成像质量，要求红外相机，静态传函优于0.18，动态范围优于240～340 K，NETD优于0.15 K（300 K黑体)。为了减小红外图像的畸变，对扫描机构性能进行约束，要求扫描频率为1.577 2 Hz、有效扫描角度为±2.087 5°、扫描效率为40%、扫描非线性度小于0.5%。卫星设计寿命一般为5年以上。

4.5.3　红外相机系统配置与拓扑结构

红外相机通过扫描镜进行穿越轨迹方向的摆动扫描和卫星飞行运动来获取图像，采用一维线性机械摆动扫描成像方案，且只在单方向获取图像，将若干个扫描条带拼在一起形成一幅图像。红外相机由红外相机主体、红外相机管理器和红外相机制冷控制器三部分组成，其系统组成如图 4-5 所示。

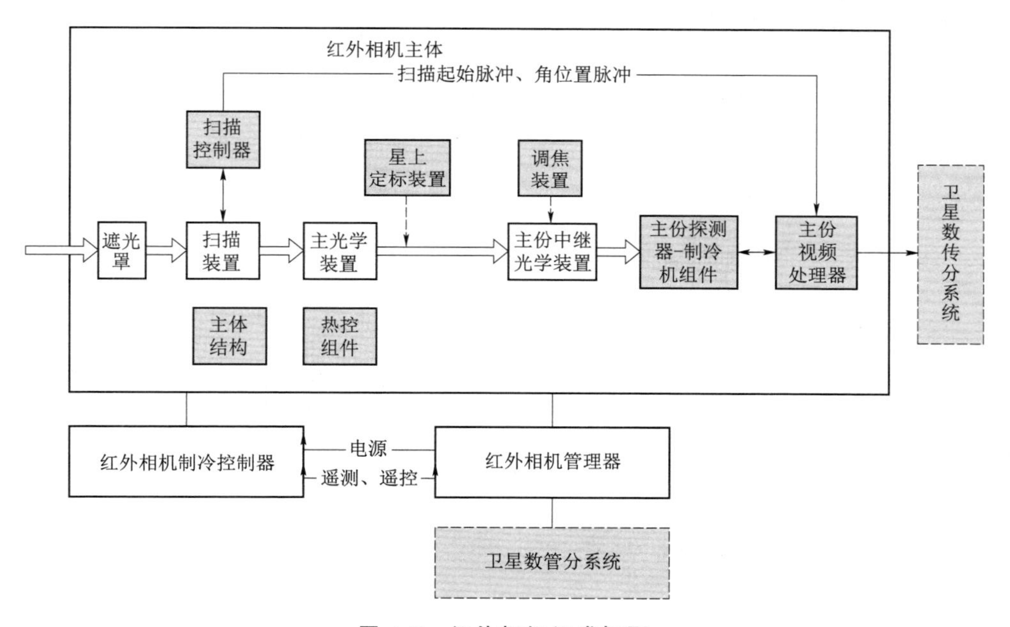

图 4-5　红外相机组成框图

红外相机主体用于完成目标红外辐射信息的收集、聚焦成像、光电转换以及信号放大、模数转换和编码输出，并与另外两个设备配合完成相机成像、星上定标、增益调整、调焦、扫描镜、调焦装置，定标机构具有星上锁定和解锁、主备份光路切换和对红外探测器制冷等功能。

红外相机管理器用于完成红外成像控制、遥测遥控管理、配电管理等。红外相机制冷控制器用于对制冷机、机械锁、调焦装置和切换机构等进行控制。

4.5.4　工作模式设计

红外相机主要有下列三种工作模式：

待机模式，此模式下除红外相机主体热控部分工作外，其余设备均处于断

电状态。

成像模式，此模式为红外相机正常成像模式，在卫星侧摆范围内可获得地球表面热红外谱段遥感图像，经红外相机视频处理器进行图像格式编排后送数传分系统，在地面站可视范围内将图像传回地面，每次成像过程中至少定标一次。

调焦模式，根据成像质量，在非成像阶段和成像阶段可进行调焦。

4.5.5 光学系统方案

光学系统采用二次成像系统，包括主光学系统和中继光学系统：主光学系统是主镜和次镜组成的反射系统，中继光学系统是由 3 片透镜组成的折射系统。红外相机光学布局如图 4-6 所示。

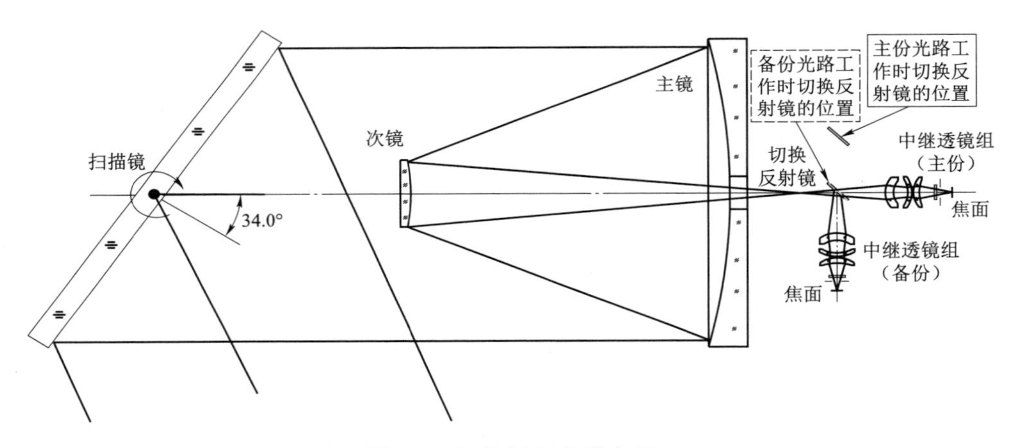

图 4-6 红外相机光学布局

4.5.6 扫描系统方案

扫描系统由扫描装置和扫描控制器组成，系统的组成框图和对外联系如图 4-7 所示。

扫描镜要求其质量和惯量尽量小，以减小扫描镜对支撑元件寿命影响和扫描摆动对卫星姿态的影响，从而更好地保证成像质量。扫描镜组件由扫描镜体、枢轴等组成。

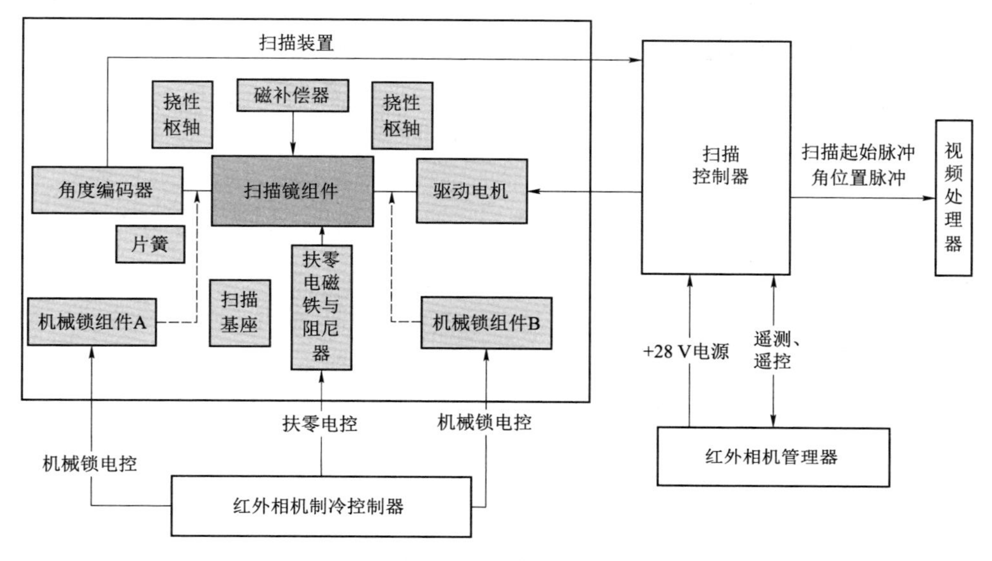

图 4-7　扫描子系统的组成及对外联系框图

4.5.7　红外探测器及其制冷机组件方案

探测器-制冷机组件为引进设备，设备核心是基于 CMOS 读出电路的 480×6 TDI 光伏碲镉汞红外焦平面探测器，封装在金属杜瓦内。制冷机为分置式直线驱动斯特林制冷机。探测器核心指标见表 4-4。

表 4-4　器件技术指标

项目	技术指标
探测器阵列规模	480×6
F 数	2.62
谱段范围/μm	7.7±0.3～10.3±0.4
平均峰值探测率/（$\mathrm{cmHz^{1/2}\cdot W^{-1}}$）	≥2.0×10^{11}
制冷机制冷量/mW（@80 K，23 ℃）	1 000
制冷机输入功率/W	60
降温时间/min	≤8

4.5.8 电子系统设计

红外相机电子学子系统包括相机遥控遥测管理、成像控制、一次/二次电源配电、成像电路供电/驱动/偏置/视频信号处理、图像数据编码、扫描控制、制冷机控制、定标控制、高低温黑体控温、光路切换控制、机械锁与调焦电机控制等，划分到 3 个单机来完成。

4.5.9 相机热控方案

红外相机主体温度控制采用被动温控为主、辅以主动温控的方案，重点是控制相机内的温度梯度。

被动温控措施包括：相机主体外表面包多层隔热材料以减少相机主体与外界的热交换，利用高效导热装置和散热板散掉发热装置发出的热量。

主动温控措施包括：在相机内适当位置安放若干路加热器和温度传感器，并与载荷热控管理单元一起形成温控回路，对相机主体的温度进行控制，使相机能够稳定工作。

4.6　红外遥感卫星在轨动态成像质量设计与分析

4.6.1　在轨动态成像 MTF 分析

红外遥感采用摆扫成像体制，其在轨动态 MTF 影响因素与可见光推扫成像体制有所不同，不存在推扫方向 MTF 差异，也不需要偏流角修正。红外相机在轨成像链路及在轨调制传递函数影响环节如图 4-8 所示。

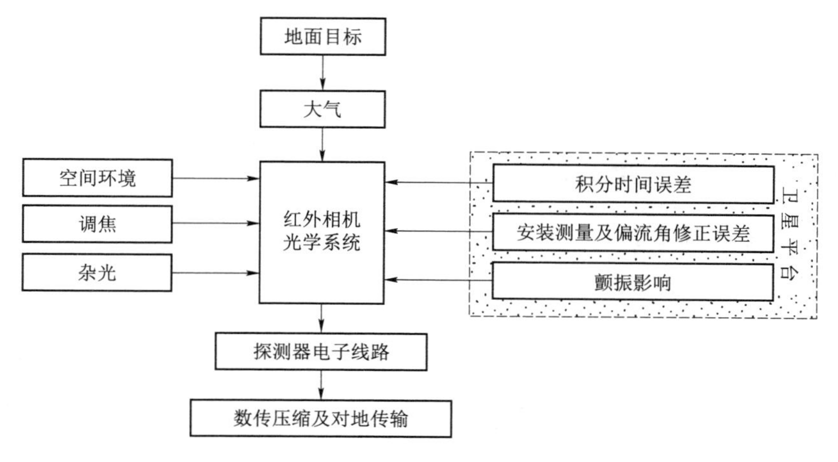

图 4-8　红外相机成像链路

将整个成像链路系统看作空间频率的线性系统，则各个单元对调制传递函数进行联乘可确定整个系统的综合调制响应，即在轨调制传递函数，可通过式(4-7)确定。

$$MTF_{在轨} = \prod_{i=1}^{n} MTF_i \tag{4-7}$$

考虑到红外相机以穿越卫星飞行轨迹方向的扫描方式对地物成像，红外相机扫描方向的系统 MTF 可分解为如图 4-9 所示。

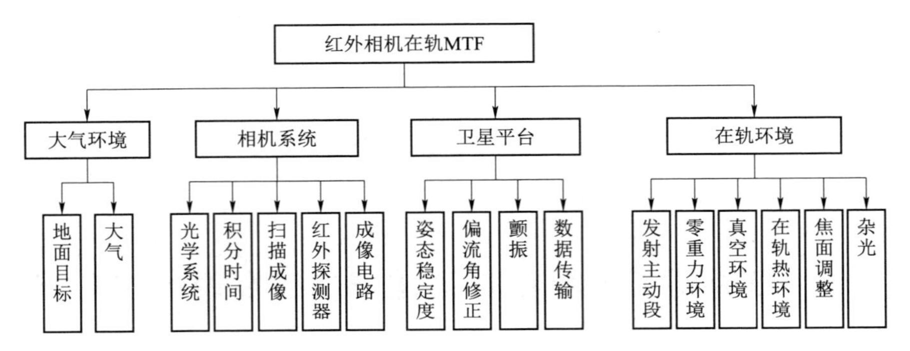

图 4-9　影响红外相机在轨动态 MTF 的主要因素

卫星在轨动态 MTF 可描述为：

$$MTF_{总扫描}(v) = MTF_{大气环境} \times MTF_{相机}(v) \times MTF_{卫星平台} \times MTF_{在轨环境} \tag{4-8}$$

式中，

$MTF_{大气环境} = MTF_{大气}$；

$MTF_{相机}(v) = MTF_{光学系统}(v) \times MTF_{探测器} \times MTF_{积分时间} \times MTF_{电路} \times MTF_{推扫}$；

$MTF_{卫星平台} = MTF_{偏流角修正} \times MTF_{姿态稳定度} \times MTF_{颤振} \times MTF_{数据传输}$；

$MTF_{在轨环境} = MTF_{发射} \times MTF_{热} \times MTF_{力} \times MTF_{真空} \times MTF_{调焦} \times MTF_{杂光}$；

v 为采样频率。

1. 相机静态 MTF 确定

红外相机的静态 MTF：由光学系统 MTF、红外探测器 MTF、视频处理电路 MTF 以及其他环节如调焦等的 MTF 决定，其数值近似等于这几部分 MTF 的乘积。

光学系统的 MTF：等于光学系统设计 MTF 值乘以加工装调 MTF。光学系统设计 MTF 是根据光学系统口径、焦距和视场角对红外相机进行设计其在奈奎斯特频率下的全谱段、全视场平均 MTF。加工装调 MTF 是通过多型相机的实际装调结果确定卫星红外相机光学系统的加工装调 MTF。

探测器和电路的 MTF：根据相关测试及分析，红外探测器的 MTF 可以达到 0.57。根据经验，视频处理电路的 MTF 一般可做到 0.98 以上。

焦平面装调环节的 MTF：根据以往经验，在焦面组件与主体整机装调环节的 MTF 取 0.97。

综合考虑上述几个环节的 MTF，红外相机整机的静态 MTF 为 0.184。

2. 大气影响分析

红外相机通过大气对地面目标成像，地物热辐射信息受到大气的影响会造成一定程度的图像模糊，主要由大气湍流和气溶胶的散射和吸收所造成，由于红外相机波长较长，且同等口径下，地面像元分辨率低于可见光，因此大气湍流和扰动对红外波段的 MTF 影响相对于可见光波段小，根据型号在轨测试数据，大气对红外相机的 MTF 影响因子在 0.9 左右。

3. 扫描运动影响分析

无论是摆扫型或推扫型红外相机，均存在一个固有的由于扫描运动造成的下降因子：

$$\mathrm{MTF}_{推扫}=\frac{\sin(\pi v_{\mathrm{n}} d)}{\pi v_{\mathrm{n}} d} \tag{4-9}$$

$$v_{\mathrm{n}}=\frac{1}{2p} \tag{4-10}$$

式中，d 为一个积分时间内像移距离（像元）；v_{n}为采样频率，奈奎斯特频率采样；p 为探测器像元尺寸。

对于红外探测器，尤其长波红外器件，目前器件可用的积分时间通常较短，通常为 20 μs 左右，比卫星飞过或摆镜扫描过一个地面采样距离的时间短很多，因此通常红外相机由于摆扫或推扫引起的 MTF 下降可忽略。

4. 姿态稳定度影响分析

红外相机采用基于 TDI 红外焦平面探测器的摆动扫描成像方案，在轨飞行过程中卫星的姿态变化会在焦面上产生像移，导致 MTF 下降，从而对成像质量产生影响。

由于卫星的姿态变化较缓，而红外相机的探测器积分时间很短（单级积分时间约 20 μs），TDI 级数仅为 6 级，卫星姿态变化可近似为线性变化，在 6 级 TDI 成像条件下卫星姿态变化造成的像移量为：

$$\Delta d=f\times N_{\mathrm{TDI}}\times\omega\times t \tag{4-11}$$

式中，Δd 为 6 级 TDI 成像条件下卫星姿态变化导致的像移量；f 为相机焦距；N_{TDI} 为 TDI 级数，最大取值 6；ω 为卫星姿态变化角速率，经仿真和在轨验证，红外相机工作时整星姿态稳定度优于 1.0×10^{-3}°/s；t 为单级 TDI 对应的时间。

经计算，积分时间内的像移量相对于像元尺寸非常小，对 MTF 影响可以忽略。

5. 偏流角修正影响分析

1）摆扫体制红外相机的偏流角修正

对于摆扫体制的红外相机，扫描条带对应地面的投影是水平的，垂直于探测器线阵方向。地面目标相对于红外相机的地速由卫星飞行速度 $\boldsymbol{V}_{卫飞}$、扫描镜在地面扫描速度 $\boldsymbol{V}_{扫}$ 和地球自转速度的合矢量决定。

考虑到卫星的飞行运动影响后，扫描条带沿卫星的飞行方向产生了倾斜。倾斜的角度与卫星飞行速度 $\boldsymbol{V}_{卫飞}$ 和扫描镜在地面扫描速度 $\boldsymbol{V}_{扫}$ 有关，综合考虑卫星运行轨道、相机扫描频率，以及地球自转速度。

计算卫星飞行速度 $\boldsymbol{V}_{卫飞}$、扫描镜在地面扫描速度 $\boldsymbol{V}_{扫}$ 垂直时的夹角 $\tan\alpha=\boldsymbol{V}_{卫飞}/\boldsymbol{V}_{扫}$，通过在红外相机焦面上将探测器列阵倾斜 α 角安装来解决图像畸变，如图 4-10 所示。

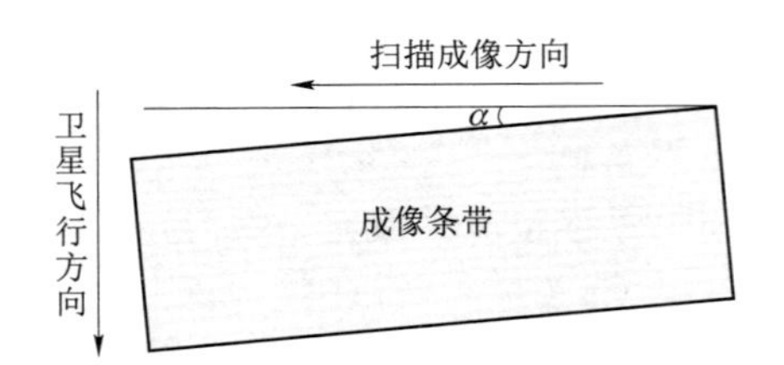

图 4-10　卫星飞行对红外扫描轨迹的影响

卫星平台进行偏流角修正角度在一定范围内变化，在红外相机的扫描速度 $\boldsymbol{V}_{扫}$ 与卫星飞行速度 $\boldsymbol{V}_{卫飞}$ 矢量夹角范围内，计算得到偏流角修正误差。

偏流角修正误差引起的像移为 l（像元数）：

$$l=N\cdot\tan\theta \tag{4-12}$$

经过综合分析，偏流角修正误差对 MTF 影响可以忽略。

2）摆扫体制红外相机与推扫体制可见光相机共平台安装时的偏流角修正影响

对于摆扫体制红外相机与高分辨率可见光相机共平台安装的情况，由于可见光相机分辨率高，TDI 级数也比红外高得多，因此卫星的偏流角修正通常需要以满足可见光相机修正要求为主，此时红外相机的扫描条带覆盖特性会有一

些影响，地面图像处理时需要关注。

摆扫体制红外相机将若干个单次扫描形成的子帧条带拼在一起形成一幅图像，图 4-11 和图 4-12 是红外相机 2 个扫描条带拼接的示意图，图中 X_o、Y_o、Z_o为轨道坐标系，X、Y、Z 为卫星本体坐标系。α 为成像时卫星偏流角修正值，可通过该帧图像的辅助数据获得。

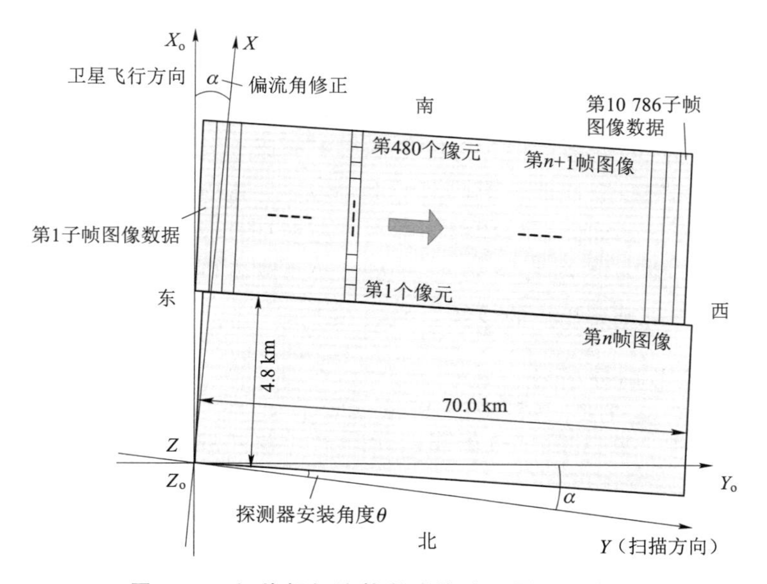

图 4-11　红外相机降轨段成像地面覆盖示意图

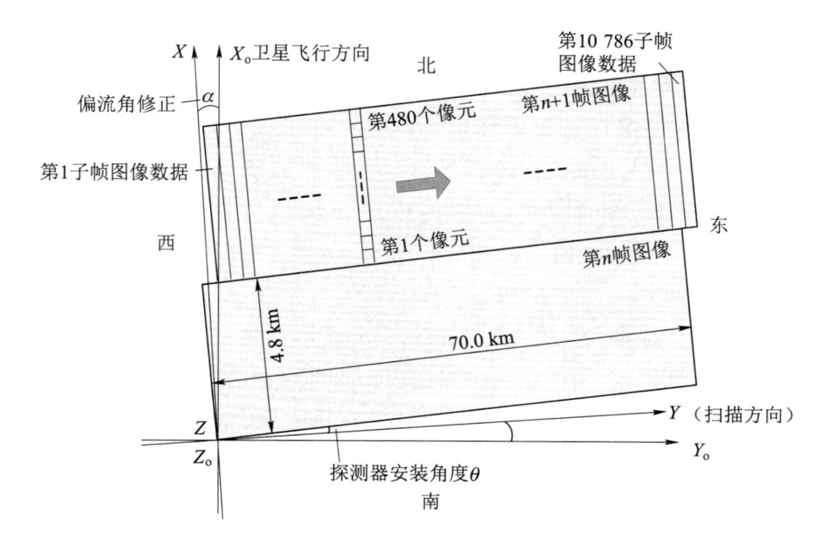

图 4-12　红外相机升轨段成像地面覆盖示意图

可以看出，降轨段成像时，红外相机相邻两条成像条带锯齿夹角为偏流角修正值减去探测器安装角度；升轨段成像时夹角为偏流角修正值加上探测器安装角度。

6. 微振动影响分析

卫星在轨摄像期间，星上多种活动部件，如太阳翼步进、动量轮、控制力矩陀螺等，其运动中都会使星体产生小幅高频的振动，且不能依靠控制系统进行测量并加以抑制，进而对成像质量产生一定的影响。

由于红外相机的分辨率相对可见光低很多，因此星上的扰动源对红外相机的影响较小，通常星上扰动源对红外相机 MTF 的影响可以忽略。然而，红外相机自身有很多活动部件，如摆扫体制红外相机的摆镜，红外探测器配套的制冷机，对高分辨率可见光/红外综合遥感卫星成像质量影响不可忽视，特别是对同平台安装的可见光相机的成像影响。

7. 杂散光影响分析

红外相机地面 MTF 测试时采用的光源信号较为理想，而在轨成像时地物面光源不同，视场外的光存在一定影响。为了减小在轨杂散光对成像质量的影响，红外相机须采取消杂光设计。根据系统分析，杂光系数不大于 3%。在轨杂散光对成像质量的影响因子为 0.97。

8. 相机在轨热/力稳定性对 MTF 的影响

虽然在地面针对相机在轨空间环境适应性进行主动段力学环境、在轨热环境和相机翻转 180°模拟在轨失重环境等试验验证，在一定程度上验证了卫星在轨动态成像性能，但考虑到地面试验与在轨飞行环境的差异性，仍有可能造成相机离焦，特别是高分辨率相机，需要设置在轨调焦功能。相机离焦对 MTF 的影响可用式（4-13）确定。

$$\mathrm{MTF}_{\text{离焦}}=2J_1(X)\ /X \tag{4-13}$$

式中，J_1表示一阶 Bessel 函数；$X=\pi d v_n$，d 表示离焦引起的弥散圆直径，$d=\Delta l/F^{\#}$，Δl 表示离焦量，$F^{\#}$ 表示相对孔径的倒数，v_n表示特征频率，可理解为奈奎斯特频率对应的空间频率。当相机具有远高于焦深的调焦精度时，可认为调焦环节的 $\mathrm{MTF}_{\text{热/力}}=0.98$。

9. 在轨动态成像 MTF 预估

红外遥感卫星系统同样需要依据卫星全系统设计结果以及产品实现情况进

行全链路、全要素在轨动态 MTF 分析，以奈奎斯特频率处的 MTF 为评价准则，分析其设计合理性和有效性。针对某资源卫星的典型应用，因选用 480×6 级长波红外 TDI 探测器，为此，红外相机采用摆扫成像体制，实现大幅宽，以解决探测器阵列受限问题。其在轨动态 MTF 与各环节 MTF 影响因子的计算关系具体如下：

$$\mathrm{MTF}_{系统}(v_n)=\mathrm{MTF}_{大气}\times\mathrm{MTF}_{相机}(v_n)\times\mathrm{MTF}_{姿态稳定度}\times\mathrm{MTF}_{偏流角}\times\mathrm{MTF}_{颤振}\times\mathrm{MTF}_{杂光}\times\mathrm{MTF}_{热/力} \tag{4-14}$$

根据本章前述的各节分析结果，对在轨动态 MTF 进行系统分析，结果详见表 4-5。可见，对于摆扫成像体制的红外相机，不存在飞行方向和偏流角控制精度引起的 MTF 下降，而且分辨率较低，颤振影响也较小。

表 4-5　卫星在轨动态 MTF 预估

影响因素	MTF
相机静态 MTF	0.184
大气	0.800
姿态稳定度	0.999
颤振	0.999
在轨微重力环境	0.999
偏流角	1.0
在轨热/力环境	0.94
杂光影响	0.97
合计	0.13

4.6.2　在轨动态范围分析

卫星红外相机的在轨动态范围取决于相机的动态范围，相机动态范围的设计和测试详见 4.4.11 节。

4.6.3　在轨温度分辨率分析

考虑红外相机入轨后噪声特性没有明显变化，则在轨温度分辨率主要由红外相机发射前的 NETD 和大气的透过率决定。假设地面上的目标和背景的温差为 ΔT，则到达红外相机入瞳处的表观温差为：

$$\Delta T_{\mathrm{app}}=\tau_{\mathrm{atm-ave}}^{R}\Delta T \tag{4-15}$$

式中，ΔT_{app}为表观温差，$\tau_{atm-ave}^{R}$为大气透过率。

1. 大气透过率分析

大气环境千变万化，其透过率也随大气成分而变化剧烈，因此很难给出大气透过率的确切数据。下面利用 Modtran 软件以各地区典型大气模型为例说明大气的影响。

Modtran 建模参数：大气模型为中纬度区域夏季标准大气（Midlattitude Summer）；大气衰减类型为中纬度夏季、冬季等，能见度 5 km、23 km 等；大气散射类型为带有多次散射模式。

经计算可得到各种条件下大气透过率，见表 4-6。

表 4-6　各种条件下大气透过率及温度分辨率

大气模型	能见度 5 km		能见度 23 km	
	大气透过率	温度分辨率/K	大气透过率	温度分辨率/K
中纬度夏季	0.420	0.126	0.494	0.109
中纬度冬季	0.600	0.09	0.646	0.084
近北极夏季	0.525	0.103	0.560	0.096
近北极冬季	0.646	0.084	0.700	0.077
1976 美国标准大气	0.560	0.096	0.600	0.09

2. 噪声等效温差（NETD）

影响红外相机噪声等效温差的主要因素有：光学系统的口径、焦距和光学透过率，扫描效率（影响积分时间），探测器的探测率和并扫探测元数，视频处理电路的噪声等。

加大光学系统口径、提高探测器的性能和延长探测器的积分时间是提高温度分辨率的主要途径。但当探测器的性能、积分时间和幅宽等参数一定时，加大光学系统口径是提高温度分辨率的有效途径，但这会导致相机体积和重量加大。

噪声等效温差的计算方法可由式（4-5）、式（4-6）确定。其中，$\lambda_1=7.7\ \mu m$，$\lambda_2=10.3\ \mu m$，$T_B=300$ K，$\delta=0.85$，$F=2.62$，$A_d=0.0028\times0.0038\ cm^2$，$\tau_d=21\ \mu s$，$\tau_a=1$，$\tau_0=0.75$，$D_{\lambda p}^{*}=2.45\times10^{11}$。由式（4-6）计算得到 $\Delta M/\Delta T=7.939\times10^{-3}\ W/cm^2$，最后，NETD=83 mK。

3. 在轨温度分辨率预计

通过大气透过率以及地面噪声等效温差的计算或实测结果，对卫星在轨的温度分辨率进行预计结果为 0.1～0.14 K。

经计算可得到各种大气条件下温度分辨率，详见表 4-6。

4.6.4　条带拼接特性分析

为使红外相机能够适应卫星轨道高度变化，需要保证在卫星最低运行轨道高度和星下点成像时相邻扫描条带图像既不重叠又不漏扫。这样，在最低轨道和天回归轨道（568 km），相邻扫描条带均能保证存在一定重叠，重叠率随轨道高度和飞行速度等变化，重叠的部分可以处理掉，而不损失信息。

在地面进行图像处理时，根据成像位置对应的卫星高度等参数，可以计算出相邻扫描条带的图像重叠量，把重叠部分去掉就可以得到连续图像。因此，红外相机采用摆动扫描成像方案可以适应卫星轨道高度变化。

对不同轨道高度下相邻扫描条带间的重叠率和重叠像元数进行分析计算，结果如表 4-7 所示。从表中数据可知，红外相机在平时轨道和天回归轨道高度上均不会漏扫。

表 4-7　红外相机扫描条带拼接特性

轨道高度	重叠率/%	重叠像元数/个
最低轨道 460 km	0	0
标称轨道 480 km	4.6	22
天回归轨道 568 km	20.83	100

4.6.5　图像畸变分析

红外相机扫描成像过程中，由于光学系统、扫描运动特性，以及整星偏流角修正等因素会导致红外图像出现畸变。上述因素对图像畸变的影响可以通过地面精测数据、辅助数据段号等进行处理。本节分析各影响因素的指标符合性，以确保地面能够对图像进行有效的处理工作。

1. 光学系统畸变的影响分析

通过对光学系统分析，并考虑空间环境变化可能引起光学镜头倾斜，面形、间距等变化因素，分析某资源红外相机光学系统畸变如表 4-8 所示，可作为红外相机图像几何校正处理的参考。

表 4-8 红外相机光学畸变分析结果

视场值/(°)	比例视场/ω	畸变/%
0	0	0
0.12	0.4	−0.16
0.24	0.8	−0.22
0.3	1	0.5

红外相机光学系统规模相对较小，且相机结构和光学镜头分别采用了刚度高、对温度不敏感的钛合金、碳化硅等材料，结合整星和相机的精密控温，红外相机在轨畸变较为稳定，可作为系统误差在地面进行校正处理。

2. 扫描性能影响分析

红外相机采用穿越卫星飞行轨迹方向的摆动扫描成像方案，并结合卫星飞行方向不断拼接扫描条带。所以，扫描性能指标直接影响红外相机的成像质量。红外相机主要扫描性能指标要求如表 4- 9 所示。

表 4- 9 红外相机主要扫描性能

项目	参数	备注
扫描频率/Hz	1.577 2	
扫描非线性度/%	≤0.5	有效扫描视场内
扫描剖面非直线性/像元	≤1 个（峰值）	扫描剖面与理想横向直线扫描的偏差
扫描剖面重复性/像元	≤3 个	两个扫描行的重复性

1）扫描频率

扫描装置完成与控制电路的精调后对扫描频率进行测试，测试曲线如图 4-13 所示，测试结果为 1.577 2 Hz。

2）扫描非线性度

红外相机正样扫描装置完成与控制电路的精调后，使用线性度测试仪对扫描非线性度进行测试。按照扫描非线性度的定义，其为扫描线性段内任意角度角速度与平均角速度的最大偏差。有效扫描视场测试结果如图 4-14 所示。由图可以看出，扫描线性段有效角度优于−2.087 5°～+2.087 5°。

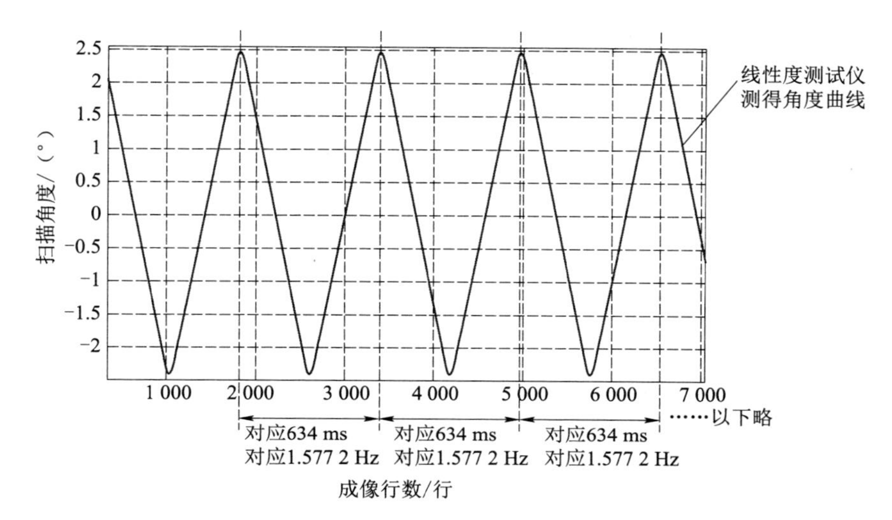

图 4-13　扫描运动时间-角度曲线

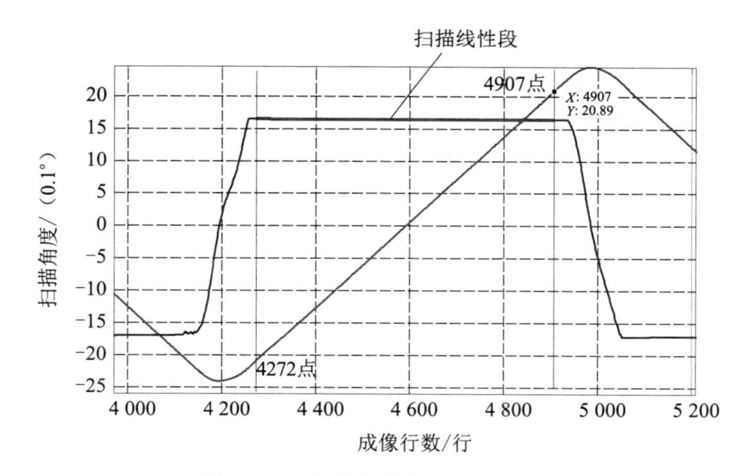

图 4-14　有效扫描视场测试曲线

扫描非线性度的测量结果如图 4-15 所示。可以看出，在线性段范围内，最大速度为 16.55°/s，最小速度为 16.46°/s，整个线性段平均速度为 16.49°/s，计算非线性度为 0.4%。

3）扫描剖面重复性

通过连续采集 100 帧 T15 靶标图像，在每帧图像中垂直方向截取一段图像，并将截取的 100 帧图像进行图像拼接，根据拼接的图像计算图像的重复

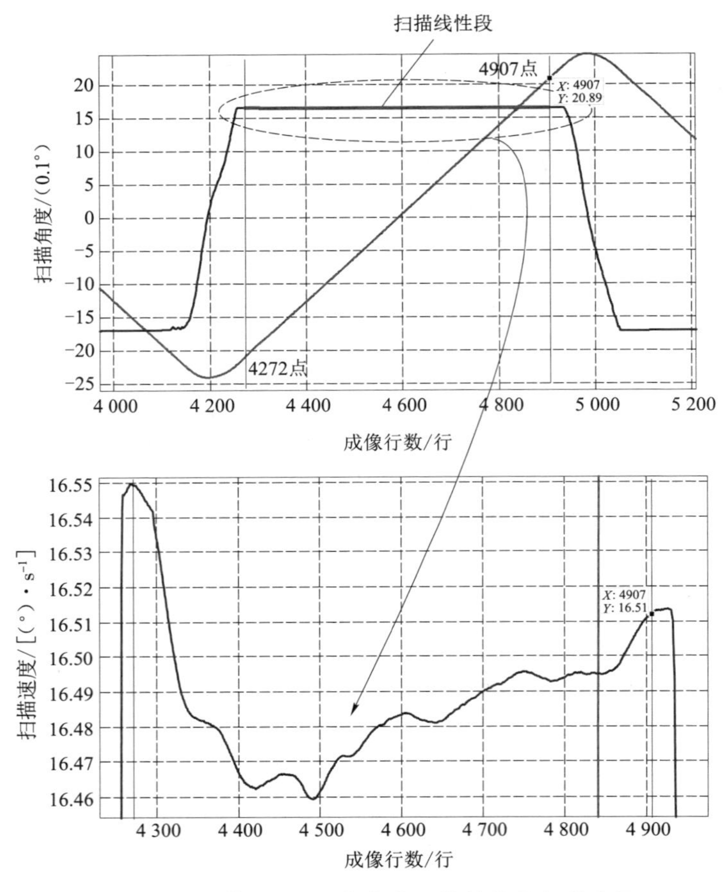

图 4-15　扫描时间-速度曲线及线性段局部放大图

性。扫描重复性拼接图像如图 4-16、图 4-17 所示，其中偏差最大点在±3.6″之内，折算对应 2.5 个像元。

4）扫描剖面非直线性

连续采集 100 帧细杆靶标图像，从每帧图像中水平方向截取一段图像，并将截取的 100 帧图像进行图像拼接，根据拼接的图像计算图像的重复性。扫描剖面非直线性拼接图像和计算结果如图 4-18、图 4-19 所示。从图中可看出，红外相机的扫描剖面非直线性为 1 个像元。

图 4-16　扫描剖面重复性图
（非均匀效正后）

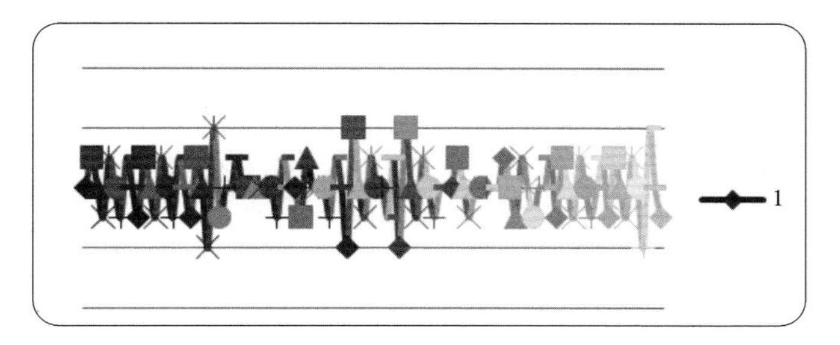

图 4-17　扫描剖面重复性计算结果

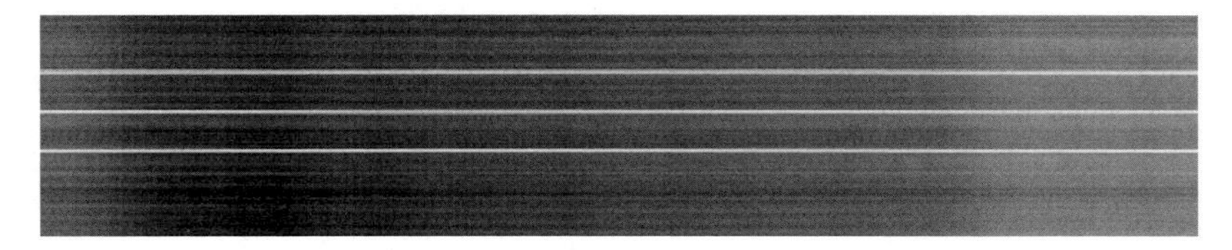

图 4-18　扫描剖面非直线性（非均匀效正后）

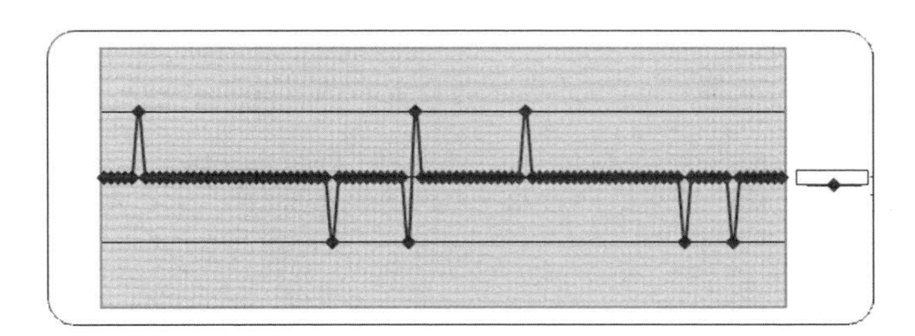

图 4-19　扫描剖面非直线性

4.7 红外遥感系统定标技术

红外遥感系统的定标主要包括实验室的真空辐射定标以及在轨的星上定标。

4.7.1 地面真空辐射定标

红外相机不同于可见光相机，由于相机光机主体的光学元件、支撑结构等均会自发辐射红外光谱，常温空气也会产生红外波段的自发辐射，因此在地面为了准确标定红外相机的响应特性，需要在真空罐中完成真空辐射定标试验。

真空辐射定标的目的是通过对红外相机进行模拟空间环境中的辐射定标，获取红外相机各探测元的定标方程及与定标相关的修正系数，测出红外相机动态范围，为红外相机在轨获取图像数据的定量应用提供依据。测试设备包括：真空罐、标准辐射源、低温平行光管等，通过调整黑体温度，获取探测器各探测元的响应特性曲线。

4.7.2 在轨星上定标

红外相机星上定标精度取决于发射前的定标精度以及红外相机（包括星上

定标装置）经历发射和在轨环境后的变化。

卫星发射前的绝对辐射定标手段主要是真空辐射定标。通过真空辐射定标，一方面对红外相机进行辐射定标，另一方面对星上定标装置进行定标；发射后的绝对辐射定标有几种，包括星上定标、辐射校正场定标以及不同光学遥感器之间进行交叉定标等。通过对几种定标方法的综合利用，可以提高辐射定标的精度。此外，如果星上定标装置发生了变化，也可以用其他定标手段如辐射校正场定标对其进行校正，消除系统误差，从而可以提高星上定标精度。

根据国内现有技术水平，通过红外相机发射前的真空辐射定标对星上定标装置进行标定，定标精度可以达到约±1.0 K。红外相机入轨后，星上定标装置本身可能会发生变化。此外，红外相机对环境温度变化比较敏感，外热流的不断变化会影响红外相机的工作状态，并会对星上定标精度产生一定影响。将系统误差扣除后，预计红外相机入轨后星上定标精度变化不会超过±0.5 K，则星上定标精度可以控制到±1.5 K以内。

4.8 红外遥感卫星应用

4.8.1 水污染监测应用

红外遥感可应用在重点水污染源遥感监测，水华、赤潮与溢油遥感监测，饮用水源地遥感监测等方面。主要包括对水体热污染、工厂企业排污（特别是夜间）、重点河段河口水质（叶绿素、水体透明度、悬浮物浓度）、饮用水源地安全、核电厂温排水等高精度监测需求。尤其高分辨率（优于 10 m）红外遥感，对于工厂企业排污、水体热污染监测方面效果明显。

对于多在夜间出现的污水排放，由于其会造成排污点附近河流温度的差异，高空间分辨率、温度分辨率的热红外图像可以有效发现这一异常现象，从而实现对污水排放的监管。如图 4-20 所示为某城市夜晚红外影像，夜晚河流和城市区域温度较高，即在图中亮度高，图中明显可见工厂排放污水的温度高于河流温度的异常现象。

4.8.2 城市红外遥感应用

中科院遥感所利用 10 m 红外影像对北京地区地表温度的反演，如图 4-21 所示。由图可见，城市地区明显比郊区温度高，由于空间分辨率很高，能够很好地刻画城市内部结构的温度信息，可以很清晰地看到北京道路交通网。

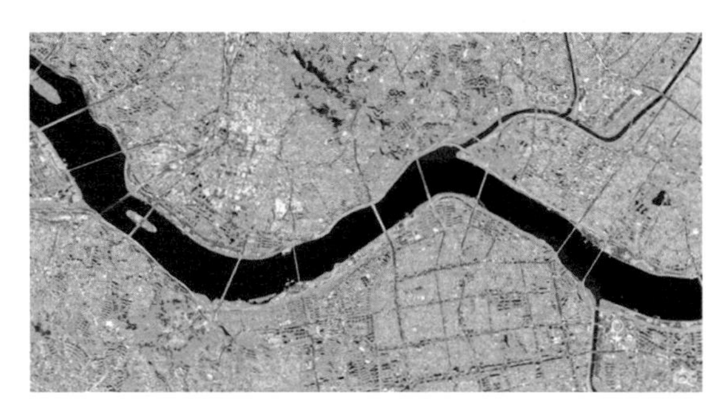

图 4-20　污水排放监测图（空间分辨率 10 m）

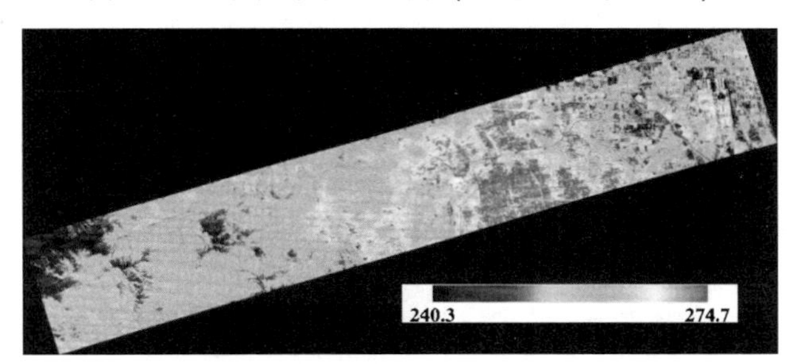

图 4-21　城市热环境应用图

北京国家体育场区域缩略图如图 4-22 所示（左：Google earth 彩色合成图，右：10 m 地表温度分布图），由图可见中间的鸟巢、水立方等温度较低，左右两侧的居民区温度较高，这体现了建筑的保温性能。另外城市主干道及其热特性也清晰可见。

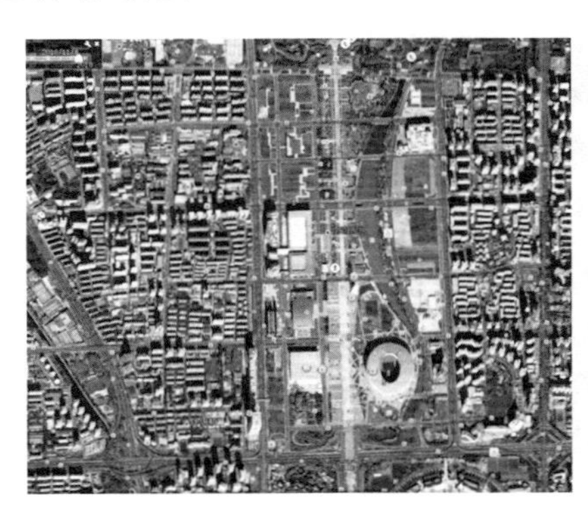

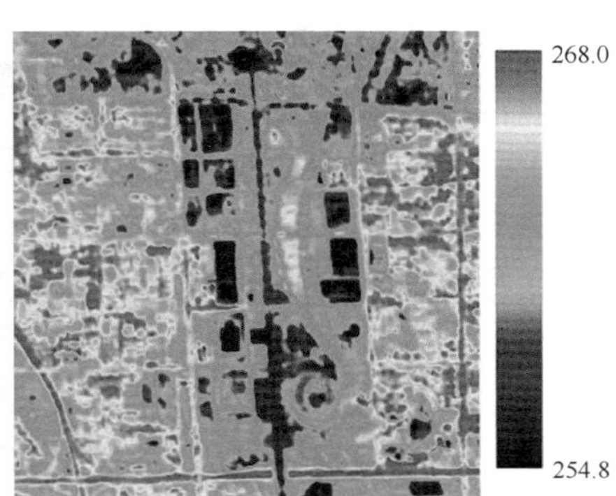

图 4-22　建筑节能应用图

4.8.3　海洋维权与监管应用

随着全球化的进程和我国对外经贸合作的不断深入，我国的发展战略逐步走向深蓝，同时海洋权益、海岛管理方面的历史问题日益突出，对海洋态势实时感知与海面目标跟踪、海面搜索营救、走私和海盗定位等需求日益迫切。我国海域面积辽阔，而海面目标则相对较小，要在旷阔的海域搜索、定位、详查目标，地面雷达等方式受到了探测范围的限制，预警机等航空手段也受到了覆盖能力的限制，可见光谱段则受时间、天气等因素限制导致效能有限。而红外遥感监测具有不限昼夜成像的特点，其可以时刻监测船舶航行时在水面上留下的温度变化、辨别航线，实现对船只的探测、定位，再结合高分辨率的可见光图像进行识别，可以有效提升海洋监管的效率。

由于船舶在海面航行中螺旋桨转动会将低层低温海水搅动到海面，所以在高分辨率红外影像中船只和航迹清晰可见，图 4-23 给出 10 m 分辨率的热红外影像所拍摄的海上船只与航迹，可分辨出各船只大小及其航行路线，进而判断船只类型、大致来源和航向。

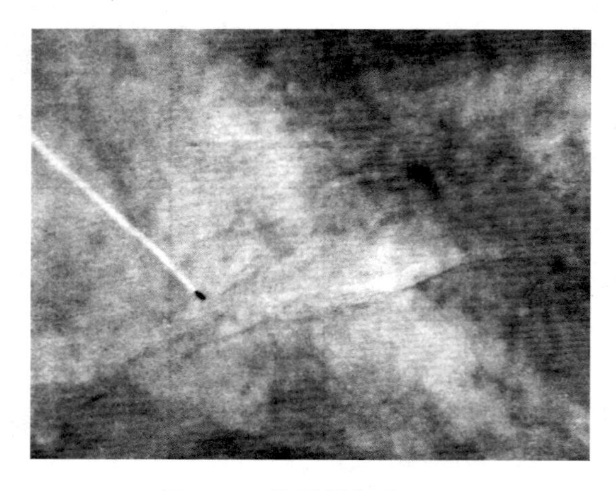

图 4-23　海洋维权应用图

4.8.4　国家安全与国防应用

红外成像以其特殊的成像谱段优势，不仅可以获取目标的外形轮廓信息，还可获取目标的温度信息，从而对目标工作状态进行识别。由于红外遥感是对景物的温度信息进行成像，因此其成像不受时间条件的限制，亦可在无光照条件下工作，这两点是可见光相机无法比拟的。通过对卫星红外相机的长波红外在轨图像数据的判读，可以识别出地下油库、炼油厂储油罐储存状态、炼钢厂工作状态、发电厂工作状态等信息，对国家战略物资储备以及战争潜力情况进行评估。红外图像也可清晰识别船舶行驶尾迹，有些甚至达到了几十千米，由

此亦可以判断识别船只的战术规避动作。其对温度成像特点，可实现卫星的昼夜成像，提高成像效率。红外遥感的军事应用可以归纳为以下几点：

（1）增加夜间对目标成像的次数，提高战场夜间动态监视能力；

（2）揭露目标的伪装，提高目标识别的能力；

（3）监视目标的变化，加强战场状态监视的能力；

（4）与可见光遥感图像融合，确认目标性质，提高目标识别率；

（5）增加穿透战场烟雾成像的能力，提高效益；

（6）获取敌舰爆炸、起火等损毁情况，进行打击效果评估。

图 4-24 为印度孟买机场红外图像，飞机影像清晰可见，同时可以根据图像灰度判断飞机工作状态。

图 4-24　韩国 KOMPSAT－3A 卫星获取的 5.5 m 分辨率中波红外图像
（印度孟买，2015 年 5 月 2 日拍摄）

4.8.5　可见光-红外遥感融合应用

可见光-红外遥感的单一手段获取目标的信息维度有限，各有优缺点，综合利用可见光和红外手段，尤其是两种遥感手段同时获取目标影像融合，可大幅提升应用效能，详见表 4-10。

表 4-10　可见光-红外遥感融合应用的优势

传感器类型	主要优点	单一传感器的缺点
可见光	空间分辨率较高、场景中的地面目标的边缘纹理等细节信息清晰、抗干扰能力强，有利于对军事目标几何特性的判别	谱段信息单一，容易受到光照、阴雨、云雾等自然条件的影响

续表

传感器类型	主要优点	单一传感器的缺点
红外	红外遥感在揭露伪装方面具有独特的优势，传统的伪装方法不能掩盖目标与背景之间的红外辐射差。同时红外成像系统能透过烟雾，可探测隐藏在阴影、灌木丛中或伪装下的潜在目标，具有探测距离远和全天候工作的特点	红外图像是灰度图像，且动态范围较低，层次模糊，清晰度低，信噪比低于普通可见光图像，不利于人眼判别；红外图像受探测器非均匀性影响，存在固定图案噪声、串扰、畸变等

从图 4-25 中可形象看出几种图像的成像特点。

红外图像 1　　可见光图像 1　　融合图像 1

红外图像 2　　可见光图像 2　　融合图像 2

红外图像 3　　可见光图像 3　　融合图像 3

图 4-25　红外图像、可见光图像及其融合图像

4.9 小　　结

随着遥感技术的发展，红外遥感成为天基遥感的重要手段之一。空间分辨率是反映遥感图像解译性的重要指标，目前世界最高水平的红外分辨率为 KH-12 的 1 m，我国红外遥感水平同世界最高水平差距较大。随着我国光学元件加工、研磨，光学系统装调水平的提高，以及红外探测器规模和性能的提升，我国红外遥感卫星的空间分辨率有望进一步提升。红外焦平面探测器技术是空间红外遥感系统发展的主要瓶颈，是实现高分辨率、高灵敏度、长寿命红外遥感的关键技术，因此加快我国高性能、长阵列的红外探测器研发意义重大。多谱段红外遥感技术是未来遥感应用重要方向，不同地物目标在不同温度条件下，在不同波段的辐射特性存在较大差异，因此发展短、中、长不同谱段的综合红外遥感，可大幅提升应用效能。

参 考 文 献

[1] 马文坡，等. 航天光学遥感技术 [M]. 北京：中国科学技术出版社，2011.

[2] Paul B Forney. Integrated Optical Design [C]. Proc. SPIE Vol. 4441，pp. 53 -59，Dec 2001.

[3] David A Beach. Wide-field Aberration Corrector for Spherical Primary Mirrors [C]. Proc. SPIE Vol. 4093，pp. 340 - 348，Oct 2000.

[4] 李小文，汪骏发，等. 多角度与热红外对地遥感 [M]. 北京：科学出版社，2001.

[5] 温兴平. 遥感技术及其地学应用 [M]. 北京：科学出版社，2017.

[6] 张永生，刘军，巩丹超，等. 高分辨率遥感卫星应用——成像模型、处理算法及应用技术 [M]. 北京：科学出版社，2014.

[7] David K Finfrock. Thermo Electric Thermal Reference Sources (TTRS) for Calibration of Infrared Detectors and Systems [C]. Proc. SPIE Vol. 4093，pp. 435 - 444，Oct 2000.

[8] 江东，王乃斌，等. 地面温度的遥感反演：理论、推导及应用 [J]. 甘肃科学学报，2001，13 (4).

[9] Clifford A Paiva，Harold S Slusher. Space-Based Missile Exhaust Plume Sensing：Strategies For DTCI Of Liquid and Solid IRBM Systems [R]. AIAA 2005 - 6820.

[10] Sergey N Bezdidko. New Abberation Properties of Two-mirror Cassegrain Lenses [C]. Proc. SPIE Vol. 4767，pp. 146 - 150，Oct 2002.

[11] 郭广猛，杨青生. 利用 MODIS 数据反演地表温度的研究 [J]. 遥感技术与应用，2004，119 (01).

[12] 龚海梅，刘大福. 航天红外探测器的发展现状与进展 [J]. 红外与激光工程，2008，37 (1)：19 - 24.

第 5 章

高光谱遥感卫星系统设计与分析

5.1 概　述

所谓高光谱，是指传感器获取的数据的光谱分辨率很高，一般将分辨率优于波长的1/100的光谱定义为高光谱。高光谱遥感系统主要利用可见光和红外谱段探测并获取目标空间尺寸和分布信息，同时也以越来越窄、越来越密的成像波段来精确描绘地物“连续”的电磁波谱反射特性曲线，这种同时获取地物空间维和光谱维信息的成像方式，叫作“图谱合一”。高光谱遥感系统是当前监测地球环境动态变化、遥感定量反演等遥感应用最有效的空间遥感系统之一，在地球科学与应用领域、深空探测领域和防务安全领域均具有广泛的应用。

本章结合我国高光谱遥感卫星系统的研制和应用情况，重点介绍航天高光谱遥感技术特点、面向高光谱应用需求的总体设计方法，包括总体设计要素、高光谱成像质量分析、系统仿真与试验验证、辐射与光谱定标、高光谱图像处理与应用等方法。

5.1.1 发展概况

星载高光谱成像技术是在20世纪80年代左右兴起的机载成像光谱仪技术的基础上发展起来的。从20世纪90年代末，高光谱技术开始从机载系统发展至星载系统，表5-1给出了近二十年来国外部分星载高光谱遥感系统技术性能。

表 5-1　近二十年来各国（地区）研制的部分星载高光谱遥感系统技术性能

仪器名称		HSI	LEISA	FTHSI	LAC	Hyperion	COIS	CHRIS	WF-1	ARTEMIS
国家或机构		美国	美国	美国	美国	美国	美国	ESA	美国	美国
卫星名		LEWIS		Mighty-Sat Ⅱ	EO-1		NEMO	PROBA-1	OrbView-4	TacSat-3
发射时间		1997		2000	2000		2000	2001	2001	2009
工作谱段/μm	VNIR	0.4～1.0		0.47～1.05	0.9～1.6	0.4～1.0	0.4～1.0	0.4～1.05	0.45～5	0.4～2.5
	SWIR	1.0～2.5	1.0～2.5			0.9～2.5	0.9～2.5			
光谱通道数	VNIR	128		146	256	220	210	18/62	200	>200
	SWIR	256	256							
空间分辨率/m	VNIR	30		28×30	250	30	30 或 60	17/34	8 或 20	4
	SWIR	30	300			30				
幅宽/km		7.7	77	7～29	185	7.7	30	14	5	20
轨道高度/km		523	523	547	705	705	605.5	830	470	420～449

美国最成功的民用高光谱卫星是 EO-1（2000 年发射），搭载的 Hyperion 堪称具有里程碑意义的星载高光谱成像仪，它以 30 m 空间分辨率对地成像，具备 0.4～1.0 μm 可见近红外通道和 0.9～2.5 μm 短波红外通道，主要任务是验证在轨高光谱成像仪技术，评估利用星载高光谱成像仪的对地观测能力，在轨获取了大量的珍贵数据，向全世界的遥感技术人员和决策层展示了星载高光谱成像技术的信息获取能力。

美国先后发起的航天高光谱计划包括 LEWIS 卫星、NEMO 卫星（海军）、Mighty-Sat Ⅱ 卫星、OrbView-4 卫星、TacSat-3 卫星等，但除了 Mighty-Sat Ⅱ 卫星和 TacSat-3 卫星，其余卫星均未入轨。TacSat-3 卫星（2009 年发射）是美国最成功的高光谱卫星，其搭载的 ARTEMIS 高光谱成像仪空间分辨率达到了4 m，光谱分辨率达到了 4 nm。美国还采用大宽幅设计思路，提出"十年勘探（Decadal Survey）"计划——高光谱卫星 HyspIRI，在轨实现近 30 m 空间分辨率、200 km 幅宽的高光谱普查探测。

高光谱遥感系统的发展具有其自身的规律，当前各国都在发展自己的新一代的高光谱卫星，包括意大利 PRISMA 卫星、德国 EnMap 卫星、日本 HISUI 卫星，它们主要以民用的 30 m 空间分辨率为主，致力于提高高光谱的定量化应用水平。法国的军民两用高光谱卫星 HYPXIM 计划，光谱仪空间分辨率为可见近红外谱段 8 m/短波红外谱段 8 m。意大利 SHALOM 计划，光谱仪空间分辨率为可见近红外谱段 10 m/短波红外谱段 10 m，并配置一台 2.5 m 空间分辨率全色相机。

国内开展高光谱遥感卫星技术起步较晚，但发展迅速。我国于 2008 年发射了国内首颗高光谱成像仪卫星——HJ-1A 卫星，光谱覆盖范围 0.4～1.0 μm、空间分辨率 100 m，主要用于生态监测。近年来，我国先后在天宫一号空间实验室、资源卫星上搭载了高光谱成像载荷，光谱覆盖范围 0.4～2.5 μm，空间分辨率 10～20 m，推动了我国高光谱遥感精细化、定量化应用快速发展。

5.1.2 发展趋势

（1）多种分光体制的高光谱遥感技术共同发展：发展何种分光体制的高光谱遥感系统与当下的光学加工、探测器水平等诸多因素有关。美国掌握了凸面闪耀光栅关键技术，因而更多发展光栅型的星载高光谱成像仪。欧洲则致力于发展棱镜分光光谱仪，并通过提高光学系统设计水平，弥补棱镜分光的不足，使得成像质量达到了美国流行的凸面光栅 offner 光谱仪的水平。

（2）应用领域细分，根据用户需求定制光谱仪：高光谱遥感优势在于具有

极高的光谱分辨率，在各个领域都有广阔的应用前景，涵盖了植被监测、地质、林农业、军事侦察各个方面。而应用领域的细分有可能促进高光谱成像技术发展与推广应用。

（3）高光谱遥感技术正朝更高空间分辨率、更多光谱谱段方向发展：在国家安全领域，高光谱精细化探测需求强烈，其探测效能比全色或多光谱更高。同时，高空间分辨率的高光谱包含更多“纯净像元”，很大程度上降低了端元提取和地物分类的难度。此外，宽谱段高光谱探测的需求也十分迫切，将来高光谱卫星应该具备较为完整的谱段，同时根据不同的观测需求，实现特征谱段在轨挑选或谱段合并后下传。

5.2 需求分析及技术特点

5.2.1 任务需求分析

在农林生态学领域应用方面，高光谱遥感应用于农林生态学信息探测时，对农作物进行精细识别，对作物品质进行长势监测及产品预测；提取植被生物化学参数，对森林健康状态监测主要关注宏观尺度、长周期变化。

在环境保护应用方面，高光谱遥感技术在环境保护工作中具有广泛的应用，从大气环境的污染气体、温室气体监测，水环境的重点水污染源监测、水质参数监测、饮用水源地安全监测，到生态环境的生物多样性、土壤污染，土壤/植被的水分、长势等地表生物物理参数监测等，都有着巨大的应用潜力。

在国家防灾减灾应用方面，高光谱遥感具有精细的光谱信息，在灾害地物识别和发展趋势预测中，占据着重要的位置。在发生险情时，高光谱技术获取信息，可为各决策部门提供技术支撑，从而更好地为防灾减灾服务。

在国家安全领域应用方面，光谱成像技术可以大幅提高在复杂环境下和杂乱回波背景中对小目标和低对比度目标的探测、识别能力，不仅可以解决被观测目标的“有无”问题，而且可以解决目标“是什么”的问题，成为军事及防务安全领域应用的一把利剑。

高光谱遥感的系统任务需求分析汇总表如表 5-2 所示。

表 5-2　高光谱遥感系统任务需求分析

应用类型	任务需求
农林业	对农作物进行精细识别，对作物品质进行长势监测及产品预测；提取植被生物化学参数，对森林健康状态监测
生态学	植被生态、陆地生态环境和浅海生态系统调查
大气探测	污染气体、温室气体监测，提供气溶胶指数全球制图
水文学	内陆水质监测，对水质参数进行反演
地质勘探	提供信息性更强的地质图件，对山体滑坡情况进行探测
城市环境	对城市地物调查、城市光源探测与分析、城市灾难火源探测和化学与有害气体泄漏探测等
灾害探测	环境污染调查、火山爆发和森林火灾预警，以及利用长波红外高光谱进行化学与生物毒气探测
战场环境探测感知	战场光源及矿物定量探测分析，探测目标真实温度和发射率，探测含水矿物基频振动的合频与倍频，城市恐怖袭击情况监测
地面伪装隐身目标揭露	陆地伪装网揭露、水面舰艇红外隐身揭露；复杂背景条件下对军用车辆、伪装、舰船潜艇及其他人工物质的识别
浅海近海战场探测	海上舰船探测；探测滩涂属性和含水量，为登陆作战计划提供信息保障；中长波红外高光谱可用于导弹预警探测

5.2.2　目标特性分析

根据探测任务的特点，高光谱遥感的探测目标特性分析主要涵盖以下几类，如表 5-3 所示。

表 5-3　高光谱遥感系统探测目标特性分析

应用类型	基本要求	光谱范围/μm	光谱分辨率/nm	空间分辨率/m
植被	识别经济作物植被属性、区分植被高低、区分高草地和一般草地、判断植被参量特征数据	0.49～0.53，0.55～0.58，0.67～0.74	5	30～50
		0.40～0.51，0.53～0.56，0.58～0.67，0.78～0.90	10	
		0.90～2.50	20	

续表

应用类型	基本要求	光谱范围/μm	光谱分辨率/nm	空间分辨率/m
土壤岩石	对岩石类型、成土矿物、土壤含水量、土壤颗粒度以及土壤有机质含量等探测	0.48～0.55，0.6～0.8，0.9～1.0	10	30～100
		1.35～1.45，1.85～1.95，2.10～2.45	20	
人工地物	区分高层房屋和突出房屋，严格区分道路类型和等级，确定土质，识别工厂、矿山性质，区分建筑材料等	0.40～0.52，0.63～0.74，0.76～0.80，0.86～1.10	10	5～10
		1.35～1.45，1.85～1.95，2.30～2.45	20	
陆地水体冰川	区分常年有水的河流与时令河、识别水位岸线位置、确定河流流入地下位置、识别人工沟渠、探测水质、确认冰川范围线	0.6～0.7，0.55～0.57，0.68～0.71，0.76～0.82，1.00～1.15，2.1～2.3	5	10～30
		0.40～2.45 范围内其他波段	10	
海部要素	准确识别海岸线、区分海岸性质、识别海滩的性质和范围、识别明礁和暗礁、区分港口用途类型和建筑材料、探测沿岸底质、海洋环境调查、海洋资源开发、浅水深度反演、海岸地形测绘	0.4～0.7，0.7～1.0	5～10	5～30
		1.0～2.5	20	
军事探测	探测目标真实温度和发射率，水面舰艇红外隐身揭露、导弹预警探测、毒气探测	0.4～1.7，3～5，8～12	0.2～5	大于 30
	陆地伪装网揭露，复杂背景条件下对军用车辆、伪装、舰船潜艇及其他人工物质的识别	0.4～1.2，1.2～2.5	5	2～10

5.2.3 高光谱遥感卫星技术特点

高光谱遥感卫星的主要技术特点如下：

(1) 高光谱实现高空间分辨率难度较大：由于高光谱技术是将谱段进行细

分，因而细分后的谱段的能量很弱，这对实现高空间分辨率的高光谱遥感带来很大的挑战。当前民用领域的高光谱卫星一般在30～60 m空间分辨率，而要实现更高空间分辨率高光谱遥感往往要求载荷或卫星平台具有很强的运动补偿能力，以延长曝光时间，增加细分谱段的能量，保证对目标成像的灵敏度。

（2）红外高光谱谱段需要在低温环境下工作：对于具有短波红外、中波红外及长波红外的高光谱谱段，在轨需要利用制冷机对其探测器进行80～150 K制冷，抑制探测器的热噪声。为满足卫星在轨长寿命应用需求，要求制冷机具备在轨长期工作的能力。

（3）高保真海量高光谱数据压缩技术：高光谱获取的数据为三维的数据立方体，海量的数据对星上对地数传和地面数据处理都带来很大的压力。为避免高光谱的“维度灾难”，高光谱卫星应具有星上高保真数据压缩能力，通过压缩算法或者在轨的谱段编程，在确保光谱质量的前提下减小数据量。

（4）可见近红外、短波红外、中波红外和长波红外等多谱段共光路设计：随着技术的发展，进一步提高谱段的配准精度，将可见近红外、短波红外、中波红外和长波红外和全色谱段等进行共光路设计，实现更高精度融合匹配。

5.3 高光谱遥感系统成像质量关键性能指标及内涵

5.3.1 辐射成像质量

高光谱遥感系统获得的是“图谱合一”的数据。高光谱遥感系统的“图”是为了获得易于人眼直观判读的高分辨率清晰辐射图像，其成像质量主要取决于以下关键指标。

（1）在轨调制传递函数 MTF：用于评价成像系统在轨空间分辨能力的一项指标。在轨 MTF 越高，表示系统的成像质量越好。主要受光谱仪静态传函、大气条件、姿态稳定度、星上微振动、偏流角修正精度、在轨空间环境稳定性等因素影响。

（2）信噪比 SNR、红外噪声等效温差 NETD：信噪比和噪声等效温差反映了成像系统的灵敏度。信噪比、噪声等效温差指标越优，图像噪声越小。

（3）动态范围：动态范围是指成像系统记录最亮和最暗细节与层次的能力。动态范围越好的系统，其获得图像细节越多，层次感越丰富，主要受探测器响应特性和成像电子学增益特性影响。

（4）帧频：高光谱系统采用面阵探测器，一个面阵获得的影像称为一帧；与一般可见光相机的积分时间指标相对应，高光谱系统使用帧频（即卫星沿着飞行方向飞行一行的时间的倒数）指标，来规定星地之间的像移匹配关系。帧

频一般需在轨可调，即要适应卫星在轨道高度范围及各指向范围内成像的工作要求。

与普通的可见光相机不同，高光谱的在轨 MTF、信噪比、红外噪声等效温差及动态范围等指标，均需要逐个针对细分后的单谱段图像分别进行计算并求得均值，作为评价该高光谱遥感系统在轨辐射性能的结果。

5.3.2　光谱质量

高光谱遥感系统的“谱”是为了获得准确的连续光谱曲线，其成像质量主要取决于：

（1）谱段范围：反映了成像系统所能响应的最大谱段区间，主要由探测器器件的光谱响应特性决定。

（2）光谱分辨率：指各谱段中心波长位置及谱段带宽大小，反映了高光谱成像仪对光谱的探测能力，主要由光谱仪分光器件和探测器规模决定。

（3）光谱采样间隔：反映相邻谱段光谱中心的波长间隔，一般为光谱分辨率的 1/1.1～1/2。

（4）辐射定标精度：决定高光谱响应曲线谱线幅值精度，分为相对辐射定标精度和绝对辐射定标精度。其中，相对辐射定标精度主要包含了探测单元响应不一致校正残差以及因积分球输出不均匀性和不稳定性引入的误差；绝对辐射定标精度是为了确定所有探测单元的光谱响应函数，在完成相对辐射定标之后，光谱维的每一个像元的绝对定标系数应该是相同的。

（5）光谱定标精度：决定高光谱响应曲线谱线峰值位置精度，主要由高光谱成像系统的灵敏度和稳定性决定。

（6）光谱复原/压缩质量：指经过压缩、解压缩和光谱复原之后的场景图像相对于原始场景图像的保真度，主要受压缩算法和光谱复原影响。一般采用光谱形状的相似度和光谱幅值的偏差来表征光谱特性受影响的情况，其中光谱形状的相似度采用光谱角匹配方法（Spectral Angle Mapping，SAM）进行评价；光谱幅值的偏差采用相对二次误差（RQE）法进行评价。

此外，信噪比和红外噪声等效温差也在一定程度上影响光谱质量。

5.3.3　几何成像质量

为满足高分辨率高光谱的应用需求，同样要求高光谱图像也具有较高的几何精度，包括：

(1) 地面像元分辨率：指探测器单元通过摄影中心投影到地面的几何尺寸，由光谱仪光学系统焦距、探测器单元尺寸以及卫星轨道高度决定。

(2) 幅宽：指成像系统能覆盖的地面宽度，对于推扫型或凝视型的成像体制，幅宽由光学系统视场角决定。

(3) 几何定位精度：指所观测的地物在图像上的定位与其实际的地理位置的误差，由卫星定姿、定轨、时统精度和光谱仪的主点、主距及畸变等因素决定。

(4) 图像畸变：指所观测的地物之间在图形上几何位置关系相对于地面实际位置关系发生的挤压、伸展、偏移和扭曲等变形，由卫星平台运动、光谱仪光学系统畸变、扫描性能、偏流角修正等因素决定。

(5) 谱段配准精度：指高光谱成像系统多个谱段之间地面同名点（Homologous Points，HPs）像元之间对准的程度，由谱段视轴角差、姿态稳定度、姿态采样频率等因素决定。

5.4　高光谱成像仪成像质量设计与分析

5.4.1　高光谱成像质量关键设计要素分析

高光谱遥感卫星的主要技术指标直接影响用户获取数据的品质，成像质量的关键设计要素主要包括成像体制的选择、光学系统的设计、谱段选择与配置、探测器选择、地面像元分辨率、成像幅宽、帧频特性、在轨动态调制传递函数、动态范围及信噪比、压缩算法、谱段配准精度、姿态精度与稳定度、运动补偿等。

5.4.2　成像体制的选择

根据成像方式的不同，高光谱成像仪通常可以分为线阵探测器摆扫式和面阵列探测器推扫式两大类型，如图 5-1 所示。

线阵探测器摆扫式高光谱成像仪具有成像视场大、像元配准好、可以实时定标等优点，缺点是每个探测单元曝光时间短，要进一步提高光谱分辨率和辐射灵敏度比较困难，常在相对运动速度慢的机载平台上应用。

面阵列探测器推扫式高光谱成像仪具有相对灵敏度和空间分辨率较高等优点，在可见光波段，光谱分辨率可以达到 4～10 nm。星载高光谱成像仪由于太

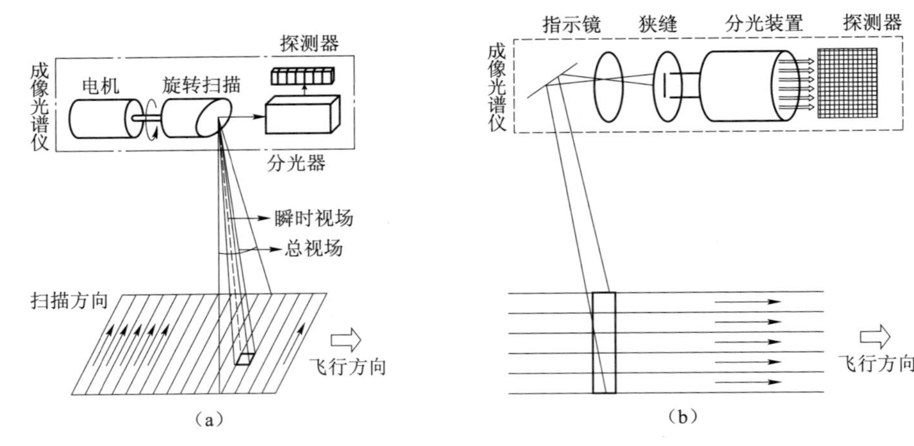

图 5-1　高光谱遥感的几种空间扫描方式

（a）摆扫式；（b）推扫式

阳同步轨道卫星平台运动速度快（约 7 km/s），实现高分辨率的星载高光谱成像仪系统难度大，因此通常采用推扫成像方式，但缺点是其视场受到限制。

根据分光方式不同，航天高光谱成像系统还可以分为色散型分光和干涉型分光两大类。色散型高光谱成像仪具有图像数据直观的特点，根据分光元件的不同又分为棱镜分光、光栅分光。棱镜和光栅色散成像光谱仪出现较早，技术也比较成熟，许多航空和航天成像光谱仪均采用此类分光技术，如美国的Hyperion。干涉分光高光谱成像仪将目标信号分成两束相干光，对两束相干光之间的光程差进行调制，并对不同光程差的相干结果进行采样，对采样后的干涉图进行傅里叶变换，即可获得目标光谱信息。干涉型分光光谱仪因其独特的特点，也成为新的发展方向。

5.4.3　光谱仪光学系统的设计

高光谱光学系统的设计关键在于其采用的分光方式。按照分光方式的不同，主要分为色散型分光和干涉型分光两大类，其中色散型分光又分为棱镜分光、光栅分光。

1. 色散型光学系统设计

色散型光学系统在准直光束中使用棱镜或光栅的分光系统。如图 5-2 所示。入射狭缝位于准直系统的前焦面上，入射光经准直镜光学系统后，经棱镜或光栅分光后成像在焦平面探测器上。

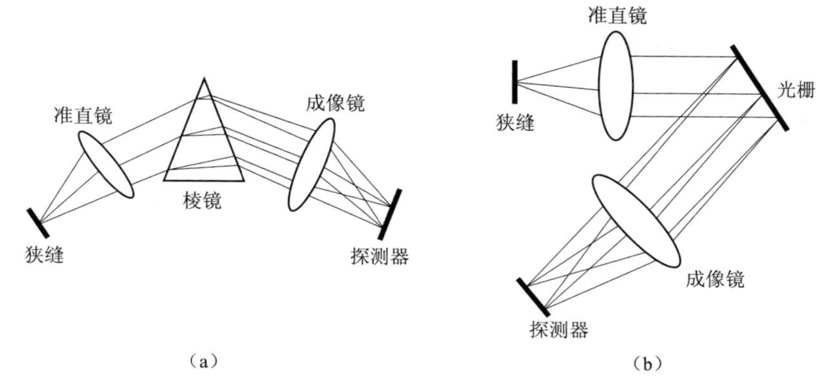

图 5-2　棱镜/光栅色散型光学系统设计

(a) 对准直光束使用棱镜分光；(b) 对准直光束使用光栅分光

棱镜色散得到的光谱是非均匀的，但是能量较高，在欧洲的高光谱卫星Proba-1卫星和EnMap卫星中应用；光栅色散分光的性能依赖于选用的光栅的性能，随着凸面光栅制造工艺及性能的提高（如Hyperion），光栅型有明显的优点，光谱均匀、数据直观和短波谱段容易得到高信噪比，成为高光谱成像技术重要的发展方向。

2. 干涉型光学系统设计

干涉型分光光谱仪按调制方式可分为时间调制、空间调制和时空联合调制三种类型，这三种类型的光学系统设计分别如图5-3（a）、（b）、（c）所示。

1）时间调制型

最经典的干涉高光谱成像仪是基于迈克尔逊干涉仪原理，属于（动态）时间调制干涉光谱成像仪，其目标干涉数据的获取是通过动镜的扫描形成不同光程差来完成，一个扫描周期内所有干涉图像帧序列的相同空间点数据即构成此点的干涉数据，以形成不同光程差。

这种光谱成像仪灵敏度高，光谱分辨率高，尤其适用于要求光谱谱段数几百至上千谱段的大气探测应用。但是动态干涉光谱成像仪要求高稳定度的精密动镜系统，且应用于太阳同步轨道平台很难实现高空间分辨率成像。

2）空间调制型

空间调制干涉光谱成像仪是在一个宽谱段光学成像系统中加入干涉仪实现的，它将点目标成像，一条光束经干涉仪后被平行地剪切成两束，在探测器上形成具有一维空间和一维光谱的干涉图，由仪器的推扫形成另一维空间。这种干涉方式回避了动镜的难题，但对于米级高空间分辨率的应用要求来说，其能量利用率仍显不足。

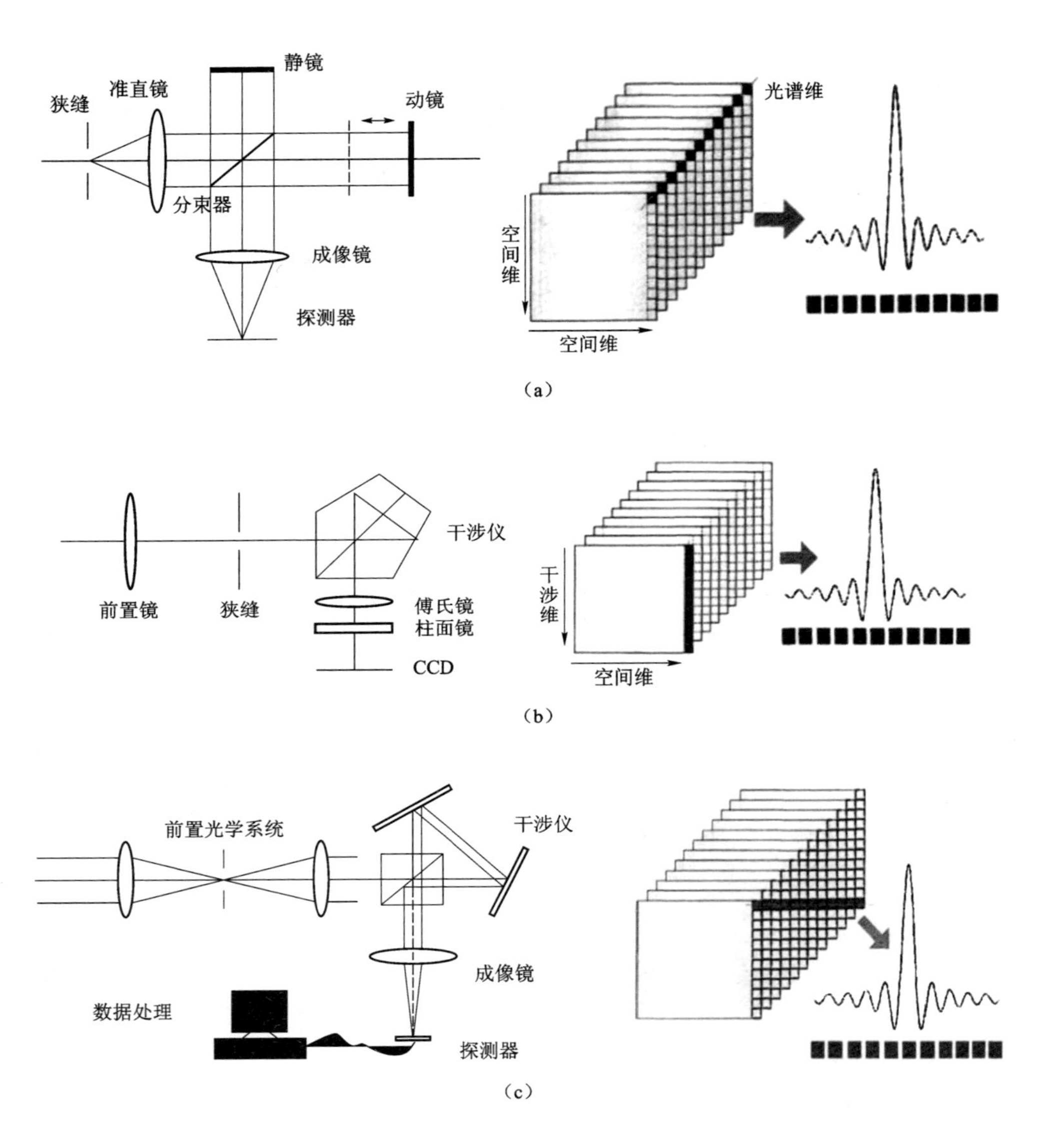

图 5-3　干涉型光学系统设计

(a) 时间调制干涉光谱成像仪原理图；(b) 空间调制干涉光谱成像仪原理图；(c) 时空联合调制干涉光谱成像仪原理图

3) 时空联合调制型

又称为大孔径静态干涉光谱成像仪，用视场光阑替代了狭缝，通过视场角的变化来调制光程差，要获得点目标的干涉数据，需要通过空间一维全视场推扫，得到不同物体在特定光程差时所形成的干涉条纹，通过空间一维推扫就可得到物体在不同光程差时所形成的干涉条纹信息。这种分光方式有极高的能量

利用率，充分保证了高的分辨率和信噪比的实现，适合高分辨率的对地遥感观测，是国内外正大力发展的傅里叶变换成像光谱仪。

5.4.4 谱段选择与配置

1. 谱段范围选择

光谱范围反映了星载高光谱成像仪可观测波段范围的能力，应依据观测需求确定，给出光谱覆盖范围、允差及带外响应的参考要求。考虑一般高光谱探测用途，确定该项指标范围应至少覆盖可见光近红外（0.4～0.9 μm）及短波红外波段（0.9～2.5 μm）；考虑未来高光谱成像仪全谱段的发展趋势，该项指标还可扩展至中波红外（3.0～5.0 μm）、长波红外波段（8.0～12.5 μm）。

2. 光谱分辨率和谱段分析

光谱分辨率指各谱段中心波长位置及波段带宽大小，反映了高光谱成像仪对光谱的探测能力。对于一般高光谱分辨率应用需求，可见光近红外谱段光谱分辨率为 5～10 nm，短波红外谱段光谱分辨率为 20～30 nm。光谱谱段数则直接反映星载高光谱成像仪对光谱细分的能力，可见光与短波红外各 60 个谱段能够满足一般民用和军用的主要任务需求。

对于干涉型高光谱成像仪，要实现一定的光谱分辨率，在光学系统设计时应计算干涉仪的横向剪切量及傅氏镜焦距。按式（5-1）计算干涉型高光谱成像仪的光谱分辨率：

$$\left.\begin{aligned}&\mathrm{DOPD}=\frac{d\cdot s}{f_{\mathrm{F}}}\\&L_{\mathrm{C}}=\mathrm{DOPD}\cdot N_{\mathrm{M}}\\&\delta\lambda_{\mathrm{i}}=\frac{1}{2\cdot L_{\mathrm{C}}\cdot\lambda_{\mathrm{i}}}\end{aligned}\right\}\tag{5-1}$$

式中，DOPD 为干涉型高光谱成像仪单个探测单元对应的光程差，d 为干涉仪的横向剪切量，s 为探测器尺寸，f_{F}为傅氏镜的焦距，L_{C} 为干涉型高光谱成像仪最大光程差，N_{M} 为干涉图最亮条纹到探测器边缘的像元数，λ_{i} 为指定的复原中心波长位置，$\delta\lambda_{\mathrm{i}}$ 为指定的复原中心波长对应的光谱分辨率。

从上式可以看出，干涉型高光谱成像仪的光谱分辨率不是均匀的，与波长位置相关，谱段数可根据光谱复原的结果确定。

5.4.5 探测器选择

根据推扫型高光谱遥感成像系统，需要同时获取空间维和光谱维的信息，一般采用面阵探测器获取目标图像信息。根据目前探测器研制的情况，从可见光延伸到红外必须采用两种，甚至多种类型的探测器获取不同谱段的地物信息。有的探测器为了宽谱段应用，也发展了从可见光拓展到紫外乃至近红外、中红外的 CCD 探测器。下面介绍可见近红外及短波红外两种典型的高光谱探测器。

1. 可见近红外探测器

可见近红外探测器包括 CCD 和 CMOS 两种。目前 CCD 探测器的规格从数百像元×数百像元发展到数千像元×数千像元，2 048×2 048 规格的硅 CCD 已商品化；探测器的帧频从数十发展到数百，例如美国 Sarnoff 公司生产的 CAM512×512 型探测器，其帧频可达 400～500 帧/s，512×1 024 型探测器帧频也可达 150 帧/s 左右。

为了改善 CCD 的探测灵敏度，从普通模式 CCD 之后又发展了电子倍增 CCD（EMCCD）以及背照式 CCD。当前，世界上只有少数厂家可以生产背照式 CCD，包括美国的 Sarnoff 公司和加拿大的 Dalsa 公司。美国 Sarnoff 公司是研制背照式 CCD 最早的厂家，工艺较为成熟。环境-1 卫星（HJ－1）所搭载的高光谱相机即采用了该公司的一种背照式 CCD，经过在轨飞行验证，表现很好。

世界上硅 CMOS 探测器技术也已十分成熟，采用硅 CMOS 探测器把可见、近红外波段成像光谱仪的光谱采样间隔分到 1～2 nm 并不困难。先进的德国 EnMap 高光谱成像仪可见近红外波段采用硅 CMOS 探测器，帧转移速度快，读出噪声小，是一款背照式、高度集成的探测器，光谱相应范围 420～1 000 nm。

2. 短波红外探测器

在短波红外高光谱成像仪上应用最多的是面阵碲镉汞（MCT）探测器。当前，大规模的焦平面探测器研制成功，并开始进入实用阶段。国外主要有两家公司：美国 Teledyne Scientific&Imaging 研制的 HAWAII－1RG 和法国 Sofradir 公司生产的 Saturn SW 1 000×256 及 Neptune SW－K508。德国 EnMap 卫星的短波红外探测器如图 5-4 所示，采用面阵碲镉汞（MCT）＋读出集成电路(ROIC)，量化效率 60%，光谱相应范围 900～2 450 nm，面阵大小 1 024×

256，其关键参数见表 5-4。当前，红外探测器因制冷需求，多与制冷机耦合集成安装。

图 5-4　EnMap 短波红外探测器及制冷机组件

表 5-4　EnMap 探测器关键参数

指标		VNIR	SWIR
探测器类型		CMOS	MCT +ROIC
读出电路		双 13 bit 量化 ADCs 增益	双转换增益 CTIA，8 像元模拟输出
读出模式		边推扫边曝光、无损读出选择、积分时间控制	边推扫边曝光、积分时间控制
积分时间控制/ms		0～4.3（电子快门控制）	
光谱范围/nm		420～1 000	900～2 450
外部量子效率		>80%@650 nm	>60%@全谱段范围
工作温度/K		294±0.2	150±0.025
探测器	尺寸/μm	24×24	24×32
	探元数	1 024×146	1 024×256
线性满阱容量		1Me^-	低增益 1.2Me^-，高增益 300 ke^-
系统读出造成		低增益 200 e^- rms，高增益 50 e^- rms，包括电子 CDS	低增益 290 e^- rms，高增益 140 e^- rms
非线性度		原始探测器数据小于 2%，数字校正后小于 0.2%	

面阵碲镉汞（MCT）红外探测器存在坏像元的固有属性，且因铟柱与材质为 Si 的读出电路及碲镉汞（MCT）材料分别连接，当器件经历多次冷热循环时受到热应力冲击，易造成连接结构发生脱离或断裂，从而导致感光电荷无法读出，出现坏像元增多的情况。因而，发展长寿命、高可靠性制冷机和进一步改进该类型面阵探测器工艺至关重要。

5.4.6 地面像元分辨率设计

星下点地面像元分辨率应根据探测任务确定，一般来说民用高光谱空间分辨率一般在 30 m 以上，军用对像元分辨率要求则更高。根据卫星轨道高度、探测器相邻光敏元中心间距（或像面上的采样间距）以及高光谱成像仪焦距，按公式（5-2）计算星下点地面像元分辨率。

$$\mathrm{GSD}=d_s \times H/f \tag{5-2}$$

式中，GSD 为星下点地面像元分辨率，d_s为探测器相邻光敏元中心间距，f 为光谱仪焦距，H 为卫星轨道高度。

5.4.7 成像幅宽设计与像元数确定

对于推扫体制的高光谱成像仪，其成像幅宽取决于光学设计的视场角和轨道高度，其星下点成像带宽可近似表示为：

$$W=2R_e\{\pi/2-\mathrm{FOV}\cdot\pi/360-\arccos[(R_e+H)\cdot R_e^{-1}\cdot\sin(\mathrm{FOV}\cdot\pi/360)]\} \tag{5-3}$$

式中，FOV 为视场角，R_e 为地球半径，H 为轨道高度。

根据成像幅宽与像元分辨率的大小，就可以得出所需要的像元数。此外，对于带有星上光谱定标设计的情形，还会占用一定像元数，如我国某资源卫星高光谱成像仪，在探测器阵列长度方向预留了 7～10 个像元用于光谱定标。

5.4.8 帧频分析

高光谱成像仪的帧频一般需在轨可调，以适应卫星在轨飞行的轨道高度和姿态机动指向成像范围的工作要求。通过仿真计算，确定出最高的轨道高度、最低的轨道高度对应的帧频，并留有一定的余量，给出其帧频范围。

$$\left.\begin{aligned}&T_i=V_g/(\Delta L/1\,000)\\&V_g=[(2\pi R_e/T)^2+(2\pi\cdot 86\,400^{-1}\cdot R_e\cos\Phi)^2-2(2\pi R_e)^2\cdot\\&\quad 86\,400^{-1}\cdot T^{-1}\cdot\cos\Phi\cdot\cos i]^{1/2}\end{aligned}\right\} \tag{5-4}$$

式中，T_i 为帧频，帧/s；V_g 为卫星运行时星下点相对于地面的移动速度，即星下点速度；R_e 为地球平均半径，一般取 6 371.3 km；ΔL 为地面像元分辨率；Φ 为设计参考纬度；T 为卫星轨道周期；i 为卫星轨道倾角。

按照 10 m 分辨率来计算，帧频约为 705 帧/s，按照 20 m 分辨率来计算，帧

频约为 352 帧/s。轨道高度在 460～568 km 范围内时，对应的等效地速为 6.95～7.07 km/s；可见光光谱仪对应的地面像元分辨率为 9.9～11.36 m；红外光谱仪对应的地面像元分辨率为 19.8～22.72 m；故可见光对应帧频为 612～713 帧/s，红外对应帧频为 310～356 帧/s。如采用并行采样技术，帧频降低一半，红外帧频可降为 155～178 帧/s。

可见光探测器最高帧频可达到 1 000 帧/s，综合考虑卫星在轨各种轨道高度变化、姿态机动等极端情况和设计余量，可见光光谱仪帧频范围可设计在 350～750 帧/s，且在轨帧频可调。红外探测器帧频一般不超过 200 帧/s，采用并行采样技术，可降低帧频要求，将红外帧频与可见光帧频保持 1∶4 的关系。综合考虑卫星在轨各种轨道高度变化、姿态机动等极端情况和设计余量，可见光光谱仪帧频范围可设计在 100～180 帧/s，且在轨帧频可调。

5.4.9　在轨动态调制传递函数评价

高光谱成像仪通过面阵探测器推扫得到“图谱合一”的图像，对于色散型光谱仪直接获得的是分光后的数据立方体，对选定波段的影像进行在轨 MTF 的测试与传统的 TDICCD 可见光图像是一致的。

对于时空联合调制的高光谱成像仪，一帧图像可获得带干涉信息的二维空间干涉图像，连续干涉图像通过光谱仪压缩编码器提取后，组成某一地物不同光程差的变换后的干涉图像，最终通过数传下发至地面。由于其成像原理的特殊性，干涉型的高光谱成像仪在轨 MTF 的评价，需要在实验室和在轨实测时将干涉图像重新组帧成带有“图”信息的图像后再对其进行评价。

5.4.10　动态范围和信噪比评价

各类成像光谱仪信噪比指标通常根据本仪器实际应用要求提出，对不同观测应用，如海洋、陆地等，其信噪比考核指标差异很大。如对于陆地观测，由于动态范围高于海洋观测成像光谱仪，所以信噪比略有降低，而 NEMO 卫星 COIS 海洋成像光谱仪，可见光谱段在地面像元分辨率 30 m 的条件下信噪比可达到 200∶1，由于该光谱仪主要用于海洋观测，观测目标相对单一，因此对动态范围的要求较低。美国的 EO-1 卫星 Hyperion 成像光谱仪，在地面像元分辨率为 30 m、谱段为 550～700 nm、目标反射率为 0.3、太阳高度角为 30°的条件下信噪比为（140～190）∶1。

由此可见，目前国际上并没有统一的信噪比指标评价标准，国外成像光谱

仪的信噪比多是在较窄谱段范围，甚至单谱段内具有较高入瞳辐亮度的条件下进行考核，如德国 EnMap 高光谱卫星，其成像光谱仪的地面像元分辨率为 30 m，信噪比的评价在可见光谱段仅对 495 nm 单个谱段进行考核，考核点为目标反射率 0.3、太阳高度角 60°，信噪比指标为 500：1。

对于高分辨率高光谱遥感卫星来说，在 450～900 nm、900～25 000 nm 全谱段范围内进行平均信噪比考核，考核条件则更为苛刻。一个高性能的高光谱遥感系统设计的关键是针对不同的地物目标，具备不同的动态范围，自适应地获得该目标的高信噪比光谱图像。随着星上处理技术的发展，我国也有望在将来实现不同光谱谱段的选择、合并或丢弃，以实现依据需求对典型光谱目标的“定制”式拍摄。

5.4.11　压缩算法及压缩比设置

随着高光谱图像的空间和光谱分辨率的不断提高，高光谱图像本身的数据量也成倍增长，如一幅 AVIRIS 614×512×224 高光谱图像，其二维的空间像元为 614×512，共有 224 个波段，假如每个空间像素的灰度用 16 bit 来表示，则这样一幅高光谱图像数据就需要占用 140 MB 的存储空间。可见，高光谱图像存储的数据量相对一般的可见光遥感数据是惊人的。因而，对于高分辨率高光谱遥感系统，需要考虑星上的数据压缩设计，并重点考查数据压缩后光谱特性的保持。

对于时空联合调制干涉型高光谱成像仪，其获取的原始图像如图 5-5（a）所示，压缩前将其通过抽帧重排变换，则能将空间冗余信息和谱间的冗余信息进行相互转换。图 5-5（b）所示为只含有图像信息的二维影像，图 5-5（c）仅含干

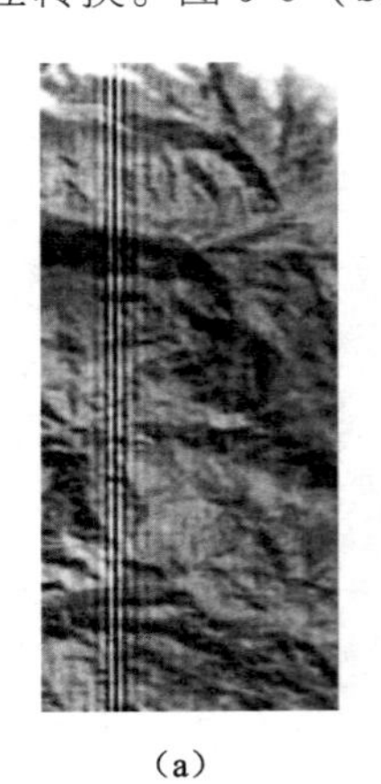

（a）

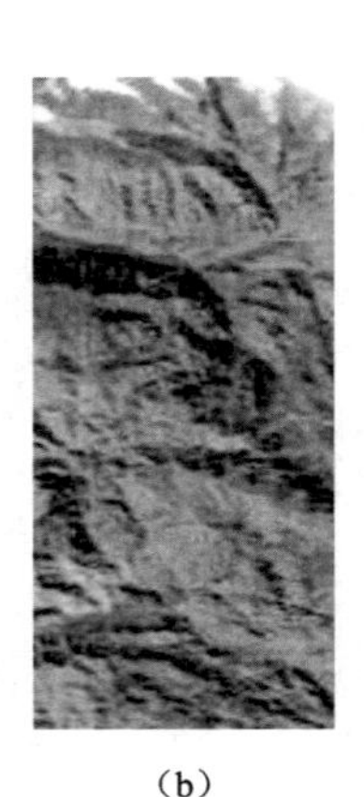

（b）

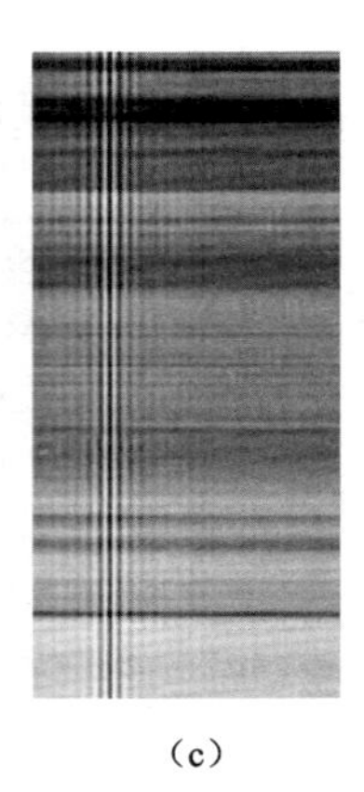

（c）

图 5-5　不同编排格式下的干涉式高光谱图像

（a）一帧时空联合调制干涉图；（b）传统二维光学图像；（c）变换格式后的空间调制干涉图

涉信息的条纹信息。从图中比较可以看出，图 5-5（c）较为平滑，压缩性能较好，在对时空联合调制干涉图进行 JPEG2000 压缩前，应先将图像 5-5（a）抽取成图 5-5（c）空间调制干涉图的形式，然后进行压缩，提高压缩性能。

当高倍率压缩时，可实现星上实时压缩与数据下传，但是考虑高光谱数据图谱合一的特殊性质，当采用高倍率压缩时，往往对数据的信噪比和光谱质量产生一定的损失，由表 5-5 可知，不同压缩比对谱段平均信噪比产生不同的影响。

表 5-5　压缩比对复原后谱段平均信噪比影响软件处理仿真结果

（相对不压缩情况的归一化结果）

项目	可见光光谱仪			红外光谱仪		
压缩比	不压缩	5.7∶1	8∶1	不压缩	2.5∶1	8∶1
平均信噪比/%	100	91.6	87	100	78.6	46.8

原则上，卫星总体应该联合载荷研制单位、用户方开展压缩方式、压缩比、压缩失真、误码传递、压缩评价图源选择、成像质量各方面评估确定压缩方案；在卫星研制期间开展评估，对压缩方案的实施结果进行评定，并形成改进措施。此外，光谱仪压缩编码器与数传系统除了传输压缩后的图像数据外，还需要发送工程辅助数据。工程辅助数据包含整星辅助数据和分系统工作参数。

5.4.12　谱段配准精度

无论是色散型还是干涉型的高光谱成像仪，对单个探测器的高光谱成像仪，某像元某空间维位置所有谱段的信息是由同一像元获得的，因此单个探测器之间不存在谱段失配问题。但对于采用多台高光谱成像仪实现不同高光谱谱段成像的，则需要精确地获取两光谱仪的对地指向（内方位元素），同时星上采用高精度的光机热一体化设计，保证其在轨指向的稳定性，以在地面实现谱段间的精确配准。当前，越来越多的高光谱成像仪采用共光路的设计，可大大减小谱段配准的难度。

5.4.13　姿态稳定度、偏流角控制精度对复原精度的影响

对于干涉型高光谱成像仪，由于其“谱”的信息是分时获取的，因而对平台姿态的要求较高。

1. 姿态稳定度

由于高光谱成像仪采用沿飞行方向连续多帧采样后才能得到一个地物的完整谱段的干涉图像，通过地面反演得到每个谱段的光谱复原曲线。因此在连续多次对同一地物的推扫成像过程中姿态不稳定将造成相邻像元的干涉信息被混叠进来，对该地物的光谱复原精度产生一定影响。

以采用 180×1 024 大小探测器的干涉型光谱仪为例，当姿态稳定度为 1×10^{-3}°/s 时，完成 180 行推扫产生的位移约为 0.21 个像元，光谱复原仿真结果表明，光谱的幅度复原精度相对下降约 7%。当稳定度为 5×10^{-4}°/s 时，产生位移偏差约为 0.1 个像元，光谱的幅度复原精度相对下降约 3%。可见，卫星姿态稳定度对光谱复原幅度有较大的影响，影响其定量应用。但对其光谱的相似性、相关性影响较小，对目标定性分析应用，如分类、识别等，影响不大。

2. 卫星偏流角控制精度

偏流角控制精度对高光谱成像仪的光谱复原精度影响很大，特别是时空联合调制型干涉成像光谱仪。其特点是每一帧数据既包含两维的空间信息，也包含一维的干涉光谱信息，由于成像原理的特殊性，要获得目标的完整干涉图，必须对目标进行连续推扫成像，在获取的连续帧数据中相同地物点的对应关系是固定的，但由于偏流角控制精度的影响，导致高光谱成像仪在全视场连续推扫成像过程中，对应的地物目标发生横向偏移，对光谱复原精度产生影响。如，采用基于 180×1 024 探测器的干涉型光谱仪，当卫星偏流角控制精度为 0.05°时，横向偏移为 0.16 像元，对复原后的光谱曲线的波形平均相对偏差可控制在 3%左右。

5.4.14 大角度运动补偿设计

随着高光谱成像系统的空间分辨率要求越来越高，能量不足的问题凸显。采用“延时成像”的运动补偿是一种常见的设计方式，即通过高光谱载荷的摆镜回扫（如天宫一号目标飞行器）或整星姿态回扫（如 TacSat-3 卫星）的方式，减慢高光谱传感器相对地面地物的成像速度，以弥补其能量的不足。通常，根据能量不足的情况，具有 2～8 倍的补偿设置。运动补偿模式的动作过程如图 5-6 所示，即：成像前需根据成像任务进行姿态机动，建立初始侧摆角和主动回扫姿态角速度；设置成像参数并进行成像、记录和传输；成像结束后，姿态回零或按完成下个任务的姿态机动。

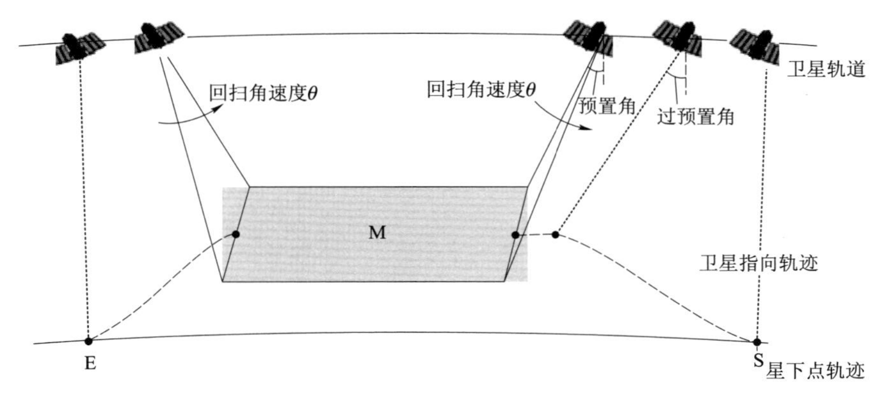

图 5-6　运动补偿模式的动作过程

无论是摆镜回扫还是整星姿态回扫，都需要解决如下问题：

（1）补偿速度的稳定度要求高：为了适应于高光谱成像仪在“回扫补偿动中成像”，保证高 MTF 成像、多谱段光谱精确匹配成像等任务要求，对补偿速度的稳定度要求很高。对于整星回扫补偿成像方式，则要求卫星回扫补偿过程的姿态运动速度的波动很小。

（2）补偿指向测量与控制精度要求高：对于主动回扫补偿成像模式，需要采用高动态的星敏感器或高精度的摆镜指向测量设备，以匹配其高精度的成像指向控制。

（3）卫星敏捷能力要求高：由于回扫补偿成像，极大影响了高光谱成像系统“拉长条带”的应用模式，因而比较适合于“点目标”成像的卫星。但为了一轨之内尽可能多地获取地面目标信息，需要卫星具备快速、灵巧的敏捷机动能力。

5.4.15　高精度力/热稳定性设计

卫星在轨大角度频繁姿态机动成像，由于热环境的变化导致高光谱成像仪及其安装结构产生热应力和热变形，对光学系统的光轴指向、几何匹配造成影响，最终影响成像质量，力/热稳定性设计对在轨成像质量保证极为重要。

高分辨率高光谱卫星通过载荷-平台机热一体化设计，采用高稳定的力/热结构保证技术和高精度主动控温技术，保证光谱仪在轨具有高稳定的力/热环境，同时设置应力释放环节，消除内应力的影响。

5.5 高分辨率干涉型成像光谱仪方案描述

时空联合调制的干涉型光谱仪是近年来新发展起来的干涉型成像光谱仪。这种形式具有较高的能量利用率，可实现高的分辨率和信噪比。该系统的特点是采用无狭缝型的大孔径光学系统，并在干涉光路中放置一个横向剪切干涉仪。

5.5.1 系统设计约束分析

系统设计需要考虑来自于任务层面、工程大系统层面及卫星总体层面的多种约束，性能指标也需要从上至下进行分解。

1. 任务层面约束

任务层面的约束主要是从探测任务及应用需求出发，结合卫星运行轨道，规定了高光谱成像仪的探测谱段、光谱分辨率、地面像元分辨率及幅宽等顶层指标；同时通过星地一体化的设计，给出满足应用需求的关键成像指标，如在轨动态调制传递函数、谱段平均信噪比等。

对于高光谱遥感卫星系统，与可见光遥感卫星系统类似，需要考虑太阳高度角影响，其卫星运行轨道通常选择太阳同步轨道。考虑到太阳照射条件对

春、夏、秋、冬应用能力需求，降交点地方时通常选择在上午10:30或下午1:30的轨道，轨道高度一般在450～800 km范围内。根据我国某资源卫星的应用需求，要求在可见光近红外0.45～0.9 μm、短波红外0.9～2.5 μm光谱段范围内地球表面景物的图像和干涉信息，可见光近红外谱段地面像元分辨率10 m，谱段数60个；短波红外地面像元分辨率20 m，谱段数60个，成像带宽10 km，可对中尺度目标进行高光谱成像探测。为保证成像质量，在轨动态调制传递函数一般要求优于0.1，可见近红外谱段平均信噪比优于70，短波红外谱段平均信噪比优于150，量化位数为12 bit。

2. 工程大系统设计约束

为保证高光谱数据地面反演精度及定量化应用效果，要求高光谱成像仪的在轨图像满足绝对辐射定标精度优于7%，相对辐射定标精度优于5%。同时为了在轨监测高光谱成像仪光谱质量的稳定性，要求相对光谱定标精度优于2 nm。高光谱成像仪需要接收星上总线广播的辅助数据，并将辅助数据、高光谱图像数据进行统一编排，发送至地面应用系统。

高光谱短波红外探测器需要在低温下工作，对于受寿命制约无法在轨常开制冷机的红外高光谱成像仪，在其每次成像前需要提前开启制冷机，对短波红外探测器焦面制冷至规定的低温。

3. 卫星总体设计约束

为了保证高光谱成像仪的在轨性能、可靠性以及分系统间的接口匹配性，卫星总体对高光谱成像仪系统提出设计约束。

按照谱段的不同，高光谱成像仪设计为两台光谱仪，为了保证在轨动态成像质量，要求高光谱成像仪静态传函均优于0.2，信噪比满足可见光近红外光谱仪优于70∶1，短波红外光谱仪优于150∶1。

考虑数传传输速率，要求对高光谱成像仪数据进行压缩，但高光谱数据不同于可见光数据，对大压缩比较为敏感，信噪比损失较大，一般以2.5∶1进行压缩。

5.5.2　系统配置与拓扑结构

高光谱成像仪由可见光光谱仪主体、红外光谱仪主体、可见光光谱仪信号处理器、红外光谱仪信号处理器、光谱仪控制器、光谱仪压缩编码器等六部分组成。其原理图如图5-7所示，其中光谱仪主体将地物目标波段的图谱信息转换为电信号；光谱仪信号处理单元将获得的电信号转换为数字化电信号；压缩编码器将获得的数字化信号进行压缩编码并输出给数传分系统；光谱仪供配电及管理控制单元主要完成供电、控制等功能。

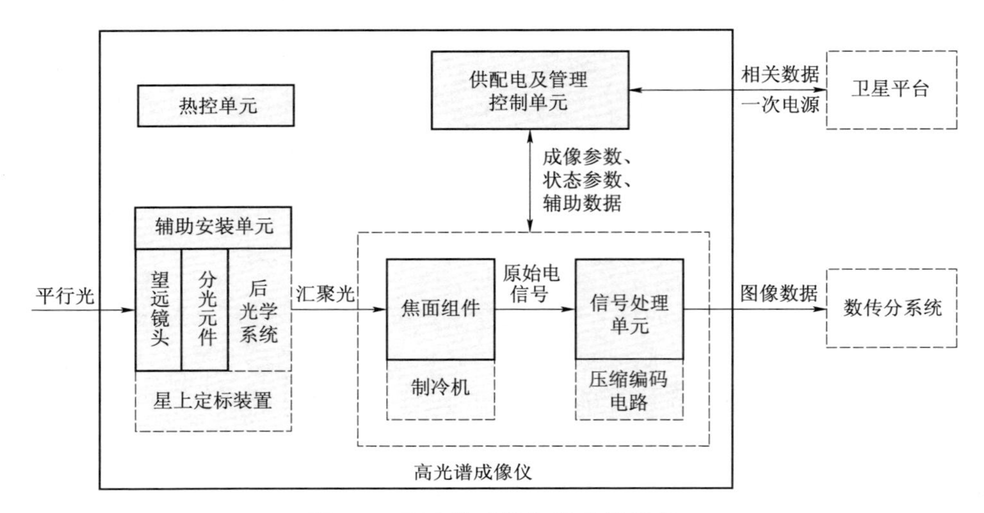

图 5-7　高光谱成像仪组成示意图

5.5.3　工作模式设计

高光谱成像仪具有以下工作模式：待机模式，即成像仪不工作，只有热控元件在载荷控温仪控制下处于长期工作。成像模式，即成像仪每轨具备多次开机获取可见光近红外和短波红外光谱图像的能力，每轨累计最长成像时间不超过 15 min。光谱定标模式，即在遥控指令控制下，进入星上光谱定标模式；光谱定标在卫星进入阴影区进行，用以完成光谱位置精度的标定和监测系统短期的变化。

5.5.4　光机系统设计

高光谱成像仪主体光学系统在组成上分成三部分：望远系统（由前置镜和准直镜组成，作为整个光学系统的前组系统）；干涉仪（放置在平行光路中）；傅里叶镜（为整个光学系统的后组系统）。

1. 可见光光谱仪光学系统设计

为使整个系统的结构紧凑、重量减轻，可见光光谱仪将采用小型实体

Sagnac 干涉仪，如图 5-8 所示。对于 F 数 6 左右的光谱仪，其光学系统 MTF 一般可实现优于 0.65。

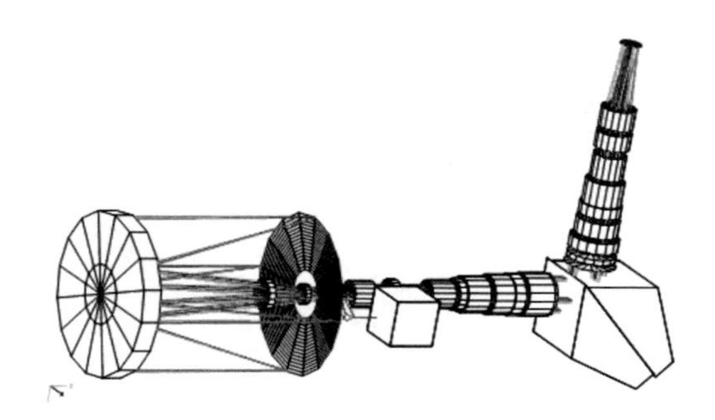

图 5-8　可见光光谱仪光学系统图

2. 红外光谱仪光学系统设计

红外光谱仪采用小型分体 Sagnac 干涉仪。光学系统由前置镜、准直镜、干涉仪及傅里叶镜串接而成，前置镜一次像面的侧面放置定标组件，如图 5-9 所示。

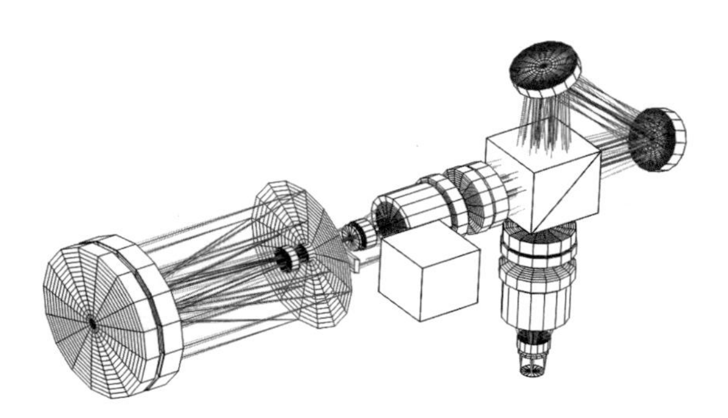

图 5-9　红外光谱仪光学系统结构示意图

3. 光机结构设计

可见光光谱仪和红外光谱仪采用相同的技术原理，光机系统可划分为前置镜组件、准直镜组件、干涉仪组件、傅里叶镜组件、焦面组件、定标组件和箱体等几个部分。可见光光谱仪主体和红外光谱仪主体作为各自独立的设备，可分别完成各自的功能，也可通过控制器进行同步控制。两台设备通过箱体互相连接，组成高光谱成像仪组合体，满足光轴的配准要求。组合体作为一个刚性整体安装在卫星载荷舱内，组合体如图 5-10 所示。

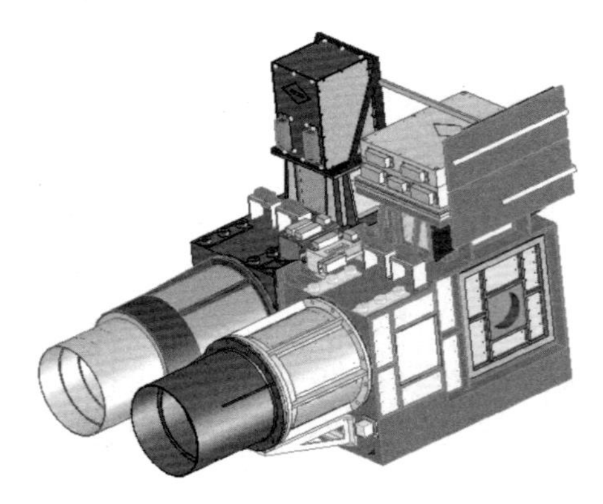

图 5-10　高光谱成像仪组合体外观轮廓图

5.5.5　电子系统设计

高光谱成像仪电子系统主要包括可见光光谱仪成像电路（可见光光谱仪焦面组件和信号处理器）、红外光谱仪成像电路（红外光谱仪焦面组件和信号处理器）、光压缩编码器和控制器等。其主要功能包括光谱仪遥控遥测管理、成像参数设置与控制（帧频、视频信号增益等设置）、一次/二次电源配电、成像电路的供电/驱动/视频信号处理、图像压缩、星上定标控制和制冷机控制等。

5.5.6　星上定标设计

根据时空联合调制型高光谱成像仪成像特点，光谱的谱线位置由横向剪切干涉仪的剪切量和傅里叶的焦距来确定，因此确定在一次像面位置引入具有特征吸收峰的定标光源的方式来实现星上光谱定标。此方案可实现系统部分口径和光谱方向全视场定标的功能。

星上定标装置如图 5-11 所示，在实验室测量并复原得到两吸收峰位置 λ_{N1} 和 λ_{H1}，作为比对基准。卫星发射升空后，重复上述过程，得到两吸收峰位置 λ_{N2} 和 λ_{H2}。$\Delta\lambda_N=\lambda_{N2}-\lambda_{N1}$ 和 $\Delta\lambda_H=\lambda_{H2}-\lambda_{H1}$ 即为星上光谱位置和实验室测试结果的差值。

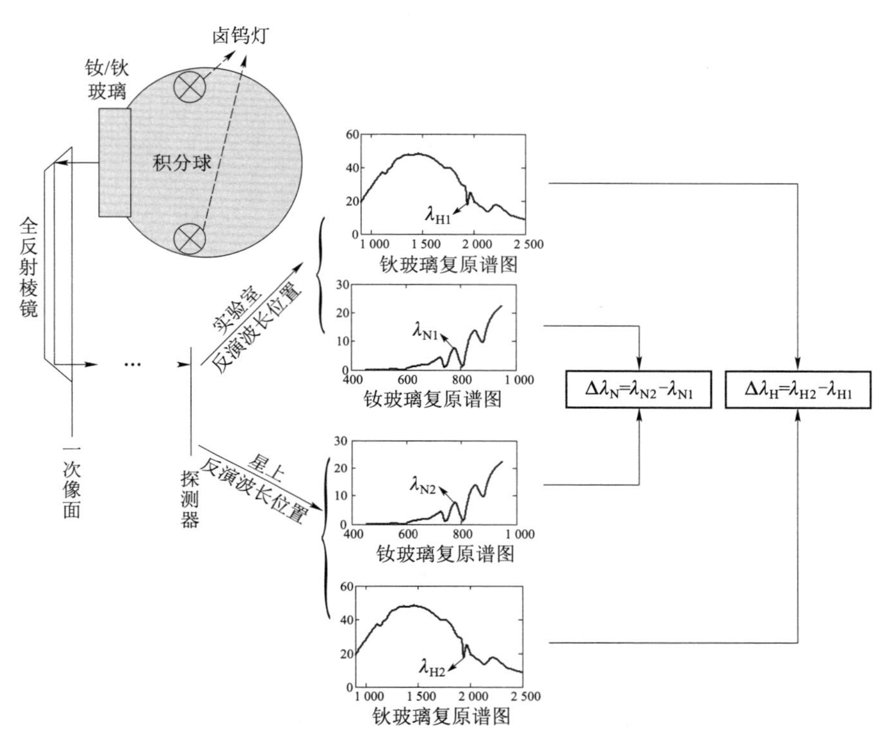

图 5-11　星上定标示意图

5.6 卫星在轨成像模式设计

与传统的可见光遥感系统不同，高光谱成像系统的成像模式设计约束较多，往往受能量、观测效率、应用模式等因素影响，其成像模式设计则需考虑多种影响因素之间的平衡。

5.6.1 能量分析

由于高光谱成像系统对谱段进行细分和高空间分辨率应用需求，更凸显了其能量不足的问题，直接影响高光谱成像系统的信噪比、MTF等系统性能。为解决这个问题，国内外普遍采用整星姿态“慢扫”模式，延长对目标的观测时间。因而，高光谱成像系统的典型成像模式即为“回扫动中成像”。

5.6.2 观测效率分析

对于灾害应用来说，观测效率直接影响了高光谱成像系统对救灾的支持能力，因而需要卫星平台提供高敏捷、高机动能力整星指向快速转动能力，这点与可见光成像系统是一致的。但对于空间分辨率较高的高光谱成像系统，需要兼顾对能量的运动补偿，所以其敏捷模式均在“动中成像”的条件下进行，增

加了成像控制的难度。

5.6.3　应用模式分析

高光谱成像系统的应用模式根据应用需求的不同而有不同的侧重，例如对于浅海观测模式，高光谱成像系统需要考虑非沿迹模式；对于需要重点采集其光谱特性的点目标，高光谱成像系统则需要考虑获取多角度的高光谱数据，通过敏捷控制对目标进行多角度的观测。

5.6.4　在轨成像模式设计

对于需要进行主动姿态回扫成像的高光谱卫星来说，多倍速的运动补偿大大制约了卫星在轨成像效能。综合考虑高光谱成像仪的成像能力、卫星姿态机动能力及其卫星回扫补偿成像特性等因素，在满足在轨信噪比、非沿迹和多角度成像等任务要求的前提下，设计了整星三类高光谱成像工作模式，即单轨多点多目标成像、非沿迹条带成像和同轨多角度成像。

1. 单轨多点多目标成像

该模式利用卫星的快速姿态机动能力，通过快速侧摆对分散的目标进行成像。这种成像模式主要针对在一轨内距离沿迹方向较近且指向位置不同的多个成像目标进行侦察，除了要求卫星在俯仰方向具有较高的快速姿态机动能力以外，还要求卫星能够进行频繁侧摆机动，以保证多个目标成像任务的快速完成。对突发性灾区，快速观测任务最适合采用该种成像模式。

2. 非沿迹条带成像

卫星采用主动回扫成像方式，实现对某一非沿迹条带目标的扫描成像。该模式旨在快速获取某一条带区域图像，提高卫星对海岸、边境、公路、铁路等关注目标的成像效率。

3. 同轨多角度成像

卫星通过快速姿态机动调整相机指向，并结合姿态机动建立反向扫描速度，实现对点目标或条带目标连续进行多次不同角度的成像。与被动式同轨多角度成像模式相比，本模式在沿迹逆向回扫时，获取的图像中卫星的观测角度是不固定的。

5.7 卫星在轨动态成像质量设计与分析

与可见光相机一样，高光谱成像仪的在轨动态成像质量也包括了在轨动态MTF、信噪比、动态范围及几何定位精度等。本节以时空联合调制的干涉型高光谱成像仪在轨典型应用为例，着重解释高光谱成像仪的在轨动态成像质量的设计分析过程。

5.7.1 在轨动态 MTF 分析

在轨成像系统 MTF 是将整个成像链路系统看作空间频率的线性系统，高光谱成像系统虽然采用面阵探测器，但无论是对于色散型还是干涉型，其本质仍是通过推扫逐行获取每个空间“线阵”的图像信息，因而对于某个谱段来说，高光谱类似于一个“单线阵 CCD 系统”。

影响高光谱在轨动态 MTF 的环境与可见光遥感系统的类似，包括大气、相机（光学系统、光学安装、探测器和电路等）、推扫、偏流角修正误差、姿态稳定度、帧频设置误差、颤振、杂光、热/力学等。

1. 光谱仪静态 MTF

高光谱成像仪为了保证能量，一般采用较小 F 数的光学系统，全视场的光

学系统 MTF 一般可达到 0.6 以上。对于小口径光学零件加工装配造成的影响因子约为 0.85；可见光探测器的 MTF≥0.4，红外探测器 MTF 为理论值 0.5，成像处理电路的 MTF 取 0.95，根据光谱仪静态传函计算公式 $MTF_{静态}=MTF_{光学}\times MTF_{加工装调}\times MTF_{CCD}\times MTF_{电子学}$ 估计，全系统静态 $MTF_{可见光}$ 平均值可超过 0.22。

除了对静态 MTF 进行理论计算，在高光谱研制阶段，还需要在实验室对高光谱的静态 MTF 进行实测，测试采用条纹靶标测试法。将满足探测器奈奎斯特频率的条纹靶标置于平行光管焦面位置，使靶标出射平行光正常成像于光谱仪探测器焦面处，并且每一条纹位于一列像元内。测试例图见图 5-12 所示。

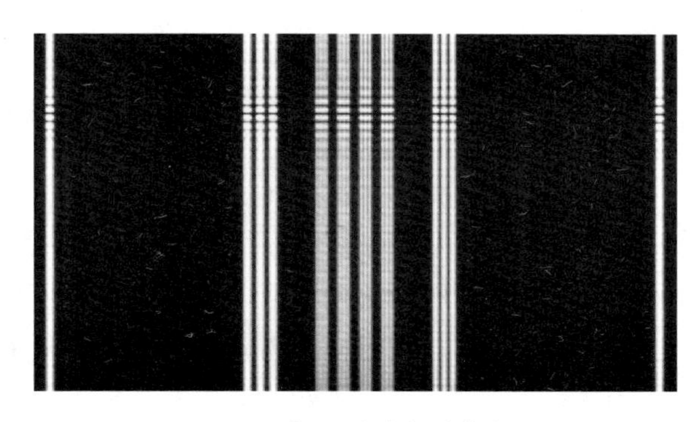

图 5-12　传函测试条纹靶标图

通过测试奈奎斯特频率下的明暗条纹的灰度值 DN_{max}、DN_{min}，计算图像的 MTF，计算公式如下：

$$MTF=\frac{\pi}{4}\cdot\frac{DN_{max}-DN_{min}}{DN_{max}+DN_{min}-2DN_{b}} \tag{5-5}$$

式中，DN_b 为 CCD 背景暗电流。根据实际工程研制经验，小 F 数的高光谱成像仪的静态 MTF 可实现 0.3 左右。

2. 大气对系统 MTF 的影响

对于工作谱段 0.45～2.50 μm 的高光谱成像仪，光谱仪通过大气成像时，目标的反射光信号受到大气光学特性的影响会造成一定程度的图像模糊，这主要由大气湍流和气溶胶的散射和吸收所造成，此环节影响为外部不可控环节。根据地面实测数据，基于反衬度的大气传递衰减模型计算，采用 20∶1 的地面靶标测试时，$M_{目标}\times M_{大气}=0.84$。卫星在轨成像测试时需对当地大气条件进行定量实测给出大气对 MTF 的影响。

3. 推扫运动对 MTF 的影响

面阵 CCD 与普通线阵一样，在飞行方向存在一个固有的由于推扫造成的下降因子。成像仪采用的器件填充因子为 1，按标准奈奎斯特频率采样造成的 MTF 下降因子为：

$$
\begin{aligned}
&\mathrm{MTF}_{\text{推扫}} = \sin c(\pi S v_{\mathrm{n}}) \\
&S = V \cdot t_{\mathrm{int}} \\
&V = \frac{V_{\mathrm{g}} \cdot f}{H}
\end{aligned}
\tag{5-6}
$$

式中，S 为在积分时间内由于卫星运动导致目标在像面产生的像移量；v_{n} 为截止频率 $\left(\frac{1}{2d}, d \text{ 为像元尺寸}\right)$；$V$ 为像移速度；t_{int} 为积分时间；V_{g} 为星下点速度；f 为焦距；H 为卫星轨道高度。对于轨道高度为 500 km、焦距 750 mm 的情形，推扫运动对 MTF 的影响约为 0.637。

4. 偏流角对 MTF 的影响

对于干涉型的高光谱，其采用的面阵探测器获取同一地物的不同光谱信息，偏流角效应对其的影响与可见光 TDICCD 是相类似的。偏流角修正是控制星体在偏航轴不变的前提下，改变卫星滚动轴的方向，以消除卫星与被摄目标点的相对运动方向在星体俯仰轴上的分量，如图 5-13 所示，其结果就是使探测器的法线方向与被摄地面景物的运动方向重合，保证在一次曝光时间内图像位移不影响 MTF，同时要保证同一地面景物在连续多行生成的干涉信息不发生横向位移，保证光谱复原质量。

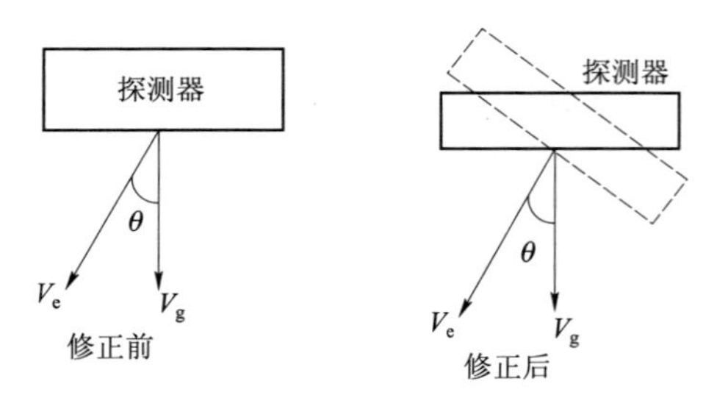

图 5-13 偏流角修正示意图

偏流角修正精度为 0.05°时，对于 180×1 024 探测器的高光谱成像仪，在一帧图像的成像时间内，偏流角使像点产生的横向位移为 0.000 8 个像元，对 MTF 影响很小。然而，在连续多帧干涉图像对同一地物提取干涉信息时，180

帧图像提取LAMIS景物差为0.14像元，需通过地面校正消除其影响，保证光谱复原质量。可见，偏流角修正精度对180帧图像提取LAMIS景物差控制和光谱复原精度存在较大影响。

5. 姿态稳定度对MTF的影响

与TDICCD类似，姿态稳定度也会对干涉型高光谱影像产生累积的影响。一般来说，高光谱成像仪工作帧频远高于控制系统姿态低频变化。因此根据推扫成像理论，低频姿态的漂移在相对很短的积分时间之内可以认为是一种单边线性运动，相同振幅下线性运动对成像质量的影响要比高频振动小得多。

姿态稳定度对高光谱的MTF影响与可见光相机类似，不同的是，可见光相机受“TDI”影响，而干涉型高光谱图像需要通过推扫获得同一地物不同光程差的干涉图，也需要考虑多行扫描的累积影响。当卫星姿态稳定度达到1.0×10^{-3}°/s时，MTF相对下降程度很小，为MTF＝0.99。

6. 帧频误差对MTF的影响

影响星上帧频数据精度的有以下几种误差：

（1）成像仪焦距确定误差$\frac{\Delta f}{f}$，要求其精度$\frac{\Delta f}{f}$小于1%；

（2）CCD尺寸误差$\frac{\Delta d}{d}$（可以忽略）；

（3）GPS速高比精度误差，通过GPS子系统速高比计算精度分析，其误差主要取决于数字高程图的精度，可以实现小于3‰；

（4）积分时间量化误差，将速高比数据转化为帧频数据后，其量化误差最大为0.02 Hz，相对最低帧频380 Hz的误差量为0.05‰；

（5）数据传输路径的时间延迟误差，根据卫星轨道仿真器输出的连续多圈帧频变化情况统计，其相邻两次帧频的跳变量非常缓慢，约为23 s，当存在4～5 s的帧频时间延迟时，成像仪帧频设置误差只有约0.9‰。

综上，星上帧频生成链路的最大误差为不超过1.5%，对高光谱成像仪传函影响为$\text{MTF}_{帧频}$＝0.98。

7. 整星颤振对MTF的影响

在高光谱成像仪成像帧频时间内，若存在星体高频颤振，则会对高光谱成像仪的在轨MTF产生一定影响。一般情况下，光谱仪工作频带以上的颤振幅度要求控制在0.1个像元以内，MTF下降4.8%，对成像质量影响较小，该要求对分辨率为10 m量级的光谱仪实现难度不大，但随着分辨率提高，难度会加大。

8. 杂光对MTF的影响

地面MTF测试时由于采用的都是点光源信号，与在轨成像时地物面光源不同，视场外的光存在一定影响。成像仪采取消杂光设计后，按照设计要求可见光光谱仪和红外光谱仪杂光均不应大于$G=5\%$，MTF下降因子为0.98。

9. 热/力学对MTF的影响

光谱仪光机结构系统在轨运行时必然受到空间环境的影响，与地面实验室环境存在较大差异，其最主要影响因素是发射主动段力学环境、微重力环境、在轨热环境以及在轨材料应力释放等因素，引起光学系统焦面离焦，进而导致MTF下降。这些因素在轨的表现形式和相互影响关系较为复杂，主要通过地面仿真分析、地面力学和热真空试验验证，给出其影响关系。对于分辨率10 m量级的高光谱成像仪，通常不设置调焦功能，因此其热/力稳定性对光谱仪成像质量至关重要，MTF影响因子控制在0.75以上。对于更高分辨率的光谱仪，则可能需要设置调焦功能，可更好适应在轨热/力学变化影响。

10. 在轨动态MTF综合分析

高光谱遥感卫星系统在轨动态MTF同样以奈奎斯特频率处的MTF为评价准则。针对某资源卫星的典型应用，由于光谱仪采用面阵-线阵推扫成像体制，尽管其分辨率不高，卫星在轨偏流角控制精度、卫星稳定度和星上颤阵对在轨成像质量仍存在较大的影响。由于卫星推扫运动、帧频误差仅在沿轨方向引起MTF的退化，而偏流角修正误差仅在垂轨方向引起MTF的退化，因此，需要对沿轨、垂轨的MTF分别进行预估计算。在轨动态MTF与各环节MTF影响因子的计算关系如下。

飞行方向的系统MTF可表示为：

$$\begin{aligned}\mathrm{MTF}_{总飞行}(v_n)=&\mathrm{MTF}_{目标}\times\mathrm{MTF}_{大气}\times\mathrm{MTF}_{相机}(v_n)\times\mathrm{MTF}_{推扫}\times\mathrm{MTF}_{偏流}\times\\&\mathrm{MTF}_{姿态稳定度}\times\mathrm{MTF}_{帧频}\times\mathrm{MTF}_{颤振}\times\mathrm{MTF}_{杂光}\times\mathrm{MTF}_{热/力学}\end{aligned}\tag{5-7}$$

垂直于飞行方向的系统MTF为：

$$\mathrm{MTF}_{总垂直}(v_n)=\mathrm{MTF}_{目标}\times\mathrm{MTF}_{大气}\times\mathrm{MTF}_{相机}(v_n)\times\mathrm{MTF}_{偏流}\times$$

$$\times \mathrm{MTF}_{\text{姿态稳定度}} \times \mathrm{MTF}_{\text{帧频}} \times \mathrm{MTF}_{\text{颤振}} \times \mathrm{MTF}_{\text{杂光}} \times \mathrm{MTF}_{\text{热/力学}} \tag{5-8}$$

卫星在轨 MTF 统计结果为：

$$\mathrm{MTF}_{\text{在轨}}(v_n) = [\mathrm{MTF}_{\text{总飞行}}(v_n) \times \mathrm{MTF}_{\text{总垂直}}(v_n)]^{1/2} \tag{5-9}$$

以本章前述的各环节示例为基础，对在轨动态 MTF 进行系统分析，分析结果详见表 5-6。可以看出，对于高光谱成像遥感卫星，除光谱仪自身特性外，卫星运动推扫、热/力稳定性、颤振和帧频控制精度等影响因素对卫星在轨动态 MTF 影响较大，也是卫星总体设计的关键。与高分辨率可见光相机不同，由于光谱仪没有调焦功能，其热/力稳定性至关重要，确保光谱仪在轨离焦量控制在要求范围内。

表 5-6　在轨动态 MTF 预估结果

预估环节	可见光光谱仪		红外光谱仪	
	飞行	垂直	飞行	垂直
$\mathrm{MTF}_{\text{目标}} \times \mathrm{MTF}_{\text{大气}}$	0.84			
$\mathrm{MTF}_{\text{相机}}$	0.28	0.28	0.35	0.35
$\mathrm{MTF}_{\text{飞行}}$	0.64	1.0	0.64	1.0
$\mathrm{MTF}_{\text{姿态稳定度}}$	0.99			
$\mathrm{MTF}_{\text{偏流角}}$	0.99			
$\mathrm{MTF}_{\text{颤振}}$	0.96			
$\mathrm{MTF}_{\text{杂光}}$	0.98			
$\mathrm{MTF}_{\text{帧频}}$	0.95			
$\mathrm{MTF}_{\text{帧频设置}}$	0.98			
$\mathrm{MTF}_{\text{热/力学}}$	0.75	0.75	1	1
$\mathrm{MTF}_{\text{总飞行方向}}$	0.104	0.163	0.162	0.258
$\mathrm{MTF}_{\text{系统}}$	0.13		0.204	

5.7.2　在轨信噪比分析

信噪比主要取决于探测器的信号电压以及由成像电路和探测器引入的各种噪声。由于高光谱成像仪光谱数据的特殊性，其在轨信噪比尤其是对在轨光谱平均信噪比的评价还与抽帧排序、图像压缩、光谱复原等关键环节相关，如图 5-14 所示。

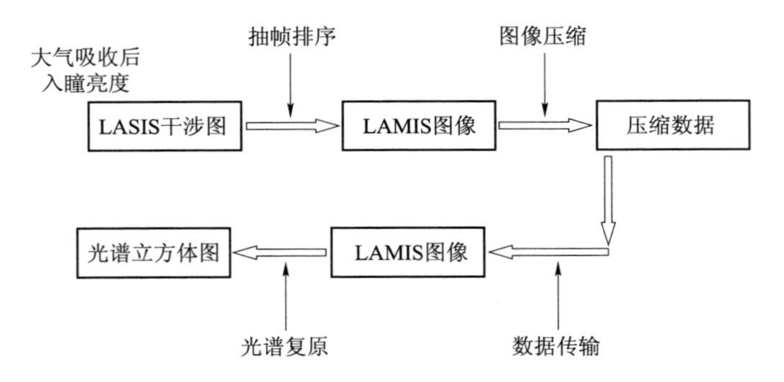

图 5-14 高光谱图像数据信噪比影响关键环节

高光谱成像仪中可见光光谱仪、红外光谱仪输出原始数据为既含“图”信息也含有“谱”信息的时空联合干涉图（LASIS 图像），为提高光谱数据相关性，降低压缩对光谱数据的影响，由光谱仪压缩编码器抽帧排列为仅有单行谱信息的空间调制干涉图（LAMIS 图像）。空间调制干涉图数据以一定压缩比压缩后通过卫星数传通道下传，地面接收到数据后解压缩、复原处理后得到光谱图。

1. 干涉图信噪比

1）理论计算

干涉图信噪比为信号输出强度和噪声输出强度之比，这里探测器输出信号强度可用单个像元平均获得的目标信号电子数计算，其计算公式为：

$$N=\frac{\pi \cdot d^2 \cdot T_{\text{int}}}{4F^2 \cdot hc}\int_{\lambda_1}^{\lambda_2} L(\lambda) \cdot \tau_{\text{opt}}(\lambda) \cdot Q(\lambda) \cdot \lambda \mathrm{d}\lambda \tag{5-10}$$

为了简化计算，用平均值代替积分：

$$N \cong \frac{\pi \cdot d^2 \cdot T_{\text{int}} \cdot \bar{L} \cdot \overline{\tau_{\text{opt}}} \cdot \bar{Q} \cdot \bar{\lambda} \cdot \Delta\lambda}{4F^2 \cdot hc} \tag{5-11}$$

式中，L 为仪器入瞳处辐亮度，d 为探测器像元尺寸，T_{int} 为曝光时间，τ_{opt} 为光学系统透过率，Q 为探测器量子效率，$\bar{\lambda}$ 为中心波长，F 为光学系统 F 数，h 为普朗克常数，c 为光速。

噪声主要由探测器器件与电子线路产生，主要有散粒噪声、电荷转移噪声、暗电流噪声、读出电子噪声和量化噪声，表达式如下：

$$V_{\text{NS}}=\sqrt{V_{\text{NSH}}^2+V_{\text{TRANS}}^2+V_{\text{DARK}}^2+V_{\text{ND}}^2++V_{\text{NAD}}^2} \tag{5-12}$$

式中，V_{NSH} 为散粒噪声，V_{TRANS} 为电荷转移噪声，V_{DARK} 为暗电流噪声，V_{ND} 为读出电子噪声，V_{NAD} 为量化噪声。

式（5-10）通过简化后，用等效电子数表达为：

$$\mathrm{SNR}=\frac{N_{\mathrm{S}}}{\sqrt{N_{\mathrm{shot}}^{2}+n_{\mathrm{read}}^{2}}}=\frac{N_{\mathrm{S}}}{\sqrt{N_{\mathrm{S}}+n_{\mathrm{read}}^{2}}} \tag{5-13}$$

式中，N_{S}为信号产生电子数，N_{shot}为散粒噪声产生电子数，n_{read}为探测器读出噪声产生电子数；其中散粒噪声产生电子数 N_{shot}为信号产生电子数 N_{S}的平方根。

高光谱成像仪光学系统入瞳前的能量与太阳高度角、地面景物反射率以及成像谱段等因素有关。采用 MODTRAN 软件分别在 0.45～0.90 μm 波段和 0.9～2.5 μm 波段对不同反射率地物在光谱仪入瞳前的辐亮度进行估算。在不同太阳高度角 θ 和地表漫反射系数 ρ 时，可见光光谱仪和红外光谱仪的入瞳辐亮度如表 5-7 所示。

表 5-7　不同太阳高度角 θ 和地表漫反射系数 ρ 时的入瞳辐亮度

地表反射率 (θ，ρ)	可见光平均入瞳辐亮度/ ($\mathrm{W \cdot m^{-2} \cdot \mu m^{-1} \cdot sr^{-1}}$)	红外平均入瞳辐亮度/ ($\mathrm{W \cdot m^{-2} \cdot \mu m^{-1} \cdot sr^{-1}}$)
(60°，0.6)	212.9	27.74
(30°，0.2)	44.66	5.09
(15°，0.05)	13.12	0.82

计算干涉图各参数物理意义和方案设计取值如表 5-8 所示，其中光学系统透过率、中心波长、F 数为产品测试值，等效噪声电子计数为器件自身噪声值。

表 5-8　干涉图信噪比计算参数说明

参数	物理意义		取值	
			可见光波段	短波红外波段
L	仪器入瞳处辐亮度		略	略
d	探测器像元尺寸/μm		16×16	30×30
T_{int}	曝光时间/ ms	典型	1.4	1.84
		高端	0.7	0.65
τ_{opt}	光学系统透过率（含减光片）		0.176	0.14
Q	探测器量子效率/%		65	60
$\bar{\lambda}$	中心波长/ nm		675	1 700
F	光学系统 F 数		5.55	4.98
h	普朗克常数		6.626×10^{-34}	
c	光速/ ($\mathrm{m \cdot s^{-1}}$)		3×10^{8}	
n_{read}	等效噪声电子计数/e^{-}		200	540

根据式（5-12），可计算出动态范围高端、低端和典型测试点处的探测器获得目标信号电子数。根据式（5-11）和压缩影响，可计算出考虑压缩比后的动态范围高端、低端和典型测试点处的干涉图信噪比，如表5-9所示。

表5-9 高、中、低端探测器获得目标信号电子数及其干涉图信噪比设计复核值

地表反射率 $(\theta,\ \rho)$	电子数/e^-		干涉图信噪比			
	可见光光谱仪	红外光谱仪	可见光光谱仪		红外光谱仪	
			压缩前	压缩后	压缩前	压缩后
(60°, 0.60)	164 354	1 672 143	370.41	339.30	628.86	517.53
(30°, 0.20)	68 953	306 821	213.39	195.46	396.62	328.17
(15°, 0.05)	20 257	49 429	84.69	77.57	84.64	70.94

由表5-9计算可知，目标反射率0.05、太阳高度角15°时，干涉图信噪比为VNIR≥77.57：1、SWIR≥70.94：1。目标反射率0.6、太阳高度角60°时，干涉图信噪比为VNIR≥339.30：1、SWIR≥517.53：1。

2）测试结果

对采集到的$K=100$幅干涉图像，选取图像中干涉条纹除零光程差所在列的像元数，计算出此像元100幅干涉图像信号强度平均值即为信号值，同时计算此像元信号的均方根偏差值即为噪声，在干涉图像中选取i行、j列像元信噪比计算出图像的平均信噪比。

（1）计算每个像元的灰度的平均值$S_{i,j}$和均方差$\sigma_{i,j}$：

$$S_{i,j}=\frac{\sum_{i=1}^{K} p_{i,j,k}}{K} \tag{5-14}$$

$$\sigma_{i,j}=\sqrt{\frac{\sum_{i=1}^{n}(p_{i,j,k}-s_{i,j})^2}{k-1}} \tag{5-15}$$

（2）计算的每个像元信噪比$\mathrm{SNR}_{i,j}$：

$$\mathrm{SNR}_{i,j}=\frac{s_{i,j}}{\sigma_{i,j}} \tag{5-16}$$

（3）计算图像信噪比的平均值SNR：

$$\mathrm{SNR}=\frac{\sum_{i=1}^{m}\sum_{j=1}^{n}\mathrm{SNR}_{i,j}}{m\times n} \tag{5-17}$$

式中，$p_{i,j,k}$为第k幅图像i列，j行输出像元灰度值；K为选取的图像幅数；

n 为选取第 k 幅图像的行数；m 为选取第 k 图像的列数。

对高光谱成像仪产品实验室采用经过压缩编码器下传的数据解压后得到的 100 帧干涉图数据为数据源，进行实际测试和计算，结果为：可见光光谱仪最大信噪比为 349.9∶1，最小信噪比为 102.9∶1；红外光谱仪最大信噪比为 570.9∶1，最小信噪比为 114.2∶1。

2. 谱段平均信噪比

由干涉光谱成像机理可知，干涉图信噪比提高时对应谱段平均信噪比也提高，干涉图信噪比为谱段平均信噪比的 2～4 倍。表 5-10 列出三种测试条件下干涉图信噪比与谱段平均信噪比。

表 5-10　可见光光谱仪干涉图信噪比与谱段平均信噪比实验室测试结果

测试条件	输入辐亮度/ $(W \cdot m^{-2} \cdot \mu m^{-1} \cdot sr^{-1})$	干涉图信噪比	谱段平均信噪比	倍数关系
$\rho=0.05$，$\theta=15°$	13.12	55	21	2.6
$\rho=0.20$，$\theta=30°$	44.66	150	55.7	2.6
$\rho=0.30$，$\theta=40°$	80.34	182	63	2.8

根据干涉图信噪比和谱段平均信噪比之间的倍数关系，可在方案阶段对谱段平均信噪比典型值进行预估。当高光谱成像仪产品研制完成后，可通过实验室的信噪比测试，对该指标进行测试计算。主要包括单谱段信噪比计算和谱段平均信噪比计算两个步骤。

1）单谱段信噪比计算

对 100 帧数据分别进行反演后，可以得到一组 $M \times N \times I$ 的三维数据立方体，其中第一维是时间维（对应在轨运行的沿轨方向），第二维是空间维（对应在轨运行的穿轨方向），第三维为光谱维（对应每个谱段），上述数据相当于获得了 60 个谱段的单色图像，在每幅单色图像上取 $M \times N$ 的小区域，按照均值/均方差法计算信噪比。

第 i 个谱段的信号：

$$S_i = \bar{L} = \frac{\sum_{m=1}^{M}\sum_{n=1}^{N} L_{m,n,i}}{M \times N} \tag{5-18}$$

第 i 个谱段的噪声：

$$N_i = \sqrt{\frac{\sum_{m=1}^{M}\sum_{n=1}^{N} (L_{m,n,i} - \bar{L})^2}{M \times N - 1}} \tag{5-19}$$

第 i 个谱段的信噪比：

$$\mathrm{SNR}_i=\frac{S_i}{N_i} \tag{5-20}$$

2）谱段平均信噪比计算

对各工作谱段的信噪比按如下公式求平均，得到成像光谱仪谱段平均信噪比：

$$\overline{\mathrm{SNR}_j}=\frac{\sum \mathrm{SNR}_i}{I} \tag{5-21}$$

采用上述的测试方法，对高光谱成像仪平均谱段信噪比进行测试，并计算信噪比结果如图 5-15 所示。测试结果表明：5～10 谱段平均信噪比计算结果为 14.19∶1，11～20 谱段平均信噪比计算结果为 28.68∶1，可见光光谱仪谱段平均信噪比为 73.1∶1。

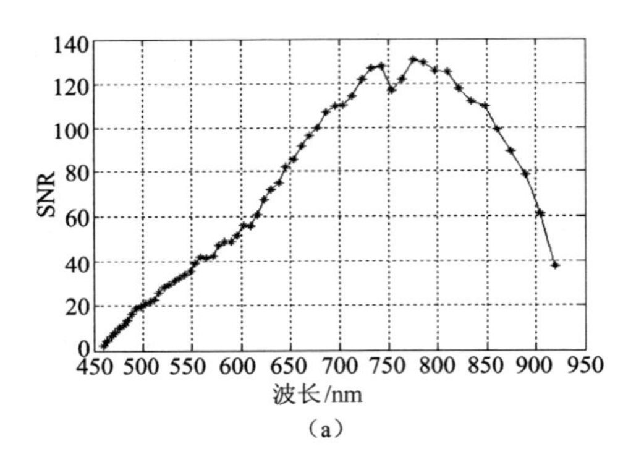

（a）

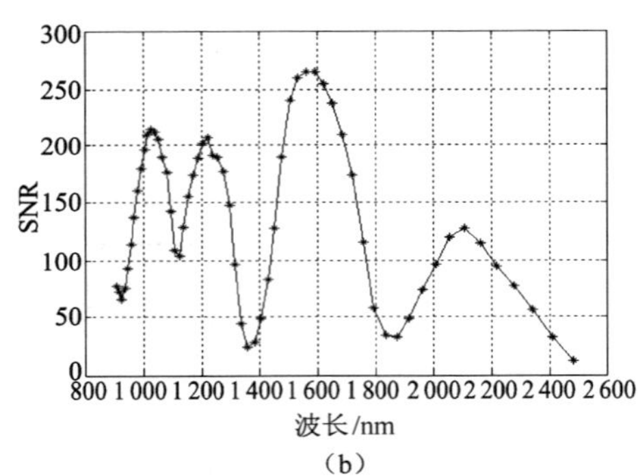

（b）

图 5-15　各谱段信噪比曲线

（a）可见光近红外光谱仪；（b）短波红外光谱仪

5.7.3　在轨动态范围分析

动态范围指遥感相机能够有效探测的地物辐亮度范围，即其对输入信号的线性响应范围，以临界饱和的入瞳辐亮度与形成噪声（均方根）等效曝光量的入瞳辐亮度之比表示。动态范围可以用来评价遥感相机量化级数和增益设置的合理性。

在实验室内使用积分球作为光源，通过地面定标试验，可以测试出遥感相机的信噪比与动态范围，并拟合出其响应曲线，计算出线性度量值。同时，通过在轨测试，可以给出相机在轨动态范围与线性度量值。

由实验室测量结果和 MODTRAN 软件分析结果，可以给出光谱仪在轨工

作时不同增益状态下，允许的地物最大输入辐亮度以及对应的太阳高度角、地物反射率条件，在轨成像时根据任务目标的太阳高度角、反射率特性预计，可以通过调整光谱仪增益参数来获得较好的图像动态范围响应。

根据光谱仪系统的响应曲线以及 MODTRAN 软件计算结果，计算出相机的观测动态范围如表 5-11 所示。

表 5-11　高光谱成像仪响应动态范围

可见光光谱仪						
最大响应	**增益 1**	**增益 2**	**增益 3**	**增益 4**	**增益 5**	**增益 6**
DN 值	2 896	2 846	2 882	2 843	2 895	2 873
太阳高角/(°)	60	35	25	45	50	45
地表反射系数	0.6	0.65	0.7	0.25	0.15	0.1
入射光谱辐射亮度/($W\cdot m^{-2}\cdot \mu m^{-1}\cdot sr^{-1}$)	212.9	144.26	108.26	76.31	55.225	38.43
最小响应	**增益 1**	**增益 2**	**增益 3**	**增益 4**	**增益 5**	**增益 6**
DN 值	307	351	464	598	792	1 077
太阳高角/(°)	15	15	15	15	15	15
地表反射系数	0.05	0.05	0.05	0.05	0.05	0.05
入射光谱辐射亮度/($W\cdot m^{-2}\cdot \mu m^{-1}\cdot sr^{-1}$)	13.12	13.12	13.12	13.12	13.12	13.12
红外光谱仪						
最大响应	**增益 1**	**增益 2**	**增益 3**	**增益 4**	**增益 5**	**增益 6**
DN 值	1 967	2 772	2 899	2 887	2 899	2 884
太阳高角/(°)	70	70	55	45	45	20
地表反射系数	0.7	0.7	0.6	0.5	0.35	0.6
入射光谱辐射亮度/($W\cdot m^{-2}\cdot \mu m^{-1}\cdot sr^{-1}$)	35.5	35.5	18.4	12.925	17.775	9.41
最小响应	**增益 1**	**增益 2**	**增益 3**	**增益 4**	**增益 5**	**增益 6**
DN 值	232	241	294	327	348	383
太阳高角/(°)	15	15	15	15	15	15
地表反射系数	0.05	0.05	0.05	0.05	0.05	0.05
入射光谱辐射亮度/($W\cdot m^{-2}\cdot \mu m^{-1}\cdot sr^{-1}$)	0.82	0.82	0.82	0.82	0.82	0.82

测试结果为最大观测条件不小于太阳高度角60°，地面反射率0.6。

5.7.4 几何定位精度分析

高光谱成像系统虽然采用面阵探测器，但是无论是色散型还是干涉型，其飞行方向的探元是用于“承接”分光后的诸多谱段，因而高光谱成像系统在空间维上本质仍然是“线阵”成像，这一点与TDICCD成像是类似的。详见第3章几何定位精度分析部分。

5.8　高光谱成像系统定标技术

成像光谱仪定标是高光谱遥感定量化分析的重要环节，目的是建立成像光谱仪每个探测单元输出的数字量化值（DN值）与它所对应视场中输入辐射值之间的定量关系。高光谱成像数据只有经过成像光谱仪定标及修正，才能用于提取真实的地物物理参量，不同地区或不同时间获取的高光谱影像才能进行比较，不同传感器、光谱仪甚至系统模拟数据才能进行联合分析。按照定标内容的不同，成像光谱仪定标通常包括光谱定标、辐射定标。

5.8.1　光谱定标

光谱定标是测定成像光谱仪各波段的光谱响应函数，并由此得到每个波段的中心波长和等效带宽。光谱定标是成像光谱仪辐射定标的基础，在实验室内通常利用专用单色仪、准直系统和光源组成实验室光谱定标系统，采用波长扫描法进行。

5.8.2　辐射定标

辐射定标用于确定成像光谱仪系统各个波段对辐射量的响应能力，为每一个探测单元产生辐射校正系数，即将输出的数字量化值同辐射量值联系起来。这样，高光谱影像处理时，对每个波段的每个点可根据其相应的校正系数进行辐射校正，以获得镜头前的目标辐射量。同时，辐射定标也可在一定程度上消除由探测器响应的非均匀性引起的影像缺陷。

按照使用要求或应用目的的不同，辐射定标可分为相对定标和绝对定标。按照成像光谱仪从研制到运行的不同阶段，辐射定标包括实验室辐射定标、星上辐射定标和辐射校正场定标。

1. 实验室辐射定标

实验室辐射定标是成像光谱仪在研制中和交付装星前在实验室利用高精度、高稳定度的标准辐射源，对成像光谱仪的绝对响应进行标定。实验室辐射定标的准确度最高，随后各阶段的定标应在此原始数据上对比、修正。

2. 星上辐射定标

星上辐射定标，又称在轨辐射定标。因为成像光谱仪的性能常随光学、电子元件的老化及空间环境的变化而变化，而地面定标设备又不能完全模拟空间环境，所以有必要进行在轨辐射定标，来直接反映成像光谱仪在运行状态下的实际情况。星载成像光谱仪配备星上内定标系统，同时也可以配备星上太阳定标系统，通过太阳定标系统对星载成像光谱仪进行绝对定标，还可以对内定标系统中的人造光源进行监测和校正。

3. 辐射校正场定标

辐射校正场定标是指在传感器处于正常运行条件下，选择定标辐射场地，通过地面同步测量对传感器进行定标。它考虑到了大气传输和环境的影响，可以实现对传感器运行状态下与获取地面影像完全同步的绝对校正，传感器整个工作寿命期间应定期安排辐射校正场定标，对传感器进行真实性检验和对一些处理模型进行正确性检验。当遥感平台飞越辐射定标场地上空时，可以在定标场地选择若干个区域进行辐射校正场定标。目前，辐射校正场定标的常用方法有反射率法、辐亮度法、辐照度法等。

5.9　高光谱遥感卫星应用

5.9.1　地质矿物调查

区域地质制图和矿产勘探是高光谱主要应用领域之一。根据光谱特征可以识别出大部分岩石和矿物，从而使利用高光谱遥感进行地质制图变成可能。各种矿物和岩石在电磁波谱上显示的光谱特征可以识别不同矿物成分。图 5-16 给出了地质矿物高光谱填图的应用情况。

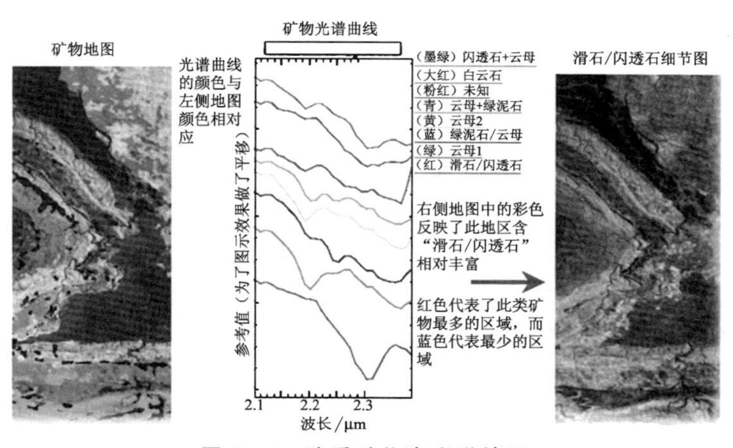

图 5-16　地质矿物高光谱填图

5.9.2 对油气田的观测

存于地下的油气在一定条件下可向地表渗漏，在地表形成一些特定的现象，这些现象可为高光谱的油气勘探提供有用的线索。图 5-17 给出了对油气田的观测应用情况。

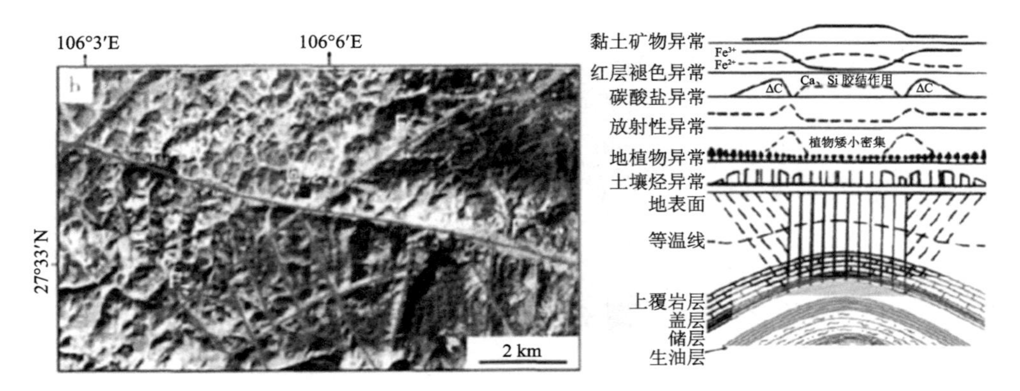

图 5-17 对油气田的观测应用情况

5.9.3 海洋应用

利用覆盖 0.4～0.9 μm，光谱分辨率最高达 5 nm 的高光谱成像仪，能精确复原光谱信息，用来生产水深图。探测海湾、河滩以及其他浅水区域，为全球的海岸的科研及环境监测服务。图 5-18 给出了高光谱在水深反演中的应用示例。

5.9.4 林业应用

植被对电磁波的响应，即植被的光谱反射或发射特性是由其化学和形态特征决定的，而这种特征与植被的发育、健康状况及生长条件密切相关。利用全谱段高光谱成像，并通过导数光谱技术可以消除土壤背景、冠层颜色及部分大气效应的影响，直接反映叶面积指数和叶绿素含量等信息。多角度高光谱数据，通过植被指数计算及影像融合，可提取湿地植被类型信息。图 5-19 给出了高光谱在植被指数计算中的应用示例。

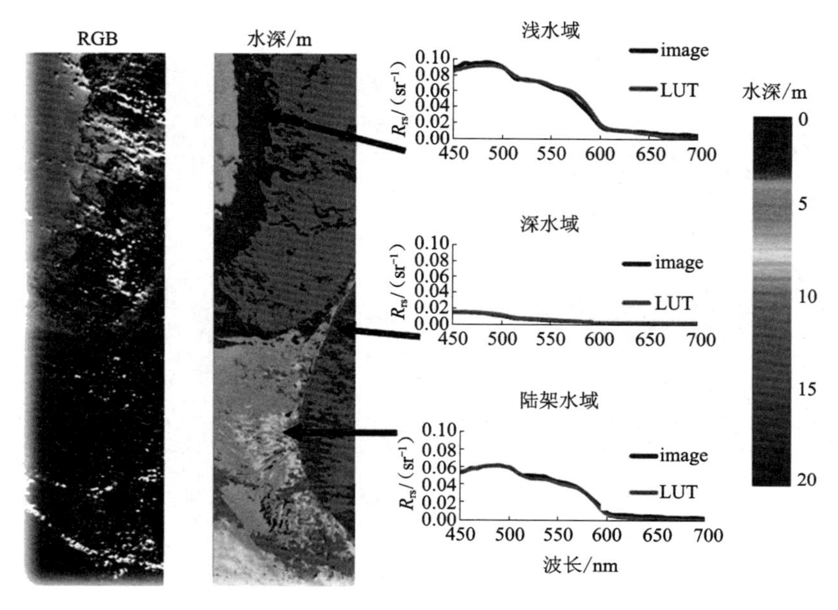

图 5-18 高光谱水深反演图

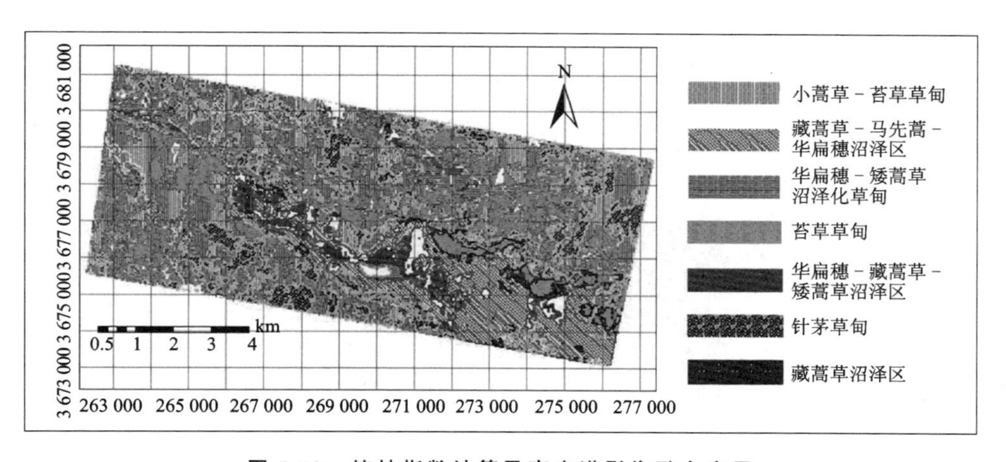

图 5-19 植被指数计算及高光谱影像融合应用

5.9.5 农业应用

全谱段高光谱遥感可对农作物长势进行监测，通过获取植物的叶绿素浓度、叶绿素密度、叶面积指数、生物量、含氮量、光和有效吸收系数等生物、物理、化学参量，从而有效监测农作物长势和预测预报产量。通过归一化植被指数 NDVI，建立地表覆盖指数模型，反映出地表覆盖的遥感区域分异情况及其随季节变化的规律。图 5-20 给出了高光谱在玉米的光谱特性识别应用中的示例。

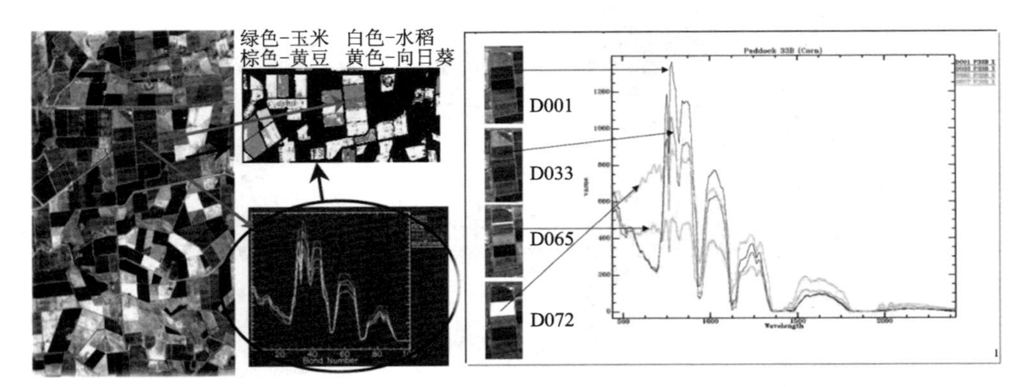

图 5-20 玉米的光谱曲线随季节变化的规律

5.9.6 水质污染物监测

高光谱遥感能有效地监测近岸和陆地水质，因为它可以捕捉到近岸和陆地水体复杂而且多变的光学特性，提高水质监测的精度。水中悬浮物质的含量是重要的水质参数之一。图 5-21 为高光谱图像数据获得的营养状态指数和富营养化分级图。

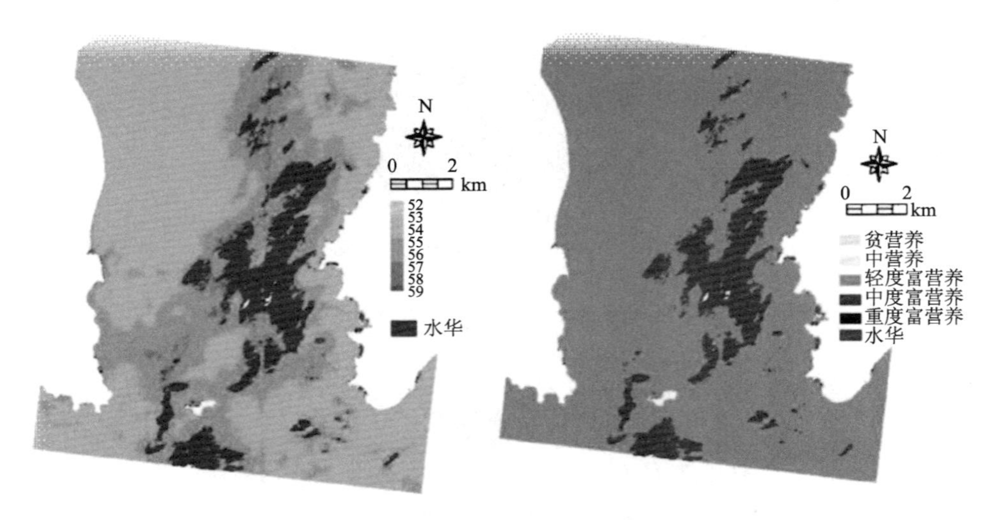

图 5-21 高光谱图像数据获得的营养状态指数和富营养化分级图

5.9.7　军事伪装揭露应用

高光谱应用于军事伪装揭露方面，相比传统可见光、多光谱具有显著的优势，图 5-22（a）为盖有伪装网的美军装甲车辆，其中图 5-22（b）是分别用全色相机、多光谱相机及高光谱成像仪对图 5-22（a）目标的成像结果。高光谱图像能轻易地标识出装甲车辆的位置，显示了其强大的揭伪能力。

（a）

全色　多光谱　高光谱

（b）

图 5-22　高光谱图像对伪装目标波段提取

（a）盖有伪装网的美军装甲车辆；（b）全色相机、多光谱相机及高光谱成像仪获取的目标图像

5.10 小　　结

目前，航天高光谱成像仪将进入新一轮发展，但由于技术复杂、成本高昂，航天高光谱成像系统主要作为一种通用仪器供各类用户应用研究。为了兼顾各类用户的特殊要求，仪器设计所受的约束较多，这在一定程度上制约了航天高光谱成像技术的产业应用。而应用领域的细分有可能促进高光谱成像技术的发展与推广应用。在民用领域，高光谱成像仪主要通过扩大幅宽、提高灵敏度等措施来满足地球科学等应用需求。军用高光谱成像仪将在空间分辨率、谱段覆盖和信息实时处理能力方面进一步发展。美国空军在 2009 年将航天高性能高光谱技术作为空军未来关键技术规划的重要内容之一。

我国应抓住国家实施中长期科技规划的历史机遇，大力推进与航天高光谱成像技术相关的核心分光器件、大规模高帧频焦平面、定标、信息处理与反演等技术研究与攻关，以满足国民经济建设、社会发展及国防安全需要。

参 考 文 献

[1] 相里斌，王忠厚，刘学斌，等. 环境与灾害监测预报小卫星高光谱成像仪[J]. 遥感技术与应用，2009，24 (3).

[2] 张淳民. 干涉成像光谱技术 [M]. 北京：科学出版社，2010.

[3] 相里斌. 光谱成像技术 [C]. 中国国际应用光学专题研讨会，深圳，2009.

[4] 王建宇，王跃明，李春来. 高光谱成像系统的噪声模型和对辐射灵敏度的影响 [J]. 遥感学报，14 (4)：607－620，2010.

[5] 邓磊，刘守义，何剑. 坏像元对复原光谱影响的修正方法 [J]. 电子技术，2004，27 (23).

[6] 王欣，杨波，丁学专. 空间遥感短波红外成像光谱仪的光学系统设计 [J]. 红外技术，2009 (12).

[7] L W Schumann，T S Lomheim. Infrared Hyperspectral Imaging Fourier Transform and Dispersive Spectrometers：Comparison of Signal-to-noise Based Performance [C]. In Imaging Spectrometry VII，M. R. Descour and S. S. Shen，Proc. SPIE 4480，1－14，2002.

[8] Ferrec，et al. Noise Sources in Imaging Static Fourier Transform Spectrometers [J]. Optical Engineering，51 (11)，2012.

[9] Antonio Ruiz-Verdú，José-Antonio Dominguez-Gómez R. Pe (n) a-Martínez Use of CHRIS for Monitoring Water Quality in Rosarito Reservoir [C]. Proc. of the 3rd ESA CHRIS/Proba Workshop，2005.

[10] Yueming Wang，Xiaoqiong Zhuang，Shengwei Wang，et al. Application of Advanced IR-FPA in High-sensitivity Pushbroom SWIR Hyper-spectral Imager [C]. SPIE，2012，8353：83532V.

[11] B Sang，J Schubert，S Kaiser，et al. The EnMAP Hyperspectral Imaging Spectrometer：Instrument Concept，Calibration and Technologies [C]. SPIE，2008，7086：708605.

[12] Ronald B Lockwood，Thomas W Cooley，Richar M Nadile. Advanced Responsive Tactically-effective Military Imaging Spectrometer (ARTEMIS)

System Overview and Objectives [C]. SPIE. 2007, 6661: 666102.

[13] C Benoît-Pasanau, et al. Relevance of an Inverse Problem Approach to Overcome Cut-off Wavenumbers Disparities in Infrared Stationary Fourier Transform Spectrometers [J]. Appl. Opt. 51, 1660 - 1670, 2012.

[14] F Gillard, et al. Inverse Problem Approaches for Stationary Fourier Transform Spectrometers [J]. Opt. Lett. 36, 2444 - 2446, 2011.

第 6 章

高精度立体测绘卫星系统设计与分析

6.1 概　　述

随着我国国民经济的高速发展，传统测绘技术和手段已远远不能满足我国信息化建设的要求，而采用航天技术手段，依靠测绘系列卫星，能够实时获取各种空间信息，建立和维持我国高精度的时空基准，及时更新各种比例尺的基础地理信息，快速生产现势性强的国家系列地图，为各行业提供高精度的基础地理信息。

随着航天技术的发展，国际上已经发展了多种形式的立体测图卫星，包括胶片型以及传输型等。传输型测绘卫星具有寿命长、使用方式灵活等优点，已经成为国际上测绘卫星发展的趋势。目前，我国已经发射了具备 1∶50 000 测绘能力的天绘一号卫星和资源三号卫星，并正在开展 1∶10 000 比例尺地图的航天测绘系统。

本章结合我国高精度立体测绘卫星系统的研制和应用情况，重点介绍高精度立体测绘卫星技术特点、面向高精度立体测绘需求的总体设计方法，包括系统设计要素、内方位元素与外方位元素精度及其稳定性分析、高精度几何定标、摄影测量平差与应用等技术。

6.1.1 发展概况

1987—2005 年，我国先后成功发射和回收了 7 颗胶片型摄影定位卫星。返

回型卫星由于其在轨运行时间较短，而且受天气影响，难以在轨连续获得地面目标的影像。

2004 年发射了探索一号三线阵立体测绘小卫星，卫星上安装一台三线阵立体测绘相机（Stereo Mapping Camera，SMC），地面像元分辨率 10 m。2010 年后，我国先后发射了具备业务化运行的天绘一号卫星和资源三号卫星，具备了 1∶50 000 测图能力，采用了三线阵立体测绘技术体系。国外也先后发射了多颗光学测绘卫星，其主要技术指标见表 6-1 所示。

表 6-1　几种先进的光学测绘卫星

卫星	国家	测绘方式	轨道高度/km	分辨率/m	无控定位精度/m
SPOT-5	法	双线阵	832	2.5	平面 50，高程 6
ALOS-1	日	三线阵	691.65	2.5	平面 25，高程 5
Cartosat	印	双线阵	618	2.5	平面 25，高程 5
ALOS-3	日	双线阵	618	0.8	—
资源三号	中	三线阵	506	2.5/4	平面 10，高程 5

6.1.2　发展趋势

以 SPOT-5、ALOS、Cartosat 卫星为代表的测绘卫星，属于专用测绘卫星，星上在沿轨方向配置了具有严格夹角关系的多台相机，以实现目标的立体观测。已经在轨服役的卫星地面像元分辨率多在 2～5 m 之间，目前正在开发 1 m 分辨率的双线阵立体测绘卫星。测绘卫星采用双线阵或者三线阵测绘方式，适应于宽视场、长条带连续观测模式，具备大面积快速全球覆盖的应用能力。卫星一般具有较高的姿态稳定度和轨道姿态测量精度，以实现较高的定位精度。

6.2 需求分析

20世纪90年代以后，以地理信息系统（GIS）、遥感（RS）、卫星导航定位技术（GPS）为代表的3S技术得到了空前发展，并已经渗透到国民经济的各个方面，从而形成与推动了地理空间信息产业迅速发展。随着我国测绘卫星技术的发展，将带动我国地理空间数据生产、加工服务等产业链，进一步促进我国地理信息产业的发展。高分辨率立体卫星影像本身具备相当高的商业价值，不仅可以直接制作4D测绘产品或者通过深加工得到更高附加值专题产品，应用于国土资源、交通、水利、铁道、民政、农业、林业、环保、公共应急等领域，同时相关产品还可以和汽车、手机及其他多种导航终端结合，将应用和服务延伸到了社会大众衣食住行的各个方面。

6.3　光学测绘系统关键性能指标及内涵

光学测绘的核心产品即测图产品，其地图比例尺的大小，决定了地图的精度和图上地理信息的承载能力。地形图信息主要包括内容、平面位置和高程。地图的内容是地图上表示的各种天然和人工的地物要素，主要取决于图像的分辨率和观测谱段。平面位置即地物要素在绝对坐标系中的平面位置，取决于成像系统的内外方位元素。高程用于描述地形的起伏，由量测立体像对的像点视差求得，取决于成像系统的基高比、内外方位元素和地面控制点（Ground Control Point，GCP）的选取。

与其他遥感卫星相同，影像的成像质量和分辨能力是重要的，在此不赘述。除此之外，测绘卫星的核心指标就是基高比以及地面定位精度，也是评价卫星测绘系统的关键。

6.3.1　基高比

在立体测图处理中，理想情况下，相对高程精度 σ_h 取决于成图比例尺 M_p、基高比及影像坐标量测精度 σ_m：

$$\sigma_h = \sqrt{2} M_p \frac{H}{B} \sigma_m \tag{6-1}$$

式中，B 为摄影基线，H 为航高。

B/H 即摄影基线与航高的比值，称为基高比。可以看出，当基高比大于 1 时，有利于高程精度的提高。基高比过大，也会增大投影差，从而造成影像变形，影响匹配（量测）精度。德国学者通过大量 DEM 点的匹配试验得出：当基高比在 0.8～0.9 时，处理精度最好。基线 B 有三角形的几何关系，如图 6-1 所示。

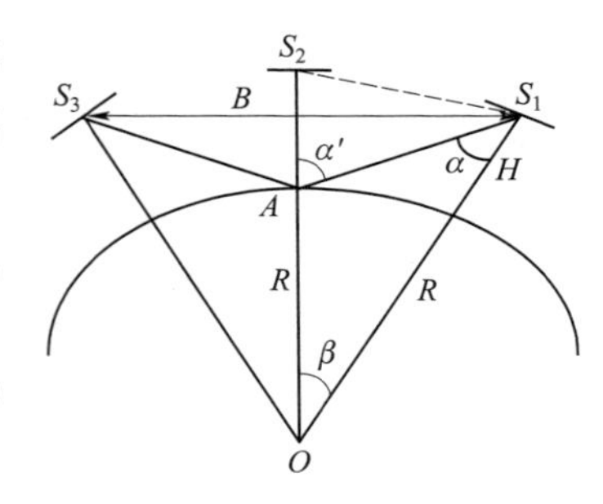

图 6-1 基线示意图

考虑了地球曲率的基高比计算公式为：

$$B/H=2\times\frac{1}{\tan\frac{\beta}{2}+\arctan(\alpha+\beta)} \tag{6-2}$$

为了满足基高比在 0.8～0.9 的最佳范围内，需要对卫星的轨道高度和基线长度进行综合考虑。而基线的长度又与三线阵相机的交会角 α 直接相关，如图 6-2 所示。当卫星轨道高度为 604 km 时，选择相机夹角为 22°，基高比约为 0.89。

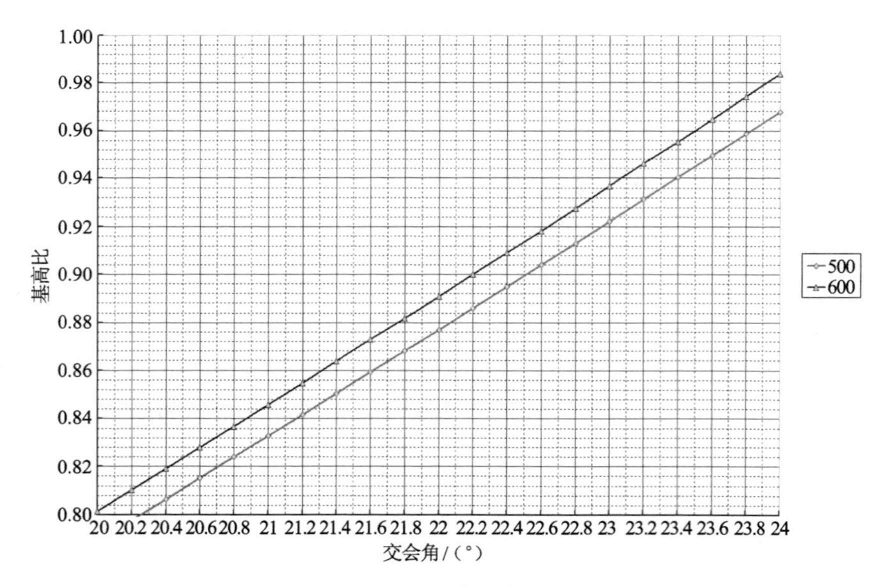

图 6-2 不同轨道高度下基高比与相机夹角关系曲线

6.3.2　地面几何定位精度

几何定位精度是高精度测绘卫星的核心指标，也是测绘卫星总体设计关键。近年来，我国测绘卫星取得了重大技术进步，已经实现了平面定位精度优于 10 m (1σ)、高程精度优于 5 m (1σ)。该指标为星地一体化指标，即利用星上高精度轨道数据和姿态数据，结合地球模型对图像进行系统几何校正，消除卫星推扫成像运动引起的各种系统误差，最终确定地图上目标位置的均方根误差。测绘图像定位精度是在完成内方位元素、外方位元素检校并去除系统误差后进行评价的，主要包括绝对定位精度和相对定位精度。定位精度的影响因素分析见图 6-3。

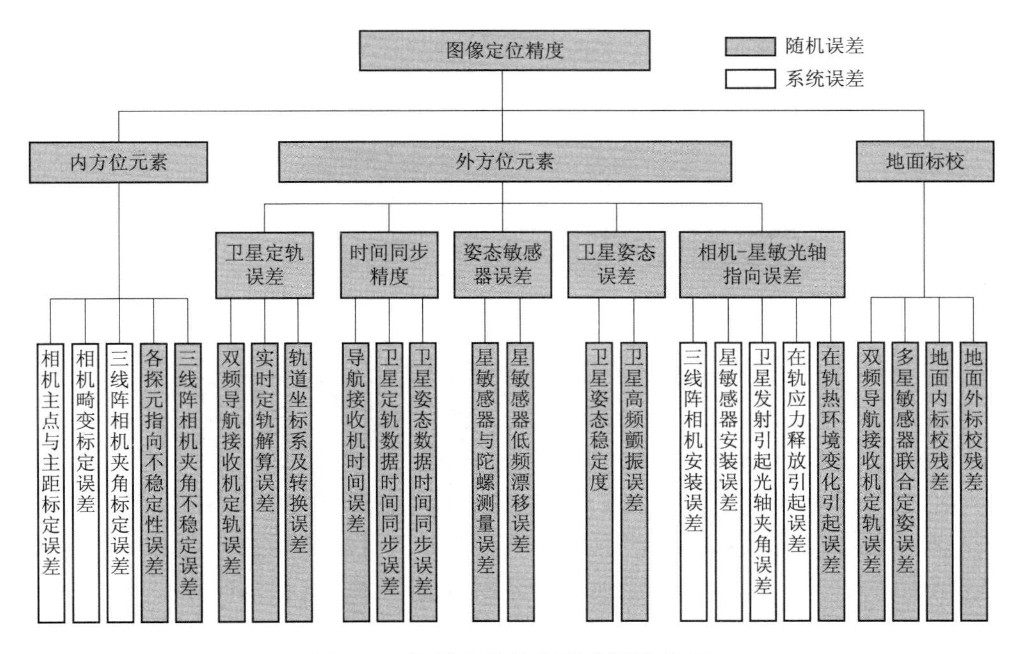

图 6-3　位置定位精度影响因素分析

测绘卫星通常采用多线阵立体成像体制，利用多线阵相机和多星敏感器的高精度、高稳定度的一体化设计，提高前视、正视和后视成像过程的姿态测量精度和稳定度及其数据关联性，与基高比的稳定性，并通过地面多星敏感器联合定姿，减小角元素姿态测量误差；同时采用双频导航接收机方案，通过地面处理进一步提高卫星定轨精度，从而提高测绘卫星的系统定位精度。

对于三线阵立体测绘卫星，其相对定位精度的主要误差源包括相机内方位元素不稳定性误差、三线阵相机夹角不稳定性误差、卫星推扫成像时的姿态稳定度和高频颤振，以及地面内标校残差等。其绝对定位精度受内方位元素、外方位元素精度共同影响，影响因素更复杂，除了相对定位精度的影响因素外，还增加了主要包括定轨误差、时间同步精度、姿态敏感器测量误差、卫星定姿误差、相机与星敏感器光轴夹角热不稳定性误差、地面外标校残差等。

6.4　卫星测绘体制分析

卫星测绘是通过卫星对地进行不同角度的摄影观测来获取全球地理信息，并经过地面精确处理，测得地面不同比例尺数字地形图、数字高程图、正射影像图等测绘产品。目前传输型摄影测绘体制主要有单线阵、双线阵和三线阵等三种。

(1) 单线阵测绘体制：通过调整卫星姿态，改变相机的光轴指向，获得同一地物、不同观测方向重叠影像，以构成立体影像。可采用同轨方式，也可采用异轨方式。

(2) 双线阵测绘体制：在卫星上安装两台具有一定夹角的线阵相机，在一个轨道周期内从两个不同观测方向获得同一地物的重叠影像，以构成立体影像。

(3) 三线阵测绘体制：在卫星上安装三台互成一定夹角的线阵相机，在一个轨道周期内从三个不同观测方向获得同一地物的重叠影像，以构成立体影像。

如表 6-2 所示，单线阵测绘体制需要通过姿态机动实现对同一地区的立体制图，虽然使用灵活，但制图效率较低，难以实现较大比例尺的地图测绘。双线阵测绘体制卫星可连续观测获取地面重叠影像，测绘效率较高，而且两台相机安装在同一基准上，相机夹角在轨可维持较高的稳定性，利于高定位精度的实现。与双线阵相比，三线阵测绘体制通过增加一个观测量降低了对外方位元素的精度要求，但要求配备三台相机，将使得整星规模过大。

对于双线阵测绘体制，可考虑针对其观测量少的不足，配置多波束激光测高仪，在成像期间同步获取部分地物点的测距信息，并在地面处理时参与图像平差处理，从而提高图像的高程定位精度。

表 6-2　光学测绘体制

测绘体制		优点	缺点
单线阵测绘体制	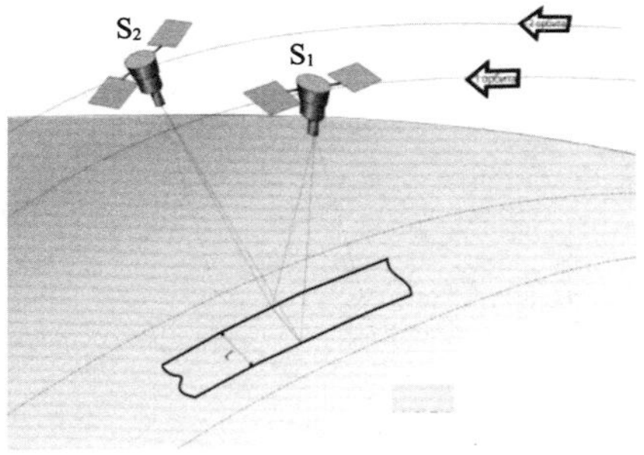	通过卫星姿态快速机动，使用一台相机即可实现立体测绘任务，卫星设计相对简单	对卫星快速姿态机动后的快速稳定和指向能力存在很高要求。受卫星运行速度和观测角度的约束，一次获取重叠影像区域较小，测绘的效率不高
双线阵测绘体制	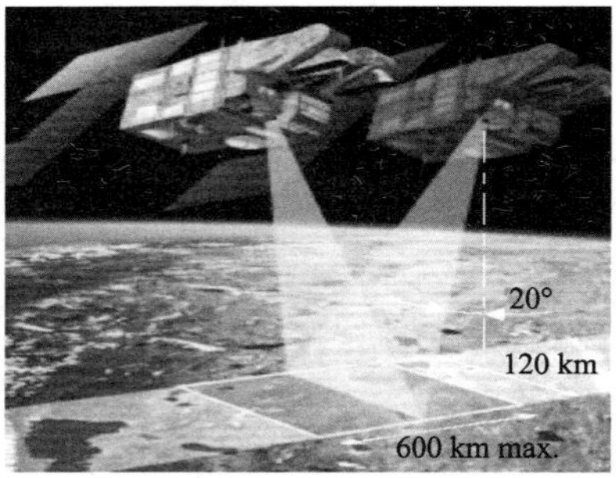	卫星可连续观测获取地面重叠影像，测绘效率高	星上需要同时安装两台相机，整星规模较大
三线阵测绘体制	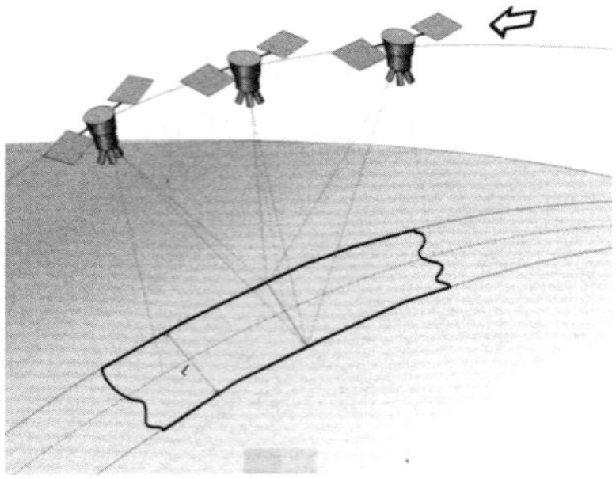	相对双线阵增加一个观测量，可以进一步降低对卫星外方位元素的要求。卫星可连续观测获取地面重叠影像，测绘效率高	通过三台相机实现立体测绘任务，卫星规模更大

6.5　内方位元素要求与稳定性

6.5.1　内方位元素要求

立体测绘相机不仅对成像质量要求较高，同时还要保证相机内部几何精度始终一致，即内方位元素稳定性要求较高。立体测绘相机系统的内方位元素可以通过地面测试获得。在地面测试时，需要对相机的主点、主距和畸变均进行高精度测试标定，才能满足用户提出的立体影像定位精度要求。对于1∶50 000比例尺测绘卫星，其内方位元素的测试精度要求为：主距标定精度优于20 μm，主点标定精度优于5 μm，相机畸变标定精度优于0.3个像元。

6.5.2　内方位元素稳定性

根据测绘应用的需要，用户每年需进行几次相机内方位元素的在轨标定，因此要求测绘相机在相邻两次标定之间其内方位元素的稳定性较好，以满足测图精度的要求。在一个在轨标定周期之内，相机内方位元素稳定性要求为：环境温度发生波动时，标定好的焦面漂移量不能超出系统的半倍焦深，否则系统要重新对焦面位置进行调整，而调焦后的相机又要重新进行人工地面标定；同时，要求边缘视场的像高漂移不能超出2 μm，否则会对测绘影像的几何精度产生影响。

6.6 外方位元素测量与稳定性

6.6.1 高精度位置定位测量

卫星（摄站）位置是测绘卫星完成任务的空间几何坐标与时间坐标的基准，其定位是外方位元素测量的重要环节之一。为满足大比例尺测绘需求，必须实现 10 cm 量级的卫星轨道位置确定精度。目前，通常采用基于双频 GPS 的卫星精密定轨（Precise Orbit Determination，POD）作为位置定位测量的主要手段，利用双频 GPS 接收机对 GPS 导航信号进行测量，并将测量得到的原始数据发送地面进行事后定轨处理，综合利用几何定轨和动力学定轨的方法，对原始测量数据进行处理和残差修正，提高轨道确定精度。

1. 基于 Z 跟踪技术的双频 GPS 导航信号测量技术

目前，GPS 系统面向民用只提供载波 L1 及其 C/A 码，载波 L1、L2 及其 P 码。主要服务对象是美国军事部门和经美国政府批准的特许用户，而且还将 P 码与严格保密的 W 码进行模二和形成保密的 Y 码。美国军方和特许用户可以通过 P 码获得精度更高的 GPS 测量值，从而相应地获得精度更高的定位结果。此外还可以利用 L1、L2 双频信号测量值来消除电离层折射所引入的测量误差，使精密定位服务的定位精度得到进一步提升。

对于高精度测绘卫星，由于对图像的定位精度要求非常高，因此需要精确确定卫星成像时的位置，而通过双频GPS导航信号的接收，测量出L1和L2频段的伪距和载波相位是实现卫星精密定轨的重要途径。为克服GPS服务的限制，GPS接收机生产厂家和卫星大地测量学家们研究出了多种获取P码伪距的方法。其中，Z跟踪技术是星载双频GPS接收机常用的方法之一。

L1频段的Y码信号与L2频段的Y码信号分别与接收机本地的P码进行相关，使得本地P码与接收到的P码达到同步。此时，完成了原始信号与P码的剥离，得到仅调制有W码和数据码的信号。W码根据相关的实验测得其码速率近似为500 kHz，故上述信号的带宽约为1 MHz。在L1通道中，L1－W的带通滤波器输出与本地的L1载波进行相关，从而实现了载波剥离，得到了基带信号。本地的L1载波是在C/A码的捕获中获取的。基带信号经由W码速率积分滤波器，逐个检测L1的W码极性。

对于L2频段的Y码信号，其处理流程与L1频段类似。L2信号由于电离层的折射，会产生一个相对于L1信号的时延，所以L2的P码也相对于L1的P码有一个时延。因此，可以通过一个本地P码发生器经由可调时延，同时实现两个通道的P码相关。L2频段的Y码信号与本地P码相关之后，再与本地的L2载波进行相关，实现载波剥离。本地的L2载波由一个锁相环产生。L2通道的基带信号同样通过W码速率积分滤波器，以检测L2的W码极性。L1的W码经过一定时延后与L2的W码进行相关，若两者完全同步，则表明W码的估算成功，锁相环也能够输出与接收信号相位一致的本地L2载波。

星载双频GPS接收机在解决导航信号跟踪的同时，还要解决高动态导航卫星信号的跟踪与锁定问题，作为双频GPS接收机载体的卫星在太空中飞行时的速度很快，为km/s量级，产生的信号多普勒频移将近100 kHz，这决定了星载双频GPS接收机必须要具备高动态导航卫星信号的跟踪与锁定功能，以保证接收机能够持续地跟踪到导航卫星的信号。

双频GPS接收机在太空中工作，会直接受到强烈的空间辐射干扰，工作环境的温度也会变化无常，这些因素都会对接收机的正常工作产生严重影响，都是在研制星载双频GPS接收机时必须考虑尽量避免和克服的。针对卫星在轨的不同姿态，为保证接收到足够多的GPS卫星信号，有时需要为星载双频GPS接收机上配制安装多副指向不同的GPS接收天线，也就相应地要求接收机要有更多的接收通道。

2. 事后精密定轨处理技术

星载双频GPS接收机将实时测量的L1、L2双频信号的伪距和载荷相位下传至地面，由地面进行事后的精密定轨处理。精密定轨的理论基础是卫星轨道动力学理论，即利用卫星轨迹的实时观测值提供的几何信息作为初始轨道，再将几何观测信息和动力学信息进行融合，进而得到卫星精密轨道的方法。当前主要的定轨方法有几何学定轨、动力学定轨和简化动力学定轨。

几何学定轨是直接利用GPS观测值来确定一点的位置，而不涉及任何的先验力模型。通常利用已经高精度确定的GPS卫星轨道和钟差参数的GPS卫星的非差无电离层组合观测值来确定卫星轨道。

动力学定轨以弧段而非以点为单位来确定卫星轨道。根据卫星的动力学模型，通过对其运动方程的积分将后续观测时刻的卫星状态参数归算到初始位置，再由多次观测值确定初始时刻的卫星状态。动力学定轨法受到卫星动力模型误差的限制，例如地球引力模型误差、大气阻尼模型误差等。因此通过附加经验力模型，并频繁调节动力模型参数来吸收动力模型误差，也可对重力场位系数进行估计实现纯动力学定轨。

简化动力学定轨方法充分利用卫星的几何和动力信息，通过估计载体加速度随机过程噪声（一般为一阶Gauss-Markov过程模型），对动力信息相对于几何信息作加权处理，利用过程参数来吸收卫星动力学模型误差。即通过增加动力模型噪声的方差，增加观测在解中的作用。目前业务化运行的精密定轨系统采用的是简化动力学方法进行轨道数据处理。

精密定轨精度的主要影响因素包括星上设备引起的测量误差、测量过程中的信号传播介质引起的误差（包括对流层、电离层、接收机钟差、接收机天线相位偏差等）、卫星动力学数学模型对定轨精度的影响（包括地球引力场模型、太阳辐射压力、地球辐射压、大气阻尼、固体潮、洋潮、相对论效应等误差）和定轨算法精度的影响。

根据国家卫星测绘应用中心开展的在轨测量数据精度分析，其结果表明利用重叠弧段法（即利用有一定重叠的两段定轨数据进行互比）得到的三轴定轨精度达到3～5 cm；利用激光角反射器的测距观测值与GPS定轨结果进行校验，残差优于4 cm。参见图6-4、图6-5。

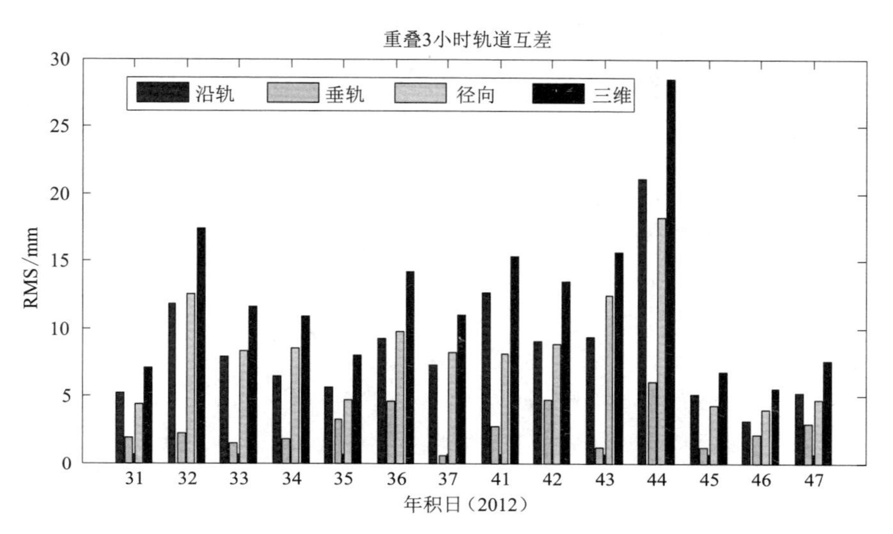

图 6-4　卫星精密定轨精度（利用重叠弧段法）

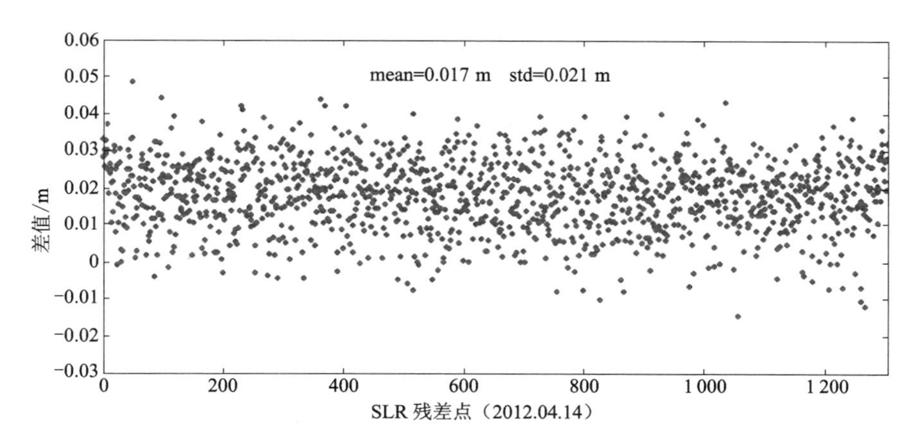

图 6-5　卫星精密定轨结果与星载激光角反射器测距结果的残差

6.6.2　高精度光轴指向测量

随着当前遥感卫星功能的不断丰富以及性能指标的不断提高，新一代高性能光学遥感卫星对图像几何定位的精度提出了更高的要求。图像几何定位是从获取的图像中确定目标在地球坐标系（如 WGS84 坐标系）中几何位置信息的处理过程，因此，在图像定位过程中需要确定相机光轴在 WGS84 坐标系下的精确指向角度。然而，相机的光轴指向在轨无法直接测量，只能通过星敏感器、陀螺等姿态测量敏感器进行间接测量，同时进行整星高稳定控制、敏感器与相机一体化安装，以实现高精度相机光轴测量。

1. 高精度星敏感器技术

星敏感器是卫星姿态的重要测量元件，与陀螺相比，其测量误差不随时间积累，是实现对整星姿态和相机光轴长期高精度测量的关键。由于星敏感器本身特点，其光轴测量精度较高，横轴测量精度较差，因此，若要实现惯性三轴姿态的高精度测量，必须通过双星敏定姿手段。

根据双矢量定姿原理，在已知双矢量各自误差的基础上，对姿态确定的误差进行分析，设星敏 1 理论光轴为 $\boldsymbol{V}_1$、星敏 2 理论光轴为 $\boldsymbol{V}_2$（即 $\boldsymbol{V}_1$、$\boldsymbol{V}_2$ 为参考矢量），星敏 1 实际光轴为 $\boldsymbol{U}_1$、星敏 2 实际光轴为 $\boldsymbol{U}_2$（即 $\boldsymbol{U}_1$、$\boldsymbol{U}_2$ 为观测矢量），$\boldsymbol{V}_3$ 垂直于 $\boldsymbol{V}_1$、$\boldsymbol{V}_2$，$\boldsymbol{U}_3$ 垂直于 $\boldsymbol{U}_1$、$\boldsymbol{U}_2$。α_1 和 α_2 为星敏感器光轴测量误差，α_3 为双矢量叉乘得到的坐标轴的误差。两星敏间夹角为 θ_{12}，示意图如图 6-6 所示。

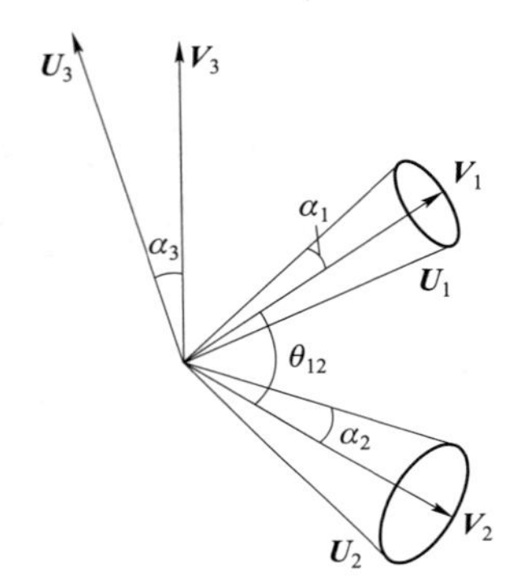

图 6-6　双矢量定姿精度分析示意图

如前所述，$\boldsymbol{U}_1$、$\boldsymbol{U}_2$、$\boldsymbol{U}_3$ 构成的非正交坐标系为测量坐标系，$\boldsymbol{V}_1$、$\boldsymbol{V}_2$、$\boldsymbol{V}_3$ 构成的非正交坐标系为参考坐标系，两坐标系间的误差即为由于星敏测量误差引起的姿态确定误差。用绕欧拉轴的转角 Φ 来表示两个坐标系间的相对转移。当星敏感器误差较小时，双星敏系统的测量误差如下：

$$\Phi^2 = \frac{1}{2}(\alpha_1^2 + \alpha_2^2)(1 + \csc^2\theta_{12}) \tag{6-3}$$

可见，当两个参考矢量正交时（即 $\theta_{12}=90°$），确定误差最小；两个参考矢量间夹角越小，姿态确定误差就越大。因此，在卫星设计时，不但要考虑选用精度较高的星敏感器产品，同时在安装时应尽量保证其光轴指向相互垂直。

卫星选用高精度星敏感器以实现姿态精确测量，对卫星在轨两台星敏感器光轴间夹角的波动情况进行统计，从图 6-7 可以看到，在不同时期星敏感器光轴间夹角波动量基本均在 15°以下，即单个星敏感器在轨实现了角秒级姿态测量精度，是卫星高精度几何定位实现的重要保证。

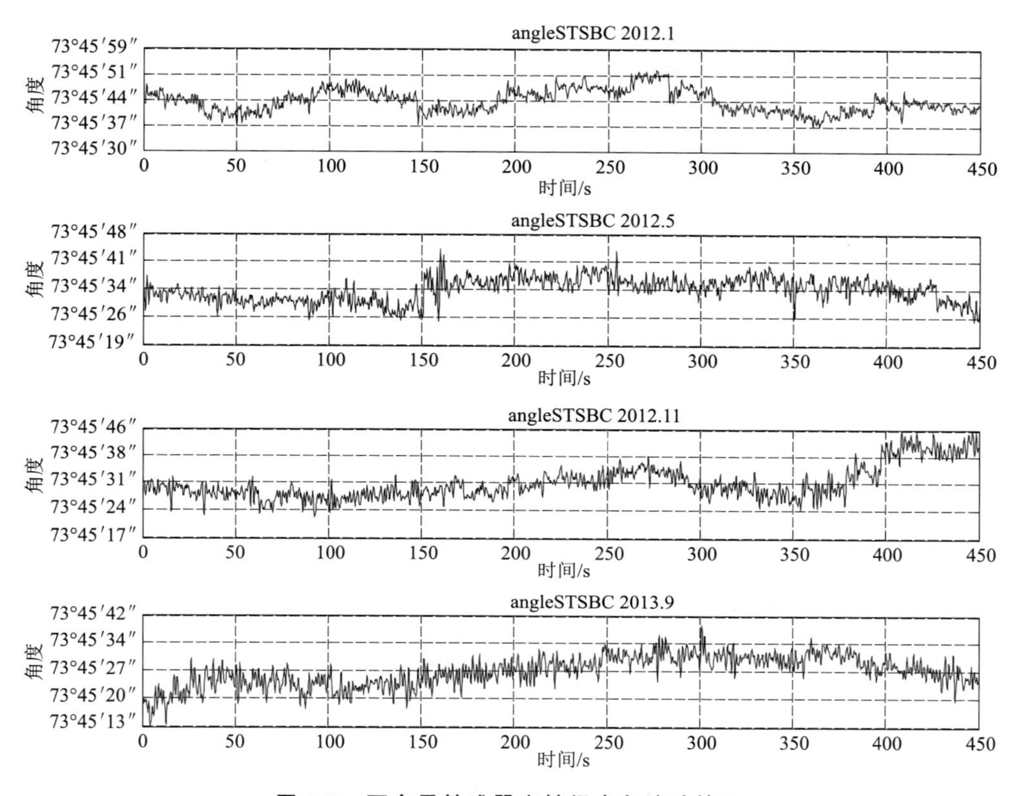

图 6-7　两台星敏感器光轴间夹角波动情况

2. 星敏和陀螺的联合姿态确定技术

星敏感器和陀螺组成的姿态测量系统是目前三轴稳定卫星高精度姿态确定的典型模式。在姿态确定时，考虑到陀螺的短期精度非常高，只是缺少绝对基准，而星敏感器由于视场变化以及热变形的影响存在较大的短周期误差项，输出数据精度在短期内会出现波动，因此目前算法采用最优估计方法对两者数据进行融合，以星敏感器测量值完成对陀螺漂移的估计，在此基础上，利用修正后的陀螺测量值给出的一段时间内的相对姿态信息，完成姿态的高精度推算。

若将星敏感器和陀螺测量数据下传到地面，可以采用滤波技术进行地面处理，将星敏感器输出惯性空间姿态作为基准，利用修正后的陀螺数据完成对姿态的推算。根据以上联合定姿原理，同时考虑星敏随机误差、短周期误差以及陀螺随机漂移的影响，系统定姿误差包含星敏感器输出误差以及陀螺推算姿态的误差，而利用陀螺推算相对姿态的误差主要来源于陀螺自身的随机漂移和陀螺常值漂移估计残差。对于星敏、陀螺联合定姿方案，影响其精度的因素主要有星敏感器的随机误差、短周期误差、数据输出频率，而采用高精度陀螺后，其随机漂移、测量分辨率对联合定姿精度的影响相对较小。

3．高稳定姿态控制技术

为了满足测绘精度要求，需严格计算每行影像对应的指向信息，而星敏感器的数据输出频率低于相机行频，通过星敏感器观测得到相机光轴指向角度的采样点较少，主要通过内插方法进行计算，提高星体姿态稳定度可以提高内插点姿态数据精度，进而提高图像定位精度。

在卫星稳定飞行期间，影响卫星姿态稳定度的主要因素为姿态控制回路中姿态敏感器和执行机构的输出噪声和星上活动部件扰动。对于测绘卫星，第一类扰动源主要包括动量轮力矩噪声、陀螺噪声、姿态测量误差，第二类扰动源主要包括帆板驱动机构转动和数传天线转动扰动。通过采用高稳定姿态控制方法研制低噪声执行机构，以有效降低扰动源的影响，提高卫星在轨稳定度。

对卫星在轨数据进行统计，可以看到三轴姿态稳定度基本保持在 2×10^{-4}°/s 之内，如图 6-8 所示，可满足 1∶50 000 测图的稳定度要求。

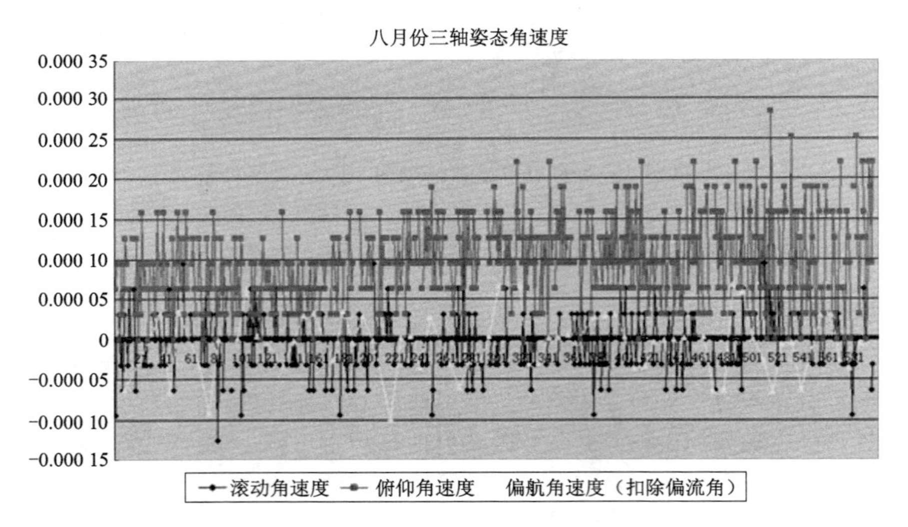

图 6-8　某资源卫星在轨姿态稳定度变化情况

4．空间基准与稳定性

相机的光轴角度在轨无法直接测量，只能通过星敏感器、陀螺等姿态测量敏感器进行间接测量，而由于卫星离地面较远，敏感器与相机光轴间很小的角度偏差都会带来较大的图像定位误差，因此，在开展卫星设计时需保证相机与

星敏感器之间相对指向的稳定性。通过将星敏感器与相机一体化安装，最大限度缩短星敏感器与相机之间的结构连接路径，可减小结构热变形造成的影响，以确保两者之间相对指向的稳定性。

为保证星敏感器与相机光轴间指向的稳定性，结合卫星构形以及星敏感器布局和视场要求，将星敏感器与相机共基准安装，如图 6-9 所示，通过高稳定性共基准支架减少中间连接环节的影响，使星敏感器与光学相机成像基准最大限度保持一致，减小在轨空间环境变化对两者相对几何位置的影响。此外，由于单台星敏具有光轴方向测量精度高、横轴方向测量精度相对较低的固有特性，多星敏感器共基准一体化布局可保证多星敏感器联合安装精度。

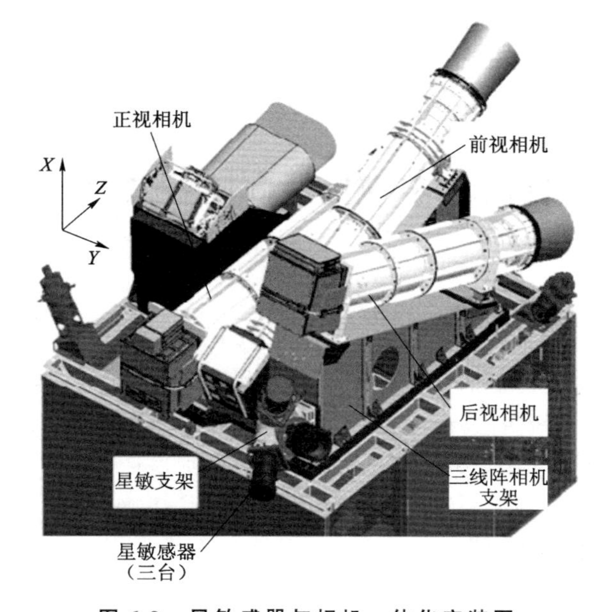

图 6-9　星敏感器与相机一体化安装图

星敏感器支架和相机支架作为连接多个星敏感器与光学相机的关键支撑结构，其热稳定性直接影响相机光轴的指向确定精度，需要对星敏感器与相机支架进行高稳定设计。在材料方面，一般优先选用低热膨胀率材料，如碳纤维复合材料、C/SiC 材料、微晶材料和殷钢等。在温度控制方面，由于在轨温度变化是导致结构在轨变形的主要诱因，因此对结构进行精密控温是提高结构在轨稳定性的重要措施。

6.7 高精度时间同步技术

卫星时间同步系统向卫星各个时统用户分系统提供标准时间信号，使得卫星所有时统用户能够以共基准时间源为参考标定内部时刻，实现整个卫星时间的统一。该系统由各种电子设备及相关协议算法组成。卫星时间系统需要根据几何定位精度、事后处理等卫星任务需求进行合理设计。

6.7.1 时间系统组成

卫星时间系统主要包括授时部分和守时部分。授时部分包括时钟源、时间传递和保持设备等，时钟源的作用是使时间码产生器对频标源输出的频率信号进行计数产生本地时间，与外部输入的时间基准进行比对后，按照一定的时间编码格式输出参考时间。时间传递与保持设备将这一参考时间传送给守时部分。

守时部分通常由时间信息接收部分、本地时间码生成器及应用用户等组成，主要完成对授时部分发送时间信息的接收、对本地时间校正及时间应用等工作。目前卫星设计方法中守时部分常存在于星上各个时统用户中。

高精度测绘卫星一般设计高精度和一般精度两套时间系统，将使用整星秒脉冲信号（由 GPS 为源头输出或以数管系统为源头输出）的终端定义为高精度

时间系统中的守时端；不使用秒脉冲信号，仅使用广播时间码的终端定义为一般时间系统的守时端。测绘卫星时间系统示意图如图 6-10 所示。

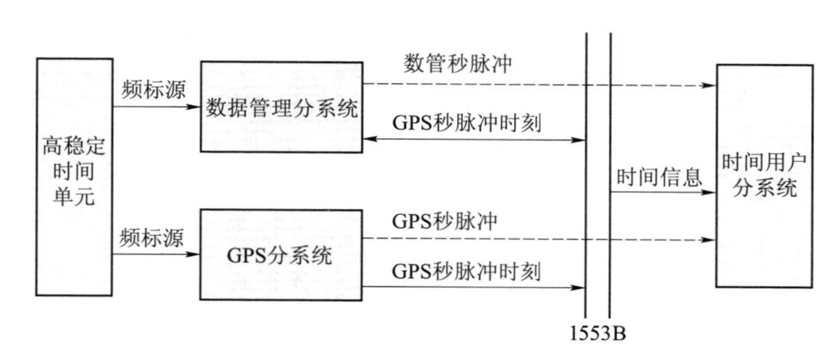

图 6-10　测绘卫星时间系统示意图

6.7.2　时间系统授时方式

一般精度时间系统：数据管理系统利用高稳定时间单元提供的频率基准信号或内部时钟信号进行计数，生成卫星时间并按一定周期发布，可以通过集中校时、均匀校时和自主校时等多种手段对卫星时间进行校正。

高精度时间系统：GPS 从导航电文中获取时间信息，实现与 GPS 时间同步。GPS 每秒一次输出整秒脉冲给高精度时统用户单元，并将输出秒脉冲所对应的绝对时间信息发送给数管系统，数管系统通过 1553B 总线再将此时间信息转发给各分系统时间接收单元。

6.7.3　时间系统精度分析

在一般精度时间系统中，由于数管系统在传送时间数据前已消除（含软件）自身产生的时延，所以影响时间精度的因素有：高稳定时间单元输出精度、时间码广播精度和各个时间系统用户的处理时延。一般精度时间系统的精度可达几十毫秒。

对于高精度时间系统，其共基准时间源一般选择 GPS 秒脉冲或数管秒脉冲，其授时精度优于 1 μs。高精度时间系统的用户守时精度一般优于 20 μs，因此可实现整星 50 μs 的时间系统精度，满足高精度测绘卫星的任务需求。时间系统精度分析如表 6-3 所示。

表 6-3　测绘卫星时间系统精度分析

项目 类型	误差项		误差值	整星时统精度估计
一般精度	高稳定时间单元输出精度/μs		≤1	≤51 ms
	时间码广播精度/μs		≤50	
	一般精度时统用户处理时延/ms		≤50	
高精度	秒脉冲信号精度	GPS/ns	≤300	≤20 μs
		数管/μs	≤1	
	电缆传输时延/μs		≤0.3	
	高精度时统用户守时精度/μs		≤18	

6.8　同名点匹配技术

同名点匹配技术包括基于成像几何关系的粗匹配和基于图像纹理的高精度匹配技术。

6.8.1　基于成像几何关系的粗匹配技术

对于成像几何关系已知的影像，可利用成像几何关系，实现影像匹配，因为DEM及成像几何关系存在误差，匹配结果精度普遍较差，因此是粗匹配。影像粗匹配可以为基于图像纹理的高精度匹配提供搜索窗口的初始位置及范围信息。粗匹配分为影像仿真和仿真影像与高分辨率影像间像素对应关系求解两步。影像仿真的过程如下：

（1）对于低分辨率相机上的像素（l_1，s_1），采用低分辨率相机几何成像模型正算公式，在低精度DEM辅助情况下，计算其所对应的大地点坐标（l_{at_1}，l_{on_1}）；

（2）采用高分辨率相机几何成像模型反算公式，将上述计算得到的大地点坐标（l_{at_1}，l_{on_1}）反投影到高分辨率相机成像面上，得到其对应的像素坐标（l_2，s_2）；

（3）由于上述得到的高分辨率图像像素坐标（l_2，s_2）非整数，所以采用一定的内插算法，通过高分辨率影像的整数像素灰度内插出像素坐标（l_2，s_2）

的像素灰度 g，将此灰度值赋予仿真影像（l_1，s_1）像素上。

不断逐像素重复上述（1）～（3）过程，得到高分辨率相机在低分辨率相机上的投影仿真影像。

求解仿真影像与高分辨率影像间像素对应关系的过程：

（1）对于仿真影像上的像素（l_1，s_1），采用低分辨率相机几何成像模型正算公式，在低精度 DEM 辅助情况下，计算其所对应的大地点坐标（l_{at_1}，l_{on_1}）；

（2）采用高分辨率相机几何成像模型反算公式，将上述计算得到的大地点坐标（l_{at_1}，l_{on_1}）反投影到高分辨率相机成像面上，得到其对应的像素坐标（l_2，s_2），此像素坐标即仿真影像对应的高分辨率影像坐标。

不断逐像素重复上述（1）～（2）过程，得到最终转化而成的所有点，即得到了仿真影像与高分辨率影像间的像素对应关系。

6.8.2 基于图像纹理的高精度匹配技术

通过影像粗匹配，实现了高分辨率影像的低分辨率采样及几何条件调整，得到了两张可认为是同分辨率同几何条件的影像。若 DEM 及内外方位元素准确，则根据几何关系即得到了同名点。但由于 DEM 精度低、内外方位元素存在误差，仿真影像与低分辨率影像间仍存在一定的错位，需要采用基于图像纹理的配准算法实现进一步的高精度配准。

图像配准算法主要分为两类：基于区域的方法和基于特征的方法。基于区域的方法就是以图像的灰度作为特征进行处理，基于特征的方法则是从图像中提取某些特征进行匹配。基于特征的方法通常用于近景拍摄的图像识别，卫星遥感影像匹配一般采取基于区域的方法，主要包括三类。

（1）块匹配法：以图像灰度的相似度通过试探性搜索求解最佳匹配点。一般仅适用于平移运动模型，主要应用在视频编码中。

（2）梯度法：其最成功的经典算法是 Lucas-Kanade 算法，它基于图像的泰勒展开与近似，通过误差平方和最小化求得闭式解；该算法计算简单且精度高，在计算机视觉及光流场估计中广泛应用。

（3）相位相关法：它基于傅里叶变换平移定理，通过相位相关实现平移参数的隔离和提取，它具有较强的抗噪性和健壮性，受到广泛关注。卫星遥感图像的高精度匹配多采用该算法。

对于相位相关法来说，若引入抛物线对多个点的相关系数值进行抛物线拟合，取抛物线的顶点作为最佳匹配点，则可以进一步提高匹配精度，一般相关系数抛物线拟合可使相关系数匹配精度达到 0.15～0.20 像素。如果在相关系

数基础上考虑影像之间的辐射变形和几何变形，可以形成最小二乘匹配方法，将匹配精度进一步提升到0.15像元以内。

最小二乘匹配方法的精度受到匹配图像分辨率差异、地物类型和信噪比的影响。在4倍分辨率差异情况下的匹配精度为低分辨率图像的0.15像元；16倍图像分辨率差异情况下为低分辨率图像的0.05像元，可见分辨率差异越大，配准精度越低。在不同地物条件下，水域的配准精度最低，其次是农田，配准精度最高的是城区。信噪比对于配准精度的影响为呈现近线性的单调函数，一般认为信噪比优于25倍时，就不再成为影响图像配准精度的主要因素。

6.9 三线阵立体相机方案设计

6.9.1 系统组成及拓扑结构

资源三号卫星三线阵立体相机具备获取同一地物前视、正视、后视影像的功能，并利用所得影像配合多光谱相机完成对我国国土 1∶50 000 比例尺的立体测图任务和资源遥感任务。三线阵相机由前视、后视和正视相机主体，前视、后视和正视相机信号处理器，三线阵相机控制器和相机支架组成，其组成框图如图 6-11 所示。

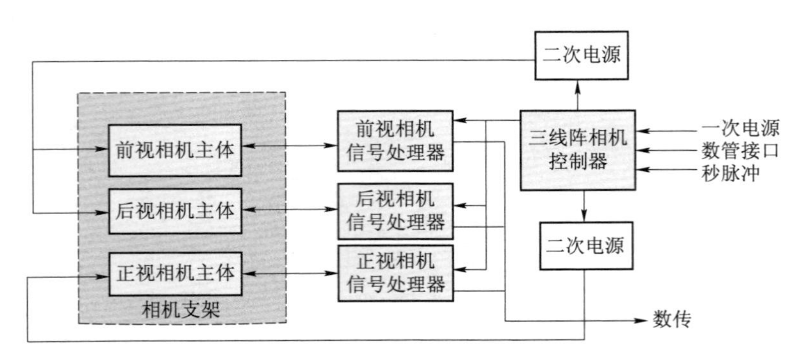

图 6-11　三线阵相机分系统组成框图

6.9.2　高精度三线阵相机光机系统设计

三线阵相机主要技术指标如表6-4所示，为达到相关要求，进行了高像质高稳定性镜头设计和高稳定性一体化支架设计。

表6-4　三线阵相机主要技术指标

项目	性能指标
分辨率/m	前后视相机3.5，正视相机2.1
幅宽/km	前后视52，正视50
MTF	前后视≥0.22；正视≥0.2（Nyquist）
杂光/%	4
在轨稳定性	内方位元素引起像移小于0.3像元；相机夹角半年内变化不超过0.8″

1. 高精度、高稳定性光学系统设计

三线阵相机分系统三台相机均选用透射式像方准远心光学系统，具有设计方法成熟、机械结构简单、加工装调方便、光学系统畸变小等优点，结构形式如图6-12所示。焦面组件均采用棱镜拼接方式，正视焦平面组件由3片8 192像元的TDICCD拼接而成，像元大小为7 μm；前、后视焦平面组件均由4片4 096像元的TDICCD拼接而成，像元大小为10 μm。在500 km的卫星标称轨道下，正视相机分辨率2.1 m@幅宽50 km，前后视相机分辨率3.5 m@幅宽52 km。

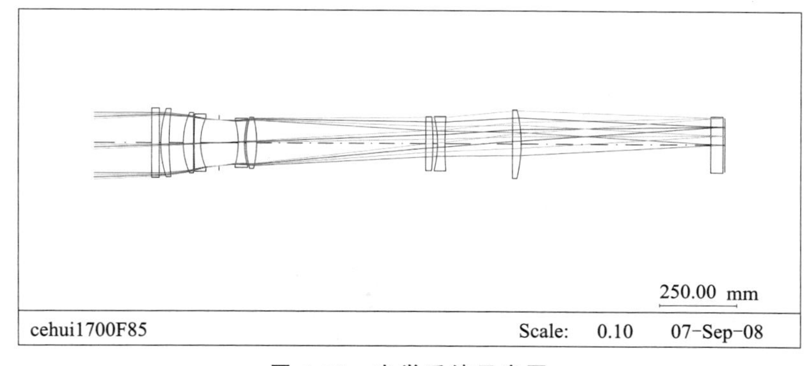

图6-12　光学系统示意图

三线阵相机通过采取遮光罩，镜头内部设置孔径光阑和消杂光光阑，在主光路上的光机结构件进行发黑处理，所有透射表面上镀增透膜等措施，能够将镜头的杂光系数抑制在4%以内。正视相机杂光系数设计值为3.6%，前、后视相机杂光系数为3.8%，满足用户4%的指标要求。镜头杂光抑制措施如图6-13所示。

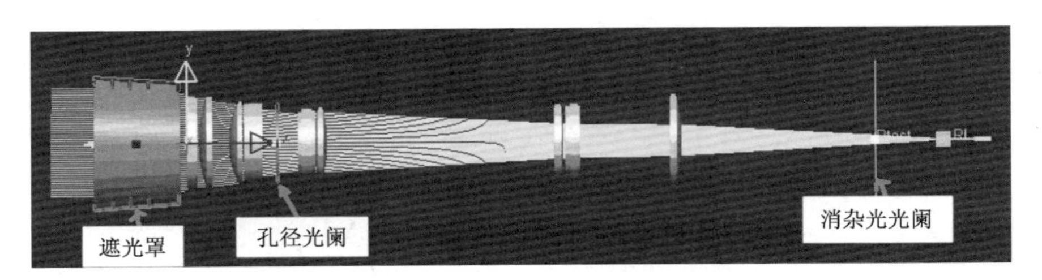

图 6-13　镜头杂光抑制措施

2. 高稳定性光机系统相机镜头设计

为降低相机本身对温度波动的敏感性，提高单台相机在轨内方位元素的稳定性，采用了如下设计：

相机镜头采用像方准远心光学系统。当焦面因温度波动等原因而发生前后漂移时，由于轴外主光线近乎与光轴平行，像高变化很小，从而实现像高的稳定，减少系统离焦带来的测量误差。

采用钛合金光机结构。钛合金材料的选用实现了镜头光机部分轴向和径向的热匹配设计，使相机主体具有较好的力学和热稳定性，在重力卸载及在轨工作时温度变化的条件下，能够保证光学系统所要求的各光学元件之间准确的位置及像面的稳定，从而实现空间条件下的良好成像质量和系统参数的稳定，包括系统内方位元素的稳定，构型如图6-14所示。

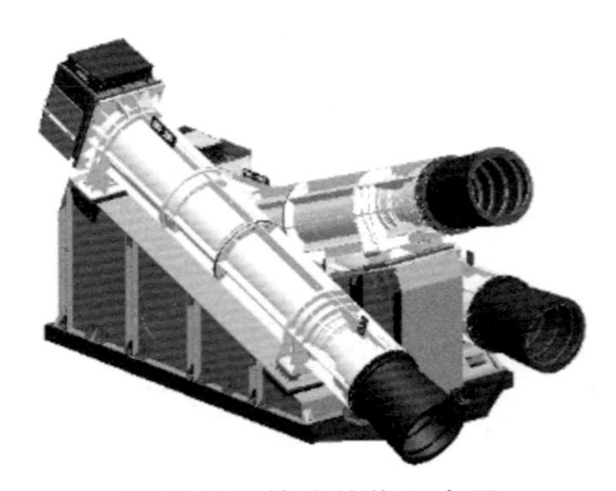

图 6-14　镜头结构示意图

高精度温度控制：相机分系统对热控提出了较高的要求，在温度水平及波动、轴向温度梯度、径向温度梯度及波动等工况下，对相机在不同热载荷条件下的像质、参数及变化量进行仿真，结果表明通过精密热控措施可以保证相机成像质量。

3. 高精度、高稳定性一体化支架设计

一体化支架由1块支架底板、2个复合材料支撑部件、2个正视相机支撑件、3个挠性连接件，以及若干调整垫片、隔热垫和紧固标准件组成；复合材料支撑部件由主体、内外加强筋、连接角片、隔热垫、金属法兰以及连接镶套组成。底板通过三组支撑件将相机主体及星敏连接起来实现一体化安装。为了保证相机之间的夹角稳定性，在一体化支架方案设计和研制过程中，通过采用复合材料支撑部件控制一体化支架在 X 轴方向的热变形，采用柔性片来减少相机主体的挠性变形，通过铸镁底板来加强与整星的连接刚度，并对相机组合体的工作温度环境进行精密温控，满足夹角稳定性要求。

6.9.3　相机电子系统设计

相机的电子学部分主要由成像部分和控制部分组成。成像部分主要包括焦面电路、信号处理与数据合成电路、积分时间控制电路等，完成对焦面TDICCD器件的驱动、输出信号缓冲处理、长线驱动、滤波、增益调整、采样、箝位、A/D变换、格式编排、成像时刻记录、辅助数据注入、LVDS发送等功能。

控制部分完成遥控指令、整秒时刻代码、秒脉冲信号及服务系统辅助数据的接收转发、遥测数据的采集发送、相机电子学的配电控制、设备及部件的主备份切换、焦面机构的锁定及驱动等功能。控制部分主要包括遥控遥测接口电路、CPU电路、配电控制电路、成像参数设置及状态采集电路(三线串口电路)、调焦控制电路等。三线阵相机的电子学系统框架构成如图6-15所示。

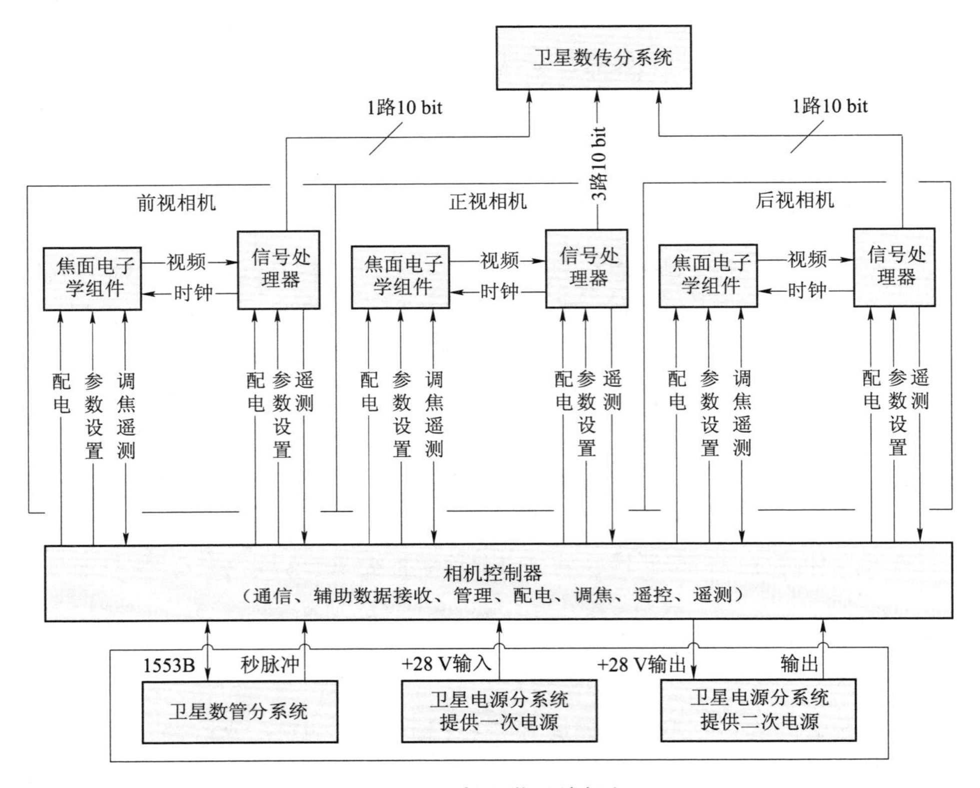

图 6-15　电子学系统框架

|6.10　几何标定技术|

6.10.1　实验室内方位元素的高精度标定

1. 内方位元素标定方法

内方位元素测量原理如图6-16所示，图中N'为物镜的后节点，P为主点位置，f为主距，H_i为被测点的理想位置，H'_i为被测点，L_i为H'_i的像高，W_i为对应H_i点的偏角。在镜头装调时，已将镜头光轴引到相机窗口法线上或基

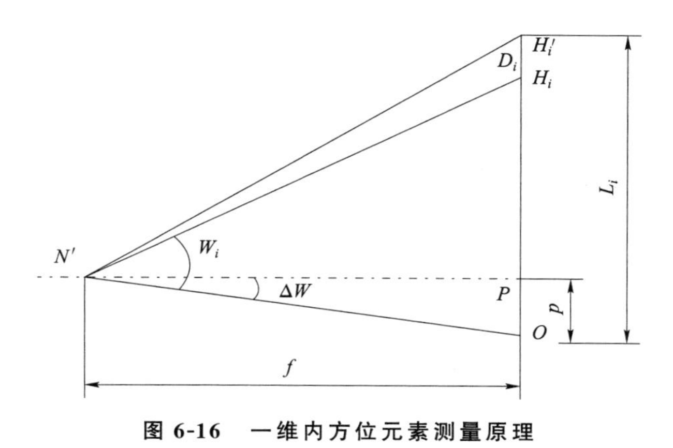

图6-16　一维内方位元素测量原理

准立方镜上。主点测试时，调整平行光管光轴与相机视轴平行，此时靶标成像在被测相机焦面上的位置即为主点。

根据图中的几何关系，可以列出对应 H_i 点的畸变计算公式：

$$D_i = L_i - f\tan W_i + p\tan^2 W_i \tag{6-4}$$

为了确定相机的主距，比较合理的求解条件是使畸变的平方和最小，这也是国际上通用的标准求解方法。求解该超定方程组，得到主距的表达式：

$$f = \frac{\sum_{i=1}^{N} L_i \tan^2 W_i \cdot \sum_{i=1}^{N} \tan^3 W_i - \sum_{i=1}^{N} L_i \tan W_i \cdot \sum_{i=1}^{N} \tan^4 W_i}{\left(\sum_{i=1}^{N} \tan^3 W_i\right)^2 - \sum_{i=1}^{N} \tan^2 W_i \cdot \sum_{i=1}^{N} \tan^4 W_i} \tag{6-5}$$

根据测得的靶标像质心位移 L_i 和相机旋转的角度 W_i，利用上面两个计算公式求出主距 f 和对应各点的畸变值 D_i。

2. 内方位元素标定设备

相机内方位元素测试仪如图 6-17 所示，利用平行光管靶标成像进行内方位元素测试。

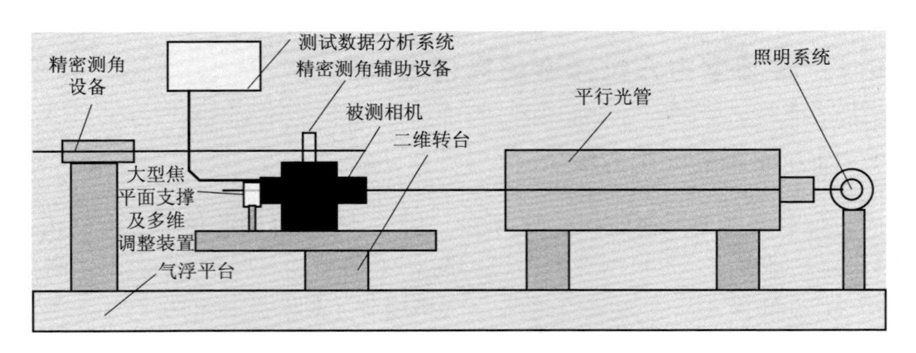

图 6-17　内方位元素测试仪简图

内方位元素的主要测试仪器和设备配备如下：二维转台用于稳定承载被测相机，并保证被测相机入瞳位于转台竖直轴中心；光电自准直仪用于精确测量转台的转动角度；平面反射镜用于配合光电自准直仪自准直；平行光管用于提供无穷远成像条件，其口径不小于被测相机通光口径，焦距一般应大于被测相机焦距；靶标用于提供成像的光源；照明光源提供均匀照明，可选用积分球光源。

3. 内方位元素标定精度分析

1）主点测试精度分析

主点测试精度主要取决于靶标像质心位移误差和视轴确定误差。视轴确定

误差包括平行光管光轴与镜头光轴调整误差、镜头光轴引出误差和焦面安装倾斜误差，以上误差的合成即为相机主点标定误差。

2）主距测试误差分析

主距测试误差计算公式为：

$$\delta_f=\sqrt{\sum\left(\frac{\partial f}{\partial L_i}\right)^2\delta_L^2+\sum\left(\frac{\partial f}{\partial W_i}\right)^2\delta_W^2}=\sqrt{\frac{1}{\sum\tan^2 W_i}\delta_L^2+\frac{\sum L_i^2\sec^4 W_i}{(\sum\tan^2 W_i)^2}\delta_W^2}\tag{6-6}$$

式中，δ_L 为 L_i 的测试误差，取决于靶标像位移计算精度；δ_W 为角度 W_i 的测试误差。可以根据相机实际参数，得到主距测试误差。

3）畸变测试误差分析

畸变的测试误差 δ_D 应包括三个来源，即靶标像位移测试误差 δ_L，角度测试误差 δ_W，主距测试误差 δ_f，其表达式为：

$$\delta_D^2=\left(\frac{\partial D}{\partial L}\right)^2\cdot\delta_L^2+\left(\frac{\partial D}{\partial W}\right)^2\cdot\delta_W^2+\left(\frac{\partial D}{\partial f}\right)^2\cdot\delta_f^2\tag{6-7}$$

式中，$\left(\frac{\partial D}{\partial W}\right)^2\approx(-f\cdot\sec^2 W)^2=f^2\cdot\sec^4 W$，$\left(\frac{\partial D}{\partial L}\right)^2=1$，$\left(\frac{\partial D}{\partial f}\right)^2=\tan^2 W$。

根据被测相机参数以及内方位元素测试仪器测试误差，可以计算得到相机畸变测试误差。

6.10.2　在轨高精度几何标定

在轨高精度几何标定是确保卫星处于最佳运行状态、提高测绘产品几何定位精度的重要保障。标定结果提供给数据处理分系统进行后期处理以提高标准产品几何质量，进而提供给用户使用。几何标定的主要内容包括图像定位精度、图像内部畸变、几何分辨率、内方位元素、外方位元素标定以及载荷几何稳定性标定等。

1. 内方位元素标定方法

内方位元素标定流程主要包括基于高分辨率航片的影像几何模拟、影像 MTF 退化、模拟影像和真实影像高精度配准、内方位元素求解、误差分析等环节。

2. 外方位元素标定方法

外方位元素标定流程主要包括同名像点测量和控制点识别、经过精密定轨和精密定姿的结果作为外方位元素的初值、建立针对外方位元素的误差方程、

求解待标定参数、精度评定等环节。

3. 在轨几何标定场地

利用全球范围分布的定标场进行在轨高分辨率卫星几何标定和精度验证已被普遍接受。如美国的 Stennis Space Center 定标场可以用于 IKONOS 检校；法国的 Manosque 定标场，瑞士的 Bern/Thun 定标场用于 SPOT5 检校；日本的 Tsukuba、Tochigi、Iwate、Tomakomai 定标场用于 ALOS 检校。国内建立了以河南嵩山几何定标场为代表的在轨几何标定场地，已用于资源、测绘、高分等系列高分辨率遥感卫星在轨标定。

高精度测绘卫星地面几何定标场的建设一方面需选择气象条件良好的地区，以提高每次卫星过顶的成像效率和定标频次；另一方面需要选择具有一定范围平坦地势的区域，有大量稳定的标志点或明显特征的地物，便于选取地面控制点，以满足铺设靶标、校验内/外方位元素和辐射标定的需求。定标场的基本条件包括：

(1) 具备特定比例尺的数字表面模型 (Digital Surface Model，DSM)、DEM 和数字正射影像图 (Digital Orthophoto Model，DOM) 数据：需要获取能够覆盖定标场的高分辨率航空摄影立体数据，并对数据进行后期处理，生成特定比例尺的 DSM、DEM 和 DOM 数据。

(2) 具备厘米级的高精度地面控制点：卫星几何标定需要高精度的地面控制点作为输入条件，可采用 GPS 测量的方式完成地面控制点的建立，基于分布均匀、精度极高的控制点网，可实现测绘卫星的高精度几何标定。

(3) 良好的气候条件：为保证定标场的可用性，卫星几何定标场要求具备良好的气候条件。

河南嵩山几何定标场总体范围约 10 000 km^2，如图 6-18 所示。区域内海拔高度在 100～1 500 m 之间，主要地貌类别齐全，涵盖有平原、丘陵地、山地等，有大小多个水库分布其间。纵横铁路干线（含高铁）、高速公路网、国道、通信干线、各种管网类别具有代表性。该区域地处我国中部，气候特点具有一定代表性，获取高质量光学遥感图像的有效时间较有保证。嵩山场具备大范围定位基准参考站点、覆盖实验场的高精度地面控制点网，其中在 8 000 km^2 内布设 69 个高精度控制点（平面精度0.1 m，高程精度 0.2 m），以自然、人工地物为标志，用于航天遥感定标与测试。嵩山场具备高精度、高分辨率数字表面模型、数字高程模型和数字正射影像图本地数据。

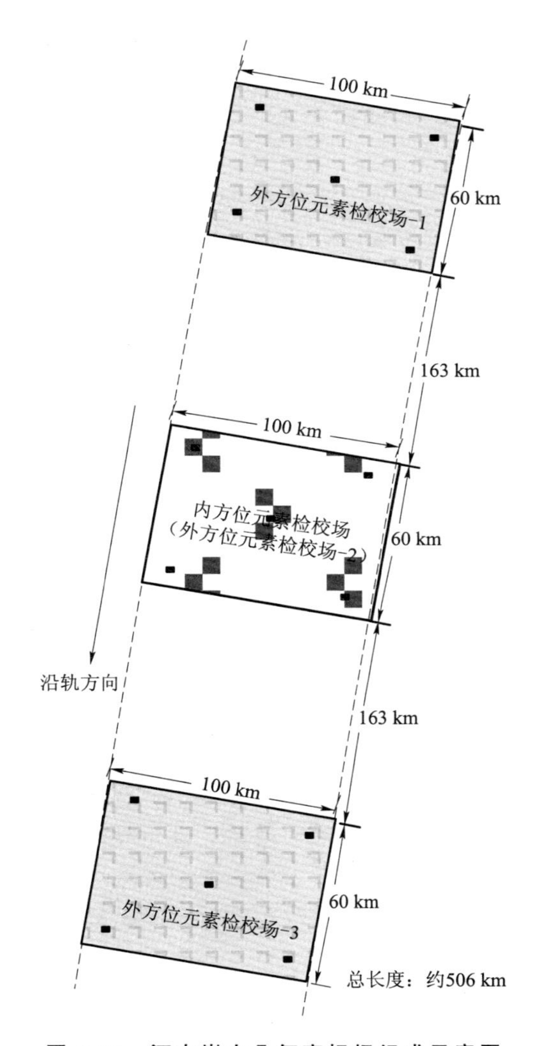

图 6-18　河南嵩山几何定标场组成示意图

4. 在轨标定精度分析

卫星几何标定关键在于偏置矩阵的求解。所谓偏置矩阵是因传感器与卫星平台之间的安装误差而导致的传感器坐标系与卫星平台坐标系之间的旋转矩阵，用于校正传感器与卫星平台坐标系之间不重合而导致的成像偏差。在测绘卫星影像预处理中，通过偏置矩阵的计算，校正传感器相对于卫星平台的安置误差，提高几何定位精度；而在实际处理时，其实是将轨道、姿态测量误差合并到传感器与卫星平台之间的旋转矩阵进行求解。

由于 GPS 测定的是 GPS 相位中心的位置，星敏测定的是星敏感器到 J2000 坐标系下的指向，因此，为了得到卫星的位置和卫星的姿态，需要将 GPS 和星敏测定的数据转为卫星的位置和指向。因此，需通过地面测定 GPS 相位中心在卫星本体坐标系中三个偏移 $[D_x \quad D_y \quad D_z]^T$ 以及星敏感器本体系和卫星本体系之间的坐标旋转关系 $R^{Bodystar}$，相机在卫星平台上安装矩阵 $\boldsymbol{R}^{Bodycamera}$ 和 $[d_x \quad d_y \quad d_z]^T$ 以及 CCD 线阵上每个像元在相机坐标系的指向角（ψ_X，ψ_Y）等。在不考虑大气折射影响的条件下，可以构建高分辨率光学遥感影像的严密成像几何模型：

$$\begin{bmatrix} X \\ Y \\ Z \end{bmatrix}_{WGS84} = \begin{bmatrix} X_{GPS} \\ Y_{GPS} \\ Z_{GPS} \end{bmatrix} + m\boldsymbol{R}^{WGS84J2000}\boldsymbol{R}^{J2000star}(\boldsymbol{R}^{Bodystar})^T \times \left[\begin{bmatrix} D_x \\ D_y \\ D_z \end{bmatrix} + \begin{bmatrix} d_x \\ d_y \\ d_z \end{bmatrix} + \boldsymbol{R}^{Bodycamera} \begin{pmatrix} \tan(\psi_Y) \\ \tan(\psi_X) \\ -1 \end{pmatrix} \times f \right] \tag{6-8}$$

式中，$[X \quad Y \quad Z]^T_{WGS84}$ 表示地面一点 P 在 WGS84 下的三维笛卡尔坐标，m 为比例系数，f 为相机主距。

通过模型分析可以发现，影响测绘卫星影像几何定位精度的误差主要包括相机内部畸变误差、GPS 观测误差、姿态观测误差和相机安装角误差。除此之外，卫星在轨标定精度除受上述卫星相关误差（随机误差影响较大）外，还受地面几何定标场本身地面控制点精度、数量、分布等因素影响。

经过在轨几何标定后，资源三号卫星影像的无控定位精度与内部几何精度均得到显著提高：其无控定位精度从检校前 1 500 m 左右提高到检校后 15 m 以内。资源三号在轨几何标定精度可以达到优于 0.3 个像元。资源三号卫星经几何标定后，采用一个控制点即可以达到比较好的平面和高程精度，随着控制点增加到 4 个以上时，平面和高程精度趋于稳定，平面在 4 m 左右，高程在 2 m 左右。

6.11 高精度测绘处理技术与飞行试验结果

光束法平差是摄影测量中理论最严密和精度最高的平差方法，它以每束空间光线为基本平差单元，通过每束光线的旋转和平移，使同名点对应的光线束以控制点坐标为基准进行最佳交会，解算获取影像外方位元素和加密点坐标，实现平差测量。其基本方程是基于共线条件方程的成像几何模型。由于卫星传感器推扫式成像的特殊性，外方位元素间极易造成强相关而导致未知参数间产生替代效应，往往使得最小二乘无法收敛至正确解。鉴于此，可以将星上测得的传感器位置和姿态信息作为带权观测值引入平差系统，确保参数求解的正确性和稳定性。光束法平差要求有严格的成像模型，并能真实反映成像过程中各种误差源，但现实中其形式较为复杂，不具有通用性。

出于商业或者军事等方面的原因，从美国的IKONOS卫星影像开始出现了一种不采用严密模型的模式，即不提供光学相机的内方位元素和姿态轨道等外方位元素的模式。Spacing Imaging公司提供的用于处理的数学模型称为有理多项式模型（Rational Polynomial Coefficients，RPC）。目前RPC模型是几乎被用于所有的高分辨率卫星影像的位置定位的基本数学模型。有理函数模型（Rational Function Model，RFM）从数学上去拟合影像的严格成像模型，其实质是利用一个有理函数逼近二维像平面空间与三维物方空间的对应关系，其本身并没有明确的物理意义，能够很好地实现对传感器参数的隐藏，适用于大多数传感器，便于实时处理。

RPC模型是光学遥感影像的通用几何模型，其参数生成是一个分段拟合过程，是连接光学影像地面预处理与应用的关键环节。根据对RPC模型的研究，有理函数多项式的一次项能表示光学投影系统产生的误差，其二次项能表示地球曲率、大气折射和镜头畸变等产生的误差，其三次项用来表示其他一些未知的具有高阶分量的误差。因此，超过三阶分量的误差将无法由RPC模型高精度替代。

2012年2月20日至4月10日，资源三号卫星在轨测试期间，国家测绘地理信息局卫星测绘应用中心，利用已有的控制资料和RPC模型，生成DEM、DOM、数字线划图（Digital Line Graph，DLG）等，结果表明：RPC模型完全可以替代严密模型开展测图任务，资源三号的测图精度满足1∶50 000立体测图精度和1∶25 000修测更新精度要求，参见表6-5。

表6-5　资源三号在轨测试试验区测图精度

测区	测试产品	平面误差/m	高程误差/m	规范精度要求/m			
				1∶50 000		1∶25 000	
				平面	高程	平面	高程
哈尔滨测区（平地）	DLG	4.67	1.18	25	2.5	12.5	1.2
	DEM	—	1.27	—	4	—	2
	DOM	3.04	—	25	—	12.5	—
延安测区（山地）	DLG	7.72	3.18	37.5	6.0	18.75	3.0
	DEM	—	4.43	—	11	—	5.5
	DOM	4.73	—	37.5	—	18.75	—
阿坝测区（高山地）	DEM	—	2.77	—	19	—	9.5
	DOM	2.37	—	37.5	—	18.75	—

6.12 立体测绘卫星应用

立体测绘产品，由于其特有的高程精度高的特点，在涉及地图生产、导航、国土资源调查、环境监测等多个领域发挥作用。

6.12.1 基础地理测绘

利用测绘卫星的前后视影像，结合少量地面控制点定向后或区域网平差后，制作 DLG、DEM、DOM，能够满足 1∶50 000 图的精度，比较适合制作 1∶50 000 地形图等基础数据。主要产品包括：

（1）DLG 数字线划图：是以矢量数据形式表达地形要素的地理信息数据集。数字线划图既包括空间信息也包括属性信息，可用于建设规划、资源管理、投资环境分析等各个方面，以及作为人口、资源、环境、交通、治安等各专业信息系统的空间定位基础。

（2）DEM 数字高程模型：是以规则格网点的高程值表达地面起伏的数据集。数字高程模型可制作透视图、断面图，进行工程土石方计算、表面覆盖面积统计，用于与高程有关的地貌形态分析、通视条件分析、洪水淹没区分析。

（3）DOM 数字正射影像图：是经过正射投影改正的影像数据集。数字正射影像图的信息丰富直观，具有良好的可判读性和可量测性，从中可直接提取自然地理和社会经济信息。

卫星影像结合数字高程形成的标准 DSM 图（数字表面图），对地表的高度分布特性进行精细的描述，不仅包含地形的 DEM 数据，同时涵盖了地表事物的高程信息。参见图 6-19、图 6-20。

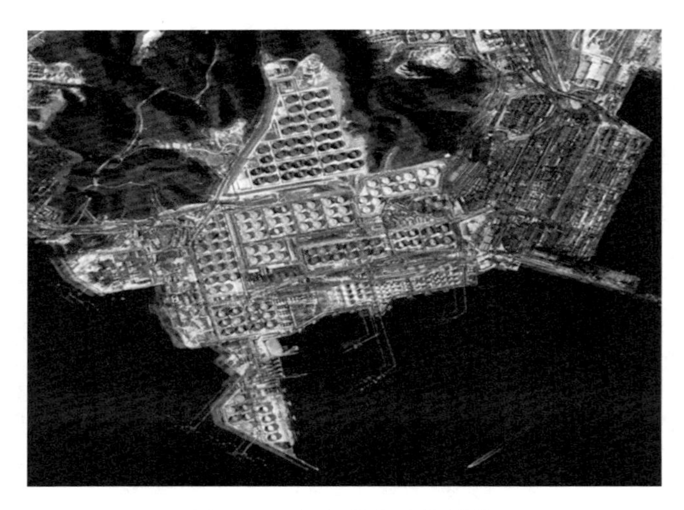

图 6-19　红绿城市立体影像

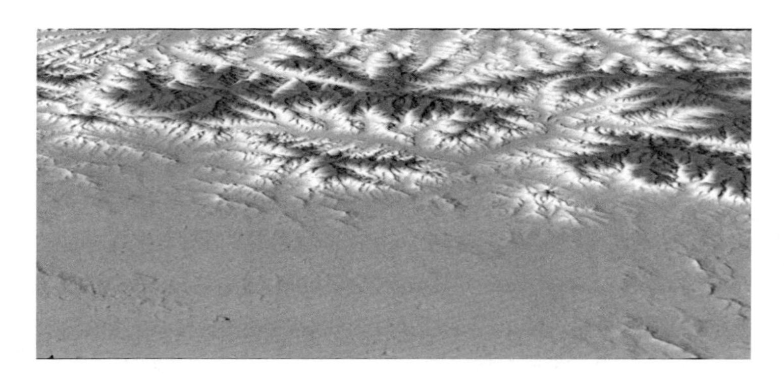

图 6-20　数字 DSM 图

6.12.2　海岛礁测绘

随着我国海洋权益的逐步拓展，海洋高精度三维基准框架建立、深海探测、精密海底地形测绘、海岛礁精确定位与测图、海岸线精确测定、暗礁识别、多源异构海量海洋测绘数据处理集成融合等成为重要的研究方向。利用测绘卫星，对我国海岸带和海岛地理信息测绘和地理环境监测，建立陆海统一的

海洋大地基准框架，是保证我国海洋权益的必要基础。

通过测绘卫星影像的使用，突破了不可到达、远离大陆的海岛（礁）测绘关键技术，最终解决了与陆地一致的海岛（礁）测绘基准构建技术难题，建成了先进的现代海岛（礁）测绘技术方法体系，为我国的海洋战略提供了数据保证。参见图6-21。

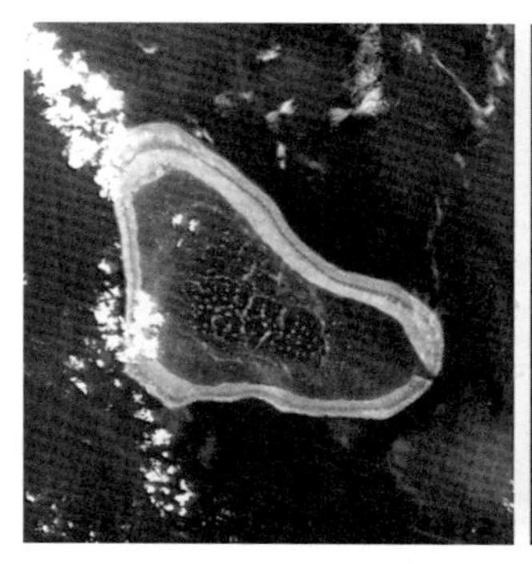

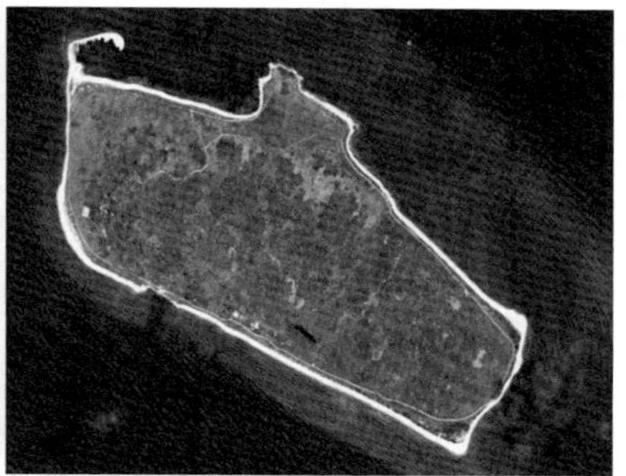

图6-21　我国海岛礁影像

6.12.3　地理国情监测

利用各时期测绘成果档案，对自然、人文等地理要素进行动态和定量化、空间化的监测，并统计分析其变化量、变化频率、分布特征、地域差异、变化趋势等，形成反映各类资源、环境、生态、经济要素的空间分布及其发展变化规律的监测数据、图件和研究报告等。参见图6-22。

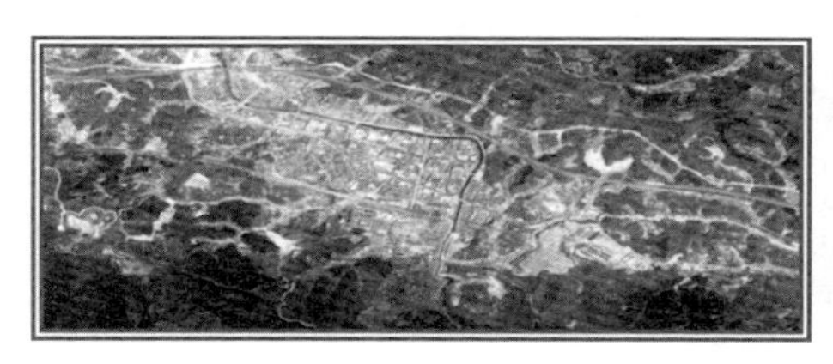

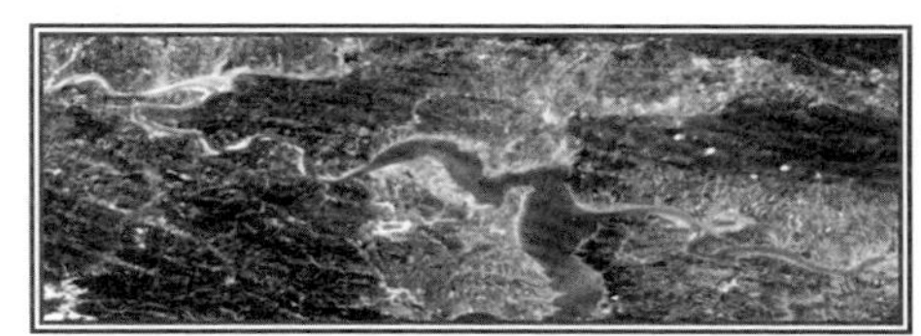

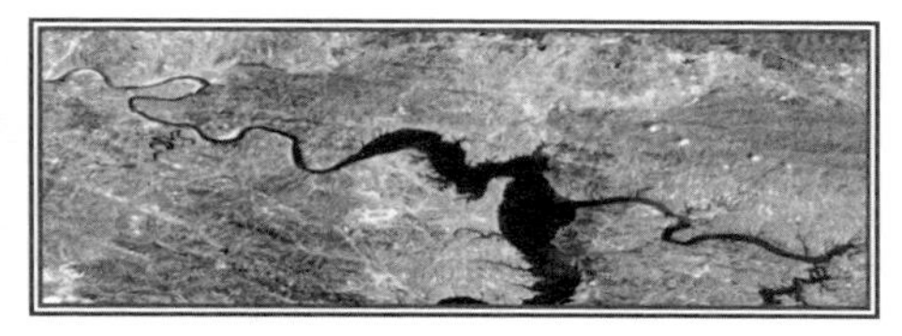

图6-22　长江重点流域水土流失情况

6.13 小结

面向社会和大众提供全天时的地理信息服务是当前新时代测绘行业发展的基本面，在这样一个大形势下，航天测绘卫星必将顺势而为，迎难而上，加快全球尺度下的连续、实时、快速、准确获取影像产品和高精度辅助数据的能力。同时，我国工业基础能力的提高也将持续推动星敏、陀螺、载荷等星上部件的发展及性能提升，具备更大比例尺天基测绘能力，进一步提高航天测图比例尺和数据精度，提升测绘产品在国家地理信息服务、地图导航产业、防灾减灾等行业中的应用水平。

参考文献

[1] 王之卓. 摄影测量学 [M]. 武汉：武汉大学出版社，2007.

[2] 宁津生，陈俊勇，李德仁，等. 测绘学概论 [M]. 武汉：武汉大学出版社，2016.

[3] 郭连惠，喻夏琼. 国外测绘卫星发展综述 [J]. 测绘技术装备，2013，15 (3)：86-88.

[4] 孙承志，唐新明，翟亮. 我国测绘卫星的发展思路和应用展望 [J]. 测绘科学，2009，34 (2)：5-7.

[5] 莫凡，曹海翊，刘希刚，等. 大比例尺航天测绘系统体制研究 [J]. 航天器工程，2017，26 (1)：12-19.

[6] 王任享，李晶，王新义，等. 无地面控制点卫星摄影测量高程误差估算 [J]. 测绘科学，2005，30 (3)：9-11.

[7] 曹海翊，刘希刚，李少辉，张新伟. "资源三号" 卫星遥感技术 [J]. 航天返回与遥感，2012，33 (3)：7-16.

[8] 李德仁，王密. "资源三号" 卫星在轨几何定标及精度评估 [J]. 航天返回与遥感，2012，33 (3)：1-6.

[9] 秦绪文，张过. 航天摄影测量 [M]. 北京：测绘出版社，2013.

[10] 余俊鹏，孙世君. 卫星摄影测量观测技术发展的若干思路 [C]. 第二十三届全国空间探测学术交流会，厦门：中国空间科学学会，2010：1-6.

[11] 高洪涛，罗文波，史海涛，莫凡，等. 资源三号卫星结构稳定性设计与实现 [J]. 航天器工程，2016，25 (6)：18-24.

[12] 蒋永华，张过，唐新明，等. 资源三号测绘卫星三线阵影像高精度几何检校 [J]. 测绘学报，2013，42 (4)：523-529.

[13] 耿蕾蕾，林军，龙小祥，等. "资源三号" 卫星图像影像特征匹配方法研究 [J]. 航天返回与遥感，2012，33 (3)：93-99.

[14] 徐文，龙小祥，等. "资源三号" 卫星三线阵影像几何质量分析 [J]. 航天返回与遥感，2012，33 (3)：55-64.

第 7 章

高分辨率合成孔径雷达遥感卫星系统设计与分析

7.1 概　　述

星载合成孔径雷达（SAR）由于不受天气和气候影响，能全天时、全天候、高分辨率、大区域对地观测，已经成为空间对地观测的重要技术手段，被广泛应用于海洋海况监测、地质考察、农业、水利和灾情监视等国民经济各领域。

SAR突破了传统光学传感器易受天气等其他外界条件影响的不足，能够全天时、全天候进行工作，而且微波信号特征丰富，含有相位、幅度和极化等信息，SAR图像更好地弥补了传统光学成像所存在的明显缺陷。相对于可见光和红外等光学成像手段，SAR是从微波波段（P/L/S/C/X/Ka等）对目标成像，所探测的目标参数是后向散射特性；而光学成像是从可见光、红外波段等对目标成像，所探测的目标参数是目标的反射或辐射特性。与可见光波段一样，SAR易实现高空间分辨率（亚米级），而且SAR成像可实现多频段、多极化、地面运动目标检测（Ground Moving Target Indication，GMTI）、干涉和差分干涉成像等模式。可见，SAR与光学成像应用领域都很广泛，两种不同成像系统，可以实现信息互补，融合起来效果倍增。

本章结合我国高分辨率SAR成像卫星总体设计和应用经验，重点介绍高分辨率SAR成像卫星系统面向成像质量应用需求的总体设计方法，包括总体设计要素、高精度成像质量控制、成像定位精度分析、辐射与几何定标、SAR数据处理与反演等技术。

7.1.1 发展概况

自 1978 年美国成功发射了第 1 颗星载 SAR 卫星 Seasat-1 以来，许多国家都陆续开展星载 SAR 技术研究。尤其是近 10 年来，随着世界各国对多元空间信息的日益重视，星载 SAR 越来越成为对地观测领域的研究热点，美国、俄罗斯、欧洲、加拿大、以色列、日本等国家或地区先后发射了面向不同应用需求的 SAR 成像雷达卫星。目前，SAR 卫星成像的空间分辨率可达到 0.3～1.0 m 甚至更高，数字高程模型（DEM）的相对精度可达到 2 m。

我国环境一号 C 卫星是环境与灾害监视小卫星星座中的一颗 SAR 卫星，工作在 S 波段，于 2012 年 11 月成功发射，采用网状抛物面天线体制。我国首颗 C 频段多极化高分辨率微波遥感卫星——高分三号卫星，于 2016 年 8 月 10 日成功发射，采用相控阵天线体制，空间分辨率从 1 m 到 500 m，幅宽从 10 km 到 650 km，既能够高分辨率观测陆地上的道路、城市建筑和海面上的舰船，又能够大范围普查，一次最宽覆盖 650 km 区域。

国内外现役和在研的 SAR 卫星主要有 X 频段和 C 频段，其中 X 频段能够更加精确地描绘目标的细微形状，而 C 频段适合大幅宽普查，更多地应用于民用雷达成像领域。表 7-1 给出了近年来国外主要 SAR 卫星的主要性能。除上述 2 个频段外，L 频段和 S 频段也有应用，如日本 ALOS 卫星采用 L 频段，俄罗斯兀鹰-1（Kondor-1）卫星和英国 NovaSAR 卫星则采用 S 频段。由于这两个频段的频率较低，波长较长，对目标表面具有较强的穿透能力。

表 7-1 国外主要高分辨率星载 SAR 系统

型号	国家/地区	发射时间	波段	分辨率/m	成像幅宽/km	工作模式
SAR-Lupe	德国	2006	X	0.5	10	条带，聚束
Terra-SAR	德国	2007	X	1～16	10～100	扫描，聚束
Cosmo-Skymed	意大利	2007	X	1～4	10～60	条带，聚束
Sentinel-1A	欧洲	2014	C	5	20	聚束，条带、扫描
Radarsat-2	加拿大	2007	C	3	20	聚束，条带、扫描
ALOS-2	日本	2014	L	1～10	25～70	聚束，条带、扫描

7.1.2　发展趋势

综合分析当前星载 SAR 卫星技术的发展现状，可得出下面几点启示：

（1）星载 SAR 空间分辨率进一步提高：据报道美国长曲棍球星载 SAR 分辨率达到 0.3 m，德国 Terra-SAR 和 SAR-Lupe，意大利 Cosmo-Skymed、加拿大 Radarsat-2 和我国高分三号试验模式的空间分辨率指标已提高到 0.5～1.0 m。在 2020 年前，将有 10 多个国家掌握高性能的 SAR 卫星技术，具备在全天时、全天候状态下获得高分辨率遥感图像数据的能力。

（2）星载 SAR 多种成像技术体制并行发展：大多数星载 SAR 采用易于实现电子扫描和数字波束形成的平板天线，但存在重量、功耗大等不足，而反射面天线结合馈源设计可较大幅度地降低雷达系统的质量，但对反射面精度有着较高的要求。例如俄罗斯的兀鹰-1 卫星的雷达质量为 350 kg，仅为平板天线的 1/2 甚至更少。

（3）未来的星载多频段 SAR 技术：通过研发多频段轻质化 SAR 天线、多频段 SAR 成像系统，实现一颗卫星、一套 SAR 系统同时具备多种频段成像的能力，完成高分辨率、宽覆盖对地观测能力。

7.2 需求分析及技术特点

发展我国星载 SAR 系统，能够与高分辨率光学遥感卫星等形成有机互补，构建全天时、全天候、高时效、宽覆盖、多尺度、多源遥感信息的综合对地观测系统。作为一种重要遥感手段，SAR 在国民经济各领域都有着重要的应用价值。

7.2.1 任务需求分析

星载 SAR 能提供感兴趣的两维雷达图像，在民用上可以实现国土资源勘测、灾害评估以及海洋研究与环境监测，在军事上可以实现对热点地区进行全天候全天时的动态侦察、军事测绘和打击效果的评估，提高军事侦察能力。

在防灾减灾应用方面，通过长时间序列的孕灾环境观测，进行致灾因子监测。利用高轨 SAR 卫星可以对热点地区进行凝视观测，持续动态监测洪涝淹没范围、滑坡、泥石流、堰塞湖等变化。在地震应急救援中，对建筑物倒塌、交通设施破坏、地震次生灾害等进行高分辨率、高频次观测，为地震应急救援决策提供保障。

在国土交通应用方面，支持“一带一路”倡议，利用星载 SAR 卫星大幅宽的成像特点，可以对流域水系特征、地表水分布、洪水范围、土壤墒情、土地

利用、植被覆盖等环境资源状况进行探测。支持“走向深蓝”海洋强国战略，利用星载SAR卫星对海洋内波、海浪、锋面、海面风场、浅海水下地形、海面溢油、海冰、绿潮、海岸带、海面目标（海面船舶、岛礁人工设施、海上石油平台等）等进行探测。

在国家安全与国防建设应用方面，进行领海岛礁监视，当发生海上纠纷时，需要及时掌握发生纠纷的准确位置，参与纠纷双方船艇的数量，对方海上其他船艇动态，以及机场、码头、港口飞机、船艇动态等情况。在边境安全与反恐维稳方面，对边境线进行高分辨率观测，掌握车辆、房屋等信息，对我国边境地区实现高时间分辨率态势感知具有重要意义。

7.2.2　微波成像卫星技术特点

1. 随着星载SAR分辨率越来越高，SAR天线规模日趋庞大

随着分辨率不断提高，需要更大口径的SAR天线和更高精度的天线。大口径天线需考虑系统体积重量的限制，频段越高，如果工作频段在X波段或更高，相应要求的天线、微波部件等尺寸小，但对天线型面精度要求也越高，卫星在轨工作时，尤其对于大口径反射面天线的型面精度难以高精度保持。大口径SAR天线构型更复杂，具有刚度弱、基频低、模态密集等特点，转动惯量大，占整星转动惯量比例较大。

2. 星载SAR载荷的成像模式多，峰值功率大，对平台电源系统要求高

其基本成像模式有聚束模式、条带模式和扫描模式，每种成像模式的工作特性、时间和功率需求各不相同，要求电源系统满足其巨大的峰值功率需求。对SAR卫星载荷而言，无论是发射接收（T/R）组件还是固放，均以不同的脉冲重复频率（Pulse Repetition Frequency，PRF）脉冲工作，大功率SAR载荷的脉冲工作会给系统带来较大的干扰，使供电母线纹波增加，系统稳定性降低，这就要求电源系统具备较强的纹波抑制吸收能力，确保平台设备与载荷设备的供电安全。

3. 星载SAR载荷平均热耗大，散热难度大

虽然SAR载荷通常是间断工作，平均下来的稳态热耗也非常大。综合考虑这些设备的安装位置、轨道外热流以及星上其他大热耗设备的发热量，卫星载荷舱将面临巨大的散热压力。热耗在时间上的分布极为集中，而相对来说发射

机高热耗低热容，由此造成的结果是，这些大热耗设备在工作时面临温度剧烈上升的问题。而温度稳定性是保证SAR载荷成像质量的一个前提。因此，大幅度降低载荷设备工作期间的温度波动是载荷热控设计面临的另一个难题。

4. SAR卫星需要高精度、高稳定度控制

与光学遥感等卫星不同，因热环境、太阳光压等因素影响，大型挠性天线指向相对卫星平台存在较大偏差，且该误差频率成分丰富；星敏感器陀螺定姿结果，造成图像定位精度变差。通过地面标定提高定位精度，需要花费大量人力、物力。同时，需要在卫星寿命周期内，一直进行地面标定。对于地面缺少标定点的区域，如海洋、无人区、境外等地点，难以保证其高定位精度。这样，不但要求卫星的高精度、高稳定度控制，还要求天线的高精度、高稳定度控制。

7.3　星载SAR成像质量关键设计要素

由于影响SAR卫星成像质量的因素很多，涉及卫星平台、SAR有效载荷和地面信息处理等，并且各种因素之间相互制约，必须对SAR卫星系统进行星地一体化任务分析，在考虑各种工程误差因素的基础上进行指标设计，实现SAR卫星系统总体指标的优化。SAR卫星系统星地一体化成像质量指标分为两类：即描述图像辐射性能的指标和描述图像空间性能的指标。

7.3.1　辐射成像质量

（1）系统灵敏度：用噪声等效后向散射系数NEσ^0表示，它决定SAR系统对弱目标的灵敏度以及成像能力。即在一定的信噪比要求下，SAR系统所能可靠检测到的、目标的最小后向散射系数。如果目标的后向散射系数小于该散射系数，则该目标反射的能量将低于系统噪声，SAR系统就不能有效地检测到该目标的存在。

（2）辐射精度：辐射精度反映了SAR系统定量遥感的能力，在指标上分为相对辐射精度和绝对辐射精度。相对辐射精度是指一次成像时间内已知目标后向散射系数误差的标准差，绝对辐射精度是指雷达图像不同位置目标后向散射系数的测量值与真实值之间的均方根误差。SAR系统需要进行辐射校正，通常

辐射校正过程包括系统内定标和外定标，衡量辐射校正准确度的指标就是辐射精度。

(3) 辐射分辨率：辐射分辨率表征 SAR 系统在成像范围内区分不同目标后向散射系数的能力，它与雷达系统参数及处理过程中的图像信噪比和等效视数有关。该参数是衡量成像质量等级的一种度量，直接影响星载 SAR 图像的判读和解译能力。

(4) 模糊度：SAR 卫星信号模糊是指除观测的有用信号之外，还存在着非人为干扰的杂散回波信号（模糊信号）与有用回波信号的混叠，从而形成图像中的虚假目标。图像模糊度分为方位模糊和距离模糊，模糊度主要影响对目标的判读的准确率以及目标细节的描述能力。

(5) 峰值旁瓣比（Peak Side Lobe Ratio，PSLR）：定义为点目标冲激响应旁瓣区域中的峰值与主瓣峰值的比值，分为方位向峰值旁瓣比和距离向峰值旁瓣比，其大小决定了强目标回波旁瓣对弱目标的掩盖程度。

(6) 积分旁瓣比（Integral Side Lobe Ratio，ISLR）：定义为点目标冲激响应旁瓣能量与主瓣能量的比值。定量描述一个局部较暗的区域被来自周围的明亮区域的旁瓣能量淹没的程度。

7.3.2 几何成像质量

(1) 地面分辨率：地面分辨率是决定空间分辨能力的关键指标，直接关系到判读人员发现和识别目标的种类和概率。从需求上来说，分辨率应该尽可能提高，以确保对目标的识别、确认能力。

(2) 定位精度：在无控制点条件下，目标点定位精度应尽量提高。

(3) 成像幅宽：成像幅宽是卫星的重要指标，很大程度上决定卫星的成像效率。成像区域范围可以为几十至几千千米，在一定的空间分辨率下，成像幅宽越大越好。

(4) 入射角：入射角是 SAR 卫星至目标点连线与该点处地球表面法线之间的夹角。卫星系统入射角范围的选取应综合考虑成像范围、重访时间、图像指标优化和系统灵敏度。

7.4　星载 SAR 载荷设计与分析

7.4.1　SAR 成像原理

SAR 是一种微波成像有效载荷，其成像过程的几何关系如图 7-1 所示。图中平台以速度 v_a 沿 X 方向作匀速直线飞行，雷达以侧视方式工作。X 轴正方向称为方位向，在地面上垂直于航迹方向为距离向。

飞行过程中 SAR 以脉冲重复时间（Pulse Repetition Time，PRT）为周期，发射大时间带宽积的线性调频信号照射成像区域。SAR 接收、发射共用一副天线，每次发射一个脉冲后关闭发射机射频载波信号，开启接收机接收雷达回波，等距离向最远处回波全部到达接收机后再重复进行发射脉冲和接收回波。因此，在合成孔径时间内，场景中每一个目标都被重复发射脉冲照射，相当于雷达在运动过程中使用一个比真实天线大得多的孔径对目标区域进行观测，即雷达天线合成孔径长度。

由于 SAR 回波数据在距离向和方位向均为线性调频信号，而线性调频信号相干叠加后可实现高分辨率。因此，对采集到的回波数据在距离向和方位向分别进行匹配滤波和相干叠加，即可得到该数据所对应的场景图像。

SAR 斜距分辨率为：

$$\rho_r = \frac{c}{2B} \tag{7-1}$$

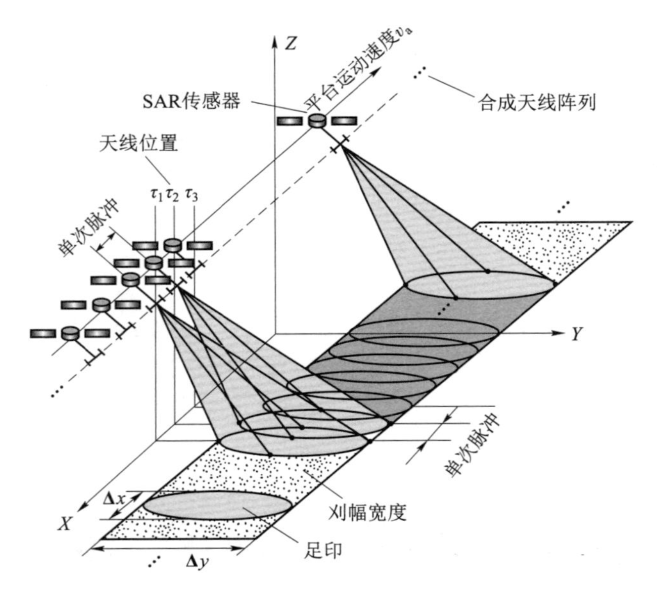

图 7-1 SAR 成像示意图

式中，c 为光速，B 为发射信号带宽。

SAR 理论方位分辨率为：

$$\rho_a = \frac{D}{2} \tag{7-2}$$

式中，D 为天线方位向长度。

在合成孔径情况下，SAR 距离分辨率与信号带宽有关，方位分辨率等于实际天线孔径的一半，与波长和目标所在位置无关。因此，采用 SAR 可以大大减小分辨率对目标环境的依赖性。理论上讲，只要能够增加信号带宽和减小雷达的天线孔径，就能获得好的分辨率。实际中，雷达天线发射和接收功率与雷达天线面积有关，波束宽度也与方位向上雷达孔径有关，雷达天线孔径是不能无限减小的。

7.4.2 SAR 天线设计

1. 天线体制选择分析

卫星装载的 SAR 天线可以采用反射面和相控阵两种天线体制。

反射面天线系统主要由反射面和馈源系统组成，按天线结构形式划分，可

以分为对称结构反射面天线和偏置结构反射面天线；而按反射面数量划分，可分为单反射面、双反射面和多反射面天线等。馈源偏焦天线由许多固定的天线辐射单元组成，这些辐射单元相干馈电，可通过控制每个辐射单元上的幅度和相位，快速改变波束指向，形成特定的方向图，适应不同的应用需求。

相控阵天线通过对天线发射信号相位的实时控制达到空间辐射和接收波束的合成，实现灵活的波束扫描和波束成形。相控阵有平板式和反射面式等形式。反射面式天线的辐射源为相控阵形式，通过反射阵面发射和接收雷达波。这种天线形式具有重量轻等优点，但波束扫描的能力受限，通常需要机械装置驱动反射面扫描作为补充实现波束的大范围扫描。但机械扫描装置复杂，同时扫描方式不灵活。

平板式相控阵天线具有波束成形方便、波束扫描灵活、电控可靠性高等优点，可以方便地实现雷达波束的大范围扫描。但天线重量大，同时要求卫星提供较大的安装面。

2. 辐射阵面设计

SAR相控阵天线的辐射阵面通常采用微带贴片天线和波导裂缝天线两种形式。两种辐射天线阵面形式各有优缺点：在电性能方面，微带贴片天线辐射效率相对较低，在40%～50%；波导裂缝天线辐射效率较高，可达到60%～70%；在重量方面，传统金属波导裂缝天线重量大，但可以通过采用结构优化设计等手段，降低天线辐射阵面重量。

3. 频段选择

根据有关资料对21种遥感应用观测项目雷达适用工作频段的统计结果如表7-2所示（包含了机载SAR适用的Ku频段）。在L、C、X和Ku等4个频段中，适于用L频段的遥感项目有8项，适于用C频段的遥感项目有18项，适于用X频段的遥感项目有13项，适于用Ku频段的遥感项目有7项。

表7-2　各种遥感观测项目适用的SAR系统最佳工作频段

遥感观测项目	最佳工作频段	遥感观测项目	最佳工作频段
土壤湿度	L，C	海浪	L，C
农作物生长状态	C，X，Ku	海水污染	C，X，Ku
农作物鉴别	X，Ku	海岸变迁	L，C，X
农田界限	C，X，Ku	海藻监视	X，Ku
自然植被	C，X，Ku	冰山移动	C，X

续表

遥感观测项目	最佳工作频段	遥感观测项目	最佳工作频段
森林状态	L，C，X	冰覆盖范围	C，X
灌溉	C	降水量	C
海上飓风	L，C	洋流	L，C
水污染	C，X，Ku	地质结构	L
雪灾	C，X	土地测绘	C，X
水文	L，C		

4. 极化工作方式设计

极化是电磁波矢量传播的固有属性，极化信息描述的是电磁波矢量在传播方向的横截面上随时间变化的旋转特性，能够充分反映电磁波的矢量特性。常规定义的极化方式有三种，分别为线极化、圆极化和椭圆极化。

星载 SAR 一般采用线极化，包括水平（H）极化和垂直（V）极化及其多种组合。海洋、陆地观测目标众多，特定的单一极化方式对特定的目标观测非常有效，但不能同时满足多数目标观测需求。例如锋面和涡的监测需要 HH 和 VV 极化，海冰的监测需要 HV 极化，舰船监测需要 HH、HV、VH 和 VV 极化，干旱的监测和生态环境的监测需要 HH、HV、VH 和 VV 极化。多极化 SAR 能够提供除观测目标幅度、相位之外的第三维信息，不同极化的雷达回波，对于不同观测要素的观测效果不尽相同，可提高观测要素的检测与反演精度。

多极化工作能满足不同行业用户需求。对于海浪、海面风场观测，HH、VV 极化 SAR 图像中提取的海浪谱数据具有互补性，能够在不同海况和地形条件下提高反演精度；在海冰监测方面，利用多极化数据可以提高海冰分类精度；多极化 SAR 在海面目标识别和海岸带植被分类方面具有很好效果。

5. 天线尺寸设计

根据星载 SAR 的成像原理，SAR 天线的面积和尺寸受到距离方位模糊、方位向分辨率和波束覆盖范围等多方面因素的限制。此外，还应考虑平台功耗的限制以及平台安装的限制。天线面积越小，所需要的功耗越大。大口径天线折叠后其包络尺寸，尤其是高度与宽度应满足平台的安装要求。

7.4.3　入射角设计

不同的雷达入射角对于不同的海洋目标观测效果是不同的。不管是 HH 极化还是 VV 极化，后向散射截面都是随入射角的增大而减小，因此从返回能量的角度，入射角的选择应该尽量选取 Bragg 散射理论适用范围内的最小的角度，一般为 20°～30°之间。

从应用角度出发，不同雷达入射角对于不同的海洋或陆地目标观测效果是不同的。选择入射角范围为 20°～50°可以满足海洋领域应用的需要，同时，入射角在上述范围内也能够满足其他行业用户应用需求。但部分应用需要在较小或较大的入射角下进行，比如对于土壤湿度观测，在低入射角时观测效果较好；而对于地质制图、地质灾害等应用，在高入射角下观测效果较好。

7.4.4　空间分辨率设计

SAR 成像空间分辨率包括方位分辨率和距离分辨率。距离分辨率与雷达发射信号带宽成反比，在 SAR 系统设计中需要考虑设置不同的雷达发射信号带宽；同时，距离分辨率与观测入射角也有关。因此在同一工作模式下要根据观测入射角的变化调整雷达发射信号带宽，以得到要求的距离分辨率。对于条带模式，方位向的单视分辨率理论上为天线长度的一半，可以利用扫描工作模式实现较低分辨率；对于中等的分辨率要求可以采用扩展天线的波束宽度、利用条带成像实现；对于高的分辨率，可以采用部分天线孔径的方法。

7.4.5　成像幅宽设计

成像幅宽主要与天线距离向波束的覆盖范围和系统的波位设计有关。天线距离向波束的覆盖范围可以通过对每个 T/R 组件的幅度相位加权，得到所需的天线波束覆盖；合理地进行波位优化设计，可以满足目前各种观测模式下的幅宽。

7.4.6　辐射分辨率确定

辐射分辨率表征 SAR 系统在成像范围内区分不同目标后向散射系数的能力。对于图像信噪比较大的情况（大于 10 dB），通过多视处理可以提高辐射分

辨率，但该方式同时会降低空间分辨率。辐射分辨率计算公式如下：

$$\gamma_{N}=10\log\left(1+\frac{1+\mathrm{SNR}^{-1}}{\sqrt{N}}\right) \tag{7-3}$$

式中，γ_{N} 为辐射分辨率，dB；SNR 为图像信噪比；N 为等效视数。

对于不需要反演的硬目标监视通常辐射分辨率要求较低，对于需要反演的目标监测辐射分辨率要求相对较高。通常情况下辐射分辨率优于 2 dB 的 SAR 图像可满足多数目标的辐射分辨率要求。

目前星载 SAR 系统都具有空间分辨率不同的多种工作模式，以适应不同的应用需求。多视处理是改善 SAR 图像辐射分辨率的有效方法，但会带来方位向分辨率的退化。高分辨率模式的空间分辨率指标要求一般都是针对单视提出的，这时的辐射分辨率虽然会低一些，但因高分辨率模式多用于对于船舶等硬目标观测，单视图像分辨率可以满足需要。而对于其他分辨率模式，则可以通过多视处理达到应用要求的辐射分辨率指标。

7.4.7 辐射误差源分析与精度确定

辐射精度指标是 SAR 图像能够定量化应用的重要指标，是指辐射信息的相对误差。辐射精度反映了 SAR 系统定量遥感的能力，包括相对辐射精度与绝对辐射精度。

相对辐射精度是指一次成像时间内已知目标后向散射系数误差的标准差；绝对辐射精度是指图像不同位置目标后向散射系数的测量值与真实值之间的均方根误差，具体计算公式为：

$$\mathrm{AA}=10\log(1+\varepsilon_{\sigma^0})+\mathrm{RA}_{E} \tag{7-4}$$

式中，AA 为绝对辐射精度，dB；ε_{σ^0} 为两景图像内测定目标后向散射系数或雷达截面积的最大相对误差（比值）；RA_{E}为外定标辐射精度，dB。

影响绝对辐射精度的误差源分析如下：

1. SAR 天线波束指向误差（包括卫星姿态误差造成的指向误差）

SAR 天线波束指向误差包括天线本身由于各种因素（热变形、机械变化、电性能变化等）引起的波束指向误差和卫星姿态误差引起的波束指向误差。波束指向误差主要对观测带边缘部分影响较大，对观测带中部影响不大。这是由于天线波束边缘增益的变化较快，波束指向变化会造成观测带边缘天线方向图与预期变化较大。

2. SAR 系统增益误差

辐射精度与 SAR 系统总增益（也称为传递函数，包括星上雷达设备和地面成像处理在内）的精度和稳定度有关。雷达增益不稳定误差主要是由于发射功率和接收增益随温度变化造成的。用内定标对星上雷达设备进行标定后，星上雷达设备增益的精度主要由内定标精度决定。

3. 传播误差

电磁波传播误差包括：大气和降雨对电磁波的吸收衰减、闪烁（电离层和对流层损耗）、法拉第效应（电离层造成电磁波极化方向旋转）。传播误差是不受人控制的，与 SAR 系统本身无关，也不能由 SAR 解决，只能根据实测的数据或分析的结果进行估计，此项误差与频段及合成孔径时间关系较大。

4. 数据处理误差

此项误差由地面处理引入，主要包括：距离向脉冲压缩参考函数误差、方位向多普勒调频斜率误差、距离徙动校正算法误差等。

5. 外定标设备误差

外定标设备误差是造成外定标误差的主要因素。外定标设备误差包括外定标设备的电路误差和稳定性误差等。

6. 定标场背景干扰

定标场背景干扰包括在定标场中的多径干扰、地杂波、电气电子设备的电磁干扰等。背景干扰是影响绝对辐射精度的一个因素，所以必须慎重选择定标场来降低其影响。

7. 噪声和干扰

噪声和干扰包括雷达接收机中的热噪声、图像的积分旁瓣、图像的距离模糊、图像的方位模糊、图像的相干斑噪声等。

7.4.8 SAR 定标技术

1. 辐射定标技术

辐射精度与星载 SAR 的定标技术密切相关，相对辐射精度可通过内定标方法确定；绝对辐射精度可通过内定标和外定标两种方法联合确定。

内定标主要监察 SAR 发射系统的发射功率变化、接收系统的增益变化，为相对定标。星载 SAR 载荷可以采用多种内定标方法：

(1) 噪声定标：对 SAR 分系统的基底噪声进行记录；

(2) 参考定标：对中央电子设备的收发通道进行定标；

(3) 全阵面发射定标：对相控阵天线的发射进行定标；

(4) 单个 T/R 组件的发射定标：对天线阵面上的每个 T/R 组件的发射部分进行逐一定标，检测其性能；

(5) 全阵面接收定标：对相控阵天线的接收进行定标；

(6) 单个 T/R 组件的接收定标：对天线阵面上的每个 T/R 组件的接收部分进行逐一定标，检测其性能。

在轨实际工作中，可灵活选择内定标模式，通常选择噪声、参考、全阵面发射和接收定标。需要对 T/R 组件进行全面检测时，使用单个 T/R 组件发射和接收定标。另外，在轨测试时，也可以不成像只定标，即在一次开机后，进行连续定标，连续地监测系统变化。

内定标方法实现简单，但星载 SAR 探测的最终目的是得到地物的绝对雷达散射截面积，因此必须结合外定标方法，通过对已知雷达散射截面积的观测，得到雷达图像上的灰度值与绝对的雷达散射截面积之间的对应关系，消除 SAR 系统误差，对观测目标后向散射特性准确测定，达到绝对定标的目的。外定标方法实现较困难，需要面积广阔的定标场和大量经过准确测定雷达散射截面积的定标源，同时定标场的电磁环境应该十分“干净”，使其产生的地杂波不致干扰标准反射器的雷达截面积。

2. 几何定标技术

SAR 几何定标测量系统方位向和距离向绝对偏移量（几何定标常数），对于没有地面控制点的测绘区域非常重要。在多数情况下（如海洋、荒漠区域），无法获得地面控制点或难以识别地面控制点。

几何定标常数测量依靠定标场内设置的定标器作为参考点目标来完成。

参考目标的地理位置可以通过 GPS 信号精确测定。从图像上实际测量参考目标的图像坐标，并与标准参考坐标进行比较测量方位向和距离向的位置偏移量。

从定标场图像上测量参考目标脉冲响应的峰值位置作为其图像坐标，为了去除离散数据的影响，须进行插值。设图像坐标分别为距离向 R 和方位向 X，则距离向几何偏移量 $\Delta R=R-R_0$，方位向几何偏移量 $\Delta X=X-X_0$。（R_0，X_0）为参考图像坐标。为了提高测量精度，需要至少 3 个参考点目标统计测量，则：

$$\Delta R=\frac{1}{n}\sum \Delta R_i \tag{7-5}$$

$$\Delta X=\frac{1}{n}\sum \Delta X_i \tag{7-6}$$

式中，X_i 为第 i 个参考点的方位向位置坐标，R_i 为第 i 个参考点的距离向几何偏移量。

7.4.9　脉冲响应特性分析

对于脉冲响应特性的描述主要是峰值旁瓣比和积分旁瓣比两个技术指标。峰值旁瓣比指标描述系统消除邻近点目标引起失真的能力，积分旁瓣比指标描述系统消除邻近分布目标引起失真的能力。

1. 峰值旁瓣比

峰值旁瓣比指点目标冲激响应最高旁瓣峰值与主瓣峰值的比值，反映了系统对弱小目标的检测能力，一般以 dB 度量，为：

$$\text{PSLR}=10\ \lg\frac{P_{\text{smax}}}{P_{\text{m}}} \tag{7-7}$$

式中，P_{smax} 为冲激响应的最高旁瓣峰值，P_{m} 为冲激响应的主瓣峰值。

2. 积分旁瓣比

积分旁瓣比指点目标冲激响应旁瓣能量与主瓣能量的比值，表征暗区域被亮区域信号的“淹没”程度，一般以 dB 度量，为：

$$\text{ISLR}=10\ \lg\frac{E_{\text{s}}}{E_{\text{m}}} \tag{7-8}$$

式中，E_{s} 和 E_{m} 分别为冲激响应（IRF）的旁瓣能量和主瓣能量。

7.4.10 系统灵敏度分析

噪声等效后向散射系数（$NE\sigma^0$）代表着SAR成像系统的灵敏度，反映了系统能够成像的后向散射系数下限，是衡量系统检测弱信号能力的关键指标。如果目标的后向散射系数小于该散射系数，则该目标反射的能量将低于系统噪声，SAR系统就不能有效地检测到该目标的存在。

星载SAR $NE\sigma^0$ 与发射功率（P_{av}）、天线发射增益（G）、星地距离（R）、距离向分辨率（ρ_r）、发射波长等因素有关，对于多极化SAR卫星，星地距离、SAR发射波长以及距离向分辨率已经确定，因此可从发射功率和天线发射增益两个方面提高系统灵敏度。

星载SAR任务对系统灵敏度的要求分为两类：对于空间分辨率要求较高（小于10 m）的目标监视，比如海上舰船监视、海上石油平台监视、海上冰山监视监测等，一般只需从图像中直接看到目标的存在，对系统灵敏度的要求不是很高，一般达到－16 dB即可满足要求；而对于反射较弱，空间分辨率要求中等和较低的海洋和陆地目标监测，通常需要进行反演，以得到感兴趣的海洋和陆地信息，此时对系统灵敏度的要求较高，通常要求达到－24 dB。

7.4.11 模糊度分析

模糊信号是指来自成像区域外非人为干扰的其他信号经成像处理后，与成像区域内有用信号混叠在一起而形成的信号，严重的会产生虚假目标。衡量系统模糊干扰程度的指标就是模糊比，它定义为回波信号的总功率与测绘带内回波信号的总功率比值。模糊问题可以分为方位模糊和距离模糊。方位模糊是由于某些角度上的目标回波的多普勒频率与主波束的多普勒频率之差为脉冲重复频率的整数倍，造成多普勒频谱折叠，引起方位模糊。距离模糊是由于天线旁瓣的存在，模糊区域回波通过天线旁瓣进入雷达接收机造成。

通常星载SAR系统的方位模糊比要求小于－16 dB，距离模糊比小于－18 dB；而对于海洋应用来说，反射回波很弱，需要高模糊比，一般要求方位模糊比小于－18 dB，距离模糊比小于－20 dB。

7.4.12 有效载荷高速实时压缩方法选择与压缩策略

星载SAR载荷原始数据与SAR图像、光学图像、视频数据不同，属于离

散无记忆信源，不能利用数据间的相关性进行压缩，而是需要利用 SAR 原始信号数据在距离向和方位向都具有缓变方差特性的零均值高斯分布信号的这一假设条件，对原始信号进行高比特率实时压缩。

星载 SAR 的数据率由 SAR 系统的 PRF、采样点数和每个采样点的量化位数决定，通常采用数据压缩的方式来降低数据率。目前国内外卫星上用得较多的是分块自适应量化（Block Adaptive Quantization，BAQ）压缩，可选择 8∶3 压缩或 8∶4 压缩，以满足数据传输要求。

7.4.13　波束指向精度控制

星载 SAR 对成像质量提出了较高的要求，而 SAR 天线波束指向的精度是影响星载 SAR 载荷获取高质量对地遥感数据的一个关键因素。波束方位向指向误差将引起多普勒参数（包括多普勒中心和调频率）误差，波束距离向指向误差将影响场景目标回波增益，甚至导致距离向波束偏离原成像区域，造成距离模糊，灵敏度和辐射精度下降。SAR 天线波束指向精度（误差）与影响如图 7-2 所示。

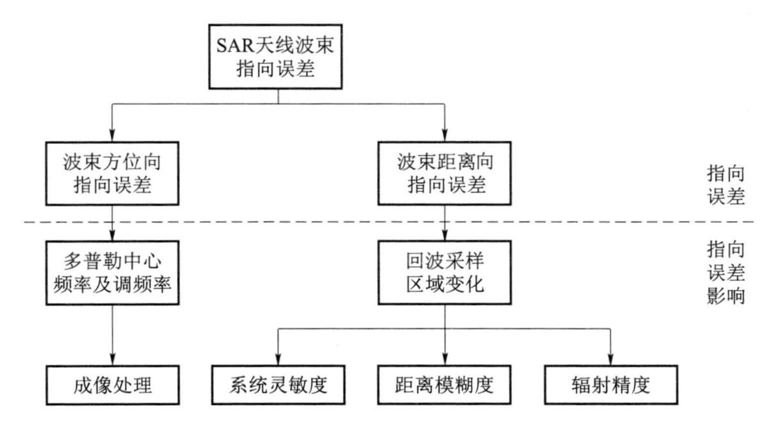

图 7-2　SAR 天线波束指向误差分解及影响

方位向指向精度主要影响 SAR 天线多普勒中心频率和聚束方位向瞄准精度，距离向指向精度主要影响图像距离模糊度、系统灵敏度和辐射精度。

7.4.14　卫星姿态高精度偏航导引控制

对于星载 SAR，多普勒特性是决定雷达方位向性能的主要因素。它直接影

响着雷达方位向分辨率、PRF选择、方位模糊和最后的图像处理精度。多普勒中心频率不准确会使信噪比降低，使方位模糊度增加，输出图像发生位置偏移，影响图像定位。

由于卫星飞行速度很快，多普勒中心通常达到kHz，这就要求选用较大的PRF，方位模糊与距离模糊的折中问题就十分突出。同时，由于地球自转以及卫星姿态误差的存在，使得多普勒回波特性更复杂，由此对多普勒中心频率与调频斜率的不正确估计都会影响到最后图像处理的精度。要补偿多普勒中心偏移，除了采用对回波信号多普勒中心各种估计方法之外，还可采用卫星姿态导引方法在数据获取阶段就避免这一情况。

偏航导引技术就是基于这种思路提出的。所谓的偏航导引就是通过姿态控制预先将卫星机动一偏航角，用来补偿由于地球自转而引起的多普勒中心的偏移，使回波的多普勒中心趋近于零。在偏航导引的基础上，近年国际上又提出了增加俯仰维的二维导引技术，即全零多普勒方法（Total Zero Doppler Steering，TZDS)，以进一步降低多普勒中心频率。

当SAR天线波束中心垂直于航迹照射地球表面目标时，由于地球自转的影响，波束中心射线（或指向）与目标相对卫星的速度矢量不再垂直，因此多普勒中心频率会偏离零值。这意味着SAR的回波信号中距离向和方位向数据会产生二维的耦合，这增加了成像处理的难度。

7.5　星载 SAR 成像模式设计

SAR 成像工作模式一般包括条带（Strip）、扫描（Scan）、聚束（Spotlight）模式等，对于具体实现方式可能有所不同，但都是基于三种模式的适应性变种，目前主要衍生出的模式有滑动聚束（Slide-spot）、多波束多相位中心（DPC）、渐序扫描（TOPSAR）、马赛克（Mosaic）和波模式（Wave mode）等，具体采取哪种成像模式，按照用户要求设定。在轨具体工作模式可以按照用户要求进行编程组合工作。

7.5.1　条带模式

条带模式是 SAR 最基本的工作模式，如图 7-3 所示。在此模式下，天线波束中心指向保持不变。随着平台的运动，波束在地面扫过一个条状区域，该区域即为测绘带。这种模式下得到的图像在方位向是连续的，测绘带的长度取决于 SAR 工作期间内运动的距离。

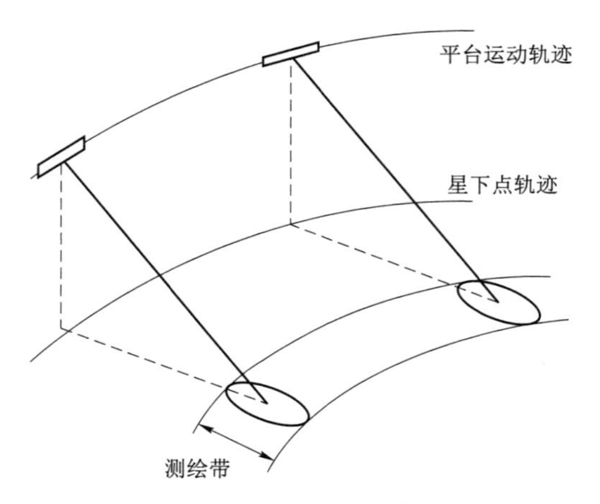

图 7-3　条带模式示意图

7.5.2　扫描模式

在防灾减灾等民用领域，高效率获得大面积的测绘信息是十分必要的。常用的条带工作模式由于受到脉冲重复频率、距离向模糊等条件的限制而不能获得宽测绘带的地表图像。扫描模式概念的提出突破了这种限制，以降低方位向分辨率为代价换取距离测绘带宽的增加，如图 7-4 所示。

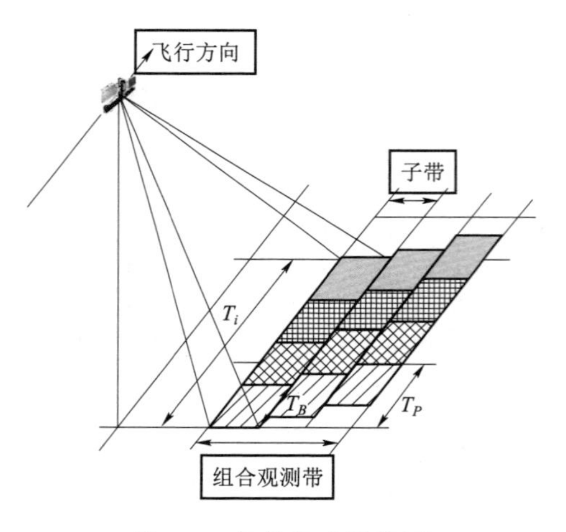

图 7-4　扫描模式示意图

ScanSAR 系统需要天线具备波束指向可一维捷变的能力，当 SAR 工作于扫描模式时，雷达天线先在一个波束指向上发射一系列的脉冲，并接收相应的回

波。改变天线在距离向的指向，波束跳转到另一个指向后继续照射。每个波束指向对应的照射条带称为“子观测带”，简称“子带”。通过相位控制实现距离向宽角波束扫描。

7.5.3　聚束模式

聚束模式要求在工作时间内波束一直照射目标区域，聚束模式对目标指向控制的要求较高。聚束模式数据通过不同处理方式实现不同的应用，包括高分辨率与中分辨率模式。高分辨率模式通过长时间积累实现较高的分辨率，如0.5～2.0 m或更高；中分辨率模式，将长时间数据在方位时间域切割为多块短合成孔径时间数据，获取多幅中等分辨率图像。

|7.6 星载 SAR 载荷系统方案描述|

SAR 载荷是 SAR 卫星实现在轨动态成像的核心系统，由天线、中央电子设备组成，按功能也可以分为发射通道和接收通道。其主要功能是产生信号源，通过射频系统将信号转送至发射天线，再通过天线阵面将信号辐射至指定区域，天线同时接收回波信号并对其放大、变频、解调后转换为数字信号并下传至地面处理系统，为后续的成像处理提供原始数据。

7.6.1 系统配置及其拓扑结构

星载 SAR 有效载荷分系统由数据处理器、发射机、发射前端、可展开的大型收/发天线、接收前端、接收机、频率源等单机及子系统组成。其组成如图 7-5 所示。在入轨阶段，大多数 SAR 天线处于折叠压紧状态，在卫星入轨后天线解锁展开，分系统各设备加电后进入工作状态。

SAR 分系统舱内的 SAR 电子设备主要完成 SAR 组成单机的加/断电控制及主备切换功能，完成系统的监测、控制及与卫星平台通信；产生 SAR 的基准频率、定时信号、线性调频信号，并接收雷达回波；进行数据采集、处理、压缩及打包，形成数据流并送数传分系统；与 SAR 天线子系统一起完成天线阵面性能监测和内定标等功能。

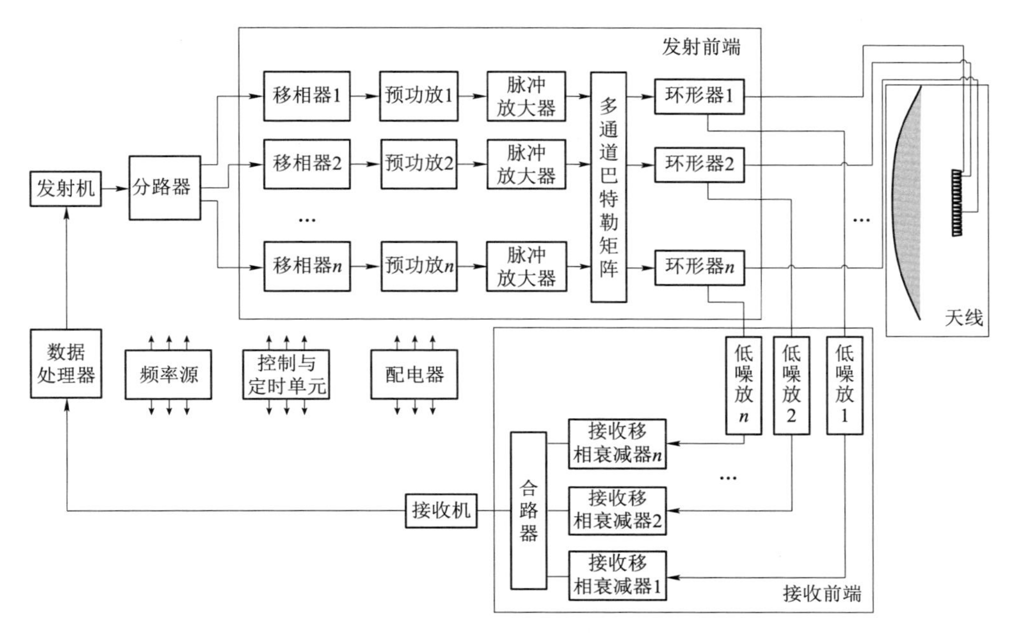

图 7-5　SAR 载荷拓扑结构

SAR 天线子系统主要功能是：在发射状态，将 SAR 电子设备提供的射频信号经由馈电网络分配至各 T/R 组件，同时根据波束扫描指令，通过 T/R 组件实现对信号的幅度、相位控制调整，其输出信号由 H 极化或 V 极化的天线辐射阵面向指定方向进行辐射；在接收状态，阵面接收到的回波信号由 T/R 组件的接收支路移相、放大，经馈电网络送入雷达接收机。

7.6.2　系统功能设计

在轨星载 SAR 工作时，电子设备子系统一般具备聚束模式、条带模式、扫描模式等工作模式，根据分辨率和幅宽的需求，实现对观测区域的观测；同时，具有内定标功能，完成对 SAR 系统电子设备及天线阵面的标定，实现系统链路误差的校正，提高定量化处理精度。另外，系统还具有 SAR 观测数据的压缩功能，减轻星地数传链路的数据传输压力。

7.6.3　系统设计约束

1. 任务层面设计约束

星载 SAR 系统根据研制总要求中对卫星观测区域、重访周期等轨道设计的要求开展轨道分析。目前，星载 SAR 多选择太阳同步回归冻结轨道，能够提供稳定的光照条件，保证太阳光对轨道面的入射角变化最小，同时冻结轨道的偏心率和近地点幅角在卫星运行过程中将保持不变，从而保证卫星过同一地区的高度变化尽可能小，有利于 SAR 载荷成像质量。

SAR 卫星运行轨道通常选择太阳同步轨道，与可见光卫星不同，其载荷成像时不依赖于地面的光照条件，但功耗需求很大，基于这方面考虑，降交点地方时一般选择 5:00—7:00 或 17:00—19:00 之间的轨道，低轨 SAR 卫星轨道高度一般在 450～1 100 km 范围。依据我国某高分卫星型号的典型应用需求，要求 SAR 卫星选用 C 频段（5.4 GHz），分辨率 1 m@幅宽 10 km～分辨率 10 m@幅宽 100 km，可通过卫星姿态机动实现左右侧视对地观测，以扩大观测范围。常规入射角为 20°～50°，扩展入射角为 10°～20°或 50°～60°。单侧视情况下平均重访周期小于 3 天；双侧视情况下，在 10 m 分辨率 100 km 测绘带宽的模式下，可观测区内 90%地区重访周期优于 1.5 天。

为保证 SAR 在轨成像质量，一般要求姿态指向精度优于 0.03°（三轴，3σ），姿态稳定度优于 1×10^{-3}°/s（三轴，3σ），同时要求具备侧摆能力（滚动），正常在轨飞行姿态为右侧视状态，可从右侧视状态通过整星横滚侧摆机动至左侧视状态。

卫星设计在轨工作寿命 8 年以上，每天卫星工作次数超过 28 次。

2. 工程大系统设计约束

为保证星载 SAR 数据地面反演精度及定量化应用效果，要求 SAR 图像一景内相对辐射精度优于 1.0 dB，绝对辐射精度优于 2.0 dB。SAR 载荷需要接收星上总线广播的辅助数据，并将辅助数据、SAR 原始数据进行统一编排、发送至地面应用系统。

在卫星发射和整个在轨寿命工作期间，需要为 SAR 天线提供一个良好的热环境，以保证仪器设备的可靠性。SAR 天线温度要求为－20 ℃～＋45 ℃，波导缝隙的温度要求为－50 ℃～＋60 ℃。

3. 卫星总体设计约束

为了保证 SAR 载荷在轨性能、可靠性以及分系统间的接口匹配性，卫星总体提出对 SAR 载荷设计约束。

为了保证 SAR 载荷与星上其他分系统接口的匹配性，要求 SAR 分系统质量不大于 1 120 kg，其中天线子系统质量不大于 1 060 kg，中央电子设备子系统质量不大于 60 kg，功耗小于 8 000 W。

考虑数传速率，要求对SAR载荷数据进行大压缩比压缩，而SAR载荷成像质量对大压缩比较为敏感，信噪比损失较大，一般以8∶4或8∶3进行压缩。

7.6.4 SAR载荷电子系统方案描述

1. 中央电子设备

中央电子设备主要由监控定时器、基准频率源、调频信号源、接收开关矩阵、雷达接收机、数据形成器、内定标器、雷达配电器及高频电缆网组成。

2. 天线子系统

天线子系统由波导裂缝天线子阵、T/R组件、延时放大组件、波控机及波控单元、射频收发及定标馈电网络、二次电源、天线配电器、高低频电缆网、有源安装板、结构框架、展开机构和热控等部分组成。

7.6.5 SAR天线系统设计描述

SAR天线包括天线阵面、天线展开机构和天线热控三个部分。

1. SAR天线阵面设计

SAR天线阵面在信号发射状态时，驱动放大器提供的射频信号经由馈电网络分配至各T/R组件，同时根据波束扫描指令，通过T/R组件实现对信号的幅度、相位控制调整，其输出信号由天线辐射阵面向指定的空域进行辐射；SAR天线阵面处于信号接收状态时，阵面接收到的回波信号由T/R组件的接收支路移相、放大，经馈电网络送入接收机；与中央电子设备一起完成SAR分系统的极化内定标任务。

SAR天线阵面采用C频段多极化二维平面有源相控阵天线形式，由双极化波导缝隙天线、T/R组件、延迟放大组件、波控单元、阵面二次电源、馈电网络与电缆、有源安装板、结构框架等部分组成。SAR天线阵面的具体组成及定义如图7-6所示。

SAR天线在卫星入轨后解锁展开。天线处于发射状态时，调频信号源发出的射频信号由驱动放大器进行放大，经馈电网络和延时放大后分配至各T/R组件；同时根据波束控制指令，通过各T/R组件实现相位控制调整，其输出信号

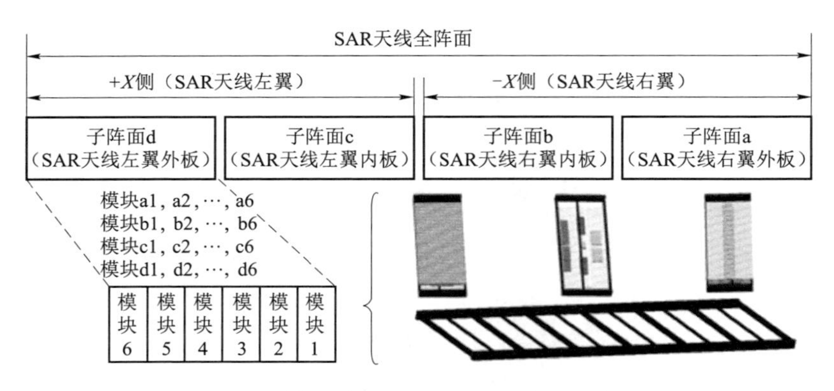

图 7-6 我国某高分卫星 SAR 天线阵面组成示意图

由天线辐射阵面向指定的空域进行辐射；天线处于接收状态时，通过 T/R 组件的接收支路移相，阵面接收指定空域的回波信号，经馈电网络合成后经驱动放大器、微波组合送入雷达接收机。

SAR 天线使用电讯功能单机（包含射频收发、供电、控制相关单机等）实现 H 极化和 V 极化组合而成的单极化、双极化以及四极化模式，因此在射频链路上，H 极化和 V 极化完全一致。

2. SAR 天线展开机构

SAR 天线展开机构主要由展开控制器、$+X$ 侧可展开支撑桁架和 $-X$ 侧可展开支撑桁架三部分组成，可以实现对 SAR 天线连接解锁、展开控制、展开锁定支撑的功能，具体如下：

(1) 通过压紧释放装置将 $-X$ 翼 SAR 天线和 $+X$ 翼 SAR 天线可靠压紧在卫星侧壁，承受和传递卫星发射主动段的力学载荷；

(2) 在卫星总体电路作用下，压紧释放装置执行释放动作，可靠解除对 SAR 天线的约束；

(3) 接收测控分系统指令，通过控制电机的启动和停机、正转和反转控制实现 SAR 天线展开的启动和停止以及展开和收拢（仅在地面试验和故障情况下进行反转即收拢操作）；

(4) 监测 SAR 天线展开机构的工作状态，并将遥测数据通过数管分系统下传地面；

(5) 根据预定判据，在展开到位时自主关机，在异常情况下自主或依据指令停止天线展开或收拢动作；

(6) 在卫星寿命期间，可靠支撑 SAR 天线，维持一定的刚度、强度和精

度，满足姿控和成像精度的要求。

可展开支撑桁架作为平面天线板的支撑结构，直接关系到在轨展开锁定后天线阵的位置精度、型面精度和基频。可展开支撑桁架主要由星体支撑架、内框架组件、外框架组件、桁架杆、支撑杆组件、90°铰链、180°铰链等构成。

3. SAR 天线热控

SAR 天线热控系统的任务是在卫星发射和整个在轨寿命工作期间，为天线仪器设备提供一个良好的热环境，以保证仪器设备的可靠性能。SAR 天线单机的温度要求为－20 ℃～＋45 ℃，波导缝隙的温度要求为－50 ℃～＋60 ℃，单模块内温度梯度小于 7 ℃，全阵面温度梯度小于 10 ℃。

SAR 天线工作模式多、热耗大、热耗变化幅度大，SAR 天线设计指标高。SAR 天线工作时，对 T/R 组件及延时组件有温度均匀性的要求，根据载荷分系统的要求，单模块内温度梯度（指 T/R 组件和延时放大组件）≤7 ℃，全阵面温度梯度（指 T/R 组件和延时放大组件）≤10 ℃，同时为将热耗集中的 T/R 组件的温度排散出去，在每个 SAR 天线安装板中预埋并外贴了热管网络，保持安装板及其上设备的温度均匀性。

7.7 星载 SAR 成像质量分析与设计

SAR 高分辨率成像模式下，需要卫星波束或平台按照一定规律摆动，形成聚束成像，在此动态调整中，卫星平台误差、卫星速度误差、轨道摄动、姿态误差、姿态稳定度等非理想因素会影响成像质量，因此本节重点阐述在轨动态成像质量分析和设计方法。

7.7.1 卫星位置测量误差

卫星位置测量误差影响的主要是引入合成孔径时间内斜距历程的变化，所以，可以从斜距误差的角度出发，间接分析卫星位置测量误差对星载 SAR 成像的影响。卫星位置测量误差引入的斜距误差可以展开成斜距常数项、斜距一次项、斜距二次项、斜距三次项及高次项等。其中常数项斜距误差会引起目标成像位置的距离向偏移，一次项斜距误差会引起目标成像位置方位向偏移，二次项斜距误差会引起目标主瓣展宽、峰值旁瓣比和积分旁瓣比恶化，三次项误差主要引起目标的旁瓣出现不对称现象。

由于轨道误差分量中含有常数误差项，该项卫星位置测量误差对成像的影响可以忽略，但是将导致 SAR 图像几何定位误差。卫星位置测量误差导致的目标方位定位误差由下式给出：

$$\Delta T_{az} = \Delta T_x + \Delta T_z \tag{7-9}$$

式中，ΔT_{az}表示SAR图像沿目标方位向定位误差，ΔT_x 表示卫星位置沿航向误差引起的目标方位定位误差，ΔT_z 表示卫星位置沿高度 H 向误差引起的目标方位定位误差。其中 ΔT_x 和 ΔT_z 由式（7-10）给出：

$$\begin{aligned} \Delta T_x &= \frac{\Delta R_x R_t}{R_s} \\ \Delta T_z &= \frac{R V_g V_e}{V_r^2} \ (\cos\xi_t \sin\alpha_i \cos\theta) \ \Delta\theta \end{aligned} \tag{7-10}$$

式中，ΔR_x 表示卫星位置沿航向误差，R_t 表示目标到地心的距离，R_s 表示卫星到地心的距离，V_g 表示地速，V_r 表示等效速度，ξ_t 为目标地心纬度，α_i 为轨道倾角，θ 为波束中心下视角，$\Delta\theta$ 为由卫星沿高度向误差引起的视角变化。其中 $\Delta\theta$ 由式（7-11）给出：

$$\Delta\theta = \arccos\left(\frac{R^2 + R_s^2 - R_t^2}{2R_s R}\right) - \arccos\left[\frac{R^2 + (R_s + \Delta R_z)^2 - R_t^2}{2(R_s + \Delta R_z)R}\right] \tag{7-11}$$

卫星位置测量误差对SAR图像目标距离向定位误差的影响由下式给出：

$$\Delta T_{rg} = \frac{\Delta R_y R_t}{R_s} + \frac{R\Delta\theta}{\sin\eta} \tag{7-12}$$

式中，ΔT_{rg}表示由卫星位置测量误差导致的目标距离向定位误差，ΔR_y 表示垂直航向卫星位置测量误差，η 表示入射角。

卫星速度测量误差将导致多普勒中心估计误差的影响由下式给出：

$$\begin{aligned} \Delta k_d = &\frac{\| \vec{v}_{s0} \|^2}{2\| \vec{r}_{s0} - \vec{r}_g \|} - \frac{[(\vec{v}_{s0})\ (\vec{r}_{s0} - \vec{r}_g)^{\mathrm{T}}]^2}{2\| \vec{r}_{s0} - \vec{r}_g \|^3} - \frac{\| \vec{v}_{s0} + \overrightarrow{\Delta v} \|^2}{2\| \vec{r}_{s0} - \vec{r}_g \|} - \\ &\frac{[(\vec{v}_{s0} + \overrightarrow{\Delta v})\ (\vec{r}_{s0} - \vec{r}_g)^{\mathrm{T}}]^2}{2\| \vec{r}_{s0} - \vec{r}_g \|^3} \end{aligned} \tag{7-13}$$

式中，Δk_d 表示由卫星速度测量误差导致的多普勒中心估计误差，Hz。

7.7.2　卫星轨道摄动

卫星轨道基本上是椭圆轨道，这是由地球中心引力场决定的。但地球引力场又不是完全的中心引力场。实际的地球不是球对称的，这样的非中心性会对卫星轨道产生摄动作用。轨道摄动主要影响SAR图像的测绘带宽和目标强度等，进而会影响SAR图像的辐射质量指标。

7.7.3　卫星姿态误差

卫星姿态包括偏航、俯仰和横滚。卫星姿态误差包括卫星姿态控制误差和

卫星姿态测量误差。

1. 卫星姿态控制误差

卫星姿态控制误差是指卫星对姿态的控制偏离预先设定状态的误差。卫星姿态控制误差将导致雷达发射波束偏离预先指定的场景，在不存在卫星姿态测量误差时，可通过测量获取真实的雷达波束指向，此时卫星姿态控制误差不会引起多普勒参数的估计误差，但影响场景中的目标强度及成像带宽等成像质量指标。

2. 卫星姿态测量误差

卫星姿态测量误差是由对卫星姿态测量不准确而产生的误差。卫星姿态测量误差将导致基于轨道的多普勒中心和方位调频率估计误差，进而影响星载SAR成像质量。

1）卫星偏航误差

卫星存在偏航时星载SAR成像的简化几何关系如图7-7所示。平台偏航将导致雷达波束绕Z轴转动，其地面照射曲线的运动轨迹近似为一个圆。雷达工作于正侧视模式，雷达波束中心指向垂直于雷达航向，实线表示理想情况下的雷达工作坐标系，虚线表示存在平台偏航误差时的雷达工作坐标系。

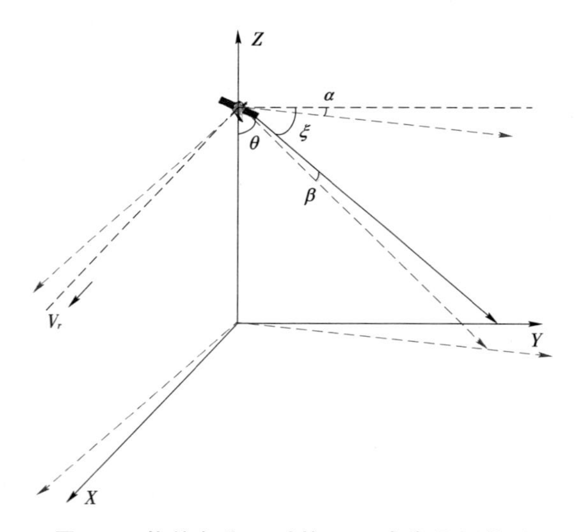

图7-7 偏航角为α时的SAR成像几何关系

卫星平台偏航角α引起的基于轨道的多普勒中心估计误差由下式给出：

$$\Delta f_{dc}^{(\alpha)} \approx -\frac{2V_r \sin\beta}{\lambda} \tag{7-14}$$

式中，$\Delta f_{dc}^{(\alpha)}$ 表示平台偏航 α 时导致的多普勒中心估计误差，Hz；V_r 表示卫星等效速度，m/s；λ 表示发射信号中心频率对应的波长，m；β 表示成像斜平面内波束中心偏移的角度，(°)。其中 β 由下式给出：

$$\cos\beta = \sin^2\xi + \cos^2\xi\cos\alpha \tag{7-15}$$

式中，$\xi = 90° - \theta$，θ 为波束中心下视角。

2）卫星俯仰误差

平台俯仰使雷达波束中心线绕 Y 轴转动，设平台俯仰测量误差为 α (°)，波束中心在成像斜平面上偏移的角度为 β (°)，则卫星平台俯仰引起的基于轨道的多普勒中心估计误差由下式近似给出：

$$\Delta f_{dc}^{(\alpha)} \approx -\frac{2V_r\sin\beta}{\lambda} \tag{7-16}$$

式中，β 与 α 的关系由下式给出：

$$\cos\beta = \sin^2\theta + \cos^2\theta\cos\alpha \tag{7-17}$$

式中，θ 表示波束中心下视角。

3）卫星横滚误差

卫星翻滚导致雷达波束绕 X 轴转动，当波束方位角为 0°时，对多普勒中心和方位调频率估计没有影响。但卫星平台翻滚将导致雷达发射波束沿距离向的移动，相当于对发生脉冲进行加权，影响天线增益。例如，在理想情况下，位于场景中心的目标在雷达平台翻滚以后，不再位于场景中心，此时其回波能量会减小，但是其到雷达的距离不会改变，因而其响应的多普勒频率和方位调频率不会改变。如果翻滚比较严重，则有可能使距离向波束偏离原来的成像区域。

7.7.4　卫星姿态稳定度

姿态误差引起波束指向误差，稳定度是衡量卫星平台运行平稳状况的指标，通常定义为合成孔径时间内 3 倍的天线指向角速率的均方根值，通常情况下，假设姿态角变化一般满足正弦变化规律，即：

$$\theta(t) = A\sin(\omega_0 t) + \theta_0 \tag{7-18}$$

$$\sigma_{\text{ant}} = \frac{3}{T_s}\sqrt{\int_0^{T_s}\left(\frac{\mathrm{d}\theta(t)}{\mathrm{d}t}\right)^2\mathrm{d}t} = 3A\omega_0\sqrt{\frac{1}{2}\left(1+\frac{\sin 2\omega_0 T_s}{2\omega_0 T_s}\right)} \tag{7-19}$$

式中，A 表示姿态角变化的幅度，ω_0 表示姿态角变化的角频率，θ_0 表示姿态角的初始值，$\theta(t)$ 为姿态角，σ_{ant} 为姿态稳定度，T_s 为合成孔径时间。

卫星姿态不稳定对成像质量的影响有两方面：一是造成回波信号的幅度调

制，产生成对回波；二是造成多普勒频谱的微小变化，使得估计的多普勒中心频率产生误差。目前，SAR 系统姿态稳定度可以做到 10^{-4}°/s 的量级。对于高分辨率 SAR 卫星，姿态稳定度达到 3×10^{-3}°/s 时对成像质量影响较小，目前工程上对姿态稳定度的要求为 1×10^{-3}°/s。因此，由前面卫星姿态误差对 SAR 成像质量影响的分析可以看出，姿态稳定度对 SAR 卫星成像质量的影响很小。

7.7.5 地面分辨率

地面分辨率是 SAR 区分地面相邻点目标能力的定量表示，由点目标冲激响应半功率主瓣宽度决定。SAR 系统地面分辨率包括距离分辨率和方位分辨率。距离分辨率取决于入射角和系统带宽，方位分辨率取决于方位向天线波束宽度。

1. 距离分辨率

针对某高分卫星的 12 种成像模式及其分辨率应用需求，SAR 系统设计了 11 种信号带宽。从表 7-3 可以看到设计的信号带宽可调节范围为 10～240 MHz，各成像模式下均满足指标要求。总的来说，分辨率越高，所需信号带宽越大；同一分辨率要求下，入射角越小，所需信号带宽越大。

表 7-3　不同成像模式设计信号带宽和距离分辨率

成像模式		分辨率范围/m	设计结果	
			信号带宽/MHz	分辨率范围/m
聚束模式		0.9～2.5	240	0.98～2.29
超精细条带		2.5～5	120/100	2.33～4.44
精细条带		4～6	100/60	3.42～5.88
标准条带		15～30	50/40/20	12.78～26.77
宽幅扫描		50～110	30/20/10	51.11～103.35
全极化条带		6～9	60/40/30	5.34～8.88
波模式		8～12	100/60/50	6.43～10.87
全球观测		350～700	2	329.61～674.79
扩展	低入射角	15～30	80	12.26～25.38
	高入射角	20～30	20	20.07～23.57

2. 方位分辨率

SAR 方位分辨率主要取决于方位向天线长度，或收发等效波束宽度。表 7-4 给出每种成像模式分辨率指标要求、天线发射接收波束宽度设计值、分辨率设计值及指标符合性情况，总的来说，分辨率越高，所需方位向波束宽度越大，而与入射角关系不大。

表 7-4　不同成像模式天线发射接收设计波束宽度和设计分辨率

<table>
<tr><th rowspan="2">成像模式</th><th rowspan="2">分辨率/m</th><th colspan="2">方位向设计波束宽度/(°)</th><th rowspan="2">分辨率/m</th></tr>
<tr><th>发射波束宽度</th><th>接收波束宽度</th></tr>
<tr><td>聚束模式</td><td>1.0～1.5</td><td>0.4，扫描±1.9</td><td>0.4，扫描±1.9</td><td>1.0～1.5</td></tr>
<tr><td>超精细条带</td><td>3</td><td>0.436</td><td>0.752</td><td>3</td></tr>
<tr><td>精细条带</td><td>5</td><td>0.32</td><td>0.32</td><td>5</td></tr>
<tr><td>标准条带</td><td>25</td><td rowspan="6">0.188</td><td rowspan="2">0.188</td><td>25</td></tr>
<tr><td>宽幅扫描</td><td>100</td><td>100</td></tr>
<tr><td>全极化条带</td><td>8</td><td rowspan="2">0.197</td><td>8</td></tr>
<tr><td>波模式</td><td>10</td><td>10</td></tr>
<tr><td>全球观测</td><td>500</td><td rowspan="2">0.188</td><td>500</td></tr>
<tr><td>扩展入射角</td><td>25</td><td>25</td></tr>
</table>

7.7.6　峰值旁瓣比和积分旁瓣比

峰值旁瓣比和积分旁瓣比主要取决于幅相误差控制和处理加权。下文给出卫星方位向和距离向幅相误差分配和地面处理加权建议，以及在上述误差分配值和加权函数下各模式旁瓣性能。

1. 误差控制

1）方位向幅相误差控制

影响方位向幅相误差的主要因素有接收通道增益稳定性、频率源短期稳定度、PRF 抖动以及卫星姿态稳定度等。此外，地面处理的多普勒参数估计精度也会引入幅相误差。表 7-5 给出方位向误差分配值。

表 7-5 SAR 成像方位向幅相误差分配

误差源	误差分配值
幅度/dB	一次/二次 0.2
频率源短期稳定度/[(°)·(10 ms)$^{-1}$]	1×10^{-10}
接收通道增益稳定性/dB	≤±0.5
PRF 抖动/ns	2
Fdc 估计误差/Hz	30
Fdr 估计误差/(Hz·s^{-1})	0.04
卫星姿态稳定度/[(°)·s^{-1}]	1×10^{-3}

卫星姿态不稳定会导致成对回波和多普勒中心频率误差，经过高分辨率星载 SAR 仿真分析，验证了在姿态稳定度达到 3×10^{-3}°/s 时对成像质量影响较小，从工程角度看，姿态稳定度可以实现 1×10^{-3}°/s。

2）距离向幅相误差控制

距离向幅相误差主要是指发射接收通道的偏离线性时不改变系统特性的幅相误差，其会导致距离向匹配滤波失配，引起主瓣展宽、旁瓣升高等现象，使距离向成像性能恶化。表 7-6 给出距离向幅相误差分配值。

表 7-6 SAR 成像距离向幅相误差分配

误差源	误差分配值
幅度误差/dB	一次 0.4、二次 −0.2、纹波 0.2、随机 0.2
相位误差/(°)	一次 25、二次 20、三次 10、四次 15、五次 20、随机 2
AD 采样抖动/ns	0.1

2. 地面加权处理

为了降低旁瓣电平、提高峰值旁瓣比，通常在成像过程中加入加权函数。方位向成像处理加权函数（假设多普勒中心为 0）：

$$W_a(f)=\alpha+(1-\alpha)\cos(2\pi f/B_d),\ f\in[-B_d/2,\ +B_d/2] \tag{7-20}$$

距离向成像处理加权函数的形式为：

$$W_r(f)=\alpha+(1-\alpha)\cos(2\pi f/B_w),\ f\in[-B_w/2,\ +B_w/2] \tag{7-21}$$

式中，$W_a(f)$ 为方位向窗函数，$W_r(f)$ 为距离向窗函数，α 为加权函数的形状因子，B_d为多普勒处理带宽，B_w为信号带宽，f 为频率。

3. 旁瓣性能分析

在上述幅相误差分配和地面处理加权函数情况下，表 7-7 给出了某高分卫星成像模式旁瓣性能预计结果，在所有成像模式下，PSLR 的设计结果都低于 −20 dB，ISLR 的设计结果都低于 −15 dB，符合设计要求。

表 7-7　不同成像模式设计旁瓣性能

成像模式	指标要求/dB		设计旁瓣/dB	
	PSLR	ISLR	PSLR	ISLR
聚束模式	≤−22	≤−15	−23.7	−17.6
超精细条带			−23.2	−18.2
精细条带			−22.9	−17.1
标准条带	≤−20	≤−13	−21.3	−15.3
宽幅扫描			−20.8	−17.7
全极化条带	≤−22	≤−15	−23.8	−16.7
波模式			−23.8	−16.7
全球观测	≤−20	≤−13	−20.5	−15.8
扩展入射角			−21.3	−15.3

7.7.7　成像幅宽

成像幅宽定义为处理所有距离向数据能够获得的有效图像宽度。成像幅宽主要取决于回波采样点数、波束指向精度、回波采样起始精度以及距离徙动。表 7-8 给出了各种成像模式成像幅宽要求、采样点数设计和幅宽设计。通过对比分析，设计采样点数满足成像幅宽指标要求。总的来说，幅宽越宽，分辨率越高，所需采样点数越多。设计的采样点数在全球观测成像模式下最少，在精细条带成像模式下最多。

表 7-8　不同成像模式幅宽和采样点数设计

成像模式	幅宽要求/km	采样点数设计	设计幅宽/km
聚束模式	10×10	19 456～31 744	10×10
超精细条带	30	17 408～29 696	30
精细条带	50	15 360～29 696	50
标准条带	130	18 432～41 984	95～150

续表

成像模式		幅宽要求/km	采样点数设计	设计幅宽/km
宽幅扫描		500	14 336～21 504	500
全球观测		650	2 048～3 072	650
全极化条带		30	8 192～10 240	20～35
波模式		5×5	8 192～20 480	5×5
扩展	低入射角	130	38 912～39 936	120～150
	高入射角	80	15 360～19 456	70～90

7.7.8 噪声等效后向散射系数 NEσ^0

噪声等效后向散射系数指与系统噪声输出功率相同的输入信号对应的目标后向散射系数，反映了 SAR 系统对弱散射目标的检测能力。针对某高分卫星轨道和 SAR 载荷参数，各成像模式系统噪声等效后向散射系数见表 7-9，在所有成像模式下，噪声等效后向散射系数的设计结果都低于－19 dB，且场景中心最低，边缘处较高，这主要是由于天线方向图导致的。

表 7-9　不同成像模式实现的噪声等效后向散射系数性能

成像模式		指标要求/dB	噪声等效后向散射系数/dB	
			中心	边缘
聚束模式		≤－19	－28.15～－19.7	－27.09～－19.36
超精细条带			－30.29～－22.78	－24.64～－21.1
精细条带			－29.73～－26.11	－23.81～－19.66
标准条带		中心≤－25，边缘≤－21	－33.58～－27.54	－26.91～－21.48
宽幅扫描			－35.19～－28.56	－28.52～－22.57
全极化条带		≤－19	－36.53～－34	－33.06～－28.43
波模式			－34.68～－32.05	－31.44～－26.74
全球观测		中心≤－25，边缘≤－21	－40.32～－34.43	－33.85～－28.37
扩展	低入射角		－27.74～－27.27	－21.8～－21.33
	高入射角		－36.49～－34.46	－32.25～－27.95

7.7.9 方位模糊度

方位模糊度指混入方位向处理频带内的方位模糊区信号强度与成像区图像

强度的比值。方位模糊度主要取决于天线方向图特性和 PRF 取值，同时多普勒中心估计误差和多普勒处理器宽度对方位模糊度也造成影响。

当雷达工作于斜视模式时，偏航测量误差会引起雷达斜视角和入射角的变化，卫星平台偏航误差还会引起基于轨道的多普勒调频率估计误差。卫星平台偏航测量误差将影响 SAR 图像的方位分辨率、方位模糊度、噪声等效后向散射系数、相位误差及点目标响应的峰值旁瓣比、积分旁瓣比等。

基于天线使用方式、PRF 范围、多普勒处理器宽度和误差源取值，卫星各种成像模式下方位模糊性能预计结果见表 7-10，在所有成像模式下，方位模糊度的设计结果都低于－18 dB，在超精细条带、全极化条带和波模式下可到－30 dB。

7.7.10 距离模糊度

距离模糊度指混入测绘带内的模糊区信号强度与主观测区信号强度的比值。距离模糊度主要取决于天线方向图特性和 PRF 取值，波束宽度和波束指向误差会对距离模糊度产生影响。基于 PRF 范围、距离向波束宽度和误差源取值，卫星各成像模式距离模糊度性能预计结果见表 7-10，在所有成像模式下，距离模糊度的设计结果都低于－20 dB，在聚束模式下可到－56 dB。

表 7-10　不同成像模式方位/距离模糊度性能

<table>
<tr><th rowspan="2" colspan="2">成像模式</th><th rowspan="2">分辨率/m</th><th colspan="2">方位模糊度/dB</th><th colspan="2">距离模糊度/dB</th></tr>
<tr><th>指标</th><th>设计结果</th><th>指标</th><th>设计结果</th></tr>
<tr><td colspan="2">聚束模式</td><td>1</td><td rowspan="3">≤－20</td><td>－26.89～－20.08</td><td rowspan="10">≤－20</td><td>－56.47～－20.81</td></tr>
<tr><td colspan="2">超精细条带</td><td>3</td><td>－29.79～－21.78</td><td>－43.64～－22.04</td></tr>
<tr><td colspan="2">精细条带</td><td>5</td><td>－25.32～－20.13</td><td>－36.69～－20.01</td></tr>
<tr><td colspan="2">标准条带</td><td>25</td><td rowspan="2">≤－18</td><td>－24.84～－18.77</td><td>－31.64～－20.31</td></tr>
<tr><td colspan="2">宽幅扫描</td><td>100</td><td>－24.54～－18.36</td><td>－31.64～－20.31</td></tr>
<tr><td colspan="2">全极化条带</td><td>8</td><td rowspan="2">≤－20</td><td>－32.06～－20.07</td><td>－46.74～－31.37（同极化）
－33.09～－20.02（交叉极化）</td></tr>
<tr><td colspan="2">波模式</td><td>10</td><td>－32.06～－20.07</td><td>－46.74～－31.37（同极化）
－33.09～－20.02（交叉极化）</td></tr>
<tr><td colspan="2">全球观测</td><td>500</td><td rowspan="3">≤－18</td><td>－24.85～－18.38</td><td>－31.64～－20.4</td></tr>
<tr><td rowspan="2">扩展入射角</td><td>低端</td><td>25</td><td>≤－20</td><td>－31.66～－31.52</td></tr>
<tr><td>高端</td><td>25</td><td>≤－20</td><td>－23.92～－21.28</td></tr>
</table>

7.7.11 辐射误差源分析及其精度控制

辐射精度反映了SAR系统定量遥感的能力，是重要的星地一体化指标，其影响因素和误差源取值见表7-11。

表7-11 SAR成像影响辐射精度的误差源取值

误差源		取值/dB
在轨误差	波束指向误差（双向）	0.5
	方向图测量误差	0.3
	天线增益不稳定	0.2
	内定标	0.6
	A/D及BAQ误差	0.2
传播误差	大气衰减	0.2
	闪烁	0.2
	法拉第效应	0.1
噪声干扰	积分旁瓣比	−13
	方位模糊度	−18
	距离模糊度	−20
	ΔN（$S/N=6$ dB）	0.0542
成像处理		0.3
外定标精度	条带模式	0.5
	扫描模式	0.7
备注：卫星姿态指向精度0.03°，天线距离向指向精度0.04°。		

在上述误差源取值情况下，对辐射精度进行预计，得到：

(1) 相对辐射精度0.9 dB（一景），满足一景内相对辐射精度优于1.0 dB指标要求；

(2) 相对辐射精度1.4 dB（1轨），满足一轨内相对辐射精度优于1.5 dB指标要求；

(3) 相对辐射精度1.7 dB（3天内），满足3天内相对辐射精度优于2.0 dB指标要求；

(4) 相对辐射精度2.4 dB（寿命期），满足寿命期相对辐射精度优于3.0 dB

指标要求；

（5）绝对辐射精度 1.69 dB，满足绝对辐射精度优于 2.0 dB 指标要求。

7.7.12　辐射分辨率

辐射分辨率是 SAR 卫星成像范围内区分不同目标后向散射系数的能力，是衡量成像质量等级的一种度量。辐射分辨率主要取决于 SAR 图像等效视数和信噪比，各种成像模式等效视数和理论辐射分辨率性能见表 7-12。

表 7-12　SAR 成像多视数与辐射分辨率

成像模式		要求/dB	等效多视数/视	辐射分辨率/dB		
				设计（HH）	设计（HV）	设计（VV）
聚束模式		≤3.5	1×1	3.19～3.83	3.74～5.46	3.15～3.87
超精细条带			1×1	3.11～3.48	3.43～4.53	3.08～3.50
精细条带			1×2	3.17～3.43	3.64～4.51	3.12～3.46
标准条带		≤2.0	3×2	1.54～1.76	1.73～2.41	1.53～1.77
宽幅扫描			2×4	1.35～1.46	1.44～1.83	1.34～1.47
全球观测			4×2	1.32～1.36	1.35～1.47	1.32～1.36
全极化条带		≤3.5	1×1	3.02～3.05	3.07～3.11	3.02～3.03
波模式			1×2	2.34～2.37	2.41～2.46	2.34～2.35
扩展入射角	低	≤2.0	3×2	1.53	1.68	1.52
	高		3×2	1.52～1.56	1.62～1.76	1.52～1.57

为满足分辨率 1～10 m 模式下辐射分辨率优于 3.5 dB，单视处理即可；分辨率 25～500 m 模式辐射分辨率优于 2.0 dB，等效多视数要求在 4～6 视之间。目前分辨率 25～500 m 工作模式设计多视数为 6～8 视。

7.7.13　SAR 成像质量验证情况

在方案阶段，通过 SAR 分系统工程样机的研制与联试、测试，对方案设计及成像质量实现情况进行了验证。根据试验结果，推算分析得到的 SAR 成像质量性能满足度如表 7-13 所示。

表 7-13　SAR 成像性能分析

图像性能参数		要求	实现情况
极化隔离度/dB		≥35	35.65
极化通道不平衡度	幅度/dB	≤±0.5	≤±0.39
	相位/(°)	≤±10	≤±9.6（双程）
系统灵敏度 NEσ^0/dB	分辨率 1～10m	边缘优于－19	≤－19.07
	分辨率 25～500m	中心优于－25	≤－26.78
		边缘优于－21	收发链路合成后可保证噪声等效后向散射系数符合设计要求
方位模糊度/dB	分辨率 1～10m	<－20	方位模糊度≤－20.11
	分辨率 25～500m	<－18	方位模糊度≤－18.34
距离模糊度/dB		<－20	距离模糊度≤－20.03
			基于 11 个波位实测方向图计算距离模糊优于－20 dB
旁瓣性能/dB	分辨率 1～10m	PSLR<－22 ISLR<－15	PSLR≤－22.0、ISLR≤－15.98
	分辨率 25～100m	PSLR<－20 ISLR<－13	PSLR≤－20.26、ISLR≤－16.70
辐射分辨率/dB	分辨率 1～10m	3.5	3.5（聚束模式 20°～40°入射角）
	分辨率 25～500m	2.0	≤1.77
绝对辐射精度/dB（3σ）		2.0（长期）	1.79（条带）1.99（扫描）
相对辐射精度/dB（3σ）		1.0（1 景）	0.98
		1.5（1 轨）	1.29

|7.8　星载 SAR 成像定位精度分析|

SAR 图像相对于光学图像，存在较大的几何变形，不利于一般用户对图像进行判读与解译。SAR 图像较光学图像几何畸变的较大原因是因为成像机理和成像几何的差异。光学系统是以高的角度分辨率进行成像，这一特点与人的视觉系统相同，人们观看光学摄影图像不会存在困难。SAR 是以高的距离分辨率进行侧视成像，比如面向雷达的坡面在 SAR 图像上距离被压缩，背向雷达的坡面在 SAR 图像上则被拉长。因此，需要从 SAR 成像机理出发，采用距离一多普勒定位方法，进行 SAR 图像定位解算。

7.8.1　星载 SAR 图像定位的基本原理

根据星载 SAR 系统几何模型可以列出斜距方程：$\rho=|\boldsymbol{S}-\boldsymbol{P}|$，式中 $\boldsymbol{S}$ 表示卫星（雷达天线相位中心）的位置矢量，$\boldsymbol{P}$ 表示地面目标位置矢量。多普勒方程为：

$$f_{dc}=-2\frac{(\boldsymbol{V}_S-\boldsymbol{V}_T)\cdot(\boldsymbol{S}-\boldsymbol{P})}{\lambda|\boldsymbol{S}-\boldsymbol{P}|} \tag{7-22}$$

式中，f_{dc}是成像多普勒中心频率，$\boldsymbol{V}_S$、$\boldsymbol{V}_T$分别表示卫星（雷达天线相位中心）和地面目标的速度矢量，λ 表示雷达信号波长。

地球椭球模型方程为：

$$\frac{x_T^2+y_T^2}{(R_e+h)^2}+\frac{z_T^2}{R_p^2}=1 \tag{7-23}$$

式中，R_e和R_p分别为地球的赤道半径和极地半径，h是目标相对于假设模型的高度。当地面高程信息未知时，上述方程就退化为地球椭球方程，据此实现星载SAR图像定位，也称为系统级几何校正处理。

7.8.2 定位精度误差源分析

定位精度是对工程系统的约束，属于天地一体化指标，但主要取决于卫星系统。影响星载SAR图像定位精度的系统误差因素众多，按卫星分系统划分主要包括平台、载荷、传播、处理和先验知识误差，如图7-8所示。

经分析，定位精度主要取决于卫星的位置速度测量精度、时间精度、多普勒中心估计精度和地表高程精度，而且卫星姿态对微波图像定位精度影响非常小。在卫星系统方案及轨道、视角等参数约束下，按照用户要求，对影响图像定位精度的主要误差进行了分配和分析，其中SAR系统时延测量精度和回波采样起始精度，以及辅助数据时间精度是与SAR有效载荷相关的误差源。参见表7-14。

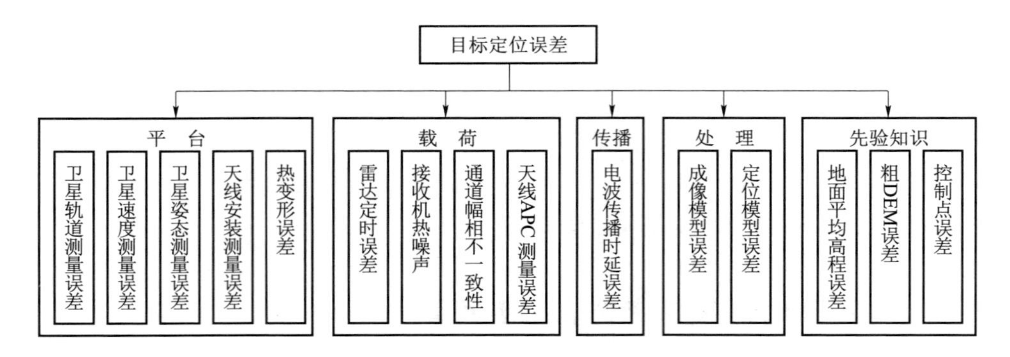

图7-8　影响SAR图像定位精度的原始误差源

表7-14　定位精度误差源参数设置与对定位精度的影响

系统误差源	输入误差数值	定位误差/m
沿航位置误差/m	30	26.65
切航位置误差/m		26.65
径向位置误差/m		170.57～22.12

续表

系统误差源		输入误差数值	定位误差/m
速度误差	沿航速度误差/（m·s⁻¹）	0.6	0.0～0.0
	切航速度误差/（m·s⁻¹）		8.89～76.27
	径向速度误差/（m·s⁻¹）		56.94～63.33
	综合速度误差/（m·s⁻¹）		57.63～99.13
辅助数据天文时间误差/s		0.005	33.31
SAR 系统时延测量误差/ns		30	25.91～5.19
回波采样起始时刻误差/ns		6	5.18～1.04
电离层传播时延误差/ns		40	34.55～6.93
地表高程误差/m	高程误差	30	170.13～17.32
		48	272.22～27.71
综合误差/m	高程误差	30	256.49～115.00
		48	333.08～117.02

在测轨方面，通过配置双频 GPS，其轨道位置测量精度在实时条件下其最高测轨精度通常可以达到 30 m（3σ），并实现 0.6 m/s 的卫星测速误差（航迹向）。

在时统方面，为确保上述要求，需要载荷分系统和控制分系统工作在精确统一的时间基准下，使卫星成像数据与控制测量数据具有相同时基，提高卫星载荷数据的精度。考虑采用实现硬件授时的方式，GPS 接收机发送整秒脉冲信号，为相关设备提供高精度的对时服务，其精度优于 1 μs。在 DEM 方面，目前全球广泛应用的高程 DEM 数据是航天飞机雷达地形测绘任务（SRTM）获取的全球高程信息，高程精度达到 16 m。

7.9　星载 SAR 数据处理与反演技术

7.9.1　回波信号建模技术

星载 SAR 数据处理中最重要的参数是雷达到目标的斜距，该距离随方位时间而变化，可用距离模型（即信号模型）等式来定义。距离模型等式即用解析表达式的形式模拟合成孔径时间内的斜距变化曲线。目前适用于低轨 SAR 卫星的回波信号模型为双曲线形式的距离模型（即等效斜视模型）加“走停”模型，适用于中高轨 SAR 的回波信号模型为 4 阶距离模型加“非走停”模型。

7.9.2　数据处理方法

SAR 卫星的原始数据由卫星地面站负责接收，经解包等预处理后向数据处理中心提供 0 级数据产品和其他辅助产品（轨道和姿态文件等）。数据处理中心在接收到 0 级数据产品后，将其制作成 1 级数据产品，并进行产品存档与分发服务；同时负责在 1 级产品的基础上制作成 2 级数据产品，并进行产品存档与分发服务。一般成像数据处理过程如图 7-9 所示。

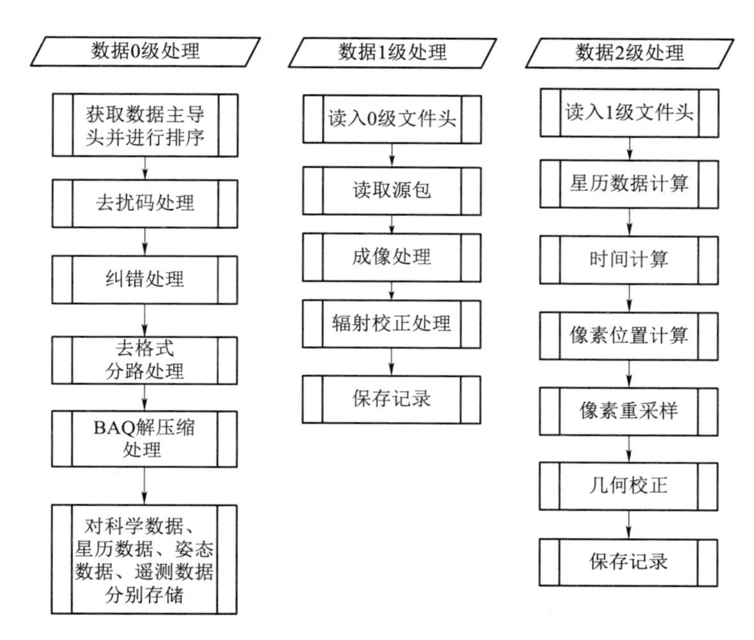

图 7-9　SAR 数据处理流程

7.9.3　相干斑噪声抑制技术

由于 SAP 特殊的相干成像机制，具有均匀散射系数的目标图像含有斑点噪声，使得其灰度并不均匀。相干斑是由于成像目标散射回波之间的相干作用引起的一种 SAR 图像本身固有的确定性干涉现象，其中包含着部分观测物信息。但是由于受到不同的极化方式、不同的复杂背景环境、不同的成像过程、不同的分辨率等多种因素的影响，SAR 图像中的相干斑呈现出很大的差异。以目前的技术很难对此其中含有的部分信息进行分析和利用，降低了 SAR 图像中有用信息的有效使用。相干斑噪声使得目标图像信噪比下降，为之后基于 SAR 图像的目标检测和目标识别带来了困难。因此，在对 SAR 图像进行处理之前，如何对 SAR 图像中含有的相干斑噪声进行抑制是一个不可缺少的预处理步骤。在相干斑抑制技术中，需要考虑到如何在去除图像中相干斑噪声的同时，更好地保留下图像的细节信息，比如纹理信息和边缘信息。

目前对于相干斑抑制技术的研究主要可以分为两大类，分别是成像前使用的多视平滑技术和成像后使用的滤波技术，而成像后的滤波技术又主要可以分为空间域滤波技术和频域滤波技术两大类。

7.10 SAR 遥感卫星应用

7.10.1 星载 SAR 减灾应用

洪涝、滑坡和泥石流等自然灾害发生时，需要在第一时间内了解灾情发生范围，从而对灾情进行有效评估，因此要求重复观测周期从几个小时到几天可以按需要设定。对于中等尺度的自然灾害，如江河、湖泊等的洪涝灾害，需要中等分辨率、有一定成像覆盖范围的图像进行监测。对于城区或堤坝受损的洪涝监测，则需要分辨率较高的图像才能监测。图 7-10 所示为 2017 年 8 月 GF-3 卫星九寨沟地震区域极化分解结果（红色表示具有立体空间结构的建筑物)，为灾情评估提供了有力支撑。

7.10.2 星载 SAR 海洋应用

SAR 数据包含丰富的海洋信息，在海洋观测应用研究领域发挥着越来越重要的作用。首先 SAR 可以全天候、全天时地对海面进行高分辨的成像观测，获取连续的海洋环境数据。SAR 图像对海面结构非常灵敏，可据此对风场、波浪和海流及其相互作用的行为、机制和结果进行定量分析。雷达对粗糙表面的后向散射的敏感性，使得 SAR 可用于中尺度海洋特征监测、大尺度海洋特征

图 7-10　GF-3 卫星四川九寨沟风景区游客中心及周边区域监测图像

识别，如水团、锋面等。大量应用结果表明，SAR 能够直接或间接地观测到许多海洋现象，如海浪、涌浪、内波、大洋水团边界、海气相互作用形成的锋面等，在一定条件下，SAR 图像信息还与水下地形、波高及能量谱等有间接的相关性。在各类传感器中，SAR 含有最为丰富的海洋表面信息，可以说所有能够改变海面粗糙结构的因素都能够在 SAR 图像上反映出来。参见图 7-11、图 7-12。

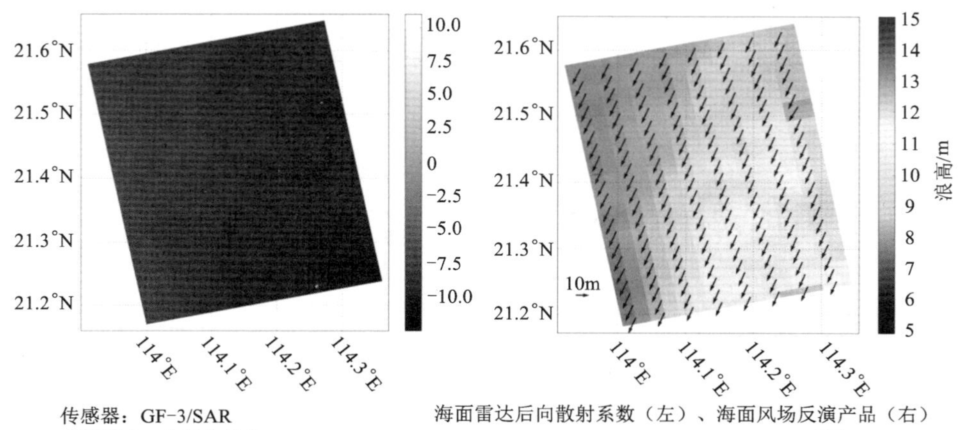

图 7-11　GF-3 卫星全极化条带模式海面风场反演结果

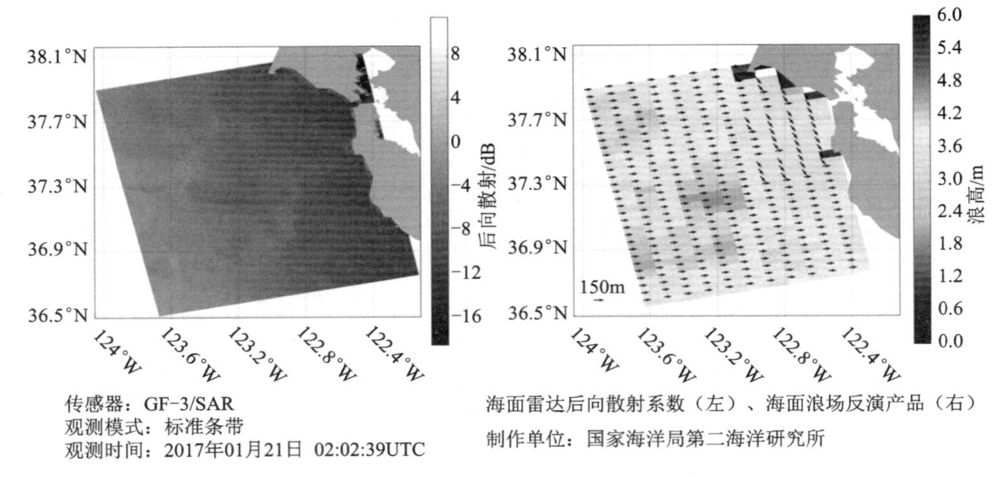

图 7-12　GF-3 卫星标准条带模式海面浪场反演结果

7.10.3　星载 SAR 船只检测与识别

随着经济社会的发展，海上贸易航行越来越频繁，海上安全威胁日渐增多，因此对船只实施有效监控是海上安全的重要保障。利用 SAR 影像不仅可以检测船只目标，而且还可以提取船只的长度、宽度以及航速、航向等信息。同时，随着星载 SAR 空间分辨率的提高，使基于星载 SAR 影像的船只类型识别成为可能，基于星载 SAR 船只目标检测在海上交通运输、渔业监测和溢油检测等领域具有重要的理论意义和应用价值。图 7-13 为 GF-3 聚束模式 1 m 分辨率对船舶的检测结果，通过与地面试验的比对，检测率优于 96.5%。

7.10.4　星载 SAR 地面运动目标检测

基于星载 SAR 平台的地面运动目标检测系统，为广域地形测绘、监视、侦察和地面目标检测、定位、跟踪等提供了可能，具有重要的应用价值。由于星载 SAR 平台的高速运动导致杂波多普勒展宽，从而会淹没慢速目标，因此需要进行杂波抑制。利用星载 SAR 的 GMTI 模式可以对边境线实现高分辨率动目标检测，掌握车辆动态信息，对边境安全与反恐维稳具有重要意义。参见图 7-14。

图 7-13　GF-3 卫星水面船舶监测反演结果

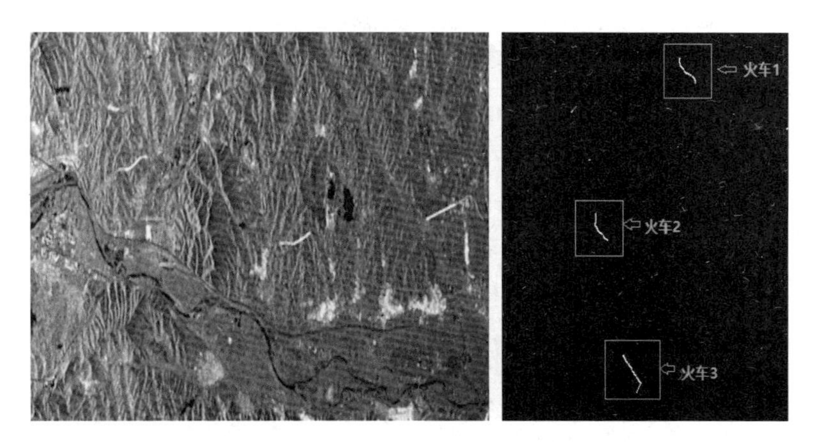

图 7-14　GF-3 卫星对大同—秦皇岛铁路沿线动目标检测结果

7.10.5 星载 SAR 干涉测绘应用

SAR 干涉测量是在传统 SAR 的基础之上，通过两副天线或重复轨道以不同角度对同一地面目标进行两次成像，形成复图像对，通过干涉处理得到两幅复图像的相位差，从中提取地球表面三维信息或地物变化信息的一种先进的遥感信息获取技术。干涉 SAR 卫星系统与光学遥感卫星相比不受光照和云层的影响，数据处理速度更快，能快速覆盖地球的广大区域。

高分三号原始数据经过精确图像配准、去平地效应、降噪滤波、相位展开等一系列干涉处理，成功获得了天津蓟县于桥水库地区的三维地形反演结果，可用于铁路、交通及测绘等应用中。参见图 7-15～图 7-18。

图 7-15 GF-3 卫星天津蓟县于桥水库卫星光学图像

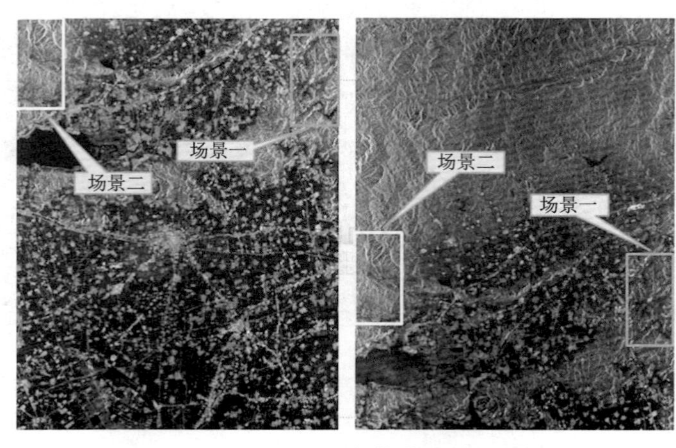

图 7-16 GF-3 卫星重复轨道干涉 SAR 图像

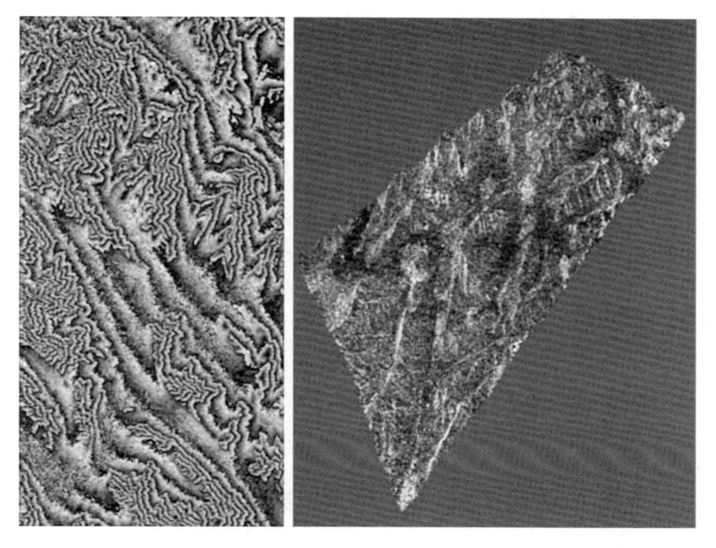

图 7-17　GF-3 卫星三维地形图像（场景一）

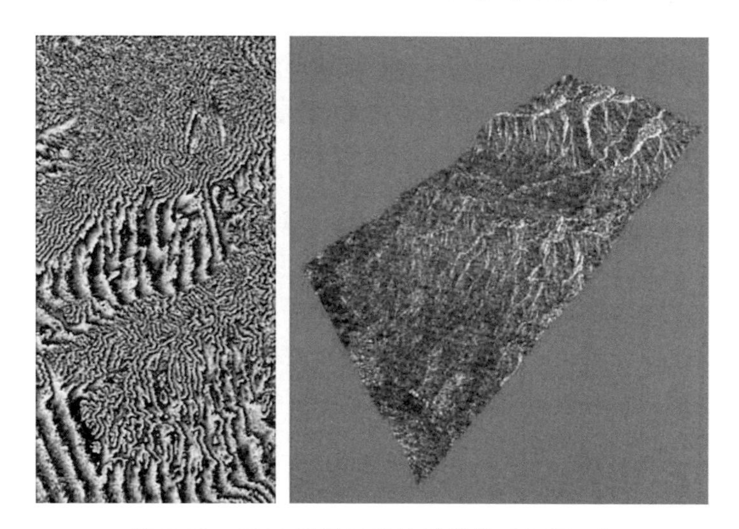

图 7-18　GF-3 卫星三维地形图像（场景二）

7.10.6　星载 SAR 差分干涉应用

通过对河北黄骅地区 GF-3 卫星重复轨道获取的雷达干涉影像进行处理，获取了该地区的地表形变量，其中时间基线为 29 天，空间垂直基线为 250 米，相位已解缠并转化至形变量，红色表示地表远离卫星（即地面沉降），蓝色表示地表移向卫星（即地面抬升），红色椭圆区域位于南大港湿地自然保护区，有明显地面抬升信号（图7-19）。充分验证了高分三号卫星系统设计的先进性。

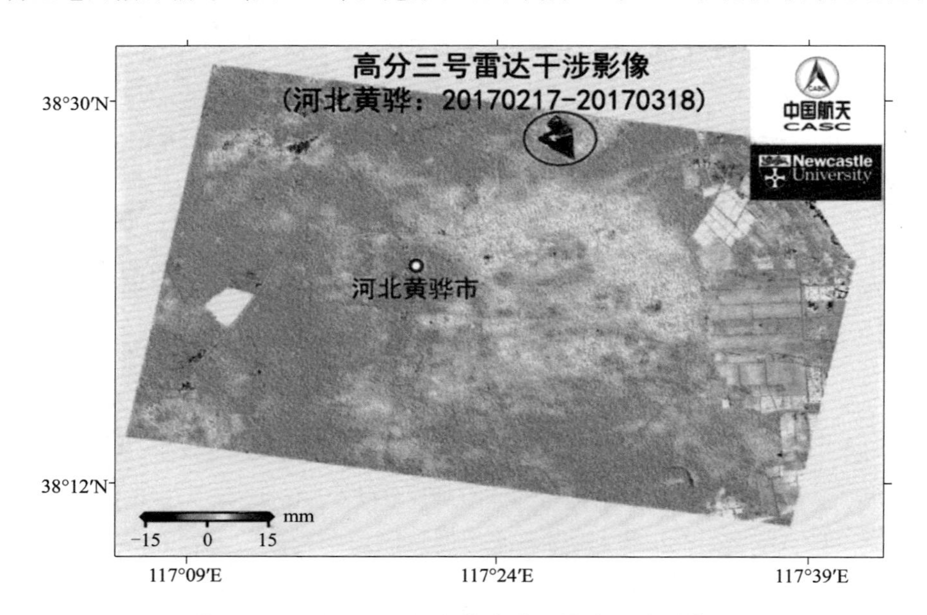

图7-19　GF-3卫星河北黄骅地区雷达干涉影像

7.11　小　　结

高分辨率 SAR 卫星总体设计从应用需求角度出发，根据感兴趣的探测目标散射特性，确定工作频率、极化形式；根据重访周期、覆盖范围等确定卫星轨道参数；根据任务要求完成 SAR 载荷参数、卫星构形、能源、数据传输、姿态控制、热控及测控系统的设计，在总体设计过程中，需充分考虑各项影响因素对最终成像质量的影响，并在分析过程中进行定量分析，最终结果作为 SAR 卫星研制的基本约束条件。

参 考 文 献

[1] 袁孝康. 星载合成孔径雷达导论 [M]. 北京：国防工业出版社，2003.

[2] 张直中. 微波成像术 [M]. 北京：科学出版社，1990.

[3] 刘永坦. 雷达成像技术 [M]. 哈尔滨：哈尔滨工业大学出版社，1999.

[4] 魏仲铨，等. 合成孔径雷达卫星 [M]. 北京：科学出版社，2001.

[5] 张澄波. 综合孔径雷达原理系统分析与应用 [M]. 北京：科学出版社，1989.

[6] 张庆君，等. 卫星极化微波遥感技术 [M]. 北京：中国宇航出版社，2015.

[7] 谢昌志. SAR图像相干斑抑制及舰船检测方法研究 [D]. 合肥：中国科学技术大学，2015.

[8] 李春升，王伟杰，王鹏波，等. 星载SAR技术的现状与发展趋势 [J]. 电子与信息学报，2016，38 (1).

[9] Curlander J C，Mcdonough R N. Synthetic Aperture Radar：Systems and Signal Processing [M]. Wiley-InterScience，1991，Chap. 1.

[10] Naftaly U，Levy-Nathansohn R. Overview of the TECSAR Satellite Hardware and Mosaic Mode [J]. IEEE Transactions on Geoscience and Remote Sensing，2008，5 (3)：423 - 426.

[11] Yue Ouyang，Jinsong Chong，Yirong Wu，et al. Simulation Studies of Internal Waves in SAR Images Under Different SAR and Wind Field Conditions [J]. Ieee Transactions On Geoscience And Remote Sensing，2011，49 (5)：1734 - 1743.

[12] Ki-mook Kang，Duk-jin Kim. Feasibility Study on Estimating Sea Surface Currents from Single (Envisat ASAR) and Dual (TanDEM-X) SAR System [C]. IEEE International Symposium on Geoscience and Remote Sensing (IGARSS)，2013，1274 - 1277.

第 8 章
高精度微波遥感卫星系统设计与分析

8.1 概　　述

海洋占全球总面积70%以上，拥有丰富的可再生和不可再生能源，对全球的气候起着巨大的调节作用。由于海洋微波遥感卫星系统具有全天时、全天候、大面积、多尺度、同步、快速、高频次、短周期、长期连续观测等优点，不受地理位置和人为条件限制，还可覆盖环境条件恶劣的海区及政治敏感海区，是认识、研究、开发、利用和管理海洋不可替代的高科技手段。因此，通过海洋微波遥感卫星系统对海洋环境进行探测一直受到国外的高度重视。围绕海洋资源和海洋国土的军事斗争日趋激烈，不论是超级大国、传统海上强国，还是濒海发展中国家，无不重视海洋微波遥感卫星技术的发展。

美国海洋卫星的发展已呈多样化趋势，既发展了海洋专用卫星，也发展了如Aqua这样的海洋环境综合观测型卫星。同时，美国还通过国际合作，在别国卫星上搭载美国海洋观测类有效载荷。总体来说，美国在海洋观测领域，观测手段最全面，已形成综合的海洋观测卫星体系。2021年，将发射地表水与海洋地形（Surface Water and Ocean Topography，SWOT）卫星，采用干涉雷达高度计和常规高度计相结合的方式，获得高时空分辨率。

欧洲目前主要发展海洋环境综合观测型卫星，并在海洋遥感技术上有创新性，首次发射了星载综合孔径微波辐射计、Ka频段雷达高度计，代表欧洲微波遥感技术在海洋观测应用领域处于世界先进水平。以“哨兵”系列卫星为代表

的综合性高性能卫星陆续投入应用，具有创新技术特色的海洋观测卫星仍将不断获得发展。

近年来我国高度重视海洋卫星遥感应用的发展，“十三五”规划中提出：面向我国海洋强国战略在海洋资源开发、海洋环境保护、海洋防灾减灾、海洋权益维护、海域使用管理、海岛海岸带调查和极地大洋考察等方面的重大需求，兼顾气象、农业、环保、减灾、测绘、交通、水利、统计等行业应用需求，继承海洋一号、海洋二号和高分三号等卫星的技术基础，发展多种光学和微波观测手段，建设海洋水色、海洋动力星星座，发展海洋监视监测卫星，不断提高海洋观测卫星定量化综合观测能力。

国内外海洋微波遥感卫星系统经过多年的建设，已经从单一的探测手段发展到多种手段融合探测，提高了微波遥感数据的应用广度和深度，有效地提升了海洋环境灾害预警预报能力和全球气候变化监测水平，在海洋进行监测对维护海洋权益、军事保障、资源调查、环境监测和灾害预测等方面起了重要作用。表8-1给出了近年国外的主要海洋微波遥感卫星的情况。

表 8-1　国外海洋微波遥感卫星

卫星	国别/地区	轨道高度/轨道倾角	主载荷	工作频段	测量精度	主要用途
WindSat 2003	美	600 km/97.5°	微波辐射计	6.8/10.7/18.7/23.8/37 GHz 五通道，全极化	幅宽 1 450 km，分辨率 25 km，测温精度优于 1 K	海面风向测量
Jason-2 2008	法/美	1 336 km/66°	星下点高度计	13.58/5.3 GHz	幅宽 2.2 km，测高精度 2.5～3.4 cm	海面高度测量
Smos 2009	欧	750 km/97°	综合孔径辐射计	1.4 GHz	幅宽 1 000 km，分辨率 50 km，测盐精度 0.1 psu	土壤湿度和海水盐度探测
CryoSat 2009	欧	720 km/92°	干涉雷达高度计	Ku 频段	测高精度0.17～3.3 cm	测量海洋冰盖厚度变化，对极地冰层和海洋浮冰进行精确监测
Aquarius 2011	美	—	推扫式偏振微波辐射计、散射计	1.413/1.26 GHz		探测海表盐度

续表

卫星	国别/地区	轨道高度/轨道倾角	主载荷	工作频段	测量精度	主要用途
Sentinel-3 2013	欧	814 km/98.5°	陆海成像仪、辐射计、雷达高度计	Ku/C 频段	测高精度 3 cm	海洋水色、海洋和陆地表面温度、海表、冰层地貌
Saral 2013	印/欧	800 km/98.5°	综合孔径高度计	35.75 GHz	幅宽 10 km	海洋监测
Jason-3 2016	法/美	1 336 km/66°	星下点高度计 AMR	13.58/5.3 GHz	幅宽 2.2 km，测高精度 2.5～3.4 cm	海面高度测量

本章结合我国海洋微波遥感卫星总体设计和应用经验，重点介绍面向高精度微波遥感应用需求的总体设计方法，包括雷达高度计/微波散射计/微波辐射计设计要素、误差源分析与精度控制、辐射定标、数据处理等技术。

8.2 任务需求及其载荷配置分析

海洋微波遥感卫星系统具有全天时、全天候、同步、快速、高频次、长期连续观测等优势，是认识、研究、开发、利用、管理海洋的重要技术支撑和保障服务手段，也是空间基础设施和海洋立体监测体系的重要组成部分。发展和利用海洋微波遥感卫星系统，可以经济、方便地对大面积海域实现实时、同步、连续的监测，提高海洋环境与灾害的监测、预报和预警能力，在海洋环境、资源及军事等应用领域有重要作用。

微波遥感卫星的核心载荷包括雷达高度计、微波散射计、微波辐射计、校正辐射计和合成孔径雷达等。其中合成孔径雷达已经在第7章进行了详细论述。

8.2.1 海洋动力环境观测需求

为提高海洋灾害预报的准确性和时效性，需要利用全天时、全天候、短周期、高精度遥感技术，获得海上风场、浪场、流场及风暴潮等实时、定量的监测数据，实现海洋动力环境参数系统性多尺度、多要素大面积、实时和动态监测，满足管辖海域海冰、风暴潮、海面风场、海浪等海洋环境参数的业务化实时监视监测需求。我国海洋微波遥感卫星不仅观测我国海域，而且能对全球范围海洋进行观测，常规观测实现每天1～2次全球覆盖，灾害发生时，实现每天6次局域重访。

1. 观测要素

为获得海面风场、海况预报、风暴预警、局部海洋重力场、局部大地水准面、大洋环流等海洋动力环境监测信息，需要对海面风场、海面高度场、有效波高、海洋重力场、大洋环流和海表温度场等重要的海况参数进行探测，以提升海洋灾害的准确性预报，更好地服务于国民经济建设。表8-2给出了探测要素与用途的对应关系。

表8-2　海洋微波遥感卫星观测要素

探测要素	用途
主要要素 海面风场、海面高度、有效波高、重力场、大洋环流、海面温度 **兼顾要素** 大地水准面、冰面高度、水汽含量	**主要用途** 海面风场、海况预报、风暴预警、局部海面/底拓扑图、局部海洋重力场、局部大地水准面、大洋环流 **兼顾用途** 海洋动力过程研究、大中尺度天气过程、降水预报、地表分类、全球变化研究

2. 观测要素精度

海洋微波遥感卫星主要用于获得海面风场、海面高度场、浪场、海洋重力场、大洋环流和海表温度场等海洋动力环境参数，这些海洋动力环境参数复杂多变，需要通过多种探测手段联合观测，才能提高观测要素的测量精度，目前，观测要素的典型探测精度需求如下：

(1) 矢量风速范围：2～24 m/s；

(2) 矢量风向精度：20°；

(3) 矢量风速精度：2 m/s或10%；

(4) 事后综合测高精度：小于10 cm；

(5) 有效波高测量范围：0.5～20 m；

(6) 有效波高测量精度：0.5 m或10%；

(7) 海面风速：测量范围7～50 m/s；测量精度2 m/s或10%；

(8) 海面温度：测量范围100～300 K；测量精度1.0 K；

(9) 海冰观测：冰盖15%；厚度2 m；

（10）大气水汽含量精度：10%。

8.2.2　遥感器配置方案分析

为了完成对海洋动力环境观测的任务目标，卫星需配置雷达高度计、微波散射计、微波辐射计、校正辐射计等微波遥感器。考虑海洋现象的复杂性和相互影响，需要多种仪器的同步观测进行相互补偿和校正，以达到如下目的：

（1）利用雷达高度计测量的海面回波信息，得到全球高分辨率的海洋大地水准面和重力场，为国民经济和国防服务；

（2）利用雷达高度计测量的海面回波信息，得到全球海浪数据，提高海洋环境灾害的预警预报能力；

（3）利用微波散射计测量的海面后向散射系数信息，得到全球海面风场，为海洋环境预报和风暴灾害警报服务；

（4）利用微波辐射计测量的海面亮温度，得到全天时、全天候、大范围的海面温度信息，为渔场预报、中长期气候预测和全球气候变化服务；

（5）利用校正辐射计测量大气和水汽参数对雷达高度计进行误差校正；

（6）通过微波散射计对低风速与微波辐射计对高风速的同步观测，获得海面风场的完整信息。

卫星有效载荷主要探测要素和用途如表 8-3 所示。

表 8-3　卫星有效载荷主要探测要素和用途

<table>
<tr><th>有效载荷</th><th>探测要素</th><th>用途</th></tr>
<tr><td>雷达高度计</td><td>海面高度、有效波高、重力场、大洋环流、大地水准面</td><td rowspan="3">海面风场、海况预报、风暴预警；
局部海面/底拓扑图、局部海洋重力场、局部大地水准面、大洋环流、厄尔尼诺现象、海气交换；
海洋动力过程研究、大中尺度天气过程、降水预报、地表分类、全球变化研究</td></tr>
<tr><td>微波散射计</td><td>海面风场</td></tr>
<tr><td>微波辐射计</td><td>海面温度、海面风速、水汽含量</td></tr>
<tr><td>校正辐射计</td><td>大气和水汽含量</td><td>为高度计提供校准服务</td></tr>
</table>

8.2.3　轨道设计约束

轨道高度的选择主要考虑如下一些因素：

（1）大气阻力引起轨道半长轴逐渐减小，轨道逐渐降低，因而卫星运行周期缩短，即卫星运行的平均角速度增大，最后的结果是卫星地面轨迹偏离其标称位置向东漂移。轨道高度越低大气阻力对卫星轨道的影响越大。

（2）轨道越高地面测控站可观测的弧段越长，增加轨道的观测弧段对测轨精度是很有利的。更为重要的是，轨道越高可以使得大气阻力对测轨精度的影响越小。此外，轨道越高地球引力场的高阶项（短波变化部分）对轨道的影响越小，这对降低动力学模型误差，从而提高测轨精度也是十分有利的。

（3）轨道越高对发射卫星的运载工具的要求越高，因此在选择轨道高度时需考虑运载工具的运载能力。

（4）轨道越高对卫星的发射功率要求越大。

基于上面的因素以及微波遥感对太阳光照条件无严格要求，卫星采用约1 000 km高度的晨昏轨道，使得轨道在大部分时间内都处于全日照的状态，为电源系统提供有利的条件，最终确定为上午降交点地方时6:00。

8.3　雷达高度计设计与分析

雷达高度计用来测量海面高度、有效波高及风速等海洋基本要素，海洋雷达高度计测量数据的进一步反演结果，可以应用于海洋地球物理学、海洋动力学、海洋气候与环境监测、海冰监测等方面的研究，在海洋防灾减灾、海洋资源开发和全球变化研究等诸多领域发挥重要的作用。

8.3.1　雷达高度计原理

雷达高度计以脉冲有限足迹方式工作，即脉冲宽度足迹小于天线波束宽度足迹，如图 8-1 所示。雷达高度计发射脉宽为 τ 的脉冲垂直入射海面，其足迹从点逐渐扩展成圆，当 $t=2h/c+\tau$ 时圆面积达到最大，而后扩展成圆环，面积保持不变。因此，回波功率从 0 逐渐增至最大，形成接收功率曲线的斜坡引导沿；之后，回波功率保持最大值，形成曲线的平顶区。高度计的接收功率可表示为：

$$P_r(t)=\mathrm{PF}_s(t)\times q(t)\times S_r(t) \tag{8-1}$$

式中，$P_r(t)$ 表示平均接收功率（W）；$\mathrm{PF}_s(t)$ 为平坦海面的冲激响应；$q(t)$ 为海洋表面散射元的高度概率密度函数；$S_r(t)$ 为雷达系统点目标响应。

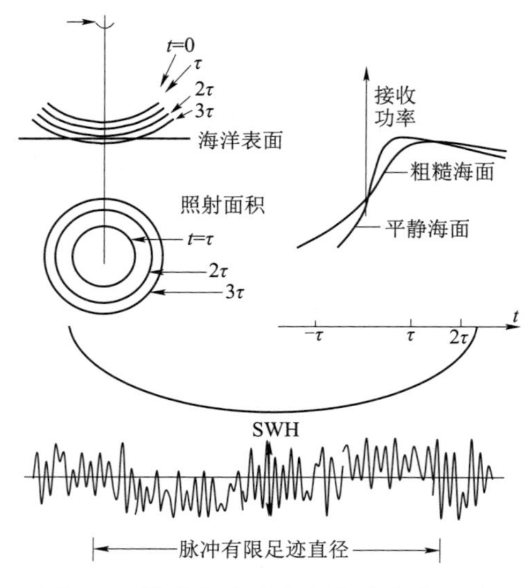

图 8-1　雷达高度计有限足迹方式回波

雷达高度计接收功率斜坡引导沿的半功率点对应于平均海平面，测得它与发射脉冲的传播往返时间，就得到了雷达高度计到海平面的高度；引导沿的斜率反比于海面有效波高，通过斜率的测量可直接反演海面有效波高，依靠回波功率大小估计后向散射系数的大小，根据回波下降沿的斜率和拖尾时间估计卫星指向误差。

8.3.2　雷达高度计设计分析

雷达高度计具有如下功能：完成海面高度、有效波高、海面星下点风速的测量；采用双频体制，校准电离层延迟的影响；具有内定标模式，修正仪器的漂移。

1. 海洋动态地形图测量

高度计通过向海表面发射和接收脉冲来测量卫星与海表面的距离 R，通过卫星激光测距（Satellite Laser Ranging，SLR），多普勒地球无线电定位技术（Doppler Orbitography by Radiopositioning Integrated on Satellite，DORIS）以及 GPS 定轨技术以及轨道动力学方程，可获得卫星较为精确的轨道高度，即卫星本身相对于地球参考椭球面的高度 S，海表面高度（Sea Surface Height，SSH）是卫星高度 S 和高度计测距值 R 之间的差值（图 8-2），即：

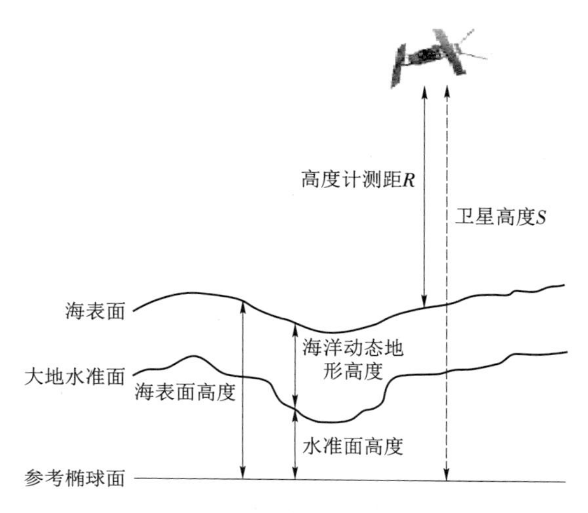

图 8-2　雷达高度计测高原理

$$\mathrm{SSH}=S-R \tag{8-2}$$

当没有任何摄动（风、湍流、潮汐等）时，海平面高度称为大地水准面，其主要受地球引力场变化的影响；海洋环流或动态地形图，由永久的静态成分（旋转等引起的环流等）和高变化的成分（风、潮汐、季节变化等）组成，平均的变化有 1 m 的量级。因此，从 SSH 中减去大地水准面高度，就可以获得动态地形。

2．有效波高测量

从雷达回波的形状可以确定有效波高，平静的海面反射回波脉冲密集，而粗糙的海面将脉冲展宽。

海面由于存在波浪而起伏不平，雷达高度计发出的脉冲其球面波的波前首先被海面波峰反射，稍后才被波谷反射，使得回波信号的上升出现展宽。根据物理学有关原理，反射信号的平均强度随时间的变化关系为：

$$P(t)=K\frac{\chi_{\mathrm{w}}}{s^{2}H^{3}}\left[1+\mathrm{erf}\left(\frac{t}{t_{\mathrm{p}}}\right)\right]\exp\left(-\frac{2t}{t_{\mathrm{s}}}\right) \tag{8-3}$$

式中，$\chi_{\mathrm{w}}=c\tau/[4(\ln 2)^{1/2}]$；$c=30$ cm/ns；H 为卫星高度（m）；τ 为发射脉冲的半功率宽度；$t_{\mathrm{p}}=(2/c)(\chi_{\mathrm{w}}^{2}+2\sigma_{\mathrm{h}}^{2})^{1/2}$，$\sigma_{\mathrm{h}}$ 为海面的均方根波高（与有效波高的关系：$\mathrm{SWH}=4\sigma_{\mathrm{h}}$）；$t_{\mathrm{s}}=2H\Psi_{\mathrm{e}}^{2}/c$，$1/\Psi_{\mathrm{e}}^{2}=(8\ln 2)/\Psi_{\mathrm{e}}^{2}+[(1+H/a_{\mathrm{e}})/s]^{2}$，$a_{\mathrm{e}}$ 为地球半径，Ψ_{e} 为天线的半功率宽度，erf（X）为 X 的误差函数，K 为与天线、传输路径和反射界面有关的常数。

波高越大，回波信号的展宽亦越大，其斜率则越小。因此，近似地说，回

波信号的上升缘斜率与海面有效波高成反比。通过对雷达高度计数据的处理与分析可以得到多种与海洋现象相关的物理参数，如表 8-4 所示。

表 8-4　雷达高度计测量与海洋物理参数的对应关系

测量	地球物理参数	海洋测绘产品
回波延迟时间	卫星高度	海洋大地水准面、湍流位置和速度以及冰的地形
波形上升沿	海面高度、分布和标准偏差	有效波高
幅度	后向散射系数	海/冰边界和海面风速
拖尾时间	卫星指向和海/冰面倾斜	冰的斜度

3. 风速测量

从雷达高度计回波脉冲的强度可以确定风速，平静的海面是强的反射镜，而粗糙的海面是弱散射，使回波幅度减弱。通常风速和波高之间有很强的相关性。散射功率总量可以用来观测海冰含量、湍流边界、海洋风速等。

海面在风的作用下能够产生厘米尺度的波浪，从而引起海面粗糙度（海面均方斜率）的变化。根据散射理论，雷达后向散射截面 σ_0 与海面均方斜率 $\overline{s^2}$ 之间有下列关系：

$$\sigma_0\ (\theta)\ =\frac{|R\ (0)^2|}{\overline{s^2}}\sec^4\theta\exp\left(\frac{\tan^2\theta}{\overline{s^2}}\right) \tag{8-4}$$

式中，$|R\ (0)|^2$ 为菲涅耳反射系数，θ 为雷达波束入射角。而海面均方斜率 $\overline{s^2}$ 与海面风速 U 近似满足线性关系：

$$\overline{s^2}\propto U \tag{8-5}$$

也就是说，当雷达高度计入射角 $\theta=0$ 时，后向散射截面和海面风速之间存在一种反比关系，由此可计算出风速。

4. 关键技术指标分析与确定

雷达高度计主要技术指标包括功能、工作模式、工作频率、信号带宽、天线增益、发射功率、接收机灵敏度和动态范围、辐射分辨率和空间分辨率、测量精度等。

我国海洋二号卫星雷达高度计采用 Ku 和 C 双频脉冲有限体制完成卫星与星下点海面之间距离的精确测量，能实现测距精度优于 4 cm，综合测高精度小于 10 cm，通过应用系统数据的综合处理，能满足用户提出的有效波高测量范

围0.5～20 m及测量精度小于0.5 m或10%的要求。雷达高度计具有内定标模式以修正仪器的漂移，能够兼顾海冰和陆地的测量。下面列出雷达高度计的主要指标设计分析因素：

(1) 工作频率：主要考虑国际电联的要求、电离层校正要求、用户使用要求、工程可实现要求以及整星EMC要求等；

(2) 信号带宽：主要考虑因素为测距分辨率和精度；

(3) 发射功率：主要考虑因素为轨道高度、距离测量精度和工程可实现性等要求；

(4) 脉冲压缩比：主要取决于要求的发射功率和测距精度等以及工程可实现性等要求；

(5) 天线增益：主要考虑因素为星下点足迹大小和测量精度；

(6) 测高精度：主要决定于系统对雷达高度计的指标分配要求，其取决于信号带宽和信噪比等；

(7) 后向散射系数测量范围：主要取决于系统动态范围和信噪比；

(8) 后向散射系数的测量精度：主要取决于系统校正精度等；

(9) 综合测高精度：与定轨精度等有关应用系统数据最终处理结果；

(10) 有效波高测量范围：应用系统数据最终处理结果；

(11) 有效波高测量精度：主要取决于系统校正精度和信噪比。

8.3.3　雷达高度计配置及拓扑结构

雷达高度计主要由以下设备和波导组件高频电缆组成（其组成框图如图8-3所示)：天线单元完成Ku波段和C波段两路信号的发射和回波接收任务，采用脉冲有限工作方式。微波前端包括Ku波段前端和C波段前端，它们分别包括环形器、微波开关、固定衰减器、定向耦合器等电路，整个前端网络由指令控制，实现发射、接收和内校准开关控制。功放单元包括Ku波段功率放大器和C波段功率放大器两部分，两个功放为脉冲固态功放。频综单元提供仪器各部分所需的工作频率。发射单元包括直接数字频率合成器（Direct Digital Synthesizer，DDS）组件、倍频上变频组件、发射组件。在控制信号的触发下，由DDS生成的Chirp信号经过变频处理，生成Ku波段和C波段两组发射信号作为功放的输入，该单元同时生成Ku波段和C波段两组去斜本振信号。接收单元包括低噪声放大器、去斜坡混频器、中频接收和相位检波器等组件，最终生成正交的I/Q信号。数控单元包括高度计跟踪器和总线通信两部分，其中高度计跟踪器完成对正交I/Q通道的采集、快速傅里叶变换（Fast Fourier Transforma-

tion，FFT）、跟踪处理、时序控制等功能；总线通信部分完成与卫星 OBDH 的通信，即通过 1553B 总线获取卫星辅助数据（包括时间码、姿态码、注入数据、发送工程参数和部分遥感数据等）。同时将高度计产生的科学数据通过高速串行通道发送到数传分系统。供配电单元将电源提供的母线电源变换成设备所需要的各种电源。

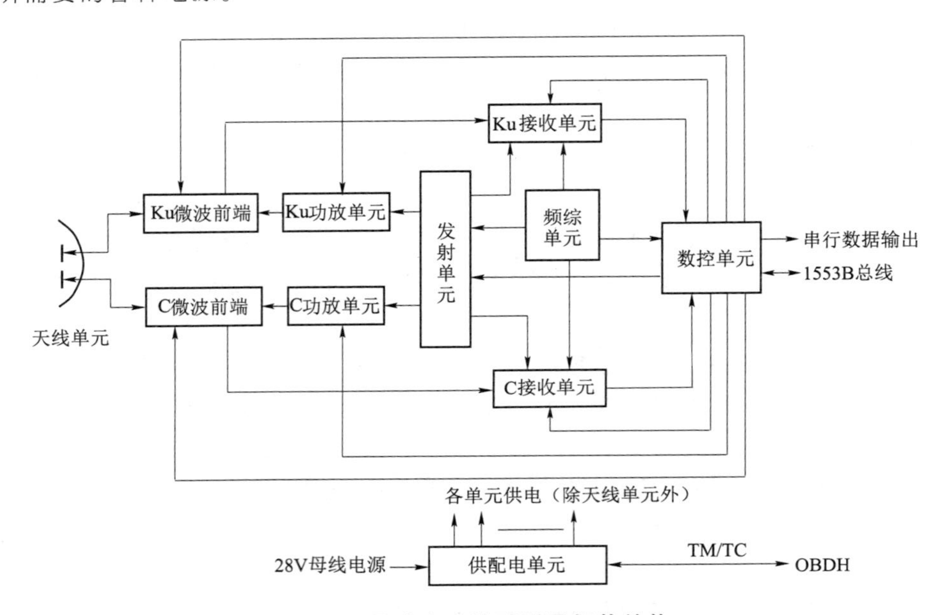

图 8-3　雷达高度计配置及拓扑结构

8.3.4　工作模式设计

正常工作模式：高度计在轨期间，一直处于工作状态，并通过数传分系统向地面站传送所获取的遥感数据。高度计具有周期内定标功能，修正仪器的漂移，并把定标数据通过数传分系统发送到地面站。

应急工作模式：分系统出现故障时，应具备自保护功能，同时避免干扰其他分系统。

8.3.5　雷达高度计测高精度分析与精度控制

对于海洋微波遥感卫星来说，主要的问题是海平面高度测量中所涉及的各环节对最终测高精度影响的分析，因此，卫星总体设计的关键是高度计的测量

误差指标的分析和分配。

1. 主要误差源分析

海面高度测量及动态地形测量有许多误差源，它们是位置和尺度的复杂函数。

(1) 卫星距地球中心的高度本身必须已知，这就要求跟踪系统或飞行器动力学系统数学模型是精确的。后者要求地球引力场模型，其不可能非常精确，但是，它是时间的恒定函数。此外，还要求大气阻力、来自太阳和地球的辐射压力适当的力学模型，它们在时间和空间上是变化的，依赖于大气温度、卫星方向以及其他变量。

(2) 高度计本身有多种误差源：TOPEX 高度计的精确度约为 2.0 cm，但必须对高度计实施一系列的校正以与精确度相匹配的准确度计算出高度真值。这些校正包括大气水汽校正和电离层校正，因为它们都影响电磁波传播速度。此外，海洋表面是复杂的、粗糙的和动态的，也会影响高度测量。

(3) 高度计测量不但要得到海洋表面的高度，而且要求得到由于海洋动态特性引起的海洋地形图 G，其为海洋表面高度 SSH 与大地水准面高度的差。因此，从卫星测量的海平面高度计算出海洋地形要求已知关于大地水准形状的信息，大地水准面相对于平缓的椭球参考面变化约 100 m。相反，由海洋动态特性引起的海洋地形相对于大地水准面的变化仅仅约为 1 m。因此，如果希望确定恒定的地球自转速度，需对精确确定大地水准面给予关注，相反，如果仅仅希望获得地球自转速度中随时间变化量，精确的大地水准面并不是必需的。

(4) 将地球表面的自转速度与海面一定深度以下的速度相关联涉及海洋表面下面的密度场。这虽然不能从空间获得，但可以通过其他的海洋学方法建模获得。

为了充分利用大尺度的海洋测量，海平面的测量精度在几百到几千千米的空间尺度上须达到几个厘米的量级，为了获得如此高的精度，必须减小各种误差，这些误差包括两类：影响海面高度测量的误差和影响测量解释的误差，误差源可以归结为以下几种：

(1) 轨道误差：由轨道径向误差和航迹误差所引起，是卫星测高的主要误差；

(2) 坐标系变换误差：由测高所采用的不同坐标系之间的不一致而产生的误差；

(3) 电离层误差：由电离层折射产生的测高误差；

(4) 对流层误差：由大气折射产生的测高误差；

(5) 海波电磁误差：波谷反射脉冲的能力优于波峰，回波功率分布的重心偏离于平均海平面，并趋向于波谷而产生的误差；

(6) 卫星平台误差：主要引起天线指向偏差带来的测量误差；

(7) 校准误差：对卫星进行测距校准时的误差；

(8) 仪器误差：由于仪器本身精度带来的误差。

(9) 大地水准面模型误差。

卫星高度计测高误差源如图 8-4 所示。

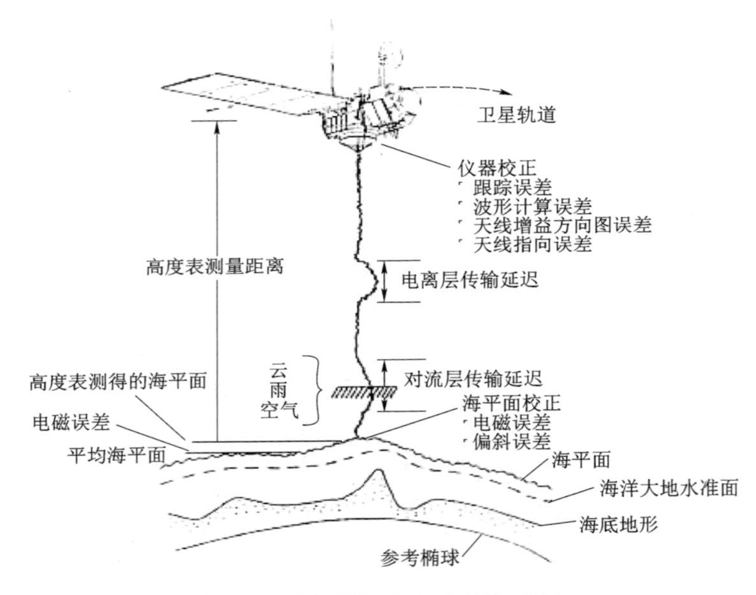

图 8-4　卫星测高误差来源示意图

2. 轨道误差源分析与精度控制

轨道误差，特别是卫星的径向轨道误差是直接影响卫星雷达测高精度的主要因素之一。目前，在全球范围内已陆续建立了多种用于卫星跟踪的精密观测网，其中所采用的高精度观测技术主要包括：激光测距（SLR）技术、全球定位系统（GPS）技术、多普勒地球无线电定位（DORIS）技术、精密测距和测速技术（Precise Range And Range-rate Equipment，PRARE）、美国测绘机构传输网与业务跟踪网（TRANET/OPNET）和跟踪与数据中继卫星系统（Tracking and Data Relay Satellite System，TDRSS）。这几种观测技术和相应观测网的简要介绍可见表 8-5 所示。

表 8-5　目前高度计卫星跟踪系统和近似跟踪精度

跟踪技术	观测量	测量精度	发射卫星
SLR	斜矩/cm	0.5～5	Geosat 除外的所有卫星
DORIS	斜矩变化率/（$mm \cdot s^{-1}$）	0.5	T/P，Jason-1，Envisat
PRARE	斜矩/cm	2.5	ERS-2
	斜矩变化率/（$mm \cdot s^{-1}$）	0.25	
GPS	相位/cm	0.2～0.5	T/P，Jason-1，Envisat
TRANET/OPNET	斜矩变化率/（$mm \cdot s^{-1}$）	2～10	Seasat，Geosat
TDRSS	斜矩变化率/（$mm \cdot s^{-1}$）	0.3	T/P

相关研究表明，正常观测条件下，对低轨卫星，如果采用双频星载 GPS 接收机独立进行定轨基本可以保证其轨道精度在 15 cm 以内。由于星载 GPS 技术具有成本较低、设备轻便的特性，又具有全天候、高精度、连续观测的优点，所以该技术正越来越多地应用于遥感、气象和海洋测高等地球低轨道卫星上作为 POD 设备。自 1992 年发射的 T/P 卫星到 2002 年发射的 GRACE 卫星已有 40 多颗卫星配备了星载 GPS 接收机。

SLR 跟踪系统由于其跟踪覆盖较差，单独实施全弧段高精度定轨有较大困难。但是由于 SLR 跟踪精度高，而且是不依赖其他 POD 系统的独立系统，一定的多弧段 SLR 观测可以成为连续 GPS 观测的有益补充，这将有效地提高 GPS 观测结果的可靠性和稳定性。而且国外许多相关研究都将 SLR 观测值作为 GPS 定轨结果检校的客观标准。

通过国际合作途径，采用 DORIS 定轨技术还可以进一步提高卫星的定轨精度到 5 cm。通过以上分析可知，卫星精密定轨在径向精度是可以达到 15 cm 的。

3. 高度计仪器误差源分析与精度控制

高度计的仪器误差可分为固定偏差和随机误差，其中固定偏差可以修正，随机误差决定高度计仪器的测量精度。

影响高度计仪器误差的因素主要包括跟踪误差、频率精度和稳定度误差、多普勒效应误差等，通过国外研究和我国高度计实际研制水平，我国海洋二号卫星高度计仪器误差可以达到 4 cm 水平。

4. 传输路径误差源分析与精度控制

1）干对流层折射

对流层是指从地球表面向上延伸约 40 km 范围的大气底层，大约含有 90％

的大气质量。当电磁波信号通过大气层时，由于大气折射率的变化，传播路径会产生弯曲，从而造成所测距离的误差。

对流层改正与水汽含量及其他气体有关，可以分干分量改正和湿分量改正。其中干分量改正可以通过地面气压测量值用模型表示，而湿分量改正通常用机载辐射计的测量值进行处理和改正。必须特别指出的是干项包含水分子的重量，而湿项可以解释有关折射率的附加信息。

大气折射的干分量到目前为止是最大的一项改正，在高度计测量中必须顾及此项改正。Smith 和 Weintraub（1953）将干气改正表示为：

$$N_{dry}(z) = \beta_{dry} P(z)/T(z) \tag{8-6}$$

式中，P 为大气压，单位为 mbar（1 mbar＝100 Pa）；T 表示温度，单位为 K，β_{dry}是个经验参数，大小为 $\beta_{dry}=77.6\text{K/mbar}$。

在全球范围内，海面大气压一般在 980～1 035 mbar 之间，因此，平均全球海面大气压约为 1 013 mbar。欧洲中期天气预报中心（European Center for Medium-range Weather Forecasts，ECMWF）计算了 5 年中 12 月、1 月和 2 月、3 月的海面气压，得到标准偏差为 2～12 mbar，ECMWF 与美国国家环境预报中心（United States National Centers for Environmental Prediction，NCEP）用相同的数据计算全年（除去 6 月、7 月和 8 月）的标准偏差为 2～14 mbar。许多研究表明，海面大气压估值可以达到 5mbar，根据公式计算，对流层干分量可以达到 1.14 cm 的精度。

2）湿对流层折射

湿对流层距离改正包括水汽改正和云层液态水滴改正。根据陆地上空云层液态水滴大小分布的测量情况，发现云层液态水滴的折射影响差不多与液态水滴密度 $\rho_{liq}(z)$ 呈线性函数关系，那么，N_{liq}可以表示为

$$N_{liq}(z) = \beta_{liq}\rho_{liq}(z) \tag{8-7}$$

根据液态水折射率的表达式，式中沿着信号传播路径液态水滴折射距离改正为：

$$\Delta R_{liq} = 10^{-6}\int_0^R N_{liq}(z)\,dz = 1.6L_z \tag{8-8}$$

式中，L_z 表示沿传播路径的液态水柱积分，由下面式子确定：

$$L_z = \int_0^R \rho_{lia}(z)\,dz \tag{8-9}$$

对于 T/P 卫星，TMR 测量 18 GHz、21 GHz 和 37 GHz 的亮度温度后，可以估计湿对流层距离延迟，从而避免了使用什么有效温度 T_{eff}的问题。估计 ΔR_{vap}时，使用两步处理的程序：首先，根据简单的全球系数集，获取比较粗略

的值；然后，用与初始值相对应的水汽环境下的系数，就可以得到比较精确的值。两步处理的目的是模拟混合情况下的不同水汽。

在各种地理位置和天气情况下，根据探空设备在 T/P 发射后进行验证，即使在辐射计足迹内存在巨大云层和风时，T/P 湿对流层距离改正约 1.1 cm，对四个地方分析比较，得到其均方差小于 1 cm。

在有效温度为 $T_{\mathrm{eff}}=270.6$ K 时，利用最小二乘估原理可以估算出 $\hat{\beta}'_{\mathrm{vap}}=6.36\ \mathrm{cm^3/g}$。在这种情况下，一般全球水汽柱变化范围为 0.5～7 g/cm² 时，对流层湿分量路径延迟改正范围为 3～45 cm，其标准差为 3～6 cm。根据三频被动式微波辐射计进行估计，如果水汽柱估值存在 0.15 g/cm² 的不确定性，那么计算，相应的距离改正精度约为 1 cm。

如果顾及云层液态水滴的作用，在不考虑该项时，根据其计算公式，直接将 L_z（L_z 一般都小于 1.5 mm）当作误差估计，那么液态水滴产生的误差约为 2.4 mm。所以，对流层湿分量误差约为 1.2 cm。

这些计算均是在一定假设和近似条件下计算的，实际精度应该小于此。如果使用辐射计测定水汽，精度可保证在 1.2 cm。

3）电离层折射

电离层分布于地球大气层顶部，约在地面向上 70 km 以上，主要由太阳和其他天体的各种射线对空气电离作用而形成带电等离子体组成。当测高卫星信号穿过电离层时，会产生各种物理效应，其中主要的是折射效应，从而对传播信号产生时延。电离层改正可以采用双频仪器改正。例如 T/P 卫星用 Ku 波段和 C 波段两种频率。

电离层改正主要考虑了卫星信号传播时电离层中自由电子含量的变化。通常情况下，从白天到夜晚电子含量是变化的（晚上自由电子少），从冬天到夏天电子也是变化（夏天电子较少），因此是太阳活动周期的函数（太阳活动弱时电子含量也较少）。信号延迟反比于高度计监测频率的平方。

根据上面大气层存在自由电子这一电介质特性，可以确定测高雷达信号的电离层折射影响。当频率高于 2 GHz 时，电离层的磁性作用产生法拉第旋转可以忽略，而电离层折射率的实部可以表示成与电磁辐射频率 f_{p} 有关形式：

$$\eta_{\mathrm{ion}}=\left(1-\frac{f_{\mathrm{p}}^2}{f^2}\right)^{1/2} \tag{8-10}$$

式中，f_{p} 表示电子在等离子区振动的自然频率，等离子频率与电子密度有关系式：$f_{\mathrm{p}}^2=80.6\times10^6 n_{\mathrm{e}}$，其中 n_{e} 单位为电子数/cm³。通常，在白天，中纬度地区电离层高度为 250～400 km 处电子密度最大，$n_{\mathrm{e}}\approx10^6$ 电子数/cm³，对应的等离子频率为 $f_{\mathrm{p}}\approx9$ MHz。当电磁频率小于 f_{p}，那么电离层折射率变为虚数，

暗含了电磁信号被电离层反射，这是因为信号不可能在真正的虚数折射率条件下传播。

T/P 双频高度计 Ku 波段和 C 波段频率分别为 13.6 GHz 和 5.3 GHz，它们的大小是等离子体频率 f_p 的三个数量级。对于高度计应用，上式可以展开成二项式：

$$\eta_{ion} \approx 1 - \frac{f_p^2}{2f^2} = 1 - \frac{40.3 \times 10^6 n_e}{f^2} \tag{8-11}$$

不像对流层气体的非色散性质，很明显 η_{ion} 取决于频率，因此电离层是色散介质。事实上，η_{ion} 小于 1，因此传播速度 $c_p = c/\eta_{ion}$，大于真空中的速度 c。

电离层改正应用较多的主要有两个模型，即 NASA 模型和喷气推进实验室(Jet Propulsion Laboratory，JPL）模型。NASA 模型是全球范围电离层改正的经验模型，在太阳活动高峰期，模型误差达到 4 cm，而在其他时间，均方误差为 1～2 cm，夜间改正误差接近于零。JPL 模型有时称为法拉第旋转模型，它是在地面站中测量卫星的法拉第（Faraday）旋转量，然后沿着卫星的斜距方向将这一观测量转换为积分电子密度，最后对这些单个地面站的观测量进行内插，即可求出世界其他地区的电子密度，其中这一电子密度是时间、卫星地磁纬度和当地太阳天顶角的函数。在 Seasat 卫星上就使用了该模型。

由于电子含量 N_e 中的电子密度白天和晚上不一样，夏天与冬天不一样，是太阳周期的函数。通常情况下，夜间变化小，而夏天最小，太阳活动最小时也最小。根据估算，电子含量 N_e 的值由 10^{16} 到 10^{18} 变化，主要取决于观测时间。针对卫星使用的信号频率，可以计算电离层改正 Ku 波段在 0.2～23 cm 之间，而 C 波段改正较大，在 1.5～150 cm 之间。在测高中，主要使用 Ku 波段作为距离测量，而其他波段作为校核，所以，卫星电离层误差在 0.2～23 cm 之间。

如果采用双频高度计，例如 T/P 卫星采用了双频微波仪，Ku 波段和 C 波段频率分别为 13.6 GHz 和 5.3 GHz。一般假设两种信号路径一致，因此电子含量相等。设 h_0 为卫星的实际高度，h_{Ku} 和 h_C 分别为 Ku 波段和 C 波段所量测的高度，那么有：

$$h_{Ku} = h_0 + 40.3 \frac{N_e}{f_{Ku}^2} \tag{8-12}$$

$$h_C = h_0 + 40.3 \frac{N_e}{f_C^2} \tag{8-13}$$

从而得到改正后的卫星高度为：

$$h_0 = \frac{f_{Ku}^2 h_{Ku} - f_C^2 h_C}{f_{Ku}^2 - f_C^2} \tag{8-14}$$

因此，采用双频高度计，可以减弱大部分电离层折射的影响。

电离层单频距离改正公式：

$$\Delta R_{\text{ion}} = \frac{40.3}{f^2} N_{\text{TECU}} \tag{8-15}$$

微分式为：

$$\mathrm{d}\Delta R_{\text{ion}} = \frac{40.3}{f^2} \mathrm{d}N_{\text{TECU}} \tag{8-16}$$

根据国外已发射测高卫星及相关研究表明，电离层校正精度一般能达到 3 cm。如果采用双频高度计，两种信号路径一致，因此电子含量相等，从理论上说可以消除电离层影响，但是考虑客观条件，误差不可能完全消除，根据 T/P 研究结果，采用双频高度计卫星电离层校正精度可以达到 T/P 精度，约 1.3 cm，适当放宽也能达到 2 cm 精度。

5. 海况误差源分析与精度控制

高度计所测量的返回信号是天线足迹内小波浪反射面反射回来的脉冲信号。因此，回波形状可以根据这些镜面反射体的高度分布确定，而不是根据雷达天线足迹内实际海面高度分布来确定。因为反射体分布和海面高度之间的差异，所以在估计平均海面时高度计距离测量值必须顾及这类偏差改正。从卫星到海面的距离是根据脉冲发射时间与接收到的返回波形前缘中点时间的间隔来确定的，而该半功率点对应的是镜面散射体的中央高度，称其为电磁（EM）海面。从平均返回波形用机载跟踪算法估计的电磁海面与平均海面间的差异有两个因素作用：一是电磁偏差，二是倾斜偏差。

雷达测高仪量测的是卫星至平均散射面间的距离，电磁偏差是因为平均海面与平均散射面间的高程差异而引起的误差，而倾斜偏差是因为镜面反射体的平均高程与机载跟踪器实际测量的平均散射面间的高程差异所引起的误差。这是由于海面高度非高斯分布的直接结果，使得平均高程从平均海面移向波谷，进而反过来使电磁偏差趋向于波谷。

电磁海面是将返回波形取平均由星载跟踪算法估计计算的，它由于受到两个因素的作用而与平均海面存在差异。可以看出，由于平均海面与平均反射面之间的高程差异，就会引起电磁偏差；而星载跟踪器所测的往返时间所对应的是回波前缘的半功率点，也就是反射面的中央高度，平均反射面与反射面中央高度间存在高程差异，因而引起倾斜偏差。电磁偏差和倾斜偏差之和称为海况偏差。在这一节中，分别讨论这两类偏差，在下面的讨论中，倾斜偏差可以在地面根据波形重跟踪技术进行估计，然而，波形重跟踪技术却不能洞察电磁偏差。

1）电磁偏差

电磁偏差的物理原理很容易建立，它是由于每单位反射面上波谷的反射功率大于波峰反射功率而引起的。在某种程度上，这是因为从小波浪反射面反射回来的后向散射功率与波谱长波部分的曲率半径成比例。如果海面高是非高斯分布，那么海洋波浪通常都是倾斜的，以至于波谷的曲率半径要大于波峰的曲率半径，结果是后向散射功率趋近于波谷而引起偏差。当海面存在大风，引起波峰附近有小尺度粗糙，使得反射回去的脉冲信号是各个方向而不是入射方向，这种情况下即使在高程分布上没有倾斜偏差，其电磁偏差也会进一步加强。因此，高度计所测的后向散射功率波谷大于波峰，电磁偏差偏向于波谷。

电磁偏差在历史上研究时表示为有效波高的函数，定义为视场内最大浪高的1/3高度（表示为 $H_{1/3}$），通常都认为与海面高标准偏差的4倍等效。早期的研究已经表明，随着浪高的增加，电磁偏差单调增加，所以电磁偏差的经验表达式为：

$$\Delta R_{EM}=-bH_{1/3} \tag{8-17}$$

式中，b 是量纲为1的量，等价于 $H_{1/3}$ 归一化的电磁偏差。事实上，电磁偏差还取决于浪场的其他特征，而 $H_{1/3}$ 只是其中一个特性，可以从高度计波形直接得到，且是唯一的、无歧义的。需要记住的是上式这个简单模型还会吸收同样取决于 $H_{1/3}$ 的其他偏差。其中的系数 b 称为海况偏差系数。

$$b=a_0+a_1U+a_2U^2+a_3H_{1/3} \tag{8-18}$$

尽管在低纬度地区并没有明显的可直接辨别的改进，但是在中、高纬度地区有效波高 $H_{1/3}$ 变化最大时，四参数模型比三参数模型能更好地说明海面高方差增加了约1 cm^2。

2）倾斜偏差

倾斜偏差是平均散射面与反射面中央的高程差异，反射面中央所对应的是返回波形前缘半功率点处的双程传播时间。倾斜偏差可以用下面式子近似表示：

$$\Delta R_{skew}=-\lambda_{\zeta}\frac{H_{1/3}}{24} \tag{8-19}$$

式中，λ_{ζ} 表示高程倾斜。如果波高2 m、倾斜为0.1，相应的距离改正为0.8 cm，当波高达到极限值10 m，此项误差增加到4 cm。

一般有效波高标准偏差在0.5～1.5 m（7年数据计算）之间，取 $d\Delta R_{EM}\approx -0.02dH_{1/3}$，相应的电磁偏差精度为1～3 cm之间。如果考虑倾斜偏差，精度小于3 cm。

6. 轨道、仪器及环境误差分析预计

卫星测高观测值客观上受到很多因素的影响，要在实际中应用，必须顾及这些改正。表 8-6 是目前已发射的部分卫星测高的各项误差改正情况。国外卫星测高精度主要对一些影响大的因素进行了分配和计算，可以参考这些卫星经验，对卫星测高进行误差分析。

表 8-6　卫星测高主要误差改正情况

主要误差		Seasat	Geosat	ERS－1	Topex/Poseidon
仪器误差	仪器噪声/cm	10	5	3	<2
	仪器偏差/cm	7	5	3～5	2
	时钟偏差/ms	5	3～5	1～2	<1
	总误差/cm	15	7	5	2
环境误差	EM 偏差/cm	5	2	2	<2
	波形失真/cm	1	1	1	1
	干对流层/cm	2	1	1	1
	湿对流层/cm	2	1	1	1
	电离层/cm	2～3	2～3	2～3	1.3
	总误差/cm	10	6	4	3.5
轨道误差	重力场/cm	25	15	15	<2
	辐射压/cm	15	10	6	<2
	大气阻力/cm	15	10	6	<2
	GM 常数/cm	—	—	2	1
	潮汐/cm	12	5	5	<2
	对流层/cm	5	4	2	1
	测站位置/cm	10	5	3	1
	总误差/cm	30	20	18	3.5
总的均方根误差/cm		33	22	19	<5

7. 其他误差源分析

其他误差主要包括平台指向偏差带来的误差、坐标系转换带来的误差、大地水准面模型带来的误差以及地面校正方法带来的误差等。

美国国家航空航天局 NASA 的高度计研究小组（World Ocean Circulation Experiment，WOCE）的研究表明：对于 0.2°的平台指向误差，如不加以校正，

将引入 2 cm 的测高误差（Altimeter Algorithm Workshop. U. S WOCE Technical Report. Number 2，November，1988，page28.）。

通过研究表明，平台指向偏差带来的误差、坐标系转换带来的误差、大地水准面模型带来的误差以及地面校正方法带来的误差等因素也会带来 4 cm 左右的测高误差。

8. 数据平差后处理与精度提升

对高度计进行数据后处理，可以提高数据使用质量，满足相关学科的研究对测高数据的精度要求。交叉点平差在卫星测高数据处理中占有很重要的位置，其通常的做法是利用交叉点的升弧与降弧的海面高之差来求解径向轨道误差（Liang，1983；Van Gysen H 等，1997），然后用改正后的海面高进行研究。其出发点在于：交叉点不符值即上升弧段和下降弧段在交叉点位置所测得的海面高的差值 ΔSSH 是卫星径向轨道误差在测高观测值中的典型反映，通过求取交叉点并进行交叉点平差的方法，可以削弱卫星径向轨道误差、海面时变残差所引起的误差以及系统误差等对测高数据的影响（Van Gysen H 等，1997；Kim，1997），通过交叉点平差能使测高精度提高 2～3 倍。

9. 误差分析小结

通过上述综合分析，雷达高度计采用双频技术后，电离层校正后误差可减少至 2 cm；配备三频校正辐射计后，大气校正后误差可减少到 2 cm；海况因素带来的测高误差为 4 cm；通过研究其他因素的经验值误差可达到 4 cm。考虑到现有的精密定轨方法及我国高度计研制的水平，对精密定轨轨道误差和高度计仪器误差的分配值为：

（1）精密定轨轨道误差为 15 cm；

（2）给高度计仪器误差为 4 cm。

上述误差源的总均方根误差为 16.76 cm，由于通过交叉点平差能使测高精度提高 2～3 倍，因此事后处理后总的测高精度为 8.4 cm。

8.4 微波散射计设计与分析

微波散射计作为海洋微波遥感卫星的重要有效载荷，对海面风场观测具有大尺度、全天时、全球观测的特点，在台风监测中发挥独特的作用。微波散射计通过对海面风场的观测，进而监测台风移动路径，并识别台风中心。利用微波散射计确定台风中心提取的位置，主要是通过区域风场的风速和风向提取。由于台风区域通常伴随着较强的降雨，对海面后向散射产生较强影响，有时通过风速与风向确定的台风中心位置可能不重合。

8.4.1 散射计工作原理

微波散射计是一种经过校准的雷达，用来测量面扩展目标的后向散射系数 σ_0。为了测量雷达后向散射系数，雷达发射射频脉冲并测量后向散射的功率，根据雷达距离方程，通过地面处理可以得到 σ_0。目前海洋应用是散射计的主要应用领域，对于海面风矢量场的测量，由于 σ_0 对海面的风速和风向存在一定的依赖关系，因此通过对同一雷达分辨单元多个方位角的 σ_0 的测量，根据模型反演海面风场矢量；对于陆地应用，散射计可以用于测量土壤湿度、降水量、植被和农作物的生长情况等。散射计通过笔形波束以固定的入射俯仰角围绕天底方向旋转，在卫星平台顺轨方向的运动中形成一定的地面覆盖刈幅，观测示意图如图 8-5 所示。

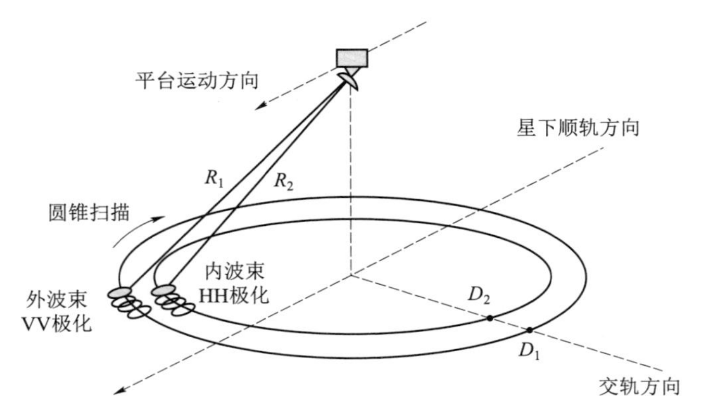

图 8-5 散射计观测示意图

微波发射机通过双工器与天线接通，向海面发射射频脉冲，海面回波被天线接收后，经双工器送到接收机，再经接收机处理恢复为视频信号送至信号处理器。内定标设备将发射机的部分功率耦合到接收机中形成闭环，从而实现内部校准，消除收发系统的变化所引起的测量误差。信号处理器对回波信号、内定标信号及无回波的纯噪声信号进行处理，获得海面散射源的归一化雷达后向散射系数 σ_0。地面处理系统再对不同入射角、不同方位角、不同天线波束的 σ_0 通过一定的数学模型反演出海面风速和风向。

8.4.2 散射计设计分析

微波散射计作为卫星的重要有效载荷，主要完成对海面风场的测量等任务。微波散射计具有如下功能：

(1) 通过测量面扩展目标的散射系数 σ_0 来完成海面风场测量；

(2) 利用海面风场对微波散射的各向异性特征来测量风向和风速；

(3) 通过对雷达分辨单元多个方位角的 σ_0 的测量，根据模型反演海面风场矢量；

(4) 采用圆锥扫描方式双波束体制提高风场的反演精度；

(5) 具有内定标模式，修正仪器的漂移。

1. 海面大气风速、风向测量与反演

散射计之所以能够用于测量海面风场是因为海面风场对微波散射的各向异性特征。也就是说当入射角一定时，方位角（电磁波入射面与风向的夹角）不同则后向散射系数也有所不同。例如当方位角为 0°即逆风时 σ_0 为最大，当方位

角为 180°即顺风时 σ_0 次大，而当方位角为 90°即横向风时 σ_0 最小。海面风向的这种方位调制特性近似于余弦函数关系。

在星载散射计风场反演算法设计中最重要的就是尽量保证反演风场的唯一性。由于实际测量过程中不可避免的噪声影响，根据测量结果进行计算的曲线不可能理想地相交于一点，有可能是一个较小的区域，因此算法设计中要运用最大似然估计技术来进行唯一风场反演。另一方面在风场反演时还可以利用海面风场的连续性变化的特点，在相邻面元的风场反演时相互参考，最终消除模糊解。

目前我国已建立了卫星散射计的反演算法，得到了高精度的成果，并进行了部分验证。反演结果表明，反演精度与欧空局给出的反演结果比较接近，且误差很小。

2. 关键技术指标分析与确定

微波散射计主要技术指标包括功能、工作模式、工作频率、信号带宽、极化方式、天线增益、发射功率、观测角、波束扫描方式、接收机灵敏度和动态范围、辐射分辨率和空间分辨率、测量精度等。

微波散射计通常工作于 Ku 或 C 频段，采用笔形圆锥扫描方式测量海面扩展目标的散射系数 σ_0，采取双馈源、双波束、双极化工作方式，支持内定标模式以修正仪器的漂移。根据用户的应用需求及系统数据的处理，通常要求微波散射计在 2～24 m/s 的风速范围内满足风速测量精度优于 2 m/s，风向测量精度优于 20°，以满足海面风场、台风移动路径及中心的观测。

散射计关键设计要素主要包括：

(1) 发射频率：取决于国际电联的要求、探测目标要求、工程可实现要求以及整星 EMC 要求等；

(2) 后向散射系数测量范围：主要取决于系统动态范围和信噪比；

(3) 风速测量范围及测量精度：主要取决于系统动态范围及反演模型精度；

(4) 风向测量精度：主要取决于系统动态范围及反演模型精度；

(5) 发射脉冲功率：主要取决于要求的测量精度和工程可实现要求；

(6) 极化方式：主要取决于观测目标；

(7) 天线增益：取决于系统的发射功率和需要的测量精度；

(8) 波束宽度和地面足迹：取决于用户的观测要素；

(9) 观测角：取决于轨道高度、刈幅和风场测量要求。

8.4.3　微波散射计配置及拓扑结构

微波散射计是一种有源微波遥感器，专门用来测量地物目标的散射特性——后向散射系数 σ_0。微波散射计组成框图如图 8-6 所示。

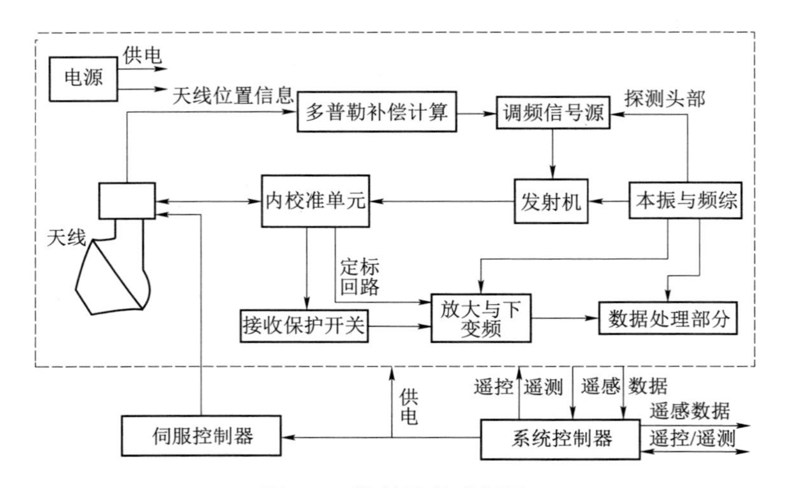

图 8-6　散射计组成框图

微波散射计的基本工作过程：微波发射机通过双工器与天线接通，向海面发射射频脉冲，脉冲信号经目标散射，散射回波信号被天线接收后，经双工器送到接收机，再经接收处理恢复为视频信号，送至信号处理器。同时，内定标设备将发射机的部分功率耦合到接收机中形成闭环，从而实现内部校准，消除收发系统的任何变化所引起的测量误差。信号处理器对回波信号、内定标信号及无回波的纯噪声信号进行处理，获得海面散射源的归一化雷达后向散射系数 σ_0。地面处理系统再对不同入射角、不同方位角、不同天线波束测得的 σ_0 通过一定的数学模型推算出海面风速和风向。

卫星微波散射计由探测头部、伺服控制器、系统控制器三个装星单机组成。探测头部包括天线、扫描机构、高频箱。扫描机构由电机、旋转变压器、精密导电滑环、轴承等部件组成。高频箱内装有雷达发射机、功率放大器、接收机、频率综合器、数据处理器、微波前端、系统配电单元。

（1）散射计天线采用波导缝隙阵天线，主要由天线辐射阵面、辐射波导、馈电波导、馈电功分网络等组成，完成微波信号的发射和接收。

（2）功率放大单元采用行波管功率放大器，包括行波管及电源两部分，主要功能是完成微波信号的放大。

(3) 雷达发射机采用二次变频方案，主要由混频器、放大器、滤波器、二次电源等组成。雷达接收机采用二次下变频方案和自动增益控制（Automatic Gain Control，AGC）方法，主要由混频器、放大器、滤波器、数控衰减器、电源等组成。

(4) 微波前端采用无延时内定标法，具有电路简单、稳定性好、定标精度高的特点，这种方法对定标单元的隔离度和系统的电磁兼容性要求较高，内定标单元由定向耦合器、微波开关、衰减器等组成。

(5) 扫描伺服单元采用高性能的全数字化永磁同步交流伺服系统，要求电机直接驱动负载，具有输出力矩大、转矩波动小等特点，伺服控制系统需要具有响应快、稳态性能好的特点。伺服机构由力矩电机、角度编码器（旋转变压器）、轴承、伺服驱动电路、伺服控制电路以及固定件等组成。

(6) 信号处理单元由系统控制器、数据处理器、信号产生器组成。系统控制器主要完成雷达工作时序的产生、遥测遥控的接收与发送、与星务的通信等功能；数据处理器完成回波信号的采用与处理，遥感数据的生成；信号产生器产生雷达的线性调频脉冲信号。

(7) 频率综合器的功能是产生各种高稳定度的基准信号，包括射频本振信号、中频本振信号、A/D 采样时钟、时钟基准信号等。这些信号供给 DDS 信号源、雷达收发通道、数据处理器、雷达定时器等分机作为频率基准和时间基准信号。

(8) 系统配电单元由 DC/DC 变换电路、指令执行电路和遥测遥控电路构成，DC/DC 变换单元给分机提供二次电源，指令执行单元完成直接指令和间接指令的执行，实现一次电源的分配和主备切换；遥测遥控单元完成间接遥控指令的分离和驱动，完成遥测量的采样。

(9) 系统控制器完成微波散射计工作状态的控制和对外进行遥感、遥测、遥控等信息的交换。

(10) 锁紧装置完成发射期间探测头部的锁定，保证天线各部件之间的刚性连接。待卫星入轨后，通过火工品切割器切断螺杆解除高频箱与安装板之间的约束。

8.4.4　工作模式设计

1. 正常工作模式

微波散射计在轨期间，一直处于工作状态，并通过数传分系统向地面站传

送所获取的遥感数据。微波散射计具有内定标功能，修正仪器的漂移，并把定标数据通过数传分系统发送到地面站。

在轨正常工作模式下共有三种工作方式：风测量方式、内定标方式、原始数据存储方式。

风测量方式是散射计的主要工作状态，内外波束在不同极化、不同入射角进行海面回波目标的雷达后向散射系数测量。

内定标方式是实现散射计仪器的内部校准，消除收发通道系统的变化所引起的测量误差。在风测量方式下，在散射计扫描一周范围内，进行两次内定标测试，在内定标模式下，微波散射计采用连续定标，用于消除系统中特别是接收机在不同增益下的测量误差。

原始数据存储方式下，雷达接收海面回波信号后不进行数据处理，对回波信号进行采样直接下传，用于检验雷达数据处理器功能和得到原始数据用于其他应用。

2. 应急工作模式

分系统出现故障时，应具备自保护功能，同时避免干扰其他分系统。如需要散射计天线停转，可通过关机使天线减速停止转动。

8.4.5 微波散射计测量精度分析与精度控制

微波散射计是定量测量目标后向散射系数的雷达系统，后向散射系数的测量精度直接影响风矢量的反演精度。雷达后向散射系数的测量误差主要来源包括回波信号的测量精度、内定标精度、天线波束指向偏差影响。

1. 回波信号的测量精度分析与控制

微波散射计系统设计中一般采用测量相对标准偏差 K_p 来评估回波测量精度，回波信号的测量精度主要取决于独立采样数和数据处理信号的信噪比。

$$K_p=\sqrt{\frac{\left(1+\frac{1}{S_n}\right)^2+\left(\frac{1}{S_n}\right)^2}{N}} \tag{8-20}$$

微波散射计对回波信号进行处理时的信噪比设计为 6 dB，独立采样数的获得包括两个方面：同一分辨单元的重复观测次数和采用距离滤波技术获得的距离向独立采样数。根据微波散射计的系统设计（双点波束扫描观测）和

相邻分辨单元重叠约三分之一，对同一分辨单元重复观测次数大于 4 次，计算时取 4。

微波散射计的发射信号设计为线性调频信号，线性调频信号的带宽为 5 MHz，脉冲宽度 T_P 为 1.5 ms，接收去线性调频后的带宽 B_S 为 640 kHz，则独立采样数 N_R 为：

$$N_R = T_P \cdot B_S = 960 \tag{8-21}$$

则系统总的独立采样数约为 $N = 4 \times 960 = 3\ 840$。

$$K_P = 1/\sqrt{N} = 1/\sqrt{3\ 840} = 0.016\ 13\ (0.07\text{dB}) \tag{8-22}$$

考虑接收通道的幅相等影响数据处理的因素，后向散射系数测量精度将优于 0.14 dB。

2. 内定标精度分析与控制

微波散射计内定标环路主要功能是实现对雷达收发通道增益变化的相对测量，为系统提供校正和系统误差补偿用的相对定标数据，从而消除仪器本身引起的测量误差。

微波散射计系统设计中采用无延时比率法内定标方案，要求发射通道与接收通道之间有 130 dB 以上的隔离度。

为了有效消除收发通道参数变化引起的测量误差，理论上要求系统的内定标越频繁越好，在两次定标过程中要求系统的稳定性高。根据微波散射计的工作特点，设计为在一个扫描周期内进行二次定标，内定标选择在观测刈幅的两边实现，每次定标时对内外波束分别进行三次测量，来提高定标精度。

根据预研阶段的测试结果，其内定标精度的测量精度可以优于 0.15 dB。

3. 天线波束指向精度等影响因素的测量精度分析与控制

微波散射计在轨工作过程中，由于卫星平台姿态的变化，将造成天线波束指向发生变化，引起地面足迹的大小发生变化，最后引起回波功率的变化，从而影响后向散射系数的测量精度。国外微波散射计在轨数据处理的情况说明，姿态信息的误差是主要相对误差源，当星体的姿态变化时，散射计天线的指向会有一个偏移，如果数据处理时对这个偏移不能进行修正，会给 σ_0 的计算引入误差。根据国外微波散射计在轨测量数据的分析，如果天线波束指向的测量精度达到 0.03°，综合考虑其他不可预见的误差，目标后向散射系数测量精度优于 0.2 dB。

4. 定标精度分配

经回波信号的测量精度、内定标精度、天线波束指向偏差影响分析与控制，其中回波信号测量精度为0.14 dB、内定标精度为0.15 dB，以及其他影响因素约为0.2 dB，微波散射计系统后向散射系数测量精度优于0.49 dB。

8.5　微波辐射计设计与分析

微波辐射计作为海洋微波遥感卫星的重要有效载荷，主要完成获取海洋表面和冰层数据，测量大气水蒸气含量、云中含水量和降雨量等功能。

8.5.1　微波辐射计工作原理

微波辐射测量的理论基础是 Planck 定律，即在绝对零度以上的任何物体在所有的频率上均有电磁辐射，其辐射的大小与物体的温度和性质有关，这就是 Planck 定律的基本内容，它的数学表达形式为：

$$I=\mu\varepsilon\frac{hf^{3}}{e^{hf/kT}-1} \tag{8-23}$$

式中，I 为单位辐射强度（$\mathrm{W\cdot m^{-2}\cdot Hz^{-1}\cdot sr^{-1}}$），$h$ 为 Planck 常数（$6.6256\times10^{-34}\ \mathrm{J\cdot s}$），$k$ 为 Boltzmann 常数（$1.38\times10^{-23}\mathrm{J\cdot K^{-1}}$），$T$ 为物体的物理温度，在 Rayleigh-Jeans 近似条件（$hf/(kT)\ll1$）下，对磁导率为 μ，介电常数为 ε 的介质而言，I 值为：

$$I=\frac{kT}{\lambda^{2}}\frac{\mu\varepsilon}{\mu_{0}\varepsilon_{0}} \tag{8-24}$$

式中，λ 为自由空间波长。在自由空间，I 值为：

$$I=\frac{kT}{\lambda^2} \tag{8-25}$$

在微波波段，Rayleigh-Jeans 的近似条件能够很好地得到满足，所以 Rayleigh-Jeans 定律可在微波领域内应用。

黑体是一种理想的辐射体，自然界中所有物体的发射都比同温度下的黑体弱。物体单位辐射强度 I 是辐射方向和极化的函数，在无源遥感中，辐射计接收所观测物体发射出的单位辐射强度 $I_\beta(\theta, \phi)$，称为亮度温度 $T_{\beta B}(\theta, \phi)$ 的等效辐射温度，定义如下：

$$T_{\beta B}(\theta, \phi)=I_\beta(\theta, \phi)\frac{\lambda^2}{k} \tag{8-26}$$

若物体具有均匀的物理温度 T，则物体的辐射率 $e_\beta(\theta, \phi)$ 定义为：

$$e_\beta(\theta, \phi)=\frac{T_{\beta B}(\theta, \phi)}{T} \tag{8-27}$$

式中，辐射率 e 与物体表面粗糙度、温度、频率、极化方式和介电常数等因素有关。

8.5.2 微波辐射计测温算法

天线接收的能量来自整个 4π 立体角，并有一个亮度分布 $B_i(\theta, \phi)$，可以采用物体亮度温度的定义方法来定义天线的视在温度 T_{AP}：

$$B_i(\theta, \phi)=\frac{2k}{\lambda^2}T_{AP}(\theta, \phi)\Delta f \tag{8-28}$$

则天线接收的功率为：

$$p=\frac{1}{2}A_{eff}\iint_{4\pi}\frac{2k}{\lambda^2}T_{AP}(\theta, \phi)\Delta f F_n(\theta, \phi)\mathrm{d}\Omega \tag{8-29}$$

式中，p 为天线提供给接收机的功率，也可以定义一个等效温度 T_A，Δf 为带宽，A_{eff}为天线有效面积，使在这个温度时电阻提供的噪声功率等于 p，即：

$$p_n=kT_A\Delta f=p \tag{8-30}$$

将上述公式结合可得：

$$T_A=\frac{A_{eff}}{\lambda^2}\iint_{4\pi}T_{AP}(\theta, \phi)F_n(\theta, \phi)\mathrm{d}\Omega \tag{8-31}$$

T_A称作天线辐射测量温度，也可将上式写成如下形式：

$$T_A=\frac{\iint_{4\pi}T_{AP}(\theta, \phi)F_n(\theta, \phi)\mathrm{d}\Omega}{\iint_{4\pi}F_n(\theta, \phi)\mathrm{d}\Omega} \tag{8-32}$$

即 T_A 等于视在温度分布按天线加权函数 $F_n(\theta,\ \phi)$ 在 4π 立体角上积分，并按加权函数的积分归一化。也可将上式分成两部分，一部分代表主瓣的贡献，另外一部分代表主瓣以外各方向（旁瓣）的贡献，即：

$$T_A = \frac{\iint\limits_{ML} T_{AP}(\theta,\ \phi)F_n(\theta,\ \phi)d\Omega}{\iint\limits_{4\pi} F_n(\theta,\ \phi)d\Omega} + \frac{\iint\limits_{4\pi-ML} T_{AP}(\theta,\ \phi)F_n(\theta,\ \phi)d\Omega}{\iint\limits_{4\pi} F_n(\theta,\ \phi)d\Omega} \tag{8-33}$$

由主瓣效率 η_M、主瓣贡献的有效视在温度 T_{ML} 和旁瓣贡献的有效视在温度 T_{SL} 的定义，可将上式化为如下形式：

$$T_A = \eta_M T_{ML} + (1-\eta_M)T_{SL} \tag{8-34}$$

上式是在假设天线是无损耗（$\eta_l=1$）的情况下推导出来的，若天线的辐射效率为 η_l，则：

$$T'_A = \eta_l \eta_M T_{ML} + \eta_l(1-\eta_M)T_{SL} + (1-\eta_l)T_0 \tag{8-35}$$

式中，T'_A 是微波辐射计的测量值，主要取决于主波束 T_{ML} 的贡献。如果 η_l、η_M、T_{SL} 和 T_0 是已知的，就可以很容易从 T'_A 求得 T_{ML}。

在微波辐射计系统中采用平方律检波，它使辐射计的输入功率与输出电压呈线性关系，即：

$$V = aT'_A + b \tag{8-36}$$

式中，a 和 b 为两个定标常数，采用两点定标即可确定 a 和 b 的具体值。

微波辐射计将射频输入噪声功率，转换成与其成正比的输出电压量 V_{OUT}，它们之间的关系为：

$$V_{OUT} = g_{LF}C_d GkT_{SYS}B = G_S T_{SYS} \tag{8-37}$$

$$G_S = g_{LF}C_d GkB \tag{8-38}$$

$$T_{SYS} = T_A + T_{REC} \tag{8-39}$$

式中，g_{LF} 为低通滤波器的电压增益，C_d 为平方律检波器的功率灵敏度常数，T_{SYS} 为系统噪声温度，T_A 为天线输出噪声温度，T_{REC} 为接收机有效本机噪声温度，V_{OUT} 为微波辐射计输出电压，G_S 为系统的增益因子。

从上式可知，在微波辐射计的输出电压与输入噪声温度的方程中有两个不确定常数，即系统增益因子 G_S 和有效本机噪声 T_{REC}，这两个常数可以通过微波辐射计定标确定。

从前面分析可知，微波辐射计的输出电压受系统增益 G 和有效本机噪声 T_{REC} 的影响，它们与放大器或混频器等有源器件有关，随供电电源和器件的物理温度的变化而产生波动，微波辐射计的灵敏度定义为与系统噪声引起的输出电压波动（1σ）相对应的输入信号功率的大小，全功率微波辐射计的灵敏度公

式为：

$$\Delta T_{N}=\frac{T_{SYS}}{\sqrt{B\tau}} \tag{8-40}$$

微波辐射计测量的不确定性不光由系统的有效本机噪声所引起，接收机增益起伏也直接影响其测量的精度。由于 V_{OUT} 与乘积 $G_S T_{SYS}$ 之间是线性关系，因此，系统增益 G_S 增加 ΔG_S，输出端会误认为是 T_{SYS} 增加 $\Delta T_{SYS}=T_{SYS}$（$\Delta G_S/G_S$）。

从统计上说，微波辐射计的稳定度为系统增益变化而引起的 T_A 的均方根的不确定性，即：

$$\Delta T_{G}=T_{SYS}\left(\frac{\Delta G_S}{G_S}\right) \tag{8-41}$$

式中，G_S 为系统增益因子，ΔG_S 为增益因子波动量。

由于噪声引起的不确定性 ΔT_N 和增益引起的不确定性 ΔT_G 是统计独立的，因此，微波辐射计的最小可检测信号，即总的均方根不确定性可表示成：

$$\begin{aligned}\Delta T_{min}&=[(\Delta T_N)^2+(\Delta T_G)^2]^{1/2}\\&=T_{SYS}\left[\frac{1}{B\tau}+\left(\frac{\Delta G_S}{G_S}\right)^2\right]^{1/2}\end{aligned} \tag{8-42}$$

上述表示式确定了全功率微波辐射计的辐射测量的最小可检测信号，它综合考虑了噪声和增益两种变化的影响。

8.5.3 微波辐射计设计分析

微波辐射计分系统具有如下功能：通过测量海面的微波辐射得到海面的辐射亮温，进而得到海面温度；可测量与大的风暴或飓风有关的泡沫亮度温度，从而能够反演出大风速；采用圆锥扫描工作方式；具有内定标模式，修正仪器的漂移。

微波辐射计主要性能指标包括功能、模式及工作频率、信号带宽、极化方式、天线增益、观测角、波束扫描方式、接收机灵敏度和动态范围、辐射分辨率和空间分辨率、测量精度等。

微波辐射计通过 C、X、K、Ka 等频段多极化测量海面的微波辐射得到海面的辐射亮温，进而得到海面温度，同时，它还可测量与大的风暴或飓风有关的泡沫亮度温度，从而能够反演出最高达 50 m/s 的风速。为满足海洋动力环境的探测应用需求，微波辐射计的动态范围一般为 3～350 K，支持小于 1 K 的内定标模式，修正仪器的漂移。下面列出微波辐射计的主要指标分析

的因素：

（1）观测通道中心频率和带宽的选择：主要取决于观测要素和国际电联的约束以及整星 EMC 的要求；

（2）海面温度测量范围及精度：主要取决于系统校正精度、信噪比及动态范围等；

（3）天线的扫描形式：主要取决于系统实现的难易程度、刈幅要求及不同观测要素对入射角的要求。

8.5.4　微波辐射计配置及拓扑结构

微波辐射计工作原理连接框图如图 8-7 所示，微波辐射计按照结构分为四部分，包括辐射计探测头部（含锁紧装置）、综合处理器、伺服控制器和定标源控制器。探测头部包括：天线、扫描机构、高频箱。扫描机构由电机、旋转变压器、精密导电滑环、轴承等部件组成，并在扫描机构上装有冷空反射镜和热定标源。高频箱内装有馈源及其网络、接收机、信息采集电路、控制配电电路。

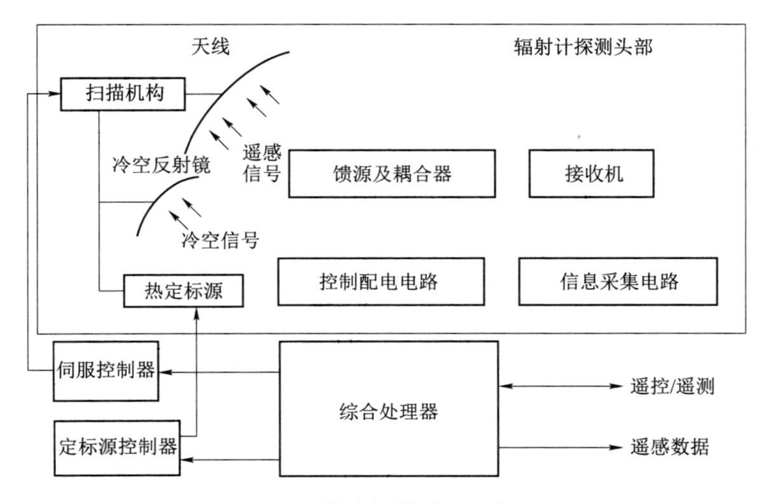

图 8-7　微波辐射计原理框图

卫星微波辐射计有 5 个频点、9 个接收通道。除 K2 通道以外，其他每个频率、每种极化各有一接收通道。

微波辐射计工作过程为：伺服电路通过扫描机构驱动天线作圆锥扫描，每一转动周期均进行对地观测和定标，馈电网络将天线接收的信号按频率和极化

分开，送入接收机中进行低噪声放大、滤波、平方律检波和低频放大后送到信息采集单元进行信息采集，综合处理器接收采集到的遥感数据进行处理，给出通道的控制参数对通道进行增益控制和直流补偿，并完成遥感数据、遥测遥控指令的交换。

综合处理器完成微波辐射计工作状态的控制和对外进行遥感、遥测、遥控等信息的交换，主要功能如下：

（1）根据数据处理的结果，对通道增益和通道补偿参数进行自动调整，使通道工作在最佳状态；

（2）接收伺服控制器发出的角度信息；

（3）接收热定标源控制器采集的定标源体温度信息；

（4）对测量数据进行格式编排，送数管分系统；

（5）实现与数管分系统的间接指令和间接遥测的数据交换。

伺服控制器驱动微波辐射计探测头部进行360°的圆锥扫描，并通过同步串行总线将天线转动的角度数据反馈给综合处理器。热辐射定标源提供一个定标观测所需的稳定的微波辐射亮温度，并通过定标源控制器采集其温度经内部串行总线送给综合处理器。锁紧装置完成发射期间探测头部的锁定，保证天线各部件之间的刚性连接。待卫星入轨后，通过火工品切割器切断螺杆解除高频箱与安装板之间的约束。

8.5.5 工作模式设计

正常工作模式：微波辐射计在轨期间，一直处于工作状态，并通过数传分系统向地面站传送所获取的遥感数据。微波辐射计具有内定标功能，修正仪器的漂移，并把定标数据通过数传分系统发送到地面站。根据在轨状态数管分系统可通过遥控指令对微波辐射计分系统设备进行主备切换，在一定的工作模式下可对通道参数、加热模式等进行控制。

应急工作模式：微波辐射计出现故障时，应具备自保护功能，同时避免干扰其他分系统。如需要辐射计天线停转，可通过关机使天线减速停止转动。

8.5.6 微波辐射计测温误差源分析与精度控制

绝对测温误差来自三个方面：天线旁瓣产生的误差、随机误差和定标误差。总的测温误差是这三种误差的均方根值。

1. 天线旁瓣产生的误差

辐射计的天线接收的信号是天线主瓣接收的信号和天线旁瓣接收信号之和。天线温度 T_A可表示为：

$$T_A = \eta_M \overline{T_{ML}} + (1-\eta_M)\overline{T_{SL}} \tag{8-43}$$

式中，η_M为天线的主波束效率，T_{ML}为主瓣贡献的有效视在温度，T_{SL}为旁瓣贡献的有效视在温度。

辐射测量遥感的目的是确定辐射计输出电压 V_{OUT}与 T_{ML}的关系。根据天线方向图进行估算，T_{SL}约为 180 K。由于上式中的第二项在对热定标源测量时的 T_{SL}和其他测量状态时的 T_{SL}不同，所以该项无法通过定标消除误差。T_{SL}的不确定性是造成误差的来源，T_{SL}的不确定性主要来源于：天空温度的不确定性、地球温度的不确定性和卫星温度的起伏。

根据国外的经验，T_{SL}的不确定约为±5 K。当 η_M为 0.95，则旁瓣产生的测温误差约为±0.25 K。若要减小由旁瓣产生的测量误差，必须提高天线的主波束效率。另外天线主波束效率 η_M的不确定性也会影响测温精度，只有当 η_M的测量精度很高时，这项误差才能消除。

2. 随机误差

随机误差为微波辐射计的测温灵敏度，可达到指标为 0.33 K。

3. 定标误差

微波辐射计总测温误差是天线旁瓣产生的误差、随机误差和定标误差三项的均方根。由前面的分析可知，由于天线旁瓣产生的测温误差约为 0.25 K，随机误差为 0.33 K，要求总的绝对测温误差是 1 K，因此要求定标误差优于 0.9 K。

定标误差定义为辐射计进行定标测试时目标的亮温度和辐射计测出来的亮温度之间的偏差。如上所述，定标误差要优于 0.9 K，才能满足 1 K 的绝对测温精度的要求，因此辐射计宜采用端一端（END TO END）系统定标方法。根据国外的经验，用这种方式，定标测试的绝对测温精度可达到 1 K。

对热定标源和冷空观测的不确定性，造成对地球目标测量的不确定性。对地球目标观测的不确定性按下式评估：

$$\Delta T_A = \sqrt{\left(\frac{V_A - V_C}{V_H - V_C}\Delta T_H\right)^2 + \left(\frac{V_H - V_A}{V_H - V_C}\Delta T_C\right)^2} \tag{8-44}$$

由于对冷空观测的不确定性较大，所以被测场景的亮温度越低，则测量的误差也越大。按前面的分析结果和上式的计算，当 T_A＝180 K时，定标测量的误差约为0.9 K。

4. 绝对测温精度

绝对测温精度是以上三种误差的均方根值。计算的结果为绝对测温精度可达到±0.98 K，可以满足小于1 K的指标要求。

8.6　校正辐射计设计与分析

卫星上搭载的校正辐射计其主要目的是测量信号通过大气时产生的路径延迟，具体测量大气积分水汽含量和云层液态水含量，主要完成通过上层大气的液态水和水汽含量的测量，向雷达高度计提供大气校正数据。

8.6.1　校正辐射计工作原理

校正辐射计向雷达高度计提供大气校正数据，与雷达高度计同程观测，工作原理同微波辐射计。

8.6.2　校正辐射计设计分析

影响微波高度计测高精度的主要因素有两项：对流层大气和电离层。利用双频高度计可以降低电离层的影响，利用校正辐射计测量大气辐射亮温，可以反演湿对流层对高度计信号的路径延时。校正辐射计主要完成通过上层大气的液态水和水汽含量的测量，向雷达高度计提供大气校正数据。校正辐射计系统功能主要包括：通过大气的液态水和水汽含量的测量向雷达高度计提供大气校正数据，与雷达高度计同程观测，以及具有内定标模式，修正仪器的漂移。

微波校正辐射计主要性能指标包括工作频率、信号带宽、极化方式、天线增益、接收机灵敏度和动态范围等。微波校正辐射计的主要指标分析的因素同微波辐射计。

通过 K、Ka 等频段对上层大气的液态水和水汽含量进行测量，向雷达高度计提供大气校正数据，提高雷达高度计的测量精度。

8.6.3 校正辐射计配置及拓扑结构

校正辐射计工作原理连接框图如图 8-8 所示。天线单元包括观测天线和定标天线两组。其中，观测天线是一个偏置抛物面天线，接收大气和海洋的微波辐射；定标天线由三个波纹喇叭天线组成，接收来自宇宙背景的微波辐射。接收单元包括 K1、K2 和 Ka 三个通道的接收机，每个通道都有冷备份。接收机单元负责对接收信号进行下变频、放大、滤波、检波并放大到可供数字电路采

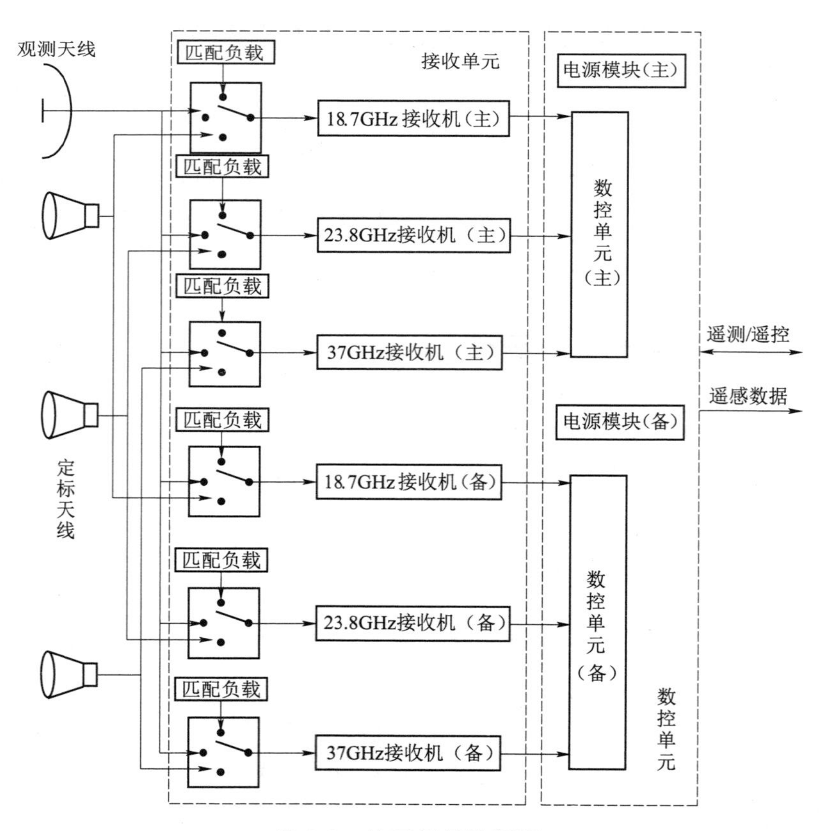

图 8-8 校正辐射计框图

集的电平幅度。为系统定标的匹配负载和高频微波开关也安装在接收机单元中。数控单元主要由两部分构成：一部分负责接收数据的采集和系统控制，包括系统工作过程控制和通道参数控制；另一部分负责与卫星系统的数据传输和通信，包括下传科学数据和工程参数，接收卫星星历数据，接收通过总线传输的数据注入等。

8.6.4　工作模式设计

正常工作模式：校正辐射计在轨期间，一直处于工作状态，并通过数传分系统向地面站传送所获取的遥感数据。具有周期内定标功能，修正仪器的漂移，并把定标数据通过数传分系统发送到地面站。

应急工作模式：分系统出现故障时，应具备自保护功能，同时避免干扰其他分系统。

8.6.5　校正辐射计测量误差源与精度控制

校正辐射计测量误差主要包括设备系统误差和定标误差。校正辐射计的设备系统误差由微波辐射计的灵敏度和稳定度决定。其中，校正辐射计的灵敏度是由系统噪声波动引起的，其定义为：

$$\Delta T_{\mathrm{N}}=\frac{T_{\mathrm{SYS}}}{\sqrt{B\tau}} \tag{8-45}$$

校正辐射计的稳定度是由系统增益波动引起的，其定义为：

$$\Delta T_{\mathrm{G}}=T_{\mathrm{SYS}}\frac{\Delta G}{G} \tag{8-46}$$

由于系统的增益波动和噪声波动可以看成是独立的随机变量，由它们共同引起的校正辐射计的系统误差可以定义为：

$$\Delta T_{\min}=\sqrt{\Delta T_{\mathrm{N}}^{2}+\Delta T_{\mathrm{G}}^{2}} \tag{8-47}$$

上述三式中，B 为带宽；τ 为积分时间；ΔG 为系统增益波动量；T_{SYS}是系统有效噪声温度，它定义为天线接收到的目标辐射亮温与系统噪声温度之和。

通过增加接收机带宽、延长积分时间、降低系统噪声可以提高灵敏度；通过采用高增益稳定性器件可提高系统稳定性，从而减小系统误差。系统设计中均采用高增益稳定性放大器件且系统采用星上两点定标方案，因此增益波动影响可以忽略。

定标误差是指由于系统对高温定标源（匹配负载）和低温定标源（冷空背

景辐射）测量的不确定性，以及由于系统的非线性引起的在测量亮温反演过程中产生的误差。由这些误差源引起的偏差虽然是彼此独立互不相关的，但由于它们的作用并非均匀，因此它们对定标误差影响的权重不同，其具体表现形式与系统特性有关。

1．匹配负载定标误差

匹配负载定标误差主要包括以下几个方面：匹配负载的发射率、匹配负载与连接电缆间的反射、连接电缆的损耗、连接电缆与开关间的反射、开关的损耗、本振泄漏和接收机逆向辐射等。

匹配负载的热辐射、连接电缆和开关的损耗等与温度有关，系统中这些关键器件的温度由设计安排的温度贴点测量，测温精度设计为0.1 K。匹配负载将其放置在接收机内，温度基本与接收机前端相同，不会有大的变化。器件间连接的失配会影响能量传输，系统集成前要测量连接端面的反射系数。由于匹配负载的发射率不会等于1，本振泄漏和接收机逆向辐射会通过匹配负载的反射进入接收机，由于匹配负载反射率和泄漏信号很难精确知道，这种影响也是不确定的。影响的大小取决于匹配负载的匹配程度和泄漏信号的大小。

2．冷空背景定标误差

冷空背景定标主要包括：冷空定标天线的损耗、冷空定标天线与连接电缆间的反射、连接电缆的损耗、连接电缆与开关间的反射、开关的损耗、天线旁瓣接收的地球辐射、宇宙背景辐射误差、卫星结构辐射通过天线旁瓣带来的影响等。

由于冷空背景辐射到达接收计的路径与热负载定标和对地观测的路径不同，因此，首先要考虑的同样是路径的损耗和反射，其处理方法与热负载定标时对路径影响的处理方法相同。

在冷空定标过程中，地面和大气辐射通过天线旁瓣对冷空定标精度产生影响，随着卫星的运动，这种影响的变化有时可能很大。卫星结构的辐射也会通过天线旁瓣对冷空定标产生影响，由于卫星表面有金属材料包扎，因此卫星辐射主要也是对地球辐射的反射，这要根据卫星布局进行分析。冷空定标误差可以表示为：

$$\Delta Tb_{\mathrm{C}}=\Delta Tb_{\mathrm{SL}} \tag{8-48}$$

式中，ΔTb_{SL}是旁瓣引起的总的不确定性。

3．系统非线性误差

理想校正辐射计的响应函数是线性函数，然而实际情况下系统并非理想线性。系统非线性作为一种近似在定标中可以被模拟成一个随设备温度变化的平方项，利用最大非线性度不确定性 ΔTb_{NL} 表示。

8.7 微波遥感卫星数据处理与应用

海洋二号卫星于2011年8月16日成功发射，卫星首次装载了主动微波遥感器（包括雷达高度计、微波散射计），被动微波遥感器（包括微波扫描辐射计、校正微波辐射计），以及精密测定轨系统。微波遥感器所探测到的信号经海洋卫星地面应用系统的校正、定标、处理与反演，生成了海面高度、有效波高、海面风场、海面温度等多种数据产品，并向国内外多个领域的用户分发服务。在海洋防灾减灾、海洋环境预报、海洋资源开发、海洋环境业务化监测、海洋军事保障、极地航线保障等多个领域发挥了重要作用。

8.7.1 数据处理

海洋动力环境卫星主要载荷有：雷达高度计、微波散射计、扫描辐射计、校正辐射计。主要使命是监测和调查海洋环境，获得包括海面风场、浪高、海流、海面温度等多种海洋动力环境参数，直接为灾害性海况预警预报提供实测数据，为海洋防灾减灾、海洋权益维护、海洋资源开发、海洋环境保护、海洋科学研究以及国防建设等提供支撑服务。

（1）卫星高度计的主要应用目标是海洋，其遥感测量参数是海面后向散射

系数，用以反演海面风速，回波波形反演有效波高和海面高度。

（2）卫星散射计的主要应用目标是海洋，其遥感测量参数是海面后向散射系数，用以反演海面风场矢量。

（3）卫星微波辐射计和校正辐射计的主要应用目标是海洋和大气，其遥感测量参数是微波亮温，用以反演海面温度、风速、大气水汽等参数，通过反演出的大气水汽和液态水为高度计和散射计提供校正参数。

微波遥感卫星的原始遥感数据由卫星地面站负责接收，经解包等预处理后向数据处理中心提供 0 级数据产品和其他辅助产品（轨道和姿态文件等）。数据处理中心在接收到 0 级数据产品后，将其制作成 1 级数据产品，并进行产品存档与分发服务；同时负责在 1 级产品的基础上制作成 2 级数据产品，并进行产品存档与分发服务。一般数据处理流程如图 8-9 所示。

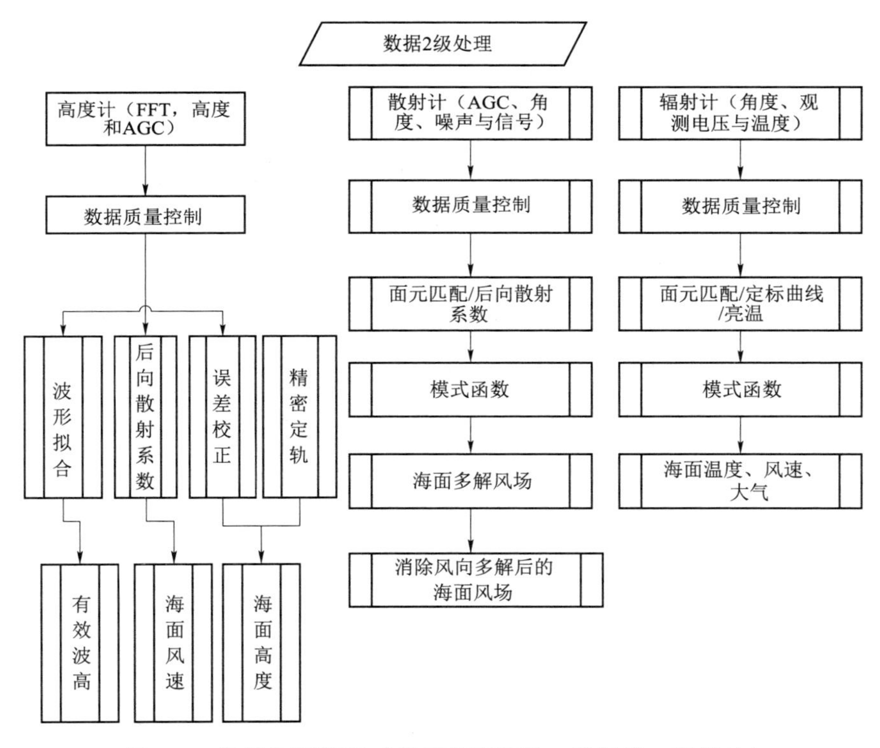

图 8-9　数据处理流程（使用于高度计、散射计、辐射计）

载荷的数据处理和产品等级如表 8-7 所示。

表 8-7　不同载荷的三种数据等级

	0 级数据	1 级数据	2 级数据
高度计	产品包括主导头、副导头和源数据，由地面接收解调后去格式等处理得到	产品由文件头和数据组成，数据制作包括数据格式的转换、物理量的计算和扫描点的定位等	产品包括有效波高、海面高度和星下点海面风速。根据数据中提供的 FFT（傅里叶变换）数据反演有效波高，根据 AGC（自动增益控制）数据反演海面风速，根据跟踪高度数据反演海面高度
散射计	产品为由接收预处理分系统预处理后生成的数据产品，主要包括：科学数据产品、工程源包数据产品、工程遥测数据产品、卫星参数产品等	利用卫星接收预处理分系统的数据产品经过地理定位、海陆标识、物理量转换等预处理流程获得带有定位信息和相关描述信息的数据产品	数据产品经过数据质量控制以及面元匹配后，利用模式函数获得每一个风矢量单元的多解风场；然后通过消多解算法获得唯一的风矢量解
辐射计	数据产品包括主导头、副导头和源数据等	产品由文件头和产品数据组成，按每像元点上的参数排列存储，并经物理量转换和地理定位	数据各像元的多个面元已经进行匹配空间位置。由不同频率对应的不同地面足迹内的、空间一致的亮温组成。辐射计实际测量的亮温与海面的参数建立关系，进而形成反演算法

8.7.2　海啸预警应用

由于水下地震、火山爆发或水下塌陷和滑坡等激起的巨浪，在涌向海湾内和海港时所形成破坏性的大浪称为海啸。海啸是一种破坏性极强的海浪，能够带来巨大的经济损失。因此，实时对海浪进行监测是防范海啸的一种有效手段。海洋二号卫星具备海面高度和有效波高监测能力，可为海啸监测提供观测数据。北京时间 2012 年 4 月 11 日 16 时 38 分，印尼苏门答腊北部附近海域（北纬 2.3°，东经 93.1°）发生里氏 8.5 级地震，震源深度为 20 千米。11 日当天再次发生里氏 8.2 级强震。利用我国海洋二号卫星对印度尼西亚地震前后全球海域有效波高分布进行了监测分析。

从监测分析可以确定，地震前后全球范围内，特别是地震最有可能引发海啸的印度洋海域有效波高变化不大，印度洋有效波高变化不超过 1 m。根据比较结果，可以初步判定在印度洋海域不会发生海啸。

8.7.3　台风监测应用

台风是中心持续风速在 12 级到 13 级的热带气旋。台风发源于热带海面，

那里温度高，大量的海水被蒸发到了空中，形成一个低压中心。随着气压的变化和地球自身的运动，流入的空气也旋转起来，形成一个逆时针旋转的空气旋涡，这就是热带气旋。只要气温不下降，这个热带气旋就会越来越大，最后形成台风。海洋二号卫星散射计每天可以观测全球 90% 的海域，风场观测具有大尺度、全天时、全天候、全球观测的特点，并可在西北太平洋提供台风实时监测数据。利用海洋二号卫星获得的海面风场和有效波高数据，可确定海上风暴的强度、位置、方向、结构和海浪强度，该成果已应用到风暴潮、海浪灾害的预报和评估会商工作中。

8.7.4　渔场环境与渔情信息服务应用

海洋二号卫星可在全球提供海面温度、海面风场、有效波高、海面高度、海流、中尺度涡等渔场环境信息，为大洋捕鱼提供全球重点渔场环境和渔情信息。海洋二号卫星结合“海洋遥感信息实时自动采集系统”所获取的国外海洋卫星资料，对太平洋金枪鱼、北太平洋滑柔鱼、东南太平洋茎柔鱼、西南大西洋鱿鱼、中大西洋金枪鱼等捕捞对象和七大海域开展每周一次的渔场环境分析、渔情分析与预报，并通过北斗卫星、广播卫星等手段向海洋渔业生产企业提供渔情预报、海况分析等服务和现场作业数据的准实时回传，极大地提升了我国大洋渔场卫星遥感应用的总体技术水平。

8.7.5　海平面变化监测应用

随着人类活动对海洋、大气系统影响的迅速扩大，全球变暖、海平面上升已经成为全球性重大环境问题。海平面上升给人类生存环境造成巨大的威胁，已经引起全世界科学家和各国政府的高度关注。卫星雷达高度计在全球海平面变化监测中具有独特的优势，获取的海洋高度数据已经成为全球平均海平面上升研究中的重要数据源。

国家卫星海洋应用中心利用海洋二号卫星高度计的融合遥感数据，制作了年度中国近海及邻近海域月平均、年平均以及较上一年度变化的海平面数据产品。海洋预报和防灾减灾部门利用这些海平面变化产品，能够有效开展相应的海平面变化预测以及开发海洋环境产品的研制，向社会公众和相关海洋管理与生产部门提供信息服务。

8.8 小　结

海洋微波遥感卫星通常携带微波载荷，如微波辐射计、微波散射计、雷达高度计和合成孔径雷达等，主要用于获得海面风场、海面高度场、浪场、海洋重力场、大洋环流、海冰、有效波高和海表温度场等海洋动力环境参数。衡量海洋动力环境卫星观测及应用能力的两个重要指标包括卫星的观测精度和时空分辨率，卫星的观测精度与时空分辨率会随着海洋数据处理技术以及微波遥感器技术的不断进步而大大提高。

参考文献

[1] 张庆君. 卫星极化微波遥感技术 [M]. 北京：中国宇航出版社，2015.

[2] 中国科学院海洋领域战略研究组. 中国至2050年海洋科技发展路线图 [M]. 北京：科学出版社，2009.

[3] 蒋兴伟，林明森，邹亚荣. 我国海洋卫星发展与应用 [J]. 卫星应用，2016 (6)，17-23.

[4] Lee-Lueng Fu，Douglas Alsdorf，Rosemary Morrow，Ernesto Rodriguez，Nelly Mognard. SWOT：The Surface Water and Ocean Topography Mission-Wide-Swath Altimetric Measurement of Water Elevation on Earth [M]. Jet Propulsion Laboratory，2016.

[5] 蒋兴伟，林明森. 海洋动力环境卫星基础理论与工程应用 [M]. 北京：海洋出版社，2014.

[6] D B Chelton，M G Schlax，M H Freilich，R F Milliff. 2014：Satellite Measurements Reveal Persistent Small-scale Features in Ocean Winds [J]. Science，303，978-983.

[7] 张杰，刘和光，林明森. 新型海洋微波遥感器技术研究进展 [J]. 海洋技术学报，2015，34 (3)：1-7.

[8] 林明森，张有广，袁欣哲. 海洋遥感卫星发展历程与趋势展望 [J]. 海洋学报，2015，37 (1)：1-10.

[9] 陈双，刘韬. 国外海洋卫星发展综述 [J]. 国际太空，2014，427 (7).

[10] Decloedt T，D S Luther. On a Simple Empirical Parameterization of Topography-catalyzed Diapycnal Mixing in the Abyssal Ocean [OL]. J. Phys. Oceanography，2014，(40)：487 - 508，doi：http：//dx. doi. org/10. 1175/2009JPO4275. 1. Last accessed December 31，2011.

[11] Dussurget R，F Birol，R Morrow，P Demey. Fine Resolution Altimetry Data for a Regional Application in the Bay of Biscay [C]. Marine Geodesy，2014，34，447-476.

[12] Fu L—L，D B Chelton，P—Y Le Traon，R Morrow. Eddy Dynamics from

Satellite Altimetry [J]. Oceanography, 2013, 23 (4): 14 - 25.

[13] Smith K S. The Geography of Linear Baroclinic Instability in Earth's Oceans [J]. Mar. Res, 2007, 65: 655 - 683.

[14] Sokolov S, S R Rintoul. Multiple Jets of the Antarctic Circumpolar Current South of Australia [J]. Phys. Oceanogr, 2007, 37, doi: 10.1175/JPO3111.1: 1394 - 1412.

[15] Song Q, D B Chelton, S K Esbensen, N Thum, L W O' Neill. Coupling Between Sea Surface Temperature and Low-level Winds in Mesoscale Numerical Models [J]. Climate, 2009, 22: 146 - 164.

第9章

地球同步轨道光学遥感卫星系统设计与分析

9.1 概　　述

地球同步轨道光学遥感系统（简称“高轨光学遥感系统”）具有实现“同时具有较高空间分辨率和极高时间分辨率”的天基光学遥感能力，是对地遥感系统发展的一个重要方向。对于高轨高分辨率光学遥感系统，“高轨”是指利用运行在地球同步轨道平台上的光学传感器快速获取感兴趣目标信息，此类遥感系统具有实时任务响应能力；而“高分辨率”一般是指在地球同步轨道可见光载荷空间分辨率优于百米量级、红外载荷分辨率优于千米量级，以区别于以往的高轨气象卫星和导弹预警卫星。

高轨光学遥感系统通过快速指向调整、大幅宽面阵成像、高效多幅拼接等观测方式，能够实现对不同影响范围灾害事件的快速响应和高频率持续探测，可以满足对诸如地震、泥石流、森林火灾、洪涝、雪灾、火山爆发等各类灾害的应急观测任务需求，在民生领域发挥重大作用。

本章结合我国首颗地球静止同步轨道高分辨率光学遥感卫星——高分四号卫星（GF-4卫星），重点介绍高轨光学遥感卫星系统总体设计及应用情况，包括总体设计要素、在轨成像模式设计、面阵成像质量分析、在轨定标和图像处理等技术。

9.1.1 发展概况

欧洲在2009年发射了口径达3.5 m的赫歇尔空间天文望远镜（Herschel），

并以此为技术基础积极发展高轨光学遥感系统，同时发展具有高姿态控制精度和高机动性能的高轨光学遥感卫星平台。在高轨光学遥感技术领域，欧洲阿斯特留姆（Astrium）公司实力较强，开展一系列卫星的设计和论证，如Geo-Africa卫星、Geo-Oculus卫星、HRGeo卫星等。

印度开发和研制的地球静止同步轨道高分辨率光学遥感卫星——GISAT卫星，计划2018—2019年发射。GISAT卫星质量不超过1 000 kg，将装载一个工作在可见光、近红外和热红外谱段的地球静止同步轨道成像仪（AWFIS），分辨率范围是50 m～1.5 km，幅宽大于400 km。GISAT卫星能够以50 m的空间分辨率每隔5 min对感兴趣区域进行1次成像，或每隔30 min对整个印度大陆进行1次成像。

我国于2015年12月29日发射了首颗地球静止同步轨道高分辨率光学遥感卫星——高分四号卫星（GF-4卫星），高分四号卫星采用高轨遥感卫星平台，承载可见光和中波红外共口径的光学相机，可见光全色/多光谱星下点空间分辨率为50 m，中波红外谱段星下点像元分辨率为400 m，各谱段幅宽均大于400 km×400 km。高分四号卫星利用长期驻留固定区域上空和快速指向调整的优势，可快速响应对中国及周边地区的观测任务，实现了高时间分辨率和较高空间分辨率的结合。

世界各国典型高轨光学遥感系统的发展计划及工程实践统计如表9-1所述。

表9-1　世界各国/地区典型高轨光学遥感系统的发展计划

卫星	空间分辨率/m	谱段设置	幅宽/km	相机口径/m	简介
Geo-Africa 欧洲	可见光 25×25 短波红外 75×75	可见光10个 短波红外1个	300×300	0.9	针对中低纬度的非洲提出，应用于农业、土地、海岸、减灾、自然资源等
Geo-Oculus 欧洲	紫外 21×10.5 可见光 40×20 短波红外 150×150 中波红外 150×150 长波红外 375×375	紫外谱段2个 可见光16个 短波红外1个 中波红外1个 长波红外2个	157×157	1.5	主要任务：灾害监视、火灾监视、海洋应用观测。计划2018年发射
HRGeo 欧洲	可见光 3×3	全色1个	100×100	4.1	主要应用：实时监视港口船只和边境车辆，甚至是拍摄视频影像。计划2020年后发射
GF-4 中国	可见光 50×50 中波红外 400×400	可见光5个 热红外1个	400×400	0.7	我国首颗地球静止轨道高分辨率光学遥感卫星，于2015年发射入轨

9.1.2 发展趋势

(1) 高轨光学遥感开创遥感应用新模式：高轨光学遥感系统由于其特殊的星地关系和成像体制，可随时对可视范围内目标进行快速高频次探测监视，可以说高轨光学遥感系统快速任务响应能力、高频率重复探测能力、大范围多目标持续监视能力开创了遥感应用的新模式。

(2) 高低轨遥感系统协同工作提升遥感系统应用效率：高轨光学遥感系统具有星地实时交互控制能力，与卫星组网方式相比，利用持续观测的高时间分辨率优势，构建高低轨卫星协同的综合观测体系可显著提升天基资源应用效能。

(3) 空间分辨率、光谱分辨率不断提高，进一步扩大应用范围：随着光学遥感载荷技术的快速发展，其空间分辨能力、光谱分辨能力将进一步提升，其应用范围将会随之进一步扩展。

9.2　需求分析及技术特点

9.2.1　需求分析

高轨光学遥感系统非常适合应对固定目标的时效性观测和动态目标的连续性观测需求而提出的各种任务，在地球环境科学、国家安全保障、灾害预警应急等对时效性和连续性要求较高的领域有着广泛的应用需求。

在地球环境科学领域应用方面，对于地球环境科学领域，每几天观测一次的太阳同步轨道光学遥感系统，重访周期相对较长（至少 1 天），无法充分解决短时间尺度的环境事件，难以满足日变化监测的需求。高轨光学卫星可实现小时级的持续监视观测，重复观测频次可高达秒级，能够满足短周期环境现象所需的观测频度、满足突发事件实时监测要求，实现对重点区域的实时观测，大幅提升环境监测能力，满足陆地环境、海洋环境和大气环境监测等的观测数据需求。

在国家安全领域应用方面，对于特定目标的观测与监视强调时效性和高频次，需要监视系统快速获取目标特征数据，对于掌握目标的行进方向、行进速度和行动意图具有重要意义。高轨遥感卫星具有定点凝视能力和近实时任务响应能力，通过与低轨卫星相互引导、协同工作，可实现重点区域的持续监视和重点目标的连续跟踪，达到高空间分辨率和高时间分辨率的有机结合，充分发

挥天基资源的体系效能。

在灾害预警应急领域应用方面，灾害的发生往往有着发生突然、发展迅速、影响严重等特点。应对大部分的灾害和环境污染突发事件时，在第一时间尽快获取灾情监测数据，对于部署抢险救灾工作是非常重要的。在救灾过程中，持续以较高频率获取灾情变化探测数据，有助于各级决策和抢险救灾工作顺利开展，最大程度减小灾害给国民经济造成的损失。

9.2.2 高轨光学遥感卫星技术特点

特殊的星地关系和面阵成像体制赋予高轨光学遥感系统多种技术特点，概括总结如下：

(1) 采用面阵成像体制，易于实现高频次重复观测能力，获取短周期变化数据；易于实现快速“机动—凝视”的工作模式；

(2) 采用分时成像方式，各探测谱段共用光学系统及探测焦面，通过滤光轮旋转来进行谱段的切换；

(3) 曝光时间可调，可根据观测时间、观测位置、观测目标甚至大气环境进行动态调整，获取高质量的图像数据；

(4) 曝光时间相当于低轨卫星数十倍，成像过程中对卫星的姿态测量、控制、稳定精度都提出了更高需求。

9.3　高轨光学遥感系统覆盖特性与时间分辨率分析

9.3.1　轨道选择分析

地球静止同步轨道卫星和地球相对静止，适合于面阵凝视的使用方式，其在纬度方向上对中低纬度区域的观测效果优于对高纬度地区的观测效果，在经度方向上对定点位置经度附近的观测效果优于其东西方向区域的观测效果。

与地球静止同步轨道相比，倾斜地球同步轨道通过倾角和偏心率的适当设计，可以得到正 8 字、斜 8 字、水滴等形状的星下点轨迹。倾斜地球同步轨道星下点轨迹的纬度和经度范围较大，可在卫星运行至高纬度区域上空时改善对高纬度地区的观测效果，但是，在实现凝视成像上需要姿态控制系统保证相机光轴精准的指向，不利于长时间持续凝视。

9.3.2　对地观测几何分析

1. 成像时星体姿态角度分析

高轨光学卫星由于星下点为一个固定点，其对特定地理位置区域进行观测时，卫星星体姿态角是固定不变的。当需要对某一目标区域进行成像时，通过整星姿态机动使相机光轴指向目标区域。此时星体姿态的滚转角、俯仰角都是确定的。考虑到卫星控制的难易程度，通常采取偏航角固定为零的姿态指向模式。

假设某高轨光学遥感卫星定位于（0°N，120°E）时，为使相机光轴指向不同经纬度目标，卫星的俯仰角、滚转角、侧摆角分别如表 9-2～表 9-4 所示。

表 9-2　俯仰角（东西方向）随经纬度的变化情况　（°）

	60°E	80°E	100°E	120°E	140°E	160°E	180°E
60°N	−3.89	−2.95	−1.59	0.00	1.59	2.95	3.89
40°N	−6.07	−4.67	−2.54	0.00	2.54	4.67	6.07
20°N	−7.54	−5.85	−3.21	0.00	3.21	5.85	7.54
0°N	−8.06	−6.27	−3.45	0.00	3.45	6.27	8.06

表 9-3　滚转角（南北方向）随经纬度的变化情况　（°）

	60°E	80°E	100°E	120°E	140°E	160°E	180°E
60°N	7.73	7.90	8.01	8.06	8.01	7.90	7.73
40°N	5.85	6.06	6.21	6.27	6.21	6.06	5.85
20°N	3.16	3.30	3.41	3.45	3.41	3.30	3.16
0°N	0.00	0.00	0.00	0.00	0.00	0.00	0.00

表 9-4　卫星侧摆角（星体＋Z 轴与轨道系＋Z 轴的夹角）随经纬度的变化情况　（°）

	60°E	80°E	100°E	120°E	140°E	160°E	180°E
60°N	8.65	8.43	8.17	8.06	8.17	8.43	8.65
40°N	8.43	7.65	6.71	6.27	6.71	7.65	8.43
20°N	8.17	6.71	4.68	3.45	4.68	6.71	8.17
0°N	8.06	6.27	3.45	0.00	3.45	6.27	8.06

2．卫星对地观测角度分析

高轨光学卫星对目标区域观测时，其观测角度可以用卫星方位角、卫星高度角来表征。卫星方位角是指星-地连线在大地上的投影与当地正北方向的夹角，取值范围为 0°～360°；卫星高度角又称观测仰角，是指星-地连线与当地水平面的夹角，取值范围为 0°～90°。

高轨光学卫星对地观测时，卫星方位角、卫星高度角仅与目标区域经纬度

有关，以地球静止同步轨道光学卫星定位于（0°N，120°E）为例，其对不同经纬度位置成像时卫星高度角、方位角如表 9-5、表 9-6 所示。

表 9-5　对不同经纬度位置成像时卫星高度角　(°)

纬度＼经度	60°E	80°E	100°E	120°E	140°E	160°E	180°E
60°N	5.83	14.09	19.85	21.94	19.85	14.09	5.83
40°N	14.09	28.29	39.33	43.73	39.33	28.29	14.09
20°N	19.85	39.33	57.33	66.55	57.33	39.33	19.85
0°	21.94	43.73	66.55	90.00	66.55	43.73	21.94

表 9-6　对不同经纬度位置成像时卫星方位角　(°)

纬度＼经度	60°E	80°E	100°E	120°E	140°E	160°E	180°E
60°N	117	136	157	180	203	224	243
40°N	110	127	150	180	210	233	250
20°N	101	112	133	180	227	248	259
0°	90	90	90	0	270	270	270

9.3.3　时间分辨率分析

1. 高轨光学遥感卫星高时效性观测特点

高轨光学卫星时间分辨率高，具有极高的时效性，主要体现在以下两个方面：

（1）当地面区域内气象条件不利时，卫星能够利用云层间隙来捕获对地观测时机，提高对目标区域的观测效果。Geo-Africa 卫星研发团队对非洲的维多利亚湖、马拉博岛、开普敦三个地区的天气情况进行统计，对高低轨成功获取数据概率进行估算，结果如表 9-7 所示。

表 9-7　地球静止同步轨道卫星在非洲地区数据获取成功率估算

数据获取成功率		维多利亚湖	马拉博岛	开普敦
晴天统计率/%		22	12	47
成功获取数据概率	低轨/%	5	3	9
	高轨/%	57	46	72

高轨光学卫星利用其可长时间凝视同一区域的优势，可大幅提升目标获取概率，如图 9-1 所示。

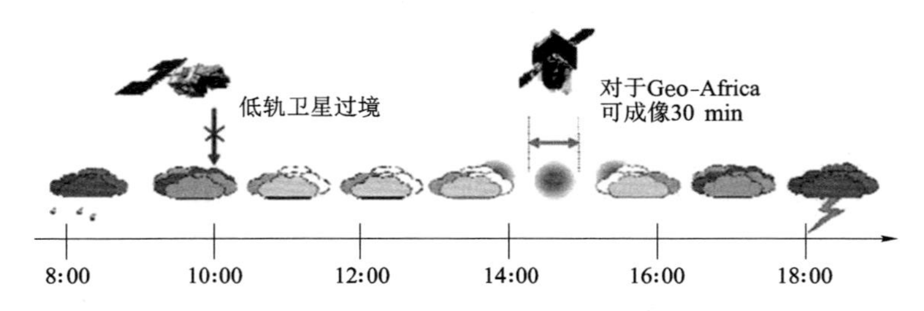

图 9-1　地球静止同步轨道卫星捕获云层间隙示意图

(2) 高轨光学卫星可以利用相对地面静止的优势，在一段时间内对目标区域进行高频重复凝视观测，时间分辨率高，可获取目标区域的动态变化过程数据。

由于运动目标（云、台风）具有持续运动的特点，会以一定速度改变其地理位置，通过对同一区域进行高频次的卫星凝视成像，能够在不同时间间隔的画面上观察到目标相对背景的位置变化，再结合卫星成像时间与成像指向等卫星星体参数，可以对运动目标的运动方向、运动速度进行计算，从而对运动目标的类型、运动模式等进行判断和评估。

2. 成像响应速度及成像间隔分析

成像响应速度是指从用户发出成像指令，到地面应用中心开始接收到目标区域图像的时间间隔。成像间隔一般指两次成像之间间隔时间，是体现遥感系统重复观测能力的指标。成像间隔的长短取决于面阵焦面器件的帧频，卫星对某一固定区域进行凝视成像时，重复获取一组图像的周期可达到秒级，甚至更高。

3. 区域拼接及机动巡查能力分析

高轨光学卫星对指定区域完成一次拼接所需的时间，具体与关注目标区域的面积大小、几何形状、地理位置等因素有关。

以观测我国国土范围内为例，任意三个单景区域之间切换时卫星姿态机动角度均不会超过 10°，这一过程时间主要分为星体姿态机动时间、相机成像时间、数据传输时间三部分，根据当前姿态机动、成像、数传的能力，完成国土范围内任意三个地区巡查的时间最长不超过 10 min。

9.4　高轨光学遥感卫星成像质量关键性能指标

高轨光学卫星可装载可见光遥感系统、红外遥感系统和高光谱遥感系统，卫星成像质量包含辐射质量和几何质量两部分，辐射质量的评价指标主要有在轨动态调制传递函数（MTF）、信噪比（SNR）和动态范围，几何质量的评价指标主要有几何定位精度、图像几何畸变和谱段配准精度，详细指标内涵可参考可见光遥感系统、红外遥感系统和高光谱遥感系统的成像质量关键性能指标。

9.5 高轨光学遥感卫星系统成像质量设计与分析

高轨光学卫星的成像质量直接影响用户获取数据的品质。成像质量的关键设计要素主要包括：成像体制的选择、光学系统的设计、谱段选择与配置、探测器选择、成像幅宽、地面像元分辨率、曝光时间规划等要素。

9.5.1 成像体制的选择

高轨光学卫星主要考虑面阵凝视成像体制。首先，以往低轨线阵推扫的成像体制需要卫星相对地面运动从而完成推扫成像，而地球静止同步轨道卫星的星地关系稳定，没有相对运动，不宜采用线阵推扫成像体制。面阵凝视成像体制在观测区域设定方面非常灵活、有针对性，可有效把握良好成像时机，具有极高的时间分辨率。其次，采用面阵成像体制，有利于充分发挥地球静止同步轨道卫星相对地物固定不动的优势，可灵活调节凝视成像的曝光时间长短，显著提高复杂成像条件下图像的信噪比。

9.5.2 光学系统形式选择

高轨光学卫星通常采用共口径光学系统设计，可具备多个成像通道（如可

见光、中波红外、长波红外等)，共用一个前端光学系统，采用分光的方式把各个通道分离开来，后端光学系统独立设置，可采用滤光盒或滤光轮实现各通道内的谱段细分。

共口径的前光学系统为追求高分辨率，通常口径大、焦距长、像质要求高，普遍采用反射式，其典型光学系统构型如图 9-2 所示。

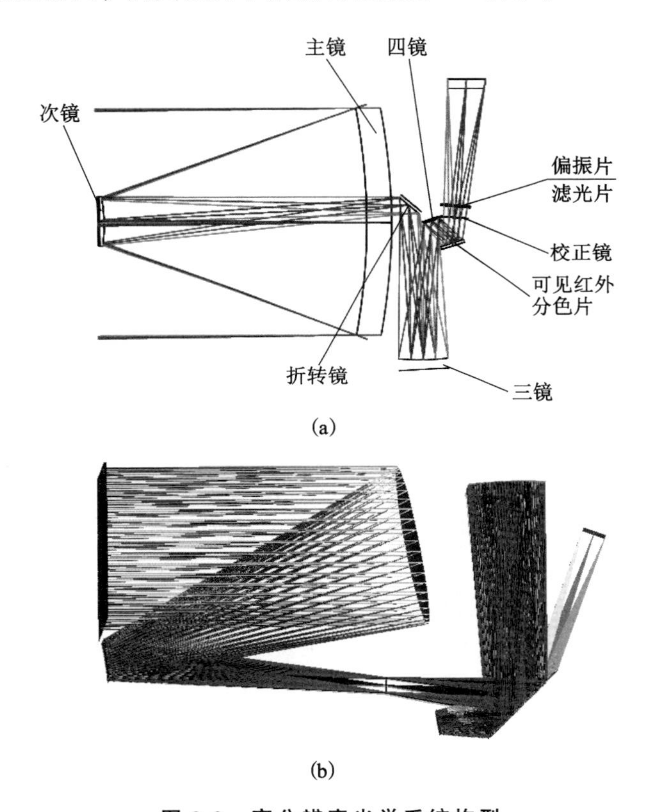

图 9-2　高分辨率光学系统构型

(a) 同轴三反光学系统；(b) 离轴三反光学系统

采用全反射无色差光学系统，可以达到折射系统所无法企及的大口径长焦距的要求，同时，由于光学系统有光路折叠，可以使系统体积大大缩小，从而可以有效减重，这一点对于航天应用尤为有利，满足高轨光学遥感卫星任务要求。

9.5.3　谱段选择与配置

根据应用需求，进行相应的谱段的配置，高轨光学卫星通常可配置全色谱段、多光谱谱段以及红外谱段等。

1. 全色谱段配置分析

对于常规陆地观测的任务，采用全色谱段能够充分利用探测器的光谱响应特性优势，对重点观测区域和观测目标获取清晰的图像。

2. 多光谱谱段配置分析

配置多光谱谱段能够揭示目标表面的光谱特征和色彩特性，同时多光谱图像和全色图像融合后信息量更丰富，更有利于目视判读，改善遥感探测效果，更好地服务遥感应用。因此在高分辨率全色图像的基础上，增加多光谱探测能力，可为国土资源调查、环境保护、矿产资源勘探等多个领域提供有力的信息支持。

3. 中/长波红外谱段配置分析

根据维恩位移定律中黑体温度和辐射峰值波长成反比例关系，对于高温物体，其辐射峰值在 3～5 μm 探测窗口，适用于观察和跟踪高温目标。火焰燃烧时的燃烧温度一般在 600 K 以上，其热辐射峰值波长在 4～5 μm，因而可以根据常温地表和火点在 3～5 μm 中红外波段黑体辐射的明显差异，进行火灾等高温目标的探测。

大部分情况下，大气对长波的衰减小于对中波的衰减。统计计算表明，对标准大气，从地面到卫星高度的大气红外透过率：10～12.5 μm 为 0.67，3～5 μm 为 0.44；对热带大气，从地面到卫星高度的大气红外透过率：10～12.5 μm 为 0.43，3～5 μm 为 0.27；同样，在不好的气象条件下（云、雾、烟尘），两波段都具有一定的成像能力，但 10～12.5 μm 的成像效果优于 3～5 μm。

综上，红外（中波/长波）谱段可弥补可见光谱段夜晚时间不能成像的劣势，实现全天时成像能力；对于高温目标或目标与背景温差大的目标探测，中波红外谱段有独特的优势。

9.5.4 探测器选择

对于高轨光学卫星，一般采用面阵探测器获取目标图像信息。根据目前探测器研制的情况，从可见光延伸到红外必须采用不同类型的探测器，获取不同谱段的地物信息。

1. 可见光通道探测器选择

目前应用广泛的可见光面阵探测器有 CCD 和 CMOS 两种。CCD 探测器和

CMOS探测器在结构上及读出方式上存在本质的区别。

从探测器技术发展来看，CCD探测器经过几十年的持续发展，其技术水平、制造工艺已臻成熟，性能指标逐步提升，目前在科学探测、卫星遥感领域应用较为广泛。对于CMOS探测器而言，受以往半导体制造工艺水平的限制，在20世纪发展较为缓慢，但是，自进入21世纪以来，随着CMOS探测器技术水平的提高，其成像性能有了很大改善，同时，由于CMOS探测器具有集成度高、成像电路简单等优势，其技术开发和应用取得了飞速发展。

CMOS探测器在电子快门、帧转移速度、读出噪声、抗弥散等方面有独特的优势，更适合高轨遥感应用。随着CMOS大面阵探测器技术发展，已经具备大规模可见光面阵焦面组件的工程研制条件，可满足高轨光学卫星大幅宽成像观测的使用要求。

2. 红外通道探测器选择

红外谱段现阶段应用较多的是碲镉汞（HgCdTe）探测器，探测器因制冷需求，多与制冷机耦合集成安装，如图9-3所示。面阵碲镉汞（HgCdTe）红外探测器存在坏像元的固有属性，且因铟柱与材质为Si的读出电路及碲镉汞（HgCdTe）材料分别连接，当器件经历多次冷热循环时受到热应力冲击，易造成连接结构发生脱离或断裂，从而导致感光电荷无法读出，出现坏像元增多的情况。因而，发展长寿命、高可靠性制冷机和进一步改进该类型面阵探测器工艺，是影响长寿命、高可靠红外谱段成像探测器的关键技术。图9-3为红外探测器及制冷机组件实物图。

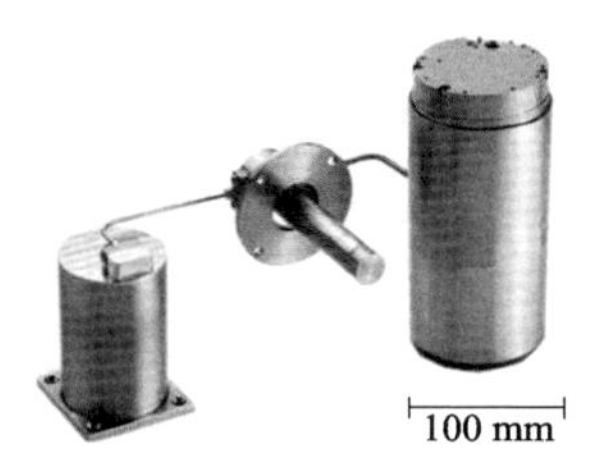

图9-3　红外探测器及制冷机组件

9.5.5　单景成像幅宽设计

高轨光学卫星采用面阵成像体制，卫星对地观测有效视场角所对应的地面区域定义为单景覆盖范围。若有效视场角为0.8°×0.8°，则对应星下点单景幅

宽为 500 km×500 km。在轨成像时，地球曲率对单景幅宽也存在一定影响。随着经度和纬度（相对星下点）的增加，单景幅宽呈上升趋势。另外，地球曲率对单景幅宽内的几何畸变也存在影响。对于一帧内的几何畸变可通过地面图像处理进行消除。

9.5.6 地面像元分辨率设计

地面像元分辨率的计算公式如下：

$$GSD = d/f \times H \tag{9-1}$$

式中，H 为相机到地面景物距离，对于星下点取 35 786 km；d 为像元尺寸；f 为相机光学系统焦距；GSD 为地面像元分辨率。根据探测器与光学系统分析，计算得到某卫星星下点地面像元分辨率如表 9-8 所示。

表 9-8 星下点地面像元分辨率

通道		像元尺寸/μm	距离/km	焦距/mm	星下点 GSD/m
VNIR	CMOS	9×9	35 786	6 600	48.8×48.8
MWIR	碲镉汞方案	15×15	35 786	1 350	397.4×397.4

实际成像还需考虑地球曲率对地面像元分辨率的影响。随着经度和纬度（相对星下点）的增加，地面像元分辨率呈下降趋势，星下点的分辨率最高，越接近地球视场边缘，分辨率下降越快。地球曲率对地面像元分辨率的影响可用图 9-4 说明。

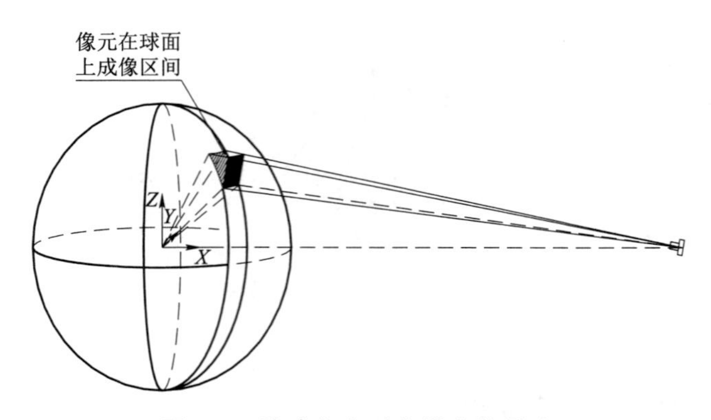

图 9-4 地球曲率对分辨率的影响

从图 9-4 可以看出，球面上进入相机单个像元的区域比星下点要大，其面积随目标的经纬度变化，变化规律是越远离星下点面积越大。从而引起相机分

辨率下降。一个像元对应的地面范围包括东西、南北两个维度。定义一个像元的等效地面像元分辨率为：

$$GSD_{eff} = \sqrt{\delta A} \qquad (9\text{-}2)$$

式中，GSD_{eff}为等效地面像元分辨率，δA为一个像元对应的地面面积。表9-9、表9-10显示了卫星对不同经纬度成像时的地面像元分辨率。

表9-9　卫星对不同经纬度成像时的等效GSD（VNIR通道）　m

纬度＼经度	50°E	70°E	90°E	110°E	130°E	150°E	170°E
60°N	—	110.43	92.13	87.38	92.13	110.43	—
40°N	110.67	76.57	64.61	61.33	64.61	76.57	110.67
20°N	92.53	64.75	54.44	51.56	54.44	64.75	92.53
0°	87.80	61.50	51.58	48.80	51.58	61.50	87.80

表9-10　卫星对不同经纬度成像时的等效GSD（MWIR通道）　m

纬度＼经度	50°E	70°E	90°E	110°E	130°E	150°E	170°E
60°N	—	900	751	712	751	900	—
40°N	902	624	526	500	526	624	902
20°N	754	528	444	420	444	528	754
0°	715	501	420	398	420	501	715

9.5.7　曝光时间规划

高轨光学卫星运行在地球静止同步轨道上，其可视范围的地理区域跨度大，在不同时刻、对不同位置区域进行访问时，光照条件可能会有非常大的差别。主要体现在以下两个方面：

1. 一天内某个时刻，不同地理位置的光照条件不同

受地球自转影响，在高轨卫星可视区域范围内所接收的太阳光照条件随地理位置和时间变化而不断改变。

2. 对同一目标区域成像时，在不同时刻的光照条件也会发生很大变化

综合对成像时光照条件的分析，卫星在对不同时刻、不同区域进行成像

时，为获取理想的成像效果，相机应具有大动态范围成像的能力，并通过优化调整曝光时间来对地面区域进行成像。

由于相机可见光通道成像时，无法对地面目标的光谱反射率进行预估，且大面积的成像区域包含各种不同地物信息，其中的地面反射率范围较宽，所以为了兼顾大多数地物信息，以太阳高度角为依据设置曝光时间。

采用6 S辐射大气传输软件进行仿真，针对太阳高度角10°～80°，地物反射率0.05～1的星下点相机入瞳辐亮度进行仿真，以此作为曝光时间分析输入，以全色谱段为例，辐亮度矩阵如表9-11所示。

表9-11　全色谱段入瞳辐亮度矩阵　　W/(sr・cm^2)

谱段	0.45～0.90 μm						
反射率 / 太阳高度角/(°)	0.05	0.1	0.2	0.4	0.6	0.8	1
80	11.50	26.91	44.14	78.97	114.30	150.12	186.44
60	10.48	23.66	38.42	68.31	98.71	129.61	161.04
40	9.14	18.14	28.26	48.87	69.98	91.60	113.76
20	7.30	10.90	14.98	23.40	32.17	41.34	50.93
10	4.95	6.08	7.37	10.02	12.82	15.79	18.98

结合实验室辐射定标试验，保证测试动态范围覆盖辐亮度范围，最终依据试验结果确定合适的曝光时间。每间隔10°太阳高度角设置一个曝光时间，采用该曝光时间进行成像，在动态高端（地物反射率0.8）图像不饱和且满足信噪比要求。针对我国在轨的高分四号卫星相机，对不同太阳高度角的成像区，相机参数设置建议如表9-12（仅供参考）。

表9-12　相机可见光通道参数设置表

太阳高度角/(°)	曝光时间/ms				
	B1	B2	B3	B4	B5
80～40	2	10	8	12	12
40～20	4	12	20	16	20
10～0	20	50	50	50	50

另外，对于地面水体目标，由于水体具有镜面反射特性，需要考虑某些情况下可能出现的镜面反射对成像的影响。卫星高度角、太阳高度角、卫星-太阳方位夹角共同决定水体镜面反射等现象发生的时机，即当卫星-太阳方位夹角接近180°，且卫星高度角与太阳高度角近似相等时，卫星成像容易受到水体镜面反射的影响。

对于云层目标，其反射率一般很高，最高可达90%以上。由于云层的反射角度范围较大，所以云层的反射光对于卫星成像影响较大。

9.6 在轨成像模式设计

高轨光学卫星的特点使其在工作模式方面有很大的灵活性，具有任务响应快，实时凝视等特点。根据光学卫星的特点及其应用需求，设置工作模式如下。

9.6.1 实时视频凝视模式

对于实时视频凝视成像模式，卫星通过姿态机动将相机光轴指向目标区域并保持不动，获取一系列一定时间间隔的时序图像，并组成视频，数传系统近实时将数据发送回地面，适于对运动目标和变化现象进行分析，获得目标和现象的变化信息及规律。

9.6.2 区域观测模式

对于区域观测模式，用户可自定义一个成像区域，包括区域位置、形状、面积，地面或星上根据最优路径规划制定出卫星姿态机动步数、步距角。卫星按照指令进行小角度姿态步进机动调整相机指向，连续拼接成一幅覆盖指定成像区域的图像，与此同时将图像数据下传。

9.6.3　机动巡查模式

对于机动巡查模式，用户可选定卫星可成像区域范围内的多个关注区域，包括每个区域的位置、形状和面积，地面或星上按照最优路径规划制定出卫星姿态机动流程。卫星按照指令通过姿态机动完成对多个关注区域的连续成像。每个区域既可以是单景区域、也可以是多景拼接区域。

9.7 高轨高分辨率成像仪方案描述

我国高分四号卫星高分辨率成像仪具备可见光、中波红外谱段成像能力，其可见光全色/多光谱空间分辨率达到 50 m（星下点），中波红外谱段空间分辨率达到 400 m（星下点）。

9.7.1 相机功能定义

高分四号卫星相机主要任务是在整星姿态机动的配合下，完成对任务目标的成像。主要有以下功能：

（1）根据地面上注的任务信息，在整星姿态机动到指定感兴趣区域后完成可见光和红外成像任务，获取目标的全色、多光谱和红外图像数据；

（2）卫星成像时的曝光时间需要与观测时的太阳高度角相匹配，才能获得优质的成像质量，因此相机需具有在轨调整曝光时间的功能；

（3）卫星采用分时成像方式，成像时需根据任务需求，选择与任务相对应的成像谱段，因此相机需具备滤光片切换功能；

（4）对于红外通道成像，焦面需在低温下成像，因此红外通道需具有红外焦平面制冷功能，制冷能力应满足红外焦面探测器工作要求；

（5）对于红外通道成像，相机需进行辐射非均匀性校正，因此红外通道需具有星上定标功能。

9.7.2 系统任务约束

1. 任务层面约束

卫星运行在 35 786 km 的地球静止同步轨道上，观测区域覆盖我国国土及周边地区。根据地面任务规划，在目标位置获取可见光 0.45～0.90 μm 谱段范围、星下点地面像元分辨率 50 m、单景幅宽 400 km×400 km 的地表景物图像，中波红外 3.5～4.1 μm 谱段范围、星下点地面像元分辨率 400 m、单景幅宽 400 km×400 km 的地表景物图像。

2. 工程大系统设计约束

为保证数据反演精度及定量化应用效果，要求可见光谱段高端信噪比优于 46 dB（太阳高度角 80°，地物反射率 0.8），低端信噪比优于 23 dB（太阳高度角 10°，地物反射率 0.05），红外谱段测温范围 240～650 K，NETD 优于0.2 K (300 K 黑体)。并将辅助数据、图像数据进行统一编排，发送至地面应用系统。

3. 卫星总体设计约束

为了保证卫星在轨性能、可靠性以及分系统间的接口匹配性，卫星总体会对相机提出相应设计要求。

为了保证在轨动态成像质量，要求相机各谱段带外积分响应小于 5%，谱段范围精度小于 15 nm，静态传函均优于 0.10～0.15；可见光通道实验室辐射定标精度：绝对精度优于 7%，相对精度优于 3%；红外通道实验室辐射定标精度：绝对精度优于 2 K（300 K），相对精度优于 3%（300 K）；可见光通道量化位数 10 bit，红外通道量化位数 12 bit。

为了保证相机与星上其他分系统接口匹配，要求相机的质量不大于 660 kg，峰值功耗小于 1 000 W，设计寿命为 8 年。

9.7.3 系统配置与拓扑结构

相机分系统主要由相机主体、遮光罩、可见光控制器、红外控制器、红外制冷控制器和相机温度仪等设备组成，其系统组成如图 9-5 所示。

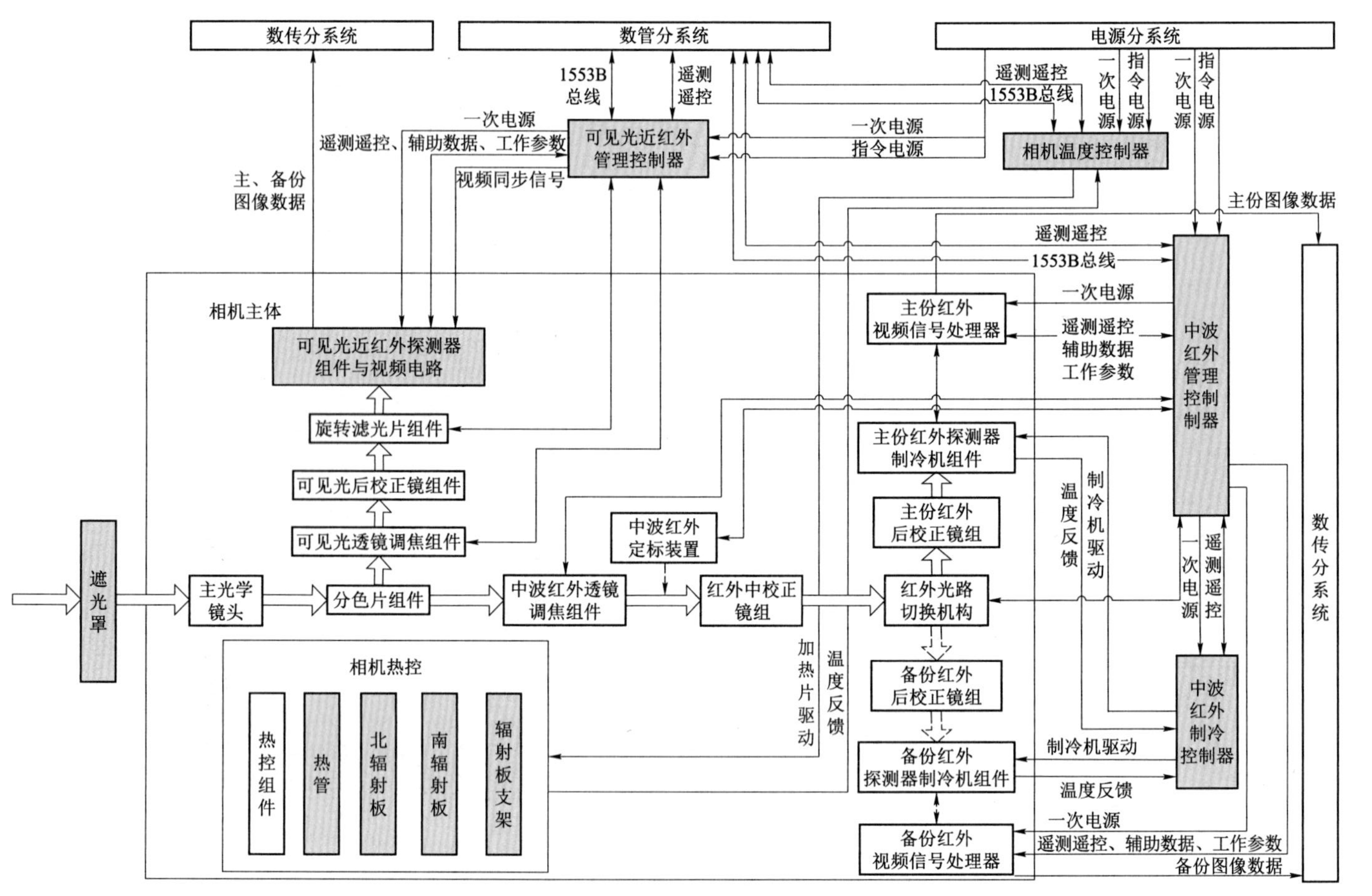

图 9-5 高轨高分辨率成像仪组成示意图

其中，相机主体获取地面景物光谱信号，并将光谱信号转换成电信号发送给数传系统。旋转滤光片组件实现谱段切换功能，调焦机构实现在轨调焦功能，定标装置实现红外星上定标功能，脉管制冷机实现红外探测器制冷功能，红外光路切换机构实现红外通道主备切换。

9.7.4　相机工作模式设计

1. 可见光通道工作模式设计

可见光通道工作模式为：单谱段单次成像，即相机按照指令对成像谱段进行选择，滤光片切换到位后，根据成像指令，成一幅图像，随后相机进入等待成像模式；全谱段单次成像，即在指定区域对 5 个谱段各成一幅图像，相机随即进入等待成像模式；单谱段连续成像，即同一谱段以固定的成像周期连续成像，直到下一个指令到来；全谱段连续成像，即 5 个不同谱段以固定的成像周期循环连续成像，直到下一个指令到来；调焦模式，即根据调焦加电指令和调焦参数设置指令，实现焦面位置的调整；等待成像模式，即可见光通道控制器、视频电路加电，处于等待指令状态。

2. 红外通道工作模式设计

红外通道工作模式可分为：成像模式，即采用固定帧频 1 Hz 进行单谱段连续成像；定标模式，即根据定标指令，依次将常温和高温黑体切入，完成对黑体图像采集，定标完成后定标黑体恢复初始位置；调焦模式，即根据调焦加电指令和调焦参数设置指令，实现焦面位置的调整；等待成像模式，即在轨非成像期间，红外通道根据指令进入等待成像模式。

9.7.5　相机光机系统设计

可见光谱段与红外谱段共用 R－C 双反主光学系统，可见光谱段通过分色片的表面反射进入校正镜组，通过滤光片实现光谱切换；而红外谱段则透射过分色片，进入二次成像校正镜组，通过切换镜实现主备份光路的切换，其光学系统构型图如图 9-6 所示。

相机主体的功能是通过光学镜头获取观测目标反射和辐射的光谱能量，并通过探测器将光信号转换为电信号，通过数字化和编码处理后传输给卫星数传系统，相机光机结构用于集成相机各部组件，并实现与卫星平台的高精度安装。

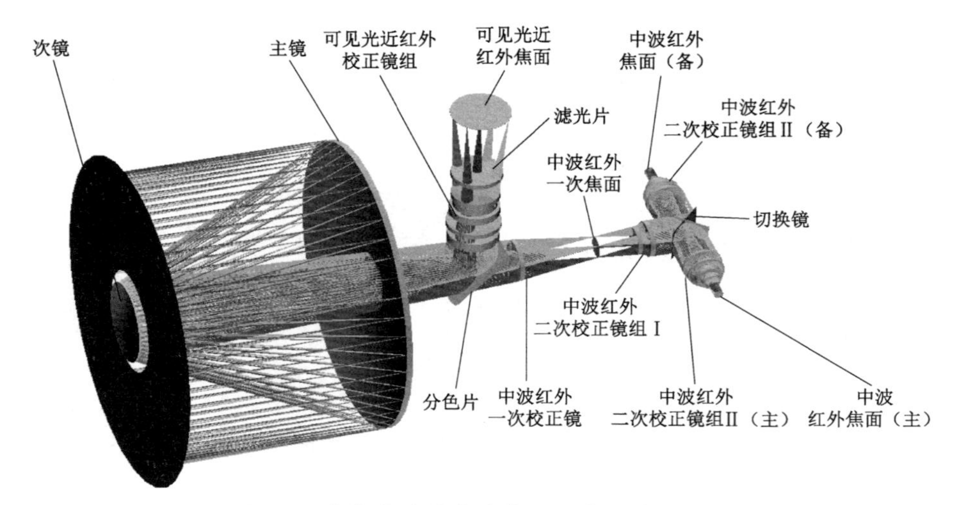

图 9-6　高轨高分辨率成像仪光学系统构型图

相机主体通过阻尼桁架与卫星一体化结构连接。相机主体光轴与卫星平台承力筒中心轴一致，星敏安装在相机前承力框侧面，卫星测控天线和星敏散热面安装在遮光罩上，其装星状态如图 9-7 所示。

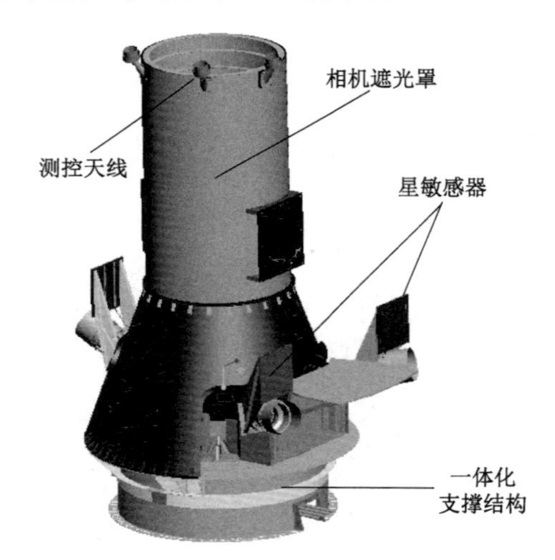

图 9-7　高轨高分辨率成像仪装星示意图

9.7.6　相机电子系统设计

除相机主体外，分系统共有 4 台独立设备，分别是可见光近红外管理控制器、中波近红外管理控制器、中波红外制冷控制器、温度控制器，如图 9-8 所示。

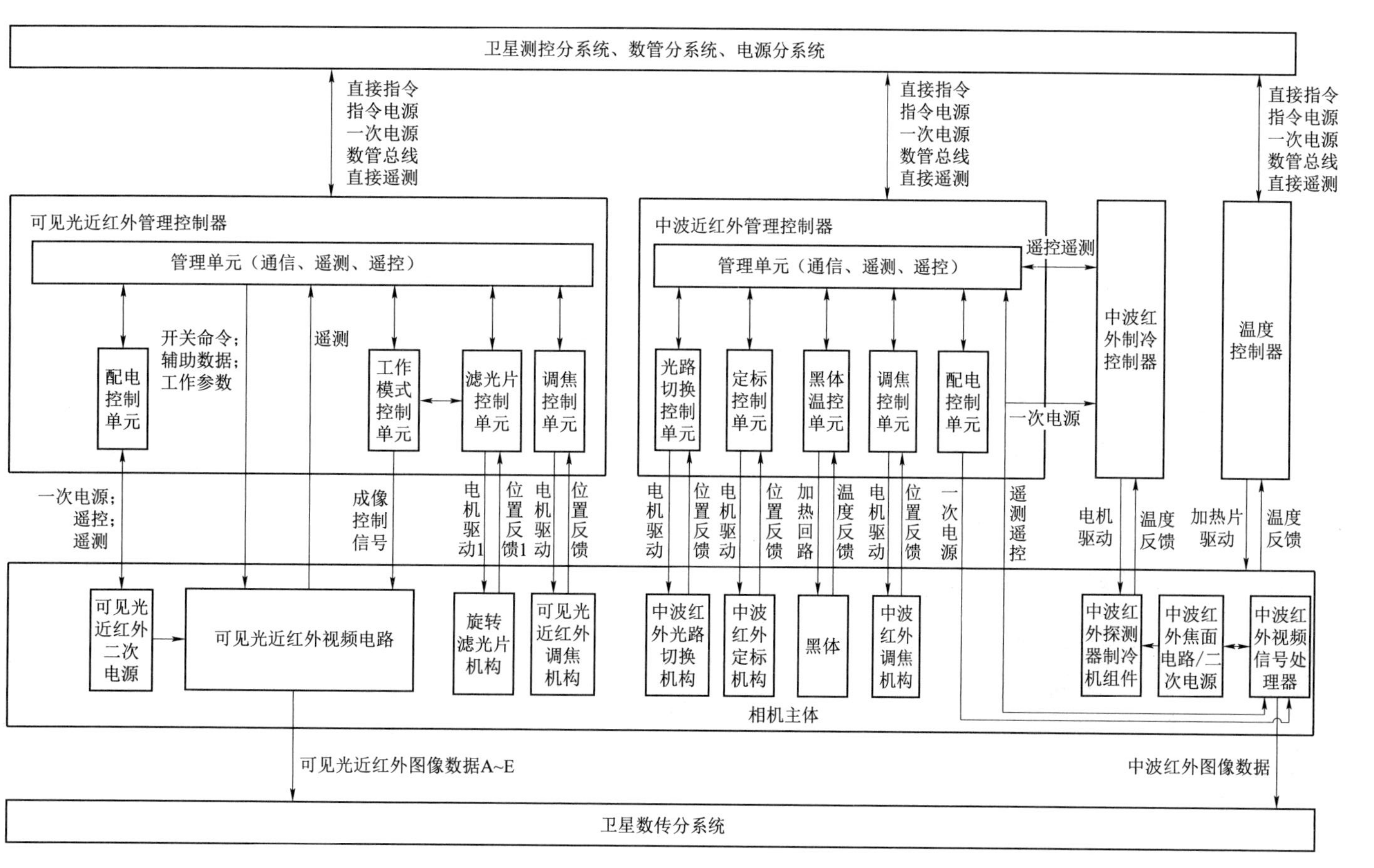

图9-8 高轨高分辨率成像仪各电子学设备关系图

9.7.7 星上定标设计

红外通道设置有星上定标装置，其功能是实现红外通道的响应非均匀性校正，以及对红外通道的响应进行监测。

为保证相对定标精度优于3%的技术指标，需要设计温度均匀性较好且可变温的黑体，以及常温黑体和高温黑体的切换机构。

定标装置在卫星发射阶段处于锁定状态，卫星入轨后，驱动装置解锁。当需要进行星上定标时，控制高温黑体达到预设温度并且稳定后，首先将常温黑体切入光路，停留15 s采集10帧图像；然后将高温黑体切入光路，停留15 s采集10帧图像，之后停止高温黑体加热控温，将黑体切出光路，使红外通道进入对地成像状态，至此完成一次星上定标。

9.8　卫星在轨动态成像质量设计与分析

卫星在轨成像质量受相机静态光学性能和在轨成像特性两方面影响：其一，相机静态光学性能包括辐射和几何成像性能，辐射成像质量评价项目包括静态传函（MTF）、信噪比、动态范围和辐射校正精度，几何成像质量包括几何畸变、配准精度、定位精度。其二，卫星在轨成像质量与相机静态光学性能有关，但并不是一成不变的，在轨成像特性也是影响成像质量的重要因素。卫星在轨成像特性受重力变化、热环境变化、颤振和基准坐标转化的影响。

9.8.1　星体颤振对成像质量影响分析

高轨光学卫星采用面阵成像体制对地进行凝视观测，由于观测轨道高，成像能量弱，其成像曝光时间为数十毫秒级，远大于低轨卫星推扫成像曝光时间，因而对星体颤振要求更加严格。

卫星颤振是由于星上的活动部件，如相机内部制冷机、动量轮、太阳翼驱动机构等，在成像时造成相机光学指向的微量变化。颤振是由不同频率、幅度的振动源产生的，随着星体结构、传递路径不同，在不同位置的设备上产生不同的响应。

颤振对高轨光学卫星成像的影响主要体现在由颤振导致的图像模糊，以及由颤振导致不同谱段分时成像时图像间的微量位移，前者表现为图像像质下降，后者表现为多光谱图像配准误差。由于高轨光学遥感系统通常采用面阵探测器，各个像元之间，特别是各行与各列之间的像元相对几何位置关系固定，内方位元素短时间稳定性高，多光谱图像配准可通过地面图像配准处理很好地解决。

星上的高频和低频颤振会造成相机 MTF 下降，但对成像质量的影响程度差异较大。一般以相机的曝光时间 T_i 对应的频率 $1/T_i$ 作为高频和低频的分界。

1. 对低频颤振抑制需求分析

低频颤振会造成一次完整的采样过程中（对于面阵成像而言即一个曝光时间内）单个像元获取目标景物能量时发生混叠，导致 MTF 下降。MTF 低频颤振取值与卫星在成像过程中的姿态稳定度有关，此类颤振多由太阳翼振动、储箱液体晃动等物理过程引发。在曝光时间之内引起的 MTF 下降计算公式如下。

$$\mathrm{MTF}_{低频颤振}=\mathrm{sinc}\,(\Delta d\cdot v)=\mathrm{sinc}\left(\frac{\Delta d}{2d}\right) \tag{9-3}$$

式中，Δd 为曝光时间内的像移量，v 为 Nyquist 频率，$\Delta d/d$ 为曝光时间内的相对像移。

在一次曝光成像过程中要求像元偏移不超过 1/3 像元，对传函的影响为 0.956。按照这一要求，实际上要求曝光时间内：

$$\omega\cdot T_{\mathrm{int}}\leqslant\frac{1}{3}\cdot\frac{d}{f}=\frac{1}{3}\cdot\mathrm{IFOV} \tag{9-4}$$

式中，ω 为星体稳定度，T_{int} 为曝光时间，IFOV 为瞬时视场，d 为像元尺寸，f 为相机焦距。

卫星稳定度按 5E－4°/s 计算，在保证像元偏移不超过 1/3 像元的条件下，相机能够实现的曝光时间上限为 52 ms，对应的频率 19.2 Hz 作为高频和低频分界。

在这一频率以下，颤振在像元曝光时间内导致相机视轴指向变化可以近似为线性，其导致图像发生模糊，通过计算，对于具有电子快门的感光器件 CMOS 器件，从 0.1 ms 至 80 ms，平台姿态角速度按 5E－4°/s 计算，其 MTF 随曝光时间变化曲线如图 9-9 所示。

可见需要根据对在轨动态 MTF 预估的结果，对稳定度造成的 MTF 下降进行合理的控制，即合理设置曝光时间。

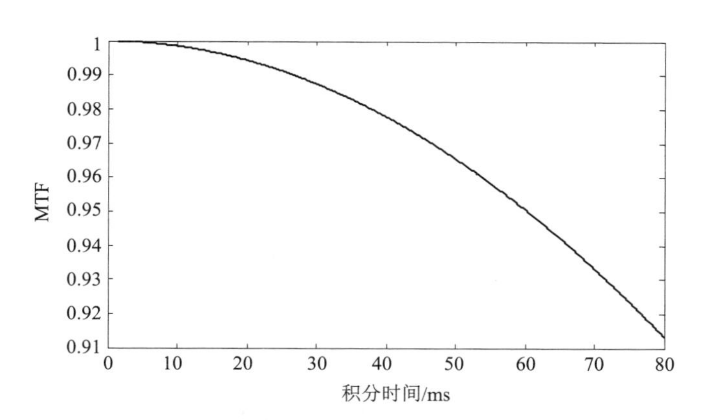

图 9-9　曝光时间连续变化条件下对 MTF 的影响

2. 对高频颤振抑制的需求分析

相对于低轨遥感卫星，高轨光学卫星的曝光时间更长，高频颤振的频率范围更宽，包含了卫星平台运动设备如相机内部制冷机、动量轮、SADA 等的特征频率，对成像质量的影响更大。

高频颤振会造成采样过程中产生光轴抖动，从而导致 MTF 下降，需要对高频颤振的振动幅值进行控制。按照通常的采样理论，指数函数法适用于高频随机振动，MTF 下降计算公式如下。

$$\mathrm{MTF}_{高频颤振}=\exp\ [-2\pi^2\cdot(\Delta d\cdot v)^2]\ =\exp\left[-\frac{1}{2}\pi^2\cdot\left(\frac{\Delta d}{d}\right)^2\right] \tag{9-5}$$

由于高频颤振频率较高，在相机曝光时间内可以完成 1 个以上的完整周期，故可以按颤振最大振幅来估算相机光轴指向的角位移。在相机光轴颤振角位移对应像面上 0.1 个像元尺寸时，对应 MTF 下降为 0.952，在此范围内认为对成像质量的影响较小。按照这一要求，实际上要求曝光时间内：

$$D\leqslant\frac{1}{10}\cdot\frac{d}{f}=\frac{1}{10}\cdot \mathrm{IFOV} \tag{9-6}$$

式中，D 为高频颤振幅值。

因此，要求星上高频颤振导致相机光轴高频抖动量为：19.2 Hz 以上频率的振动幅值不超过 0.136 4 μrad，即 0.028″（52 ms 以内，$P-P$ 值）。

3. 微振动对成像质量影响设计保证

微振动对成像的影响至关重要，因此需对星上可能对成像过程造成扰动的

扰振源特性进行深入的分析。对于星上扰振源主要考虑 0.1 Nm 动量轮、0.5 Nm 动量轮、制冷机和太阳翼驱动机构。为研究各类振动的影响，首先对这些主要活动部件的扰振特性进行测试；其次通过仿真试验对各种振源的功率谱特性、振动的传递路径特性、主要成像部件的响应特性，以及各部件对于成像的影响特性进行分析。

9.8.2 卫星在轨调制传递函数 MTF 分析

MTF 高则图像对比度好，边缘锐度高，易于人眼判读。MTF 受到目标、环境、卫星以及地面处理各方面综合影响。

卫星在轨成像动态 MTF 可以用成像系统各环节的 MTF 乘积表示，如下式所示。

$$\mathrm{MTF}_s = \prod_{i=1}^{n} \mathrm{MTF}_i \tag{9-7}$$

卫星在轨成像调制传递函数可近似地描述为各环节调制传递函数的乘积。系统的总体响应是各个环节对应 MTF 的乘积，并以奈奎斯特频率处的 MTF 为评价，由于高轨光学遥感系统采用对地凝视成像，飞行方向与垂直于飞行方向的系统 MTF 相同，系统总 MTF 为：

$$\mathrm{MTF}_{总}(v) = \mathrm{MTF}_{大气} \times \mathrm{MTF}_{相机静态}(v) \times \mathrm{MTF}_{在轨环境} \tag{9-8}$$

$$\mathrm{MTF}_{相机静态} = \mathrm{MTF}_{光学系统}(v) \times \mathrm{MTF}_{探测焦面} \times \mathrm{MTF}_{电子学系统} \tag{9-9}$$

$$\mathrm{MTF}_{在轨环境} = \mathrm{MTF}_{热/力学} \times \mathrm{MTF}_{焦面调整} \times \mathrm{MTF}_{杂光} \times \mathrm{MTF}_{振动} \tag{9-10}$$

1. 大气传输对 MTF 的影响分析

大气对卫星在轨成像的影响主要用大气传递函数 MTF 来表征。通常认为大气传递函数 MTF 主要由大气散射吸收 MTF 部分组成。

大气散射吸收 MTF 为到达相机入瞳处的地面目标调制度与地面目标的实际调制度之比。大气的洁净度、气溶胶类型、云、雾等对 MTF 散射吸收影响很大，与具体成像任务相关，在此不作详细分析。在间接影响因素中，卫星高度角对 MTF 散射吸收的影响最大。这是因为随着卫星视线指向的不同，地物反射或辐射能量传输至卫星所历经的大气距离（即大气传输路径）不同，如图 9-10 所示。

选取典型大气条件，利用大气传输模型计算 $\mathrm{MTF}_{散射吸收}$。结果见表 9-13。

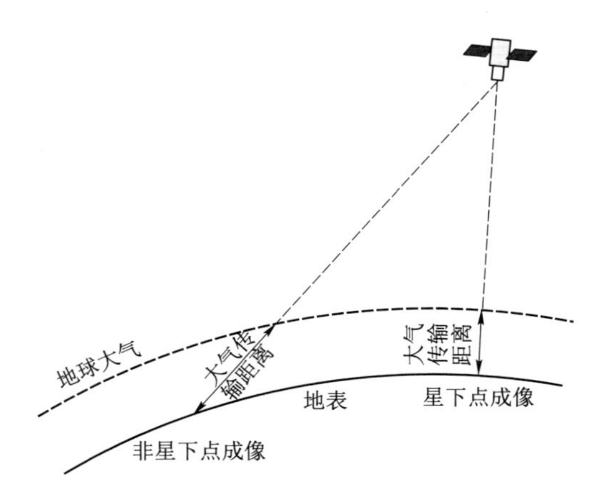

图 9-10　侧视成像时大气传输路径的变化

表 9-13　不同侧摆角的大气散射吸收传函（0.45～0.90 μm）

与星下点经度或纬度差/(°)	卫星侧摆角/(°)	卫星高度角/(°)	大气传输路径与星下点成像时之比	大气散射吸收传函
0	0.00	90.00	1.00	0.800
20	3.45	66.55	1.09	0.761
40	6.27	43.73	1.43	0.703
60	8.06	21.94	2.56	0.607
80	8.69	1.31	9.67	0.343

大气传输路径加长导致的散射效应加强，不仅与路径有关，而且还与谱段有关，如蓝光等较短谱段受大气分子散射影响较大，但对于波长较长的近红外谱段则影响较小。短波谱段后向散射较强，将导致图像中地物反射所占的辐射量相对较小，造成图像的实际信噪比下降。

特别是当相机光轴指向与阳光入射光线一致时，大气引起的后向散射尤为强烈。中高纬度地区容易受大气后向散射的影响，对于北半球地区多发生在春分前、秋分后某段日期。根据这一现象，需考虑卫星光轴指向与太阳光线平行时太阳光产生的强散射对成像的影响，并针对性地进行大气辐射校正。

2. 相机静态系统 MTF 分析

相机静态系统 MTF 为相机光电成像系统对特定空间频率地物目标信号的

调制度传递能力的直接度量。相机系统一般关注其光电成像系统的奈奎斯特频率下的 MTF（即焦面器件空间采样频率的 1/2），其值大小主要受光学系统、焦面探测器以及相机电子线路三个因素决定，相机静态系统 MTF 表示为：

$$\mathrm{MTF}_{\text{相机静态}} = \mathrm{MTF}_{\text{光学系统}} \times \mathrm{MTF}_{\text{探测焦面}} \times \mathrm{MTF}_{\text{电子学系统}} \tag{9-11}$$

1）光学系统 MTF

此处参考高分四号卫星相机设计，相机光学系统设计参数要求如下：

（1）焦距：可见光通道 6 600 mm±33 mm，中波红外通道 1 350 mm±7 mm；

（2）视场角：可见光通道不小于 0.8°×0.8°，中波红外通道不小于 0.66°×0.66°；

（3）透过率：可见光通道各谱段不小于 0.4，中波红外通道不小于 0.5；

（4）杂光系数：可见光与中波红外通道均不大于 3%。

根据光学系统设计结果，在考虑加工装调因子（各谱段均按 0.85 取值）条件下，相机各谱段 MTF 平均值如表 9-14 所示。

表 9-14　多光谱相机各谱段 MTF 平均值

谱段	B1 谱段	B2 谱段	B3 谱段	B4 谱段	B5 谱段	B6 谱段
MTF	0.311	0.365	0.336	0.323	0.290	0.360

2）焦面探测器 MTF

根据 CMOS 探测器和红外器件的试验数据，各谱段 MTF 的设计值>0.5。

3）相机成像电子系统 MTF

相机图像信号受各种噪声影响，为保证信噪比必须限制放大器带宽，也将会造成一定程度的传递函数的下降，一般成像电路的传递函数影响因子约为 0.98。

综上分析，相机各谱段的设计静态传函如表 9-15 所示。

表 9-15　相机各谱段静态传递函数预计

项目	谱段范围/μm	MTF
光学系统	0.45～0.90	0.311
	0.45～0.52	0.365
	0.52～0.60	0.336
	0.63～0.69	0.323
	0.76～0.90	0.290
	3.50～4.10	0.360

续表

项目		谱段范围/μm	MTF
CMOS 探测焦面		0.45～0.90	0.50
		0.45～0.52	0.50
		0.52～0.60	0.50
		0.63～0.69	0.50
		0.76～0.90	0.50
中波器件		3.50～4.10	0.50
成像电路		—	0.98
相机静态传函	可见光谱段	0.45～0.90	0.152
		0.45～0.52	0.179
		0.52～0.60	0.165
		0.63～0.69	0.158
		0.76～0.90	0.142
	中波红外谱段	3.50～4.10	0.176

3. 卫星在轨杂散光对 MTF 的影响

相机地面 MTF 测试时由于采用的都是点光源信号，与在轨成像时地物面目标不同，视场外的光存在一定影响。相机采取消杂光设计后，按照设计要求杂光不应大于 $G=3\%$，表观的 MTF 下降因子为 0.97。

4. 卫星姿态稳定度及颤振对 MTF 的影响

1）低频颤振 MTF 下降

姿态稳定度产生的整星姿态指向低频变化一般使相机视轴随着整星一起发生绕质心的转动，在曝光时间内，这个转动角使相机像方的像点位置发生了移动，从而影响焦面采样后的图像 MTF 值。像移的计算方法为

$$\Delta d=\tan(\omega t)\cdot f \tag{9-12}$$

式中，ω 为星体稳定度，f 为焦距，t 为曝光时间。

以可见光 CMOS 焦面曝光时间最长 52 ms 为例，卫星姿态稳定度按 5E－4°/s（3σ）计算，像面漂移量为 2.6E－5°，对应 0.3 个像元，$\mathrm{MTF}_{低频颤振}=0.956$。对于红外谱段，曝光时间按 20 ms 计算，卫星姿态稳定度按 5E－4°/s（3σ）计算，低频颤振引起的相面漂移量为 0.015 个像元，$\mathrm{MTF}_{低频颤振}=0.9999$，因此 MTF 下降可忽略不计。

2）高频颤振 MTF 下降

高频颤振 MTF 是指星体活动部件的高频颤振通过传递到达相机像面，引起曝光时间内相机成像产生相对像移（也称为光轴抖动），从而导致的 MTF 下降。一般要求在一次曝光成像过程中高频颤振引起的像元偏移不超过 1/10 像元，对传函的影响为 0.952（高频颤振采用指数函数法进行计算）。

按照这一要求，通过 9.8.1 节分析，卫星要求对高频颤振传递至相机导致相机光轴高频抖动量为：19.2 Hz 以上频率的振动幅值不超过 0.136 4 μrad，即 0.028″（52 ms 以内，*P*-*P* 值）。

5．卫星在轨热力学特性对成像 MTF 的影响

1）相机在轨热力学特性变化引起的 MTF 下降

空间热学、力学环境会引起相机结构发生一定变化，对相机光学系统 MTF 造成影响。按照一般经验，空间环境对系统 MTF 影响因子按 0.97 进行分配，留有一定设计余量。

2）焦面变化引起的 MTF 下降

由于相机在轨后受真空环境、温度场变化、失重等因素影响，引起最佳焦面位置发生变化，虽通过在轨调焦可以找到像质最佳的位置，但受调整误差及判断误差影响，$MTF_{焦面调整}=0.98$。

6．在轨动态 MTF 估算

高分四号卫星在轨动态 MTF 估算如表 9-16 所示。可见，高频颤振对系统成像质量影响很大。因此，对于高轨遥感卫星，其高频颤振特性抑制与验证十分关键，也是高轨遥感卫星总体设计的关键。

表 9-16　系统在轨 MTF 预估

影响环节	MTF 影响因子估算
$MTF_{大气(星下点)}$	0.8
$MTF_{相机}$	全色：0.152；多光谱：0.161；中波：0.176
$MTF_{低频颤振}$	0.956
$MTF_{高频颤振}$	0.952
$MTF_{杂光}$	0.97
$MTF_{热/力学}$	0.97
$MTF_{焦面调整}$	0.98
$MTF_{系统(星下点)}$	全色：0.102；多光谱：0.108；中波：0.118

9.8.3　卫星在轨成像动态范围分析

动态范围设计是否合理直接关系到卫星图像的层次、亮度和对比度，最终影响像质。如果设计不合理，会在图像中出现高端饱和、丢失信息等情况。卫星在轨成像动态范围主要受外界成像条件、探测焦面特性、电路特性和系统参数设置影响。在设计中除采取电路优化设计等保证措施外，主要需通过合理设置在轨使用参数来保证动态范围适应不同外界成像条件，如图 9-11 所示。

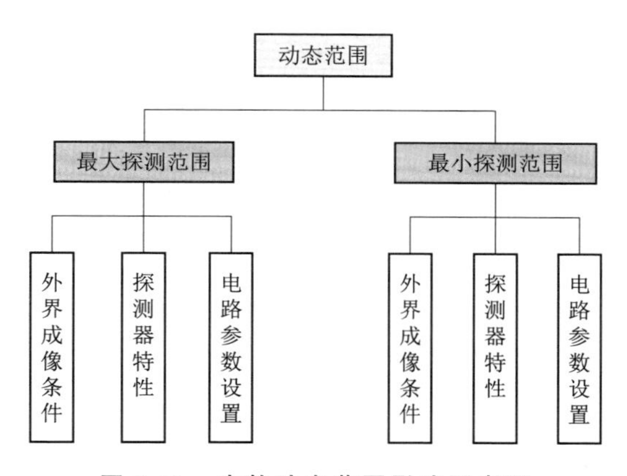

图 9-11　在轨动态范围影响因素图

9.8.4　卫星在轨成像信噪比分析

1. 信噪比影响因素分析

卫星在轨成像信噪比主要由信号功率和噪声功率决定，信号功率主要与光照条件、目标光谱反射率等成像条件以及系统的相对孔径、光学效率、系统接收元件的光电特性等有关；噪声功率主要与光学系统杂散光控制特性、探测器及其电子线路的噪声特性等有关，如图 9-12 所示。

高轨光学遥感系统能够通过合理规划曝光时间来获得更高的信噪比，高分四号卫星相机噪声产生的环节集中于 A/D 量化前，主要包括光子散粒噪声、暗电流噪声、A/D 量化噪声和随机噪声。光子散粒噪声是器件的固有噪声，其值为信号大小的平方根。对于暗电流噪声，降低探测器的工作温度，可以使得暗电流得到很大程度的抑制。针对上述噪声特性，高分四号相机采用了定制高速低噪声 CMOS 器件、焦面热控、成像电子系统设计和杂散光抑制等设计措施。

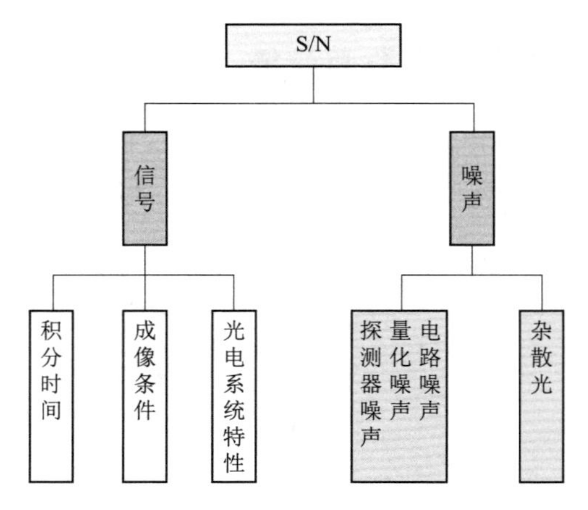

图 9-12　在轨 SNR 影响因素分析图

2. 信噪比测试验证

可见光通道辐射定标试验，由积分球辐射定标系统提供多挡不同辐亮度输出的均匀光源，通过数据采集系统记录相机系统在不同辐亮度条件下的输出特性。另外，在每挡辐亮度情况下，改变相机系统的曝光时间，得到相机不同成像参数下的积分球辐射定标数据。通过分析和处理，可以得到相机系统的响应曲线、动态范围、信噪比、像元响应一致性，以及相机系统的输出与不同参数组合之间的关系。参见图 9-13。

图 9-13　信噪比测试试验现场图片（积分球色温 2 800 K 左右）

信噪比数据处理采用信号均值除以均方根噪声的方法计算。调节光源、曝光时间，通过图像采集，计算图像的灰度均值和均方根噪声的方法，计算信

噪比。

取 m 行×n 列（取 $m=1\ 024$，$n=1\ 024$）个像元的输出作为被测图像，首先计算 m 行×n 列个像元的均值 $\bar{S}$：

$$\bar{S}=\frac{\sum S_{ij}}{m\times n},\ (i=1,\ \cdots,\ m;\ j=1,\ \cdots,\ n) \tag{9-13}$$

每个像元的信号值减去均值即为噪声值：

$$\Delta S_{i,j}=S_{i,j}-\bar{S} \tag{9-14}$$

噪声的均方根值为：

$$\mathrm{Noise}_{\mathrm{rms}}=\sqrt{\frac{\sum\limits_{m\times n}\Delta S_{i,\ j}^{2}}{m\times n}} \tag{9-15}$$

按照信噪比计算公式计算信噪比：

$$\frac{S}{N}=20\lg\frac{\bar{S}}{\mathrm{Noise}_{\mathrm{rms}}} \tag{9-16}$$

以上为计算采集一次图像的信噪比值，最终信噪比值取 5 次图像计算值的平均值。

根据不同观测条件下的等效入瞳辐射亮度计算值，按相机测试要求的入瞳辐亮度范围调整积分球辐亮度，直至可使相机入瞳等效辐亮度达到表中的辐亮度级次。通过对实测数据进行计算得到相机各谱段的信噪比，如表 9-17 所示。

表 9-17　系统信噪比 SNR 值

谱段	成像状态（太阳高度角/(°)，反射率）	曝光时间/ms	全部像元信噪比均值/dB
B1	80，0.8	2.1	50.1
	10，0.05		23.2
B2	80，0.8	9.6	50.1
	10，0.05		23.2
B3	80，0.8	7.8	50.4
	10，0.05		23.8
B4	80，0.8	11.8	50.0
	10，0.05		24.0
B5	80，0.8	14.7	50.2
	10，0.05		25.7

可以看出，B1～B5 谱段低端在太阳高度角 10°，地物反射率 0.05 条件下信噪比优于 23 dB，在太阳高度角 80°，地物反射率 0.8 条件下，信噪比优于 46 dB。

9.8.5 实验室定标精度分析

1. 可见光谱段定标精度分析

影响可见光谱段实验室绝对辐射定标精度的环节主要有标准传递误差、辐亮度计测量不确定度、积分球面均匀性、积分球角均匀性、积分球辐亮度稳定性和相机杂散光等。经分析，各影响因素的影响量如表 9-18 所示。

影响可见光谱段实验室相对辐射定标精度的环节主要有积分球面均匀性误差、积分球角均匀性误差、积分球辐亮度稳定性等。经计算分析，各影响因素的影响量如表 9-18 所示。

表 9-18 可见光谱段绝对定标精度分析

<table>
<tr><th>影响因素</th><th>绝对定标误差/%</th><th>相对定标误差/%</th></tr>
<tr><td>标准传递误差</td><td>5</td><td>—</td></tr>
<tr><td>辐亮度计测量不确定度</td><td>2</td><td>—</td></tr>
<tr><td>积分球面均匀性误差</td><td colspan="2">1.5</td></tr>
<tr><td>积分球角均匀性误差</td><td colspan="2">1</td></tr>
<tr><td>积分球辐亮度稳定性误差</td><td colspan="2">0.5</td></tr>
<tr><td>相机杂散光</td><td>2.5</td><td>—</td></tr>
<tr><td>总误差</td><td>6.2</td><td>1.9</td></tr>
</table>

2. 中波红外谱段定标精度分析

相机红外通道采用黑体经平行光管扩束准直后相机入瞳的定标方案。为了减少因测量系统自身辐射带来的测量不确定度，平行光管工作在低温；在真空环境中进行辐射定标，还可以消除由于大气影响带来的测量不确定度。从真空辐射定标能量传输环节来看，影响红外通道实验室绝对定标精度的因素主要有黑体辐射源、低温平行光管、相机红外探测器。经分析，各影响因素的影响量如表 9-19 所示。影响红外通道相对定标精度的因素主要有黑体辐射面均匀性、黑体辐射稳定性和相机输出信号的稳定性。

表 9-19　红外通道绝对/相对定标精度分析

绝对定标精度分析		相对定标精度分析	
影响因素	影响量/%	影响因素	影响量/%
黑体温度测量误差	3.7	黑体辐射面均匀性误差	1.2
平行光管反射效率误差	0.5	黑体辐亮度稳定性误差	1.2
相机输出信号稳定性误差	0.4	相机输出信号稳定性误差	0.4
总误差	3.8	总误差	1.74

3. 中波红外通道星上相对定标精度

红外通道星上定标装置是对红外图像进行全口径半光路的相对定标，为图像的非均匀校正提供校正数据。星上相对定标精度主要受到相机发射前星上定标的相对定标精度以及定标装置在轨性能的稳定性影响。

卫星入轨后，星上黑体辐射源的发射率和控温精度可能会发生变化，导致其稳定性变差，可以利用地面辐射校正场不定期进行监测和校准，预计在 2%以内。

根据影响星上辐射定标精度的主要因素分析，估算红外通道在轨星上定标精度可控制在 2.65%以内。

9.8.6　几何定位精度分析

影响高分四号卫星图像几何质量的指标主要由定位精度、配准精度和几何畸变等参数表征。图像定位精度是指遥感图像产品从图像上测定的某个参考目标的坐标位置与其实际位置之间的偏差，也就是图像上像点的地理位置和真实地理位置之间的差异。

星上影响几何定位精度的主要因素有卫星姿态测量精度、卫星轨道确定精度和卫星时间同步精度。这些影响环节中包含系统误差、低频误差和随机误差。系统误差可以在地面定位处理中通过几何校正进行纠正，所以几何定位精度的均方根误差主要由各项影响因素的随机误差、低频误差引起。几何定位精度各影响环节如表 9-20 所示。表中系统误差项可以通过在轨系统标定改进；随机误差项无法通过在轨系统标定进行改进，必须通过设计采取措施，尽可能降低误差项，才能确保定位精度指标最终满足要求。结合这些定位精度影响因素分析，对高分四号卫星定位精度进行了控制，如表 9-20 所示。

表 9-20 几何定位精度影响环节及其误差分析

<table>
<tr><th colspan="2">影响因素</th><th colspan="2">影响因素项目分解</th><th>误差特性</th><th>控制精度</th><th>标定前误差</th><th>标定后误差</th></tr>
<tr><td colspan="2">时间</td><td colspan="2">星上时间同步精度/ms</td><td rowspan="2">随机</td><td>0.05</td><td>0</td><td>0</td></tr>
<tr><td colspan="2">轨道测量</td><td colspan="2">定轨精度/m</td><td>200</td><td>30.1</td><td>30.1</td></tr>
<tr><td rowspan="6">相机光轴指向精度</td><td rowspan="3">地面装调误差</td><td rowspan="3">精测</td><td>星敏与相机测量精度/(″)</td><td rowspan="3">系统</td><td>10</td><td>1 745.3</td><td>0</td></tr>
<tr><td>相机立方镜引出误差/(″)</td><td>10</td><td>1 745.3</td><td>0</td></tr>
<tr><td>星敏立方镜引出误差/(″)</td><td>10</td><td>1 745.3</td><td>0</td></tr>
<tr><td rowspan="3">在轨环境变化</td><td colspan="2">相机畸变稳定性</td><td rowspan="2">低频</td><td>0.1 像元</td><td>5</td><td rowspan="2">523.6 m</td></tr>
<tr><td colspan="2">在轨热变形（星敏与相机夹角稳定性）/(″)</td><td>20</td><td>3 490.7</td></tr>
<tr><td colspan="2">在轨残余应力变形/(″)</td><td>系统</td><td>20</td><td>3 490.7</td><td>0</td></tr>
<tr><td colspan="2" rowspan="3">姿态测量误差</td><td colspan="2" rowspan="2">星敏测量精度/(″)</td><td>随机</td><td>3</td><td>523.6</td><td>523.6</td></tr>
<tr><td>低频</td><td>7</td><td>1 221.7</td><td>1 221.7</td></tr>
<tr><td colspan="2">星敏感器和轨道计算时间同步误差/(″)</td><td rowspan="3">随机</td><td>0.15</td><td>26.2</td><td>0.15/26.2</td></tr>
<tr><td colspan="2">姿态稳定</td><td colspan="2">姿态稳定度/[(°) · s^{-1}]</td><td>5×10^{-4}</td><td>78.5</td><td>78.5</td></tr>
<tr><td colspan="2">定位算法</td><td colspan="2">地面标校残余误差</td><td>3 个像元</td><td>150</td><td>150</td></tr>
<tr><td colspan="6">综合定位精度</td><td>8 403.0</td><td>2 035.3</td></tr>
</table>

9.9 高轨光学遥感系统在轨标定分析

卫星入轨后，需要进行在轨辐射、几何校正。根据高分四号卫星特点，地面处理系统采用了一套交叉定标的方法来实现高分四号卫星的辐射定标和几何定标。

9.9.1 在轨相对辐射定标

采用高分一号卫星与高分四号卫星同步获取的成像数据，以高分一号卫星 16 m WFV 相机的几何模型为参考，构建高分四号卫星同步过境时刻的内外方位元素检校模型，然后以此时刻的严格几何模型为基准，构建高分一号与高分四号卫星的几何关系，根据几何关系实现高分四号影像在其焦平面的成像模拟和标定。其流程如图 9-14 所示：

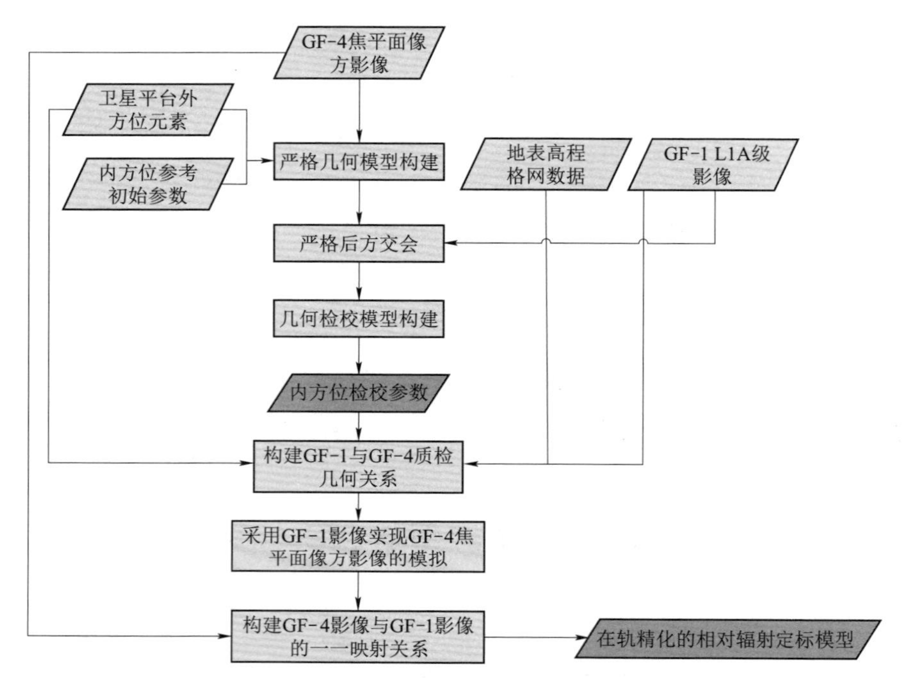

图 9-14　高分四号卫星在轨相对辐射定标流程

9.9.2　在轨绝对辐射定标

1. 可见光波段的绝对辐射定标

高分四号相机对辐射校正场成像时，地面设备同时测量地表反射率、大气光学参量及其他参数，结合大气辐射传输模型，计算出卫星入瞳处的辐射亮度值，然后与相机光谱响应函数卷积得到等效辐射亮度值，最后将此等效辐射亮度值与卫星的实际观测值比较计算定标系数，其实施过程如图 9-15 所示。

2. 中波红外的绝对辐射定标

采用交叉定标法，利用定标精度较高的遥感器作为参考，建立目标遥感器和参考遥感器影像之间的关系，然后利用参考遥感器的定标系数，推算出遥感器图像的表观辐射度，结合场地的图像数字值，得到遥感器的定标系数，其实施过程如图 9-16 所示。

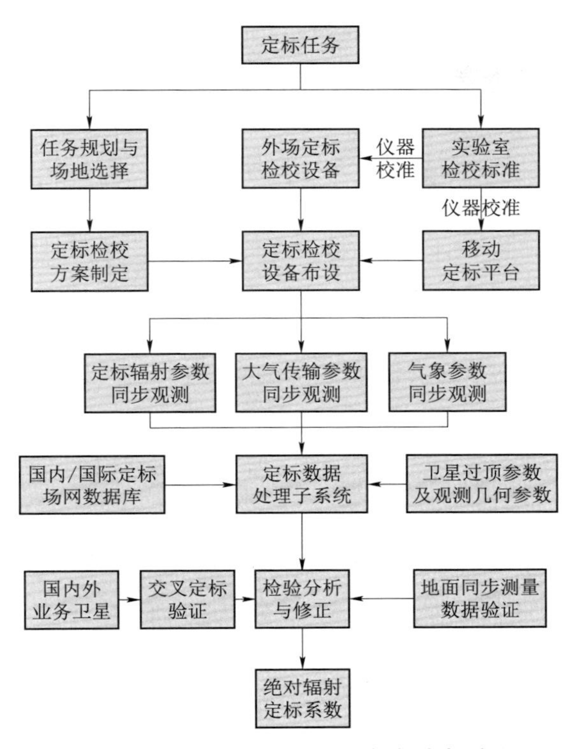

图 9-15　可见光波段的绝对辐射定标流程

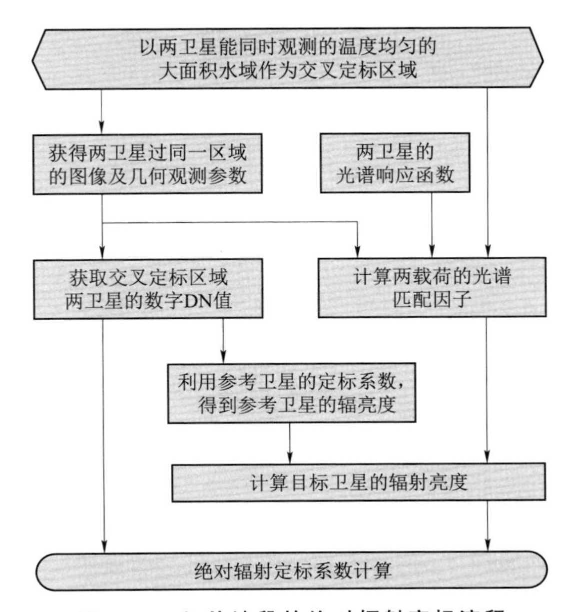

图 9-16　红外波段的绝对辐射定标流程

9.9.3 二维面阵载荷在轨几何定标

高分四号卫星由于高轨环境复杂、成像方式特殊，其几何模型不同于传统的 CCD 线阵推扫式卫星，也不同于航空面阵传感器几何模型，需要结合成像条件及太空环境特点，构建面阵传感器特有的严格几何成像模型和检校模型。首先选择合适的单景待检校数据，输入同一地区的高精度 DSM 和 DOM 以及参考的卫星影像图像数据，用 DOM 及参考的卫星图像模拟出中心投影影像，与待检校影像做密集匹配，根据密集匹配结果点构建几何模型，进行检校参数的解算与精度评价。

9.10　高轨光学遥感卫星应用

高分四号卫星于 2015 年 12 月 29 日成功发射，在轨状态良好，满足植被、水体、积雪、云系、大型滑坡、堰塞湖、林地、湿地、森林火点等识别与变化信息提取对遥感数据的质量要求，在减灾、气象、地震、林业、环保等行业发挥着重要作用。

9.10.1　快速任务响应应用

高分四号卫星处于地球静止同步轨道，不受过境时间的限制，利用其长期驻留固定区域上空的优势，根据观测任务进行实时机动，完成对感兴趣目标的实时探测与监视。

针对火灾监测等应用，高分四号卫星充分利用快速任务响应能力，在用户提出任务需求后 15 min 内可将图像数据分发到用户手中，图 9-17 为高分四号卫星应急拍摄的澳大利亚森林大火。

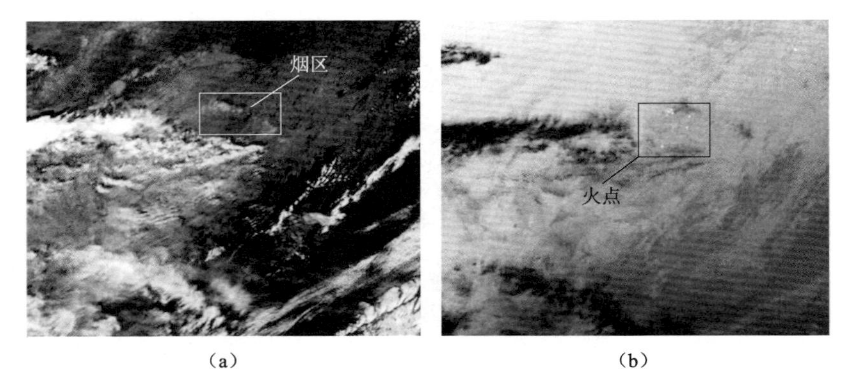

（a）　　（b）

图 9-17　高分四号卫星拍摄 2016 年 1 月 2 日澳大利亚森林大火

（a）全色多光谱通道；（b）中波红外通道

9.10.2　持续目标观测应用

高分四号卫星利用相对地面静止的优势，能够在一段时间内对目标区域进行高频重复凝视观测，时间分辨率高，可获取目标区域的动态变化过程数据。在对台风的实际观测中，高分四号卫星不仅可以连续提供台风发展变化信息，而且可以利用较高的空间分辨率对台风的云层纹理进行细节分辨，从而为有关部门预测台风发展趋势提供遥感数据支持。图 9-18、图 9-19 为高分四号卫星高频次拍摄的“尼伯特”台风图像。

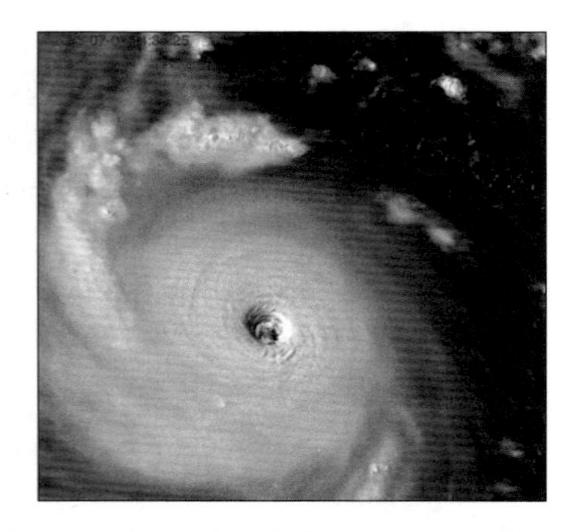

图 9-18　高分四号卫星拍摄 2016 年 7 月 7 日
“尼伯特”台风中心图像（全景）

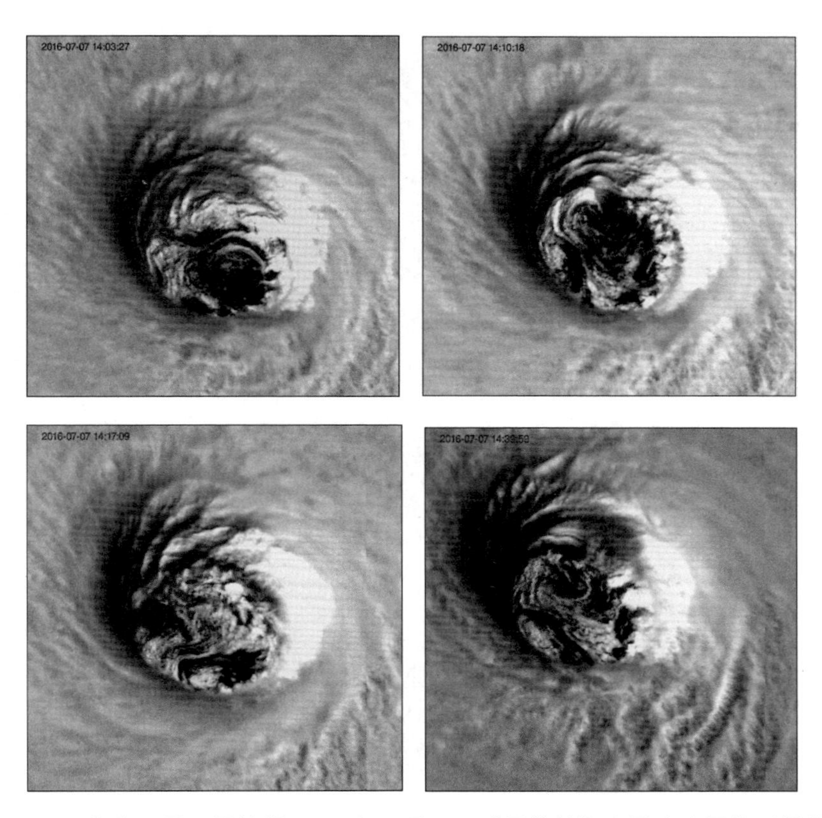

图 9-19　高分四号卫星拍摄 2016 年 7 月 7 日“尼伯特”台风中心图像（局部）

9.10.3　大范围态势感知应用

大幅宽高时间分辨率数据在气象环境监测方面表现出了其优越性，特别是对于某些重点区域的快速天气变化以及大气污染危害分析等，效果显著，对于邻近区域的大气危害预警也具有很强的针对性和实时性，图 9-20 为高分四号卫星拍摄京津冀地区雾霾衍生发展影像。

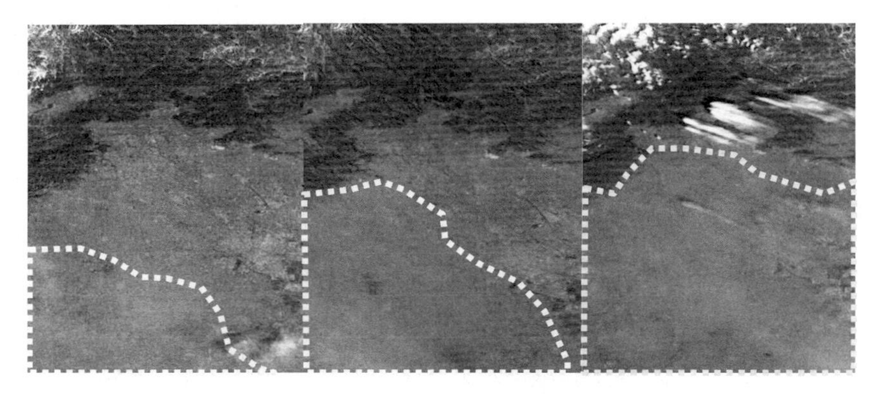

图 9-20　高分四号卫星拍摄京津冀地区雾霾衍生发展影像

9.11 小　　结

在地球静止同步轨道实现高于 5 m 分辨率，需要光学系统口径 3～4 m。而由于受到镜坯制备、加工以及镜面在轨面形质量保持等诸多因素的限制，当光学系统的口径大于 4 m 时，传统的整体式主镜的技术途径难以满足任务要求。同时，受到运载发射系统的能力限制，光学系统口径大于 4 m 后已经无法进一步增大。

因此，为在地球静止同步轨道发展分辨率高于 5 m 的对地观测系统，必须寻求传统的整体式主镜之外的技术途径。为此，美、欧等国家和地区正在开发新型成像技术，比如以“詹姆斯 · 韦伯空间望远镜”（JWST）为代表所采用的空间分块可展开技术、以“莫尔纹”计划（MOIRE）为代表所采用的薄膜衍射成像技术、以自适应侦察 ARGOS 卫星项目为代表所采用的光学合成孔径成像技术，这些新型成像技术可实现比传统成像系统更高的分辨率。

参 考 文 献

[1] Kim H, Kang G Lee D, et al. COMS, the New Eyes in the Sky for Geostationary Remote Sensing[Z]. 2010.

[2] Thiemo Knigge, et al. System Engineering Approach in Phase 0/A Studies Using the Example of GEO-Oculus[C]. SECESA 2010.

[3] Ramos F. GEO-Africa Workshop Session 3: Regionalisation-Deployment&Capacity Building Approaches [R/OL]. [2010 - 02 - 22]. http: //www. Earthobsevations. org/documents/geo _africa/geo-africa-first-core-team-meeting _garba _sambo _hassan. pdf.

[4] Astrium. GEO-HR Product Prospectus [EB/OL] 2013 - 4 - 25. http: //due. esrin. esa. int/files/m300/GEO-HR _ProductProspectus _small. pdf.

[5] GOC Team, Knigge T, Schull U, et al. GEO-Oculus: a Mission for Real-time Monitoring through High-resolution Imaging from Geostationary Orbit Final Report [R/OL]. [2009 - 05 - 13]. ESA Contract No.: 21096/07/NL/HE. Doc. No. GOC - ASG - RP - 002.

[6] Vaillon L, Schull U, Knigge T, et al. GEO-Oculus: High Resolution Multispectral Earth Imaging Mission from Geostationary Orbit [C] //ICSO 2010 proceedings. Rhodes, Greece: International Conference of Space Optics, 2010: 31 - 36.

[7] Benjamin Koetz. GEO-HR Study on Marine Security & Disaster Management Applications [EB/OL] . 2013 - 4 - 25. http: //due. esrin. esa. int/files/m300/03. pdf.

[8] Davis C O, Abbott M. A New Capability for Monitoring the Coastal Ocean from Geostationary Orbit [C]. Oceans 2005 Conference. Washington, DC. SEP 17 - 23, 2005: 1459 - 1463.

[9] C Donlon, et al. The Global Monitoring for Environment and Security (GMES) Sentinel - 3 mission [J]. Remote Sensing of Environment. 120 (2012), 37 - 57.

[10] Geostationnary Leop of a Spacebus 4000 from Alcatel with Sea Launch: Flight dynamics aspects of the mission analysis and operations [C]. AAS/AIAA 17th Space Flight Mechanics Meeting. Sedona, AZ. JAN 28 - FEB 01, 2007. Advances in the Astronautical Sciences, 127: 1127 - 1146.

[11] Doyle K B, Genberg V L, Michels G J. Integrated Optomechanical Analysis [M]. BellingHam, Washington USA: SPIE PRESS, 2002.

[12] Gerard Rousset, Laurent M Mugnier. Imaging with Multi-aperture OPtical Telescopes and an Application [J]. Comptes Rendusdel Academic des Sciences Seriesiv Physics, 2001, 2 (1): 17 - 25.

[13] G Denis, et al. Contribution of Earth Observation Satellites and Services to Security Missions: Lessons Learnt from Latest European Studies [J]. IAC - 12 - b1. 6. 3. 2012.

[14] Astrium G, Geo Oculus. A mission for Real-time Monitoring through High-resolution Imaging from Geostationary Orbit [R]. ESA Study Contract Report. 2009.

缩　略　词

A/D	Analogue to Digital	模数转换
ACM	Adaptive Coding and Modulation	自适应编码调制方式
AGC	Automatic Gain Control	自动增益控制
AOS	Advanced Orbit System	高级在轨系统
BAQ	Block Adaptive Quantization	分块自适应量化
BD	BeiDou Navigation Satellite System	北斗导航定位系统
CCD	Charge Coupled Device	电荷耦合器件
CMG	Control Moment Gyroscope	控制力矩陀螺
CMOS	Complementary Metal Oxide Semiconductor	互补金属氧化物半导体
DDS	Direct Digital Synthesizer	直接数字频率合成器
DEM	Digital Elevation Model	数字高程模型
DLG	Digital Line Graph	数字线划图
DOM	Digital Orthophoto Model	数字正射影像图
DORIS	Doppler Orbitography by Radiopositioning Integrated on Satellite	多普勒地球无线电定位技术
DSM	Digital Surface Model	数字表面模型
ECMWF	European Center for Medium-range Weather Forecasts	欧洲中期天气预报中心
EMC	Electro Magnetic Compatibility	电磁兼容性
EMP	Electro Magnetic Pulse	电磁脉冲
EOP	Exterior Orientation Parameter	外方位元素
ESD	Electro Static Discharge	静电放电
FFT	Fast Fourier Transformation	快速傅里叶变换
FOV	Angle Of View	视场角
GCP	Ground Control Point	地面控制点
GEO	Geostationary Earth Orbit	地球静止/同步轨道

续表

GMTI	Ground Moving Target Indication	地面运动目标检测
GPS	Global Position System	全球定位系统
GSD	Ground Sampling Distance	地面采样间隔
HEO	Highly Elliptical Orbit	大椭圆轨道
HPs	Homologous Points	同名点
IFOV	Instantaneous Field Of View	瞬时视场
IGSO	Inclined Geosynchronous Satellite Orbit	倾斜地球同步轨道
InSAR	Interferometric Synthetic Aperture Radar	干涉合成孔径雷达
IOP	Inner Orientation Parameter	内方位元素
ISLR	Integral Side Lobe Ratio	积分旁瓣比
JPL	Jet Propulsion Laboratory	喷气推进实验室
LEO	Low Earth Orbit	低地球轨道
LET	Linear Energy Transfer	线性能量传输
MEO	Medium Earth Orbit	中高度地球轨道
MOSFET	Metal-Oxide-Semiconductor Field-Effect Transistor	金属-氧化物-半导体场效应晶体管
MTF	Modulation Transfer Function	调制传递函数
MTFC	Modulation Transfer Function Compensation	调制传递函数补偿
NASA	National Aeronautics and Space Administration	美国国家航空航天局
NCEP	United States National Centers for Environmental Prediction	美国国家环境预报中心
OIM	Orientation Image Model	定向片模型
PBA	Plane Block Adjustment	平面区域网平差
POD	Precise Orbit Determination	精密定轨
PRARE	Precise Range And Range-rate Equipment	精密测距和测速技术
PRF	Pulse Repetition Frequency	脉冲重复频率
PRT	Pulse Repetition Time	脉冲重复时间
PSLR	Peak Side-Lobe Ratio	峰值旁瓣比
QPM	Quadratic Polynomial Model	二次多项式模型
RDM	Radiation Design Margin	辐射设计余量
RFM	Rational Function Model	有理函数模型
RMS	Root Mean Square	均方差

续表

RPC	Rational Polynomial Coefficients	有理多项式系数
SADA	Solar Array Driving Assembly	太阳帆板驱动机构
SAR	Synthetic Aperture Radar	合成孔径雷达
SBA	Stereo Block Adjustment	立体区域网平差
SiC		碳化硅复合材料
SLR	Satellite Laser Ranging	卫星激光测距
SMC	Stereo Mapping Camera	立体测绘相机
SNR	Signal to Noise Ratio	信噪比
SSH	Sea Surface Height	海面高度
SST	Sea Surface Temperature	海面温度
SWOT	Surface Water and Ocean Topography	地表水与海洋地形
TDICCD	Time Delay and Integration CCD	时间延时积分 CCD
TDRSS	Tracking and Data Relay Satellite System	跟踪与数据中继卫星系统
TID	Total Ionization Dose	总剂量效应
TLC	Three Line Camera	三线阵相机
T/P	Topex/Poseidon	托佩克斯/海神
TPs	Tie Points	连接点
TRANET/ OPNET	Tracking Network/Optimum Network	美国测绘机构传输网与业务跟踪网

《空间技术与科学研究丛书》

本书索引

为方便读者查阅信息，本书编制了电子索引。读者可通过以下两种方式浏览和下载索引。

1．登录http://www.bitpress.com.cn/网址，在该书的信息页查找；

2．扫描下方二维码。

内容简介

本书分为上、下两册。上册包含第1章至第9章，主要介绍各种遥感卫星任务分析及技术指标论证等总体设计方法，从用户提出的任务目标与需求（使命任务、功能性能等）出发，通过任务分析与设计，转化为遥感卫星系统总体设计要求和约束，如卫星轨道、载荷配置、系统构成等；下册包含第10章至第20章，主要介绍遥感卫星系统构建、控制推进、热控、数据处理、微振动抑制等各分系统总体设计，最后通过梳理未来航天遥感技术的发展，给出了未来航天遥感系统发展趋势。

本书可作为高等院校宇航相关专业学生的教学参考书，也可供从事宇航工程、航天器总体设计及有关专业的科技人员参考。

图书在版编目（CIP）数据

卫星遥感技术：全2册／李劲东等编著．—北京：北京理工大学出版社，2018.3

（空间技术与科学研究丛书／叶培建主编）

国家出版基金项目　“十三五”国家重点出版物出版规划项目　国之重器出版工程

ISBN 978-7-5682-5457-1

Ⅰ.①卫…　Ⅱ.①李…　Ⅲ.①卫星遥感　Ⅳ.①TP72

中国版本图书馆CIP数据核字（2018）第055143号

出版发行／北京理工大学出版社有限责任公司
社　　址／北京市海淀区中关村南大街5号
邮　　编／100081
电　　话／（010）68914775（总编室）
　　　　　（010）82562903（教材售后服务热线）
　　　　　（010）68948351（其他图书服务热线）
网　　址／http：//www.bitpress.com.cn
经　　销／全国各地新华书店
印　　刷／北京地大彩印有限公司
开　　本／710毫米×1000毫米　1/16
印　　张／58.75
彩　　插／5
字　　数／1081千字
版　　次／2018年3月第1版　2018年3月第1次印刷
定　　价／268.00元（上下册）

责任编辑／张慧峰
文案编辑／张慧峰
责任校对／周瑞红
责任印制／王美丽

彩　　插

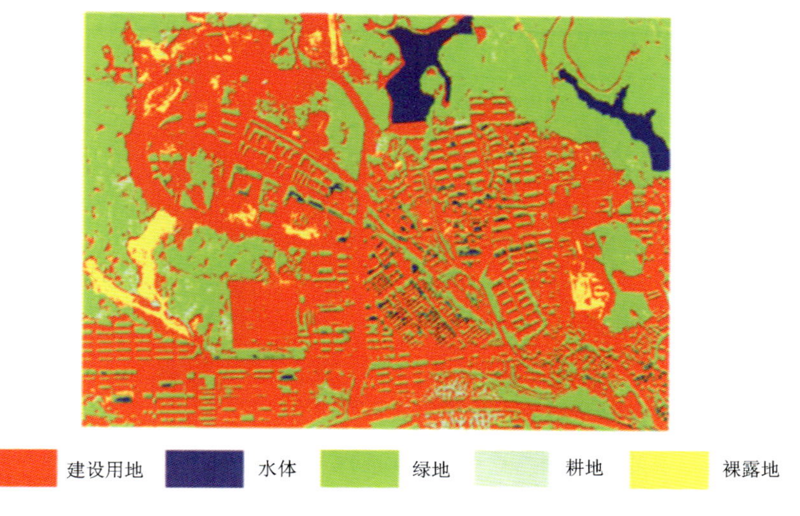

图 3-23　利用 WorldView-2 卫星影像对某城市的地物分类图

图 4-20　污水排放监测图（空间分辨率 10 m）

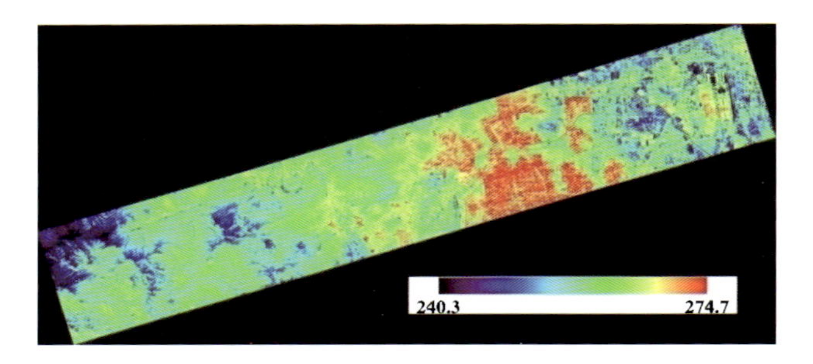

图 4-21　城市热环境应用图

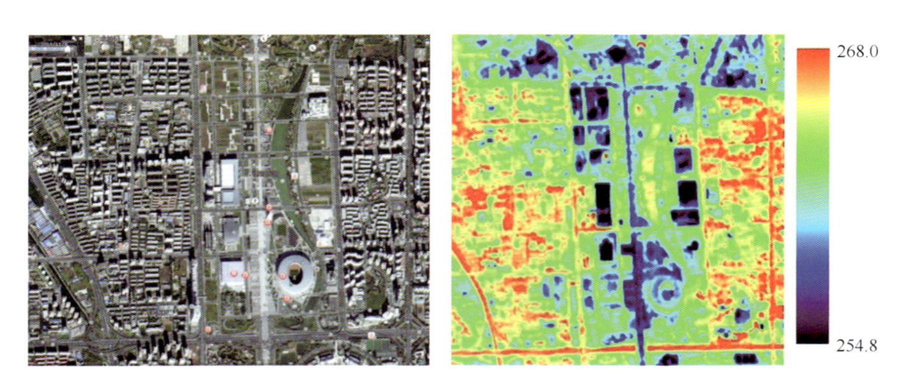

图 4-22　建筑节能应用图

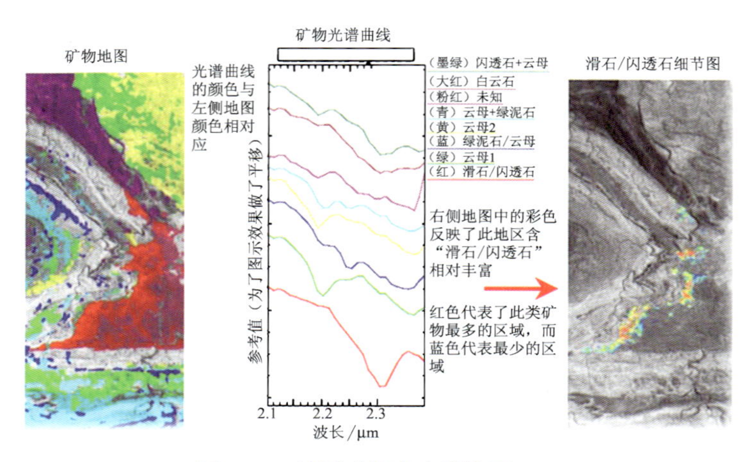

图 5-16　地质矿物高光谱填图

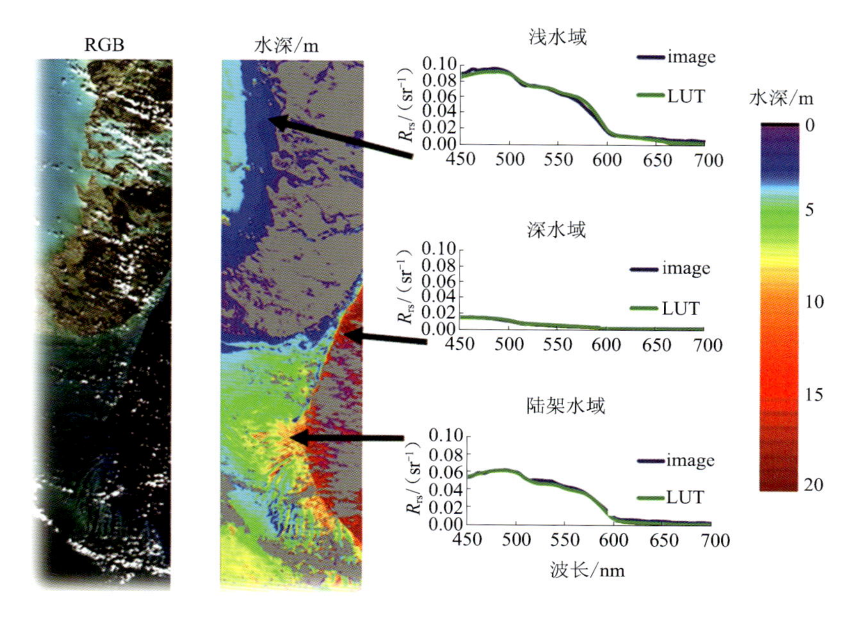

图 5-18　高光谱水深反演图

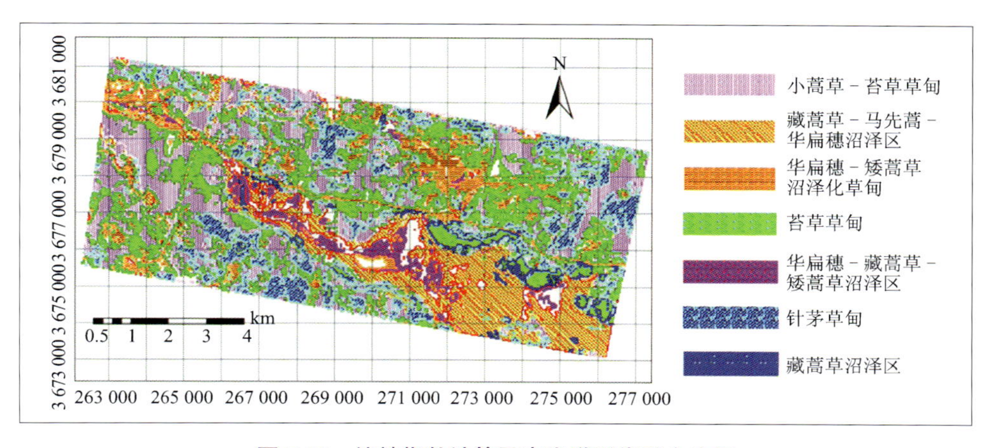

图 5-19　植被指数计算及高光谱影像融合应用

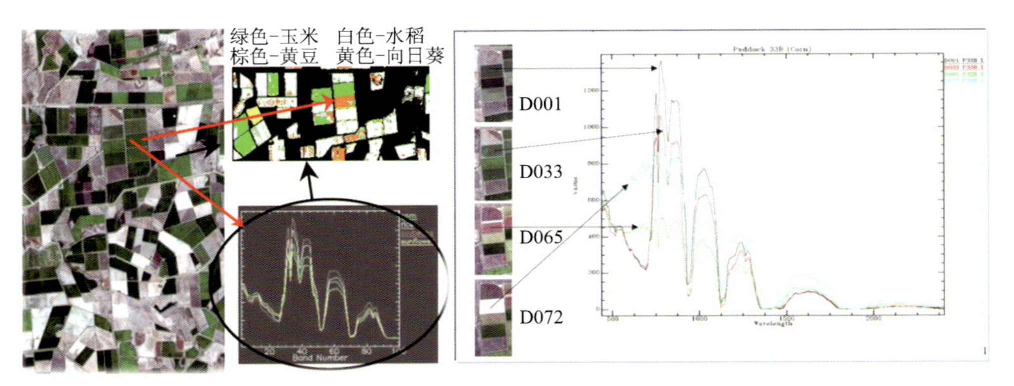

图 5-20 玉米的光谱曲线随季节变化的规律

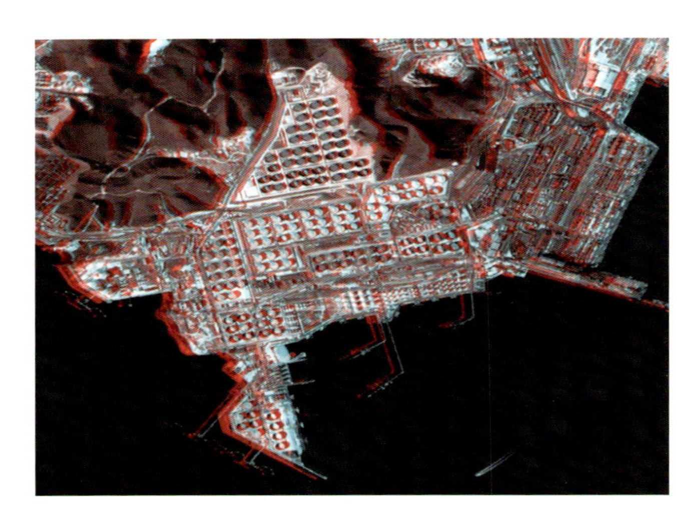

图 6-19 红绿城市立体影像

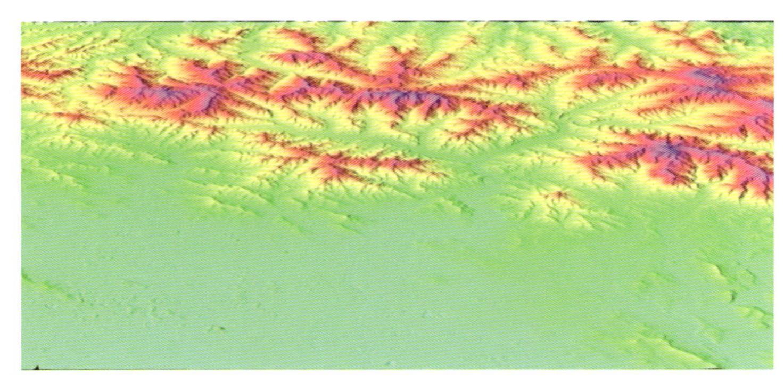

图 6-20 数字 DSM 图

图 7-10　GF-3 卫星四川九寨沟风景区游客中心及周边区域监测图像

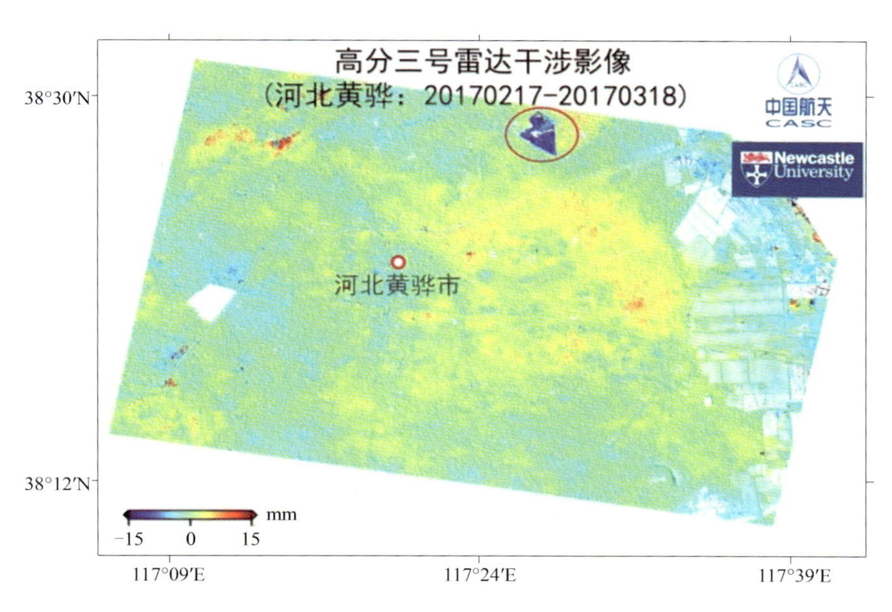

图 7-19　GF-3 卫星河北黄骅地区雷达干涉影像